安装工程施工工艺标准(下)

主 编 蒋金生
副主编 刘玉涛 陈松来

ZHEJIANG UNIVERSITY PRESS
浙江大学出版社

图书在版编目（CIP）数据

安装工程施工工艺标准. 下 / 蒋金生主编. —杭州：
浙江大学出版社，2021.4
ISBN 978-7-308-20104-9

Ⅰ.①安… Ⅱ.①蒋… Ⅲ.①建筑安装—工程施工—
标准—中国 Ⅳ.①TU758-65

中国版本图书馆 CIP 数据核字（2020）第 047504 号

安装工程施工工艺标准（下）

蒋金生　主编

责任编辑	金佩雯　樊晓燕
责任校对	高士吟　汪　潇
封面设计	周　灵
出版发行	浙江大学出版社
	（杭州市天目山路 148 号　邮政编码 310007）
	（网址：http://www.zjupress.com）
排　　版	杭州青翊图文设计有限公司
印　　刷	杭州高腾印务有限公司
开　　本	787mm×1092mm　1/16
印　　张	22.25
字　　数	555 千
版 印 次	2021 年 4 月第 1 版　2021 年 4 月第 1 次印刷
书　　号	ISBN 978-7-308-20104-9
定　　价	112.00 元

编委会名单

主　编　蒋金生

副主编　刘玉涛　　陈松来

编　委　马超群　　陈万里　　叶文启　　孔涛涛　　杨培娜

　　　　　　杨利剑　　彭建良　　赵琅珀　　程湘伟　　程炳勇

　　　　　　孙鸿恩　　李克江　　周乐宾　　蒋宇航　　刘映晶

　　　　　　王　刚　　徐　晗　　盛　丽　　李小玥　　陈　亮

　　　　　　龚旭峰

前　　言

　　近年来,国家对建筑行业的法律法规、规范标准进行了广泛的新增、修订,以铝模、爬架、装配式施工为代表的"四新"技术在建筑施工现场得到了普及和应用,在"建筑科技领先型现代工程服务商"这一全新的企业定位下,2006 年由同济大学出版社出版的建筑施工工艺标准中部分内容已经不能满足当前的实际需要。因此,中天建设集团组织相关人员对已有标准进行了全面修订。修订内容主要体现在以下几个方面:

　　1.根据新发布或修订的国家规范、标准,结合本企业工程技术与管理实践,补充了部分新工艺、新技术、新材料的施工工艺标准,删除了已经落后的、不常用的施工工艺标准。

　　2.施工工艺标准内容涵盖土建工程、安装工程、装饰工程 3 个大类,24 个小类,分成 6 个分册出版,施工工艺标准数量从 237 项增补至 246 项。

　　3.施工工艺标准的编写深度力求达到满足对施工操作层进行分项技术交底的需求,用于规范和指导操作层施工人员进行施工操作。

　　施工工艺标准在编写过程中得到了中天建设集团各区域公司及相关子公司的大力支持,在此表示感谢!由于受实践经验和技术水平的限制,文本内容难免存在疏漏和不当之处,恳请各位领导、专家及坚守在施工现场一线的施工技术人员对本标准提出宝贵的意见和建议,我们将及时修正、增补和完善。(联系电话:0571-28055785)

编　者

2020 年 3 月

目　录

4　建筑通风空调安装工程施工工艺标准

4.1　风管与配件制作施工工艺标准

本施工工艺标准适用于在建筑工程通风与空调工程中使用的金属、非金属风管与复合材料风管的加工、制作。工程施工应以设计图纸和有关施工质量验收规范为依据。

4.1.1　材料要求

（1）金属风管的材料品种、规格、性能与厚度应符合设计要求。当风管厚度设计无要求时，应按《通风与空调工程施工质量验收规范》（GB 50243—2016）执行。镀锌钢板的厚度应符合设计或合同的规定。当设计无规定时，不应采用低于 $80g/m^2$ 板材。

（2）非金属风管的材料品种、规格、性能与厚度等应符合设计要求。当设计无厚度规定时，应按《通风与空调工程施工质量验收规范》（GB 50243—2016）执行。高压系统非金属风管应按设计要求。

（3）复合材料风管的覆面材料必须采用不燃材料，内层的绝热材料应采用不燃或难燃且对人体无害的材料。

（4）复合材料风管的制作应符合下列规定：

1）复合材料风管的材料品种、规格、性能与厚度等应符合设计要求。复合板材的内外覆面层粘贴应牢固，表面平整无破损，内部绝热材料不得外露。

2）夹芯彩钢板复合材料风管应符合现行国家标准《建筑设计防火规范》（GB 50016—2018）的有关规定。当用于排烟系统时，内壁金属板的厚度应符合《通风与空调工程施工质量验收规范》（GB 50243—2016）的规定。

4.1.2　主要机具、设备

（1）机械：剪板机、冲剪机、薄钢板法兰成型机、切角机、咬口机、压筋机、折方机、合缝机、振动式曲线剪板机、型钢切割机、卷圆机、圆弯头咬口机、角（扁）钢卷圆机、冲孔机、插条法兰机、螺旋卷管机、台钻、电气焊设备、空气压缩机、五线机生产线、六线机生产线等。

（2）工具：手用电动剪、手电钻、油漆喷枪、液压铆钉钳、拉铆枪、划针、冲子、铁锤、木槌、钢卷尺、钢直尺、角尺、量角器、划规等。

4.1.3　作业条件

(1)风管预制,应有独立的施工机具和材料堆放场地。场地应平整、清洁。加工平台应找平。设施和电源应有可靠的安全防护装置。双面铝箔绝热板风管等其他复合材料风管的场地应干燥,应有足够的成品堆放场地。

(2)作业场地道路应畅通。必须设置能满足消防要求的各种器械及设施。

(3)加工设备布置在建筑物内时,应考虑建筑物楼板、梁的承载能力,必要时应采取相应措施。

(4)大样图、系统图经审查符合要求,并进行了技术及安全交底。

(5)净化系统风管制作场地应相对封闭。制作场地宜铺设不易产生灰尘的软性材料。

(6)加工场地应预留现场材料、成品及半成品的运输通道,加工场地的选择不得阻碍消防通道。

(7)对建筑、结构和电气、暖卫施工图中的管路走向、坐标、标高与通风管道之间跨越交叉等出现的问题已有解决方案。

(8)技术人员已向施工人员进行技术交底,对风管的制作尺寸,采用的技术标准、接口及法兰连接方法已经明确,并做好施工技术交底记录。

(9)编制了集中加工或现场加工的施工方案,并且施工条件已经按方案准备就绪。

(10)对采用 BIM 深化设计、工厂化预制加工、装配式施工工艺的,深化设计已完成了各专业模型间的碰撞,优化 BIM 模型。依据风管模型图,结合专业化族库,进行风管预制管段及构件分解,提取管件数量及尺寸信息交付预制加工。

4.1.4　施工工艺

(1)金属风管制作

1)工艺流程

展开下料→板材剪切→咬口制作→折方、卷圆、焊接→风管加固→金属法兰制作→风管与法兰装配→部件制作

2)展开下料

①下料前应依据加工草图放大样,画展开图,并加放咬口或搭接的留量,制作样板,并应与图纸尺寸详细校对无误后方可成批画线下料。

②对形状复杂或数量较多的管件,宜先制作样品,经检查合格后,方可继续制作。

③在不锈钢板、铝板上下料画线时,应使用铅笔或色笔,不得在板材表面用金属划针划线。

④圆形风管的弯曲半径及最少节数应符合表 4.1.1 的规定。

表 4.1.1　圆形风管弯曲半径和最少节数

弯管直径/mm	弯曲半径	弯曲度数和最少节数/节							
		90°		60°		45°		30°	
		中节	端节	中节	端节	中节	端节	中节	端节
80～220	≥1.5D	2	2	1	2	1	2	—	2
240～450	(1～1.5)D	3	2	2	2	1	2	—	2
480～800	(1～1.5)D	4	2	2	2	1	2	1	2
850～1400	D	5	2	3	2	2	2	1	2
1500～2000	D	8	2	5	2	3	2	2	2

注:D 为弯管直径,除尘系统圆形风管弯曲半径 R≥2D。

⑤圆形风管的三通或四通的支管与主管的夹角宜为 15°～60°,制作偏差应小于 3°。

⑥空气净化系统风管板材应减少拼接。矩形风管底边小于或等于 900mm 时不得有拼接缝;大于 900mm 时应减少拼接缝,且不得有横向拼接缝。

3)板材剪切

①用龙门剪板机剪切批量板料时,板材可不画线,只需将剪床限位标尺按所需尺寸定位固紧。剪下第一块板后复核尺寸,无误后批量剪切。若剪切工作中断后再次剪切,必须复核限位标尺,确认无误后方可剪切。

②手电剪适用于板厚在 1.2mm 以下任意线型的剪切。使用前应根据被剪板材的厚度和电剪性能调整上下剪刀的间隙,刀刃应保持锋利。

4)咬口制作

①镀锌钢板风管制作采用咬口连接,其他见表 4.1.2。

表 4.1.2　金属风管接缝

板厚/mm	材质		
	钢板	不锈钢板	铝板
δ≤2.0	咬接	咬接	咬接
δ>2.0	焊接	焊接(氩弧焊)	焊接(气焊或氩弧焊)

②风管及管件的咬口形式、咬口宽度和留量、适用范围可参照表 4.1.3。

表 4.1.3　咬口形式、留量及用途

名称	宽度 B/mm	留量		用途
		单	双	
单平咬口	7～12	1.5B		拼接缝、圆形风管纵、横缝
单立咬口	7～12	B	2B	圆形弯头及部分异性部件的横缝
单角咬口	7～10	B	2B	矩形风管闭合角缝

续表

名称	宽度 B/mm	留量		用途
		单	双	
联合角咬口	7～12	B	3B	矩形风管及部件的闭合角缝
按扣式角咬口	7～12	B	2.5B	矩形风管及部件的闭合角缝

③机械轧制各种咬口前应根据板料厚度、咬口宽度对设备间隙做细致的调整,并进行试轧,直到咬口成形良好、满足规定要求方可批量进行轧口。

④不同咬口形式的板料应分类堆放,分批轧口,以免错轧。特别是不锈钢板轧错后修改时易断裂,更应特别注意。

5)折方、卷圆、焊接

①采用压力折方机折弯时应先调整设备间隙,保证曲轴到最低位置时上下模之间有适当间隙。调好后进行试压,根据折弯板材的折弯角度调整上模直至折弯角度符合要求。

②采用电动折弯机折弯时应先调整折弯角度及间隙,折弯线应对准折弯机折棱。

③采用卷板机卷圆时,先根据风管直径调整上下轧辊的距离。上辊调整高度应以板材顺利卷入为准。

④同规格风管批量卷圆时应先试卷,然后批量加工。

⑤折方或卷圆后的钢板用合缝机或手工进行合缝,力度应适中均匀,并应防止咬缝因打击振动而造成半咬或开咬。接口两侧圆弧必须均匀。

⑥采用焊接制作金属风管时,可采用气焊、电焊、氩弧焊、接触焊。焊缝形式应根据风管的构造、钢板厚度、焊接方式选用。焊接工艺应遵守焊接规程的有关规定。焊接完成后需对风管整体进行防腐处理。

⑦焊接方法选用:一般钢板风管宜采用手工电弧焊或二氧化碳气体保护焊焊接;材料较薄时宜采用气焊焊接;不锈钢板时宜采用非熔化极氩弧焊或手工电弧焊焊接;铝板宜采用气焊或氩弧焊焊接。

⑧组对焊缝应严密,固定焊点间距不应大于100mm。点焊结束后应将焊缝打平打严。

⑨不锈钢板焊接前应将焊缝处的油污、杂物清除干净,焊后应进行酸洗钝化。

⑩铝板焊接前应用较软的钢丝刷或铜丝刷将焊缝处的氧化层、油污、杂物等清理干净,清理工作不得损伤板材,以露出银白色光泽为宜。若采用气焊,清理结束后应立即涂焊剂施焊。

6)风管加固

①当矩形风管边长大于或等于630mm、保温风管边长大于或等于800mm且其管段长度大于1250mm或低压风管单边面积大于1.2m²、中压和高压风管单边面积大于1.0m²时,均应采取加固措施。边长小于或等于800mm的风管宜采用压筋加固。边长为400～630mm、长度小于1000mm的风管也可采用压制十字交叉筋的方式加固。圆形风管(不包括螺旋风管)直径大于或等于800mm且其管段长度大于1250mm或总表面积大于4m²时,均应采取加固措施。加固形式见图4.1.1。

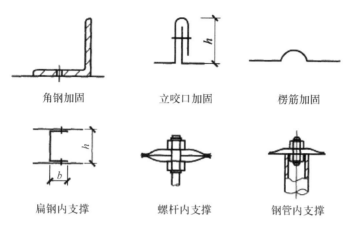

图 4.1.1　风管的加固形式

②楞筋(线)的排列应规则,间隔应均匀,最大间距应为 300mm。板应平整,凹凸变形(不平度)不应大于 10mm。

③角钢或采用钢板折成加固筋的高度应小于或等于风管的法兰高度。加固排列应整齐均匀。与风管的铆接应牢固,最大间隔不应大于 220mm。各条加箍筋的相交处,或加箍筋与法兰相交处应做连接固定。

④管内支撑与风管的固定应牢固,穿管壁处应采取密封措施。各支撑点之间或支撑点与风管的边沿或法兰间的距离应均匀,且不应大于 950mm。

⑤当中压、高压系统风管管段长度大于 1250mm 时,应采取加固框补强措施。高压系统风管的单咬口缝还应采取防止咬口缝胀裂的加固或补强措施。

⑥采用角钢和扁钢框加固的风管,加固框与法兰装配同时进行。对于加固框与风管壁的连接,咬口风管应采用铆接,焊接风管应采用断续焊接,焊缝 30mm,断开 100mm。加固用料见表 4.1.4。

表 4.1.4　风管加固形式及材料

边长/mm	加固形式	加固框材料/mm
630~800	对角或沿气流方向压凸棱,铆焊加固框或内加固筋	一30×4
1000~1250	铆焊角铁加固框	∟30×30×4
1600~2000	沿对角线铆焊角铁	∟30×30×4

⑦洁净空调系统的风管不应采用内加固措施或加固筋。风管内部的加固点或法兰铆接点周围应采用密封胶进行密封。

7)金属法兰制作

①矩形法兰制作

a.矩形法兰材料应采用型钢切割机剪切,严禁气割。可采用型钢调直机或手工调直。

b.下料调直后应采用冲床或钻床钻法兰螺栓和铆钉孔。低压和中压系统风管孔间距<150mm;高压系统风管孔间距<100mm。矩形法兰四角处应设螺孔。冲孔应在焊接前进行。

c.为便于安装时互换使用,同规格法兰盘的螺栓孔或铆钉孔的位置均应先做出标准样板,并经检查无误后按样板进行钻孔。

 d. 冲孔后的角钢应在胎具上进行焊接。焊件在胎具上应先固定焊,然后平焊,最后脱胎焊立缝。

 ②圆形法兰制作:按所需法兰直径调整法兰煨弯机上辊至适宜位置,将调直后的整根角钢或扁钢卷成螺旋形状,然后画线、切割、找圆、找平、焊接、打孔。

 ③风管及法兰制作的尺寸、允许偏差和检验方法应符合表 4.1.5、表 4.1.6、表 4.1.7 的规定。

表 4.1.5　圆形风管法兰

风管直径 D/mm	法兰材料规格/mm×mm	
	扁钢	角钢
$D \leqslant 140$	20×4	—
$140 < D \leqslant 280$	25×4	—
$280 < D \leqslant 630$	—	25×3
$630 < D \leqslant 1250$	—	30×4
$1250 < D \leqslant 2000$	—	40×4

表 4.1.6　矩形风管法兰

风管长边尺寸 b/mm	法兰用料规格(角钢)/mm×mm
$b \leqslant 630$	25×3
$630 < b \leqslant 1500$	30×3
$1500 < b \leqslant 2500$	40×4
$2500 < b \leqslant 4000$	50×5

表 4.1.7　风管及法兰制作尺寸的允许偏差和检验方案

项目	允许偏差/mm		检验方法
圆形风管外径	$\phi \leqslant 300mm$	1～0	用尺量互成 90°的直径
	$\phi > 300mm$	−2～0	
矩形风管大边	$b \leqslant 300mm$	−1～0	尺量检查
	$b > 300mm$	−2～0	
圆形法兰直径		0～2	用尺量互成 90°的直径
矩形法兰边长		0～2	用尺量四边
矩形法兰两对角线之差		3	尺量检查
法兰平整度		2	法兰放在平台上,用塞尺检查
法兰焊缝对接处的平整度		1	

8)风管与法兰装配

①风管与角钢法兰连接时,如果管壁厚度小于或等于1.5mm,可采用翻边铆接,翻边尺寸不应小于6mm,但不得遮挡螺栓孔。铆钉规格、铆孔尺寸见表4.1.8。

表4.1.8 圆、矩形风管法兰铆钉规格及铆孔尺寸 （单位:mm）

类型	风管规格	铆孔尺寸	铆钉规格
方法兰	120～630	$\phi4.5$	$\phi4\times8$
	800～2000	$\phi5.5$	$\phi5\times10$
圆法兰	200～500	$\phi4.5$	$\phi4\times8$
	530～2000	$\phi5.5$	$\phi5\times10$

②风管壁厚大于1.5mm时可采用翻边点焊或沿风管管口周边满焊。风管与扁钢法兰连接时可采用翻边连接或焊接。

③不锈钢风管的法兰采用碳素钢时,型钢表面应镀铬或镀锌。铆接应采用不锈钢铆钉。

④铝板风管的法兰采用碳素钢时,型钢表面应镀锌或涂绝缘漆,铆接应采用铝铆钉。

⑤装配时,法兰盘平面与风管或部件的中心线应相互垂直,风管翻边应平整,并与法兰靠平。

⑥空气净化系统风管应符合洁净等级或设计要求。咬口缝处所涂密封胶宜在正压侧。镀锌钢板风管的咬口缝、折边和铆接等处有损伤时,应进行防腐处理。

⑦风管成品经检测合格后应按系统及连接顺序对风管进行编号。

9)部件制作

①柔性短管制作工艺流程

下料→缝制或焊接→成形→法兰组装

a.柔性短管制作材料可采用帆布、人造革、软聚氯乙烯、软橡胶板等。

b.采用帆布或人造革制作柔性短管时,先按管径展开,并加放20～30mm的加工留量,然后用缝纫机缝合。缝好的柔性短管加垫的镀锌铁皮条应铆接在法兰盘上并翻边。

c.软聚氯乙烯板制作柔性短管的程序如下:

i.先按管径展开,并加放10～15mm的搭接量。

ii.柔性短管的接缝采用空气加热焊接时,热风温度不宜过高,一般为170℃左右。

iii.塑料软管应用钢卡箍在法兰盘上。钢卡应用不锈钢或镀锌铁皮制作。

d.柔性短管一般为150～250mm,其接合缝应牢固、严密,并不得作为异径管使用。

e.若需防潮,帆布柔性短管应刷油漆。

②风帽制作工艺流程

下料→零件制作→组装→刷油→(K)安装

注:K表示质量检测控制点。

a.风帽制作、下料、剪切、咬口等工艺方法与规定可参见"风管制作"部分。

b.伞形风帽制作注意事项:

i.伞形风帽展开时应考虑卷边量和咬口留量,闭合缝采用单平咬口。有拼缝时,拼缝应做成顺水形式,卷边留量应为 250% 卷丝直径。

ii.伞形帽、直管的装配孔宜在闭合缝咬口前钻好。支撑扁铁制作应先画线剪切,然后钻孔煨弯。

c.筒形风帽制作的程序如下:

i.螺栓孔、铆钉孔宜在下料后钻孔。外筒加固宜在成形前进行。加固材料的接缝应与外筒闭合缝错开。

ii.支撑扁铁煨制应有准确的样板。

iii.组装时,应先在扩散管上画出挡风圈的位置,然后铆接。伞形帽和扩散管应先用支撑扁铁连接在一起,然后装入外筒用螺栓固定。

d.风帽制作完毕应按设计或使用要求做防腐处理。

③静压箱制作

a.静压箱制作中下料、剪切、焊接、咬口等工艺要求参见"风管制作"部分。

b.净化系统静压箱的制作,应采用不易锈蚀的材料。成形应采用咬接或焊接,接缝宜少。采用咬接时,宜用转角咬口或联合角咬口,咬缝处应涂密封胶;采用焊接时,焊缝处严禁有裂纹和穿孔。

d.静压箱内固定高效过滤器的框架及固定件应做镀锌、镀镍等防腐处理。

④其他部件制作

a.导流叶片、检查门、测温孔均应按国家标准图集或设计要求制作。

b.内弧形、内斜线矩形弯管的径向边长大于 500mm 时应设置导流片。导流片连接板厚度与弯管壁相同,导流片弧度应与弯管的角度一致。

c.洁净系统中的清扫口和检查门必须开闭灵活,密闭性好。密闭垫料应采用闭孔海绵橡胶板、密封橡胶条等不产尘、不积尘、弹性好的材料制作。

d.测孔应安装在风管的中心易于操作的地方。温度测孔最好置于气流由下向上的竖风管上,开孔尺寸、插入深度均应满足测试要求。孔口应能封闭严密。

(2)非金属风管与复合材料风管制作

1)硬聚氯乙烯板风管

①板材放样画线前,应留出收缩裕量。每批板材加工前均应进行试验,确定焊缝收缩率。

②放样画线时,应根据设计图纸尺寸和板材规格,以及加热烘箱、加热机具等的具体情况,合理安排放样图形及焊接部位,应尽量减少切割和焊接工作量。

③展开画线时应使用红铅笔或不伤板材表面的软体笔,严禁用锋利金属针或锯条画线,不应使板材表面形成伤痕或折裂。

④严禁在圆形风管的管底设置纵焊缝。矩形风管管底宽度小于板材宽度的不应设置纵焊缝,管底宽度大于板材宽度的,只能设置一条纵缝,并应尽量避免纵焊缝的存在。焊缝应牢固、平整、光滑。

⑤用龙门剪床下料时宜在常温下进行剪切,并应调整刀片间隙,板材在冬天气温较低时或板材杂质与再生材料掺和过量时,应将板材加热到 30℃ 左右,才能进行剪切,防止材料碎裂。

⑥锯割时,应将板材紧贴在锯床表面上,均匀地沿割线移动,锯割的速度应控制在每分

钟 3m 的范围内,防止材料过热,发生烧焦和黏住现象。切割时,宜用压缩空气进行冷却。

⑦板材厚度大于 3mm 时应开 V 形坡口;板材厚度为 5～8mm 时应开双面 V 形坡口。坡口角度为 50°～60°,留钝边 1～1.5mm,坡口间隙 0.5～1mm。坡口的角度和尺寸应均匀一致,如图 4.1.16 所示。

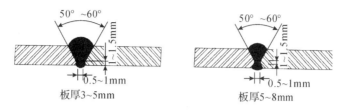

图 4.1.2　坡口及焊缝形式

⑧采用坡口机或砂轮机进行坡口时应将坡口机或砂轮机底板和挡板调整到需要的角度,先对样板进行坡口后,检查角度是否合乎要求,确认准确无误后再进行大批量坡口加工。

⑨矩形风管加热成形时,不得用四周角焊成形,应四边加热折方成形。加热表面温度应控制在 130～150℃,加热折方部位不得有焦黄、发白裂口。成形后不得有明显扭曲和翘角。

⑩矩形法兰制作:在硬聚氯乙烯板上按规格画好样板,尺寸应准确,对角线长度应一致,四角的外边应整齐。焊接成型时应用钢块等重物适当压住,防止塑料焊接变形,以使法兰的表面保持平整。

⑪圆形法兰制作:应将聚氯乙烯按直径要求计算板条长度并放足热胀冷缩余料长度,用剪床或圆盘锯裁切成条形状。圆形法兰宜采用两次热成形,第一次将加热成柔软状态的聚氯乙烯板煨成圈带,接头焊牢后,第二次再加热成柔软状态板体在胎具上压平校形。φ150 以下法兰不宜热煨,可用车床加工。

⑫焊缝应填满,首根底焊条宜用 φ2,表面多根焊条焊接应排列整齐,焊缝不得有焦黄断裂现象。焊缝强度不得低于母材强度的 60%,焊条材质与板材相同。

⑬圆形风管一般不进行现场制作,购买成品风管即可。

2)玻璃钢风管

①玻璃钢风管制作,应在环境温度不低于 15℃的条件下进行。

②模具尺寸必须准确,结构坚固,制作风管时不变形,模具表面必须光洁。

③制作浆料宜采用拌和机拌和,人工拌和时必须保证拌和均匀,不得夹杂生料,浆料必须边拌边用,有结浆的浆料不得使用。

④敷设玻璃纤维布时,搭接宽度不应小于 50mm,接缝应错开。敷设时,每层必须铺平、拉紧,保证风管各部位厚度均匀,法兰处的玻璃纤维布应与风管连成一体。

⑤风管养护时不得有日光直接照射或雨淋,固化成形达到一定强度后方可脱模。脱模后应除去风管表面毛刺和尘渣。

⑥风管法兰钻眼应先画线、定位,再用电钻钻眼。钻眼后,除去表面毛刺和尘渣。

⑦风管存放地点应通风,避免日光直接照射、雨淋及潮湿。

3)玻璃纤维风管

①制作风管的板材实际展开长度应包括风管内尺寸和余量,展开长度超过 3m 的风管

可用两片法或多片法制作。为减少板材的损耗,应根据需要选择展开方法。

②板材开槽可使用机器开槽或手工开槽,手工开槽时应根据槽的形状正确使用刀具,开槽应平直、无缺损。

③风管封边采用的密封材料应符合相应的产品标准。

④使用密封胶带和胶黏剂前,使用"外八字"形装订针固定所有的接头,装订针的间距为 50mm。

⑤使用热敏胶带时,熨斗的表面温度要达到 287～343℃,热量和压力要能使胶带表面 ABI 圆点变黑色;使用压敏胶带前,必须清洁风管表面需粘接的部位并保持干燥;使用玻璃纤维织物和胶黏剂时注意在胶黏剂干透前,不要触碰胶黏剂,也不要压紧玻璃纤维织物和胶黏剂。

⑥风管加固根据材料生产厂家提供的产品技术说明进行确定,并由厂家提供专用的加固材料。

⑦风管存放宜架空存放,并要考虑防风措施。

4)复合夹芯板风管

①风管的板材下料展开可采用 U 形、L 形或单板、条板法,为减少板材的损耗,根据需要选择展开方法。

②整板或部分连接可使用胶粘后凝固的方式连接,不破坏表层以便后续工序的进行。拼接时先用专用工具切割,在两切割面涂胶黏剂,沿长度方向正确压合后,再在两面贴上铝箔胶带,供后续工序使用。

③板材粘接前,所有需粘接的表面必须除尘去污,切割的坡口涂满胶黏剂,并覆盖所有切口表面。

④风管在粘合成形后,风管所有接缝必须用铝箔带封闭并粘接完好。

⑤风管加固根据材料生产厂家提供的产品技术说明进行确定,并由厂家提供专用的加固材料。

(3)净化空调系统风管制作

1)风管制作的场所应相对封闭,场地宜铺设不易产生灰尘的软性材料。

2)风管加工前应采用清洗液去除板材表面油污及积尘。清洗液应对板材表面无损害、干燥后不产生粉尘,且对人体无危害的中性清洁剂。

3)风管应减少纵向接缝,且不得有横向接缝。矩形风管底边的纵向接缝应符合表 4.1.9 的规定。

表 4.1.9　净化系统矩形风管底边允许纵向接缝数量

风管边长 b/mm	$b<900$	$900<b\leqslant1800$	$1800<b\leqslant2600$
允许纵向接缝数量	0	1	2

4)风管的咬口缝、铆接缝以及法兰翻边四角等缝隙处,应按设计要求及洁净等级,采取涂密封胶或其他密封措施堵严。密封材料宜采用异丁基橡胶、氯丁橡胶、变性硅胶等为基材的材料。风管板材连接缝的密封面宜设在风管的正压侧。

5）彩色涂层钢板风管的内壁应光滑,加工时应避免损坏涂层,被损坏的部位应涂环氧树脂。

6）净化空调系统风管法兰的铆钉间距应小于 100 mm,空气洁净度等级为 N1～N5 级的风管法兰铆钉间距应小于 65mm。

7）风管连接螺栓、螺母、垫圈和铆钉应采用镀锌或其他防腐措施。不得使用抽芯铆钉。

8）风管不得采用 S 形插条、C 形直角插条及立联合角插条的连接方式。空气洁净度等级为 N1～N5 级的洁净系统风管不得采用按扣式咬口。

9）风管内不得设置加固框或加固筋。

10）风管制作完毕应用清洗液进行清洗,清洗后经白绸布擦拭检查达到要求后,应及时封口。

（4）风管配件制作

1）矩形风管的弯管、三通、异径管及来回弯管等配件所用材料厚度、连接方法及制作要求应符合风管制作的相应规定。

2）矩形弯管如图 4.1.3 所示

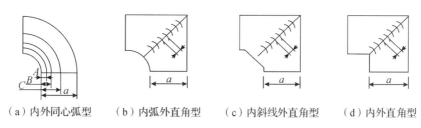

（a）内外同心弧型　　（b）内弧外直角型　　（c）内斜线外直角型　　（d）内外直角型

图 4.1.3　矩形弯管示意

矩形弯管的制作应符合下列要求:

①矩形弯管宜采用内外同心弧型。弯管曲率半径宜为一个平面边长,圆弧应均匀。

②矩形内外同心弧型弯管平面边长大于 500mm,且内弧半径(r)与弯管平面边长(a)之比小于或等于 0.25 时应设置导流片。导流片弧度应与弯管角度相等,迎风边缘应光滑,片数及设置位置应按表 4.1.10 及图 4.1.4 的规定。

表 4.1.10　内外弧型矩形弯管导流片设置

弯管平面边长 a/mm	导流片数	导流片位置		
		A	B	C
500＜a≤1000	1	$a/3$	—	—
1000＜a≤1500	2	$a/4$	$a/2$	—
a＞15000	3	$a/8$	$a/3$	$a/2$

③矩形内弧外直角型弯管以及边长大于 500mm 的内弧外直角形、内斜线外直角形弯管应按图 4.1.4 选用单弧形或双弧形等圆弧导流片。单弧形、双弧形导流片圆弧半径与片距宜按表 4.1.11 的规定。

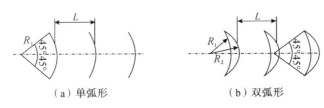

（a）单弧形　　　　　　　（b）双弧形

图 4.1.4　单弧形或双弧形导流片形式

表 4.1.11　单弧形或双弧形导流片的圆弧半径 _R_ 及间距 _L_　　　　（单位：mm）

单圆弧导流片		双圆弧导流片	
$R_1 = 50$ $L = 38$	$R_1 = 115$ $L = 83$	$R_1 = 50$ $R_2 = 25$ $L = 54$	$R_1 = 115$ $R_2 = 51$ $L = 83$
镀锌板厚度宜为 0.8		镀锌板厚度宜为 0.6	

④非金属矩形弯管的导流片，宜采用与风管材质性能相同或相一致的材料。

⑤采用机械方法压制的非金属矩形弯管弯弧面，其内弧半径小于 150 mm 的轧压间距宜为 20～35mm；内弧半径 150～300mm 的轧压间距宜在 35～50mm，内弧半径大于 300mm 的轧压间距宜在 50～70mm。轧压深度不宜大于 5mm。

3）组合圆形弯管可采用立咬口，弯管曲率半径（以中心线计）和最小分节数应符合表 4.1.1 的规定。弯管的弯曲角度允许偏差应不大于 3°。

4）变径管单面变径的夹角（θ）宜小于 30°，双面变径的夹角宜小于 60°，如图 4.1.5 所示。

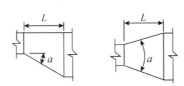

图 4.1.5　单面变径与双面变径夹角

5）圆形三通、四通、支管与总管夹角宜为 15°～60°，制作偏差应小于 3°。插接式三通管段长度宜为 2 倍支管直径加 100mm、支管长度不应小于 200mm，止口长度宜为 50mm。三通连接宜采用焊接或咬接形式，见图 4.1.6。

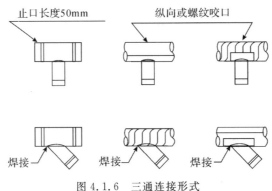

图 4.1.6　三通连接形式

4.1.5 质量标准

（1）一般规定

1）对风管制作质量的验收,应按其材料、系统类别和使用场所的不同分别进行,主要包括风管的材质、规格、强度、严密性与成品外观质量等内容。

2）风管制作所用的板材、型材以及其他主要材料进场时应进行验收,质量应符合设计要求及国家现行标准的有关规定,并应提供出厂检验合格证明。工程中所选用的成品风管,应提供产品合格证书或进行强度和严密性的现场复验。

3）金属风管规格应以外径或外边长为准,非金属风管和风道规格应以内径或内边长为准。圆形风管规格应符合表4.1.12的规定,矩形风管规格应符合表4.1.13的规定。圆形风管应优先采用基本系列,非规则椭圆形风管应参照矩形风管,并应以平面边长及短径尺寸为准。

表 4.1.12　圆形风管规格　　　　　　　　　　　　　　（单位：mm）

风管直径			
基本系列	辅助系列	基本系列	辅助系列
100	80	250	240
	90	280	260
120	110	320	300
140	130	360	340
160	150	400	380
180	170	450	420
200	190	500	480
220	210	560	530
630	600	1250	1180
700	670	1400	1320
800	750	1600	1500
900	850	1800	1700
1000	950	2000	1900
1120	1060		

表 4.1.13　矩形风管规格　　　　　　　　　　　　　　（单位：mm）

风管边长				
120	320	800	2000	4000

续表

风管边长				
160	400	1000	2500	—
200	500	1250	3000	—
250	630	1600	3500	—

4)风管系统按其工作压力划分为微压、低压、中压与高压四个类别,并应采用相应类别的风管。其类别划分应符合表 4.1.14 的规定。

表 4.1.14 风管系统类别划分

类别	风管系统工作压力 P/Pa		密封要求
	管内正压	管内负压	
微压	$P\leqslant125$	$P\geqslant-125$	接缝及接管连接处应严密
低正	$125<P\leqslant500$	$-500\leqslant P<-125$	接缝及接管连接处应严密,密封面宜设在风管的正压侧
中压	$500<P\leqslant1500$	$-1000\leqslant P<-500$	接缝及接管连接处应加设密封措施
高压	$1500<P\leqslant2500$	$-2000\leqslant P<-1000$	所有的拼接缝及接管连接处均应采取密封措施

5)镀锌钢板及各类含有复合保护层的钢板,应采用咬口连接或铆接,不得采用焊接连接。

6)风管的密封应以板材连接的密封为主,也可采用密封胶嵌缝和其他方法密封。密封胶的性能应符合使用环境的要求,密封面宜设在风管的正压侧。

7)净化空调系统风管的材质应符合下列规定:

①应按工程设计要求选用。当设计无要求时,宜采用镀锌钢板,且镀锌层厚度不应小于 $100g/m^2$。

②当生产工艺或环境条件要求采用非金属风管时,应采用不燃材料或难燃材料,且表面应光滑、平整、不产尘、不易霉变。

(2)主控项目

1)风管加工质量应通过工艺性检测或验证,强度和严密性要求应符合下列规定。

①风管在试验压力保持 5min 及以上时,接缝处应无开裂,整体结构应无永久性的变形及损伤。试验压力应符合下列规定:

a.低压风管应为 1.5 倍的工作压力。

b.中压风管应为 1.2 倍的工作压力,且不低于 750Pa。

c.高压风管应为 1.2 倍的工作压力。

②矩形金属风管的严密性检验,在工作压力下的风管允许漏风量应符合表 4.1.15 的规定。

表 4.1.15 风管允许漏风量

风管类别	允许漏风量/[m³/(h·m²)]
低压风管	$Q_l \leqslant 0.1056P^{0.65}$
中压风管	$Q_m \leqslant 0.0352P^{0.65}$
高压几管	$Q_n \leqslant 0.0117P^{0.65}$

注：Q_l 为低压风管允许漏风量；Q_m 为中压风管允许漏风量；Q_h 为高压风管允许漏风量；P 为系统风管工作压力，单位为 Pa。

③低压、中压圆形金属与复合材料风管以及采用非法兰形式的非金属风管的允许漏风量应为矩形金属风管规定值的 50%。

④砖、混凝土风道的允许漏风量不应大于矩形金属低压风管规定值的 1.5 倍。

⑤排烟、除尘、低温送风及变风量空调系统风管的严密性应符合中压风管的规定，$N_1 \sim N_5$ 级净化空调系统风管的严密性应符合高压风管的规定。

⑥如果风管系统工作压力绝对值不大于 125Pa 的微压风管，在外观和制造工艺检验合格的基础上，不应进行漏风量的验证测试。

⑦输送剧毒类化学气体及病毒的实验室通风与空调风管的严密性能应符合设计要求。

⑧风管或系统风管强度与漏风量测试应符合本章附录 A 的规定。

检查数量：按 Ⅰ 方案。

检查方法：按风管系统的类别和材质分别进行，查阅产品合格证和测试报告，或实测旁站。

2)防火风管的本体、框架与固定材料、密封垫料等必须采用不燃材料，防火风管的耐火极限时间应符合系统防火设计的规定。

检查数量：全数检查。

检查方法：查阅材料质量合格证明文件和性能检测报告，观察检查与点燃试验。

3)金属风管的制作应符合下列规定：

①金属风管的材料品种、规格、性能与厚度应符合设计要求。当风管厚度设计无要求时，应按《通风与空调工程施工质量验收规范》(GB 50243—2016)执行。钢板风管板材厚度应符合表 4.1.16 的规定。镀锌钢板厚度应符合设计或合同的规定，当设计无规定时，不应采用低于 80g/m² 板材。不锈钢板风管板材厚度应符合表 4.1.17 的规定。铝板风管板材厚度应符合表 4.1.18 的规定。

表 4.1.16 钢板风管板材厚度

风管直径或长边尺寸 b/mm	板材厚度/mm				
	微压、低压系统风管	中压系统风管		高压系统风管	除尘系统风管
		圆形	矩形		
$b \leqslant 320$	0.5	0.5	0.5	0.75	2.0
$320 < b \leqslant 450$	0.5	0.6	0.6	0.76	2.0

续表

风管直径或长边尺寸 b/mm	板材厚度/mm				
	微压、低压系统风管	中压系统风管		高压系统风管	除尘系统风管
		圆形	矩形		
450<b≤630	0.6	0.75	0.75	1.0	3.0
630<b≤1000	0.75	0.75	0.75	1.0	4.0
1000<b≤1500	1.0	1.0	1.0	1.2	5.0
1500<b≤2000	1.0	1.2	1.2	1.5	按设计要求
2000<b≤4000	1.2	按设计要求	1.2	按设计要求	按设计要求

注：1. 螺旋风管的钢板厚度可按圆形风管减少10%～15%。

2. 排烟系统风管钢板厚度可按高压系统。

3. 不适用于地下人防与防火隔墙的预埋管。

表 4.1.17　不锈钢板风管板材厚度　　　　　　　（单位：mm）

风管直径或长边尺寸 b	微压、低压、中压	高压
b≤450	0.5	0.75
450<b≤1120	0.75	1.0
1120<b≤2000	1.0	1.2
2000<b≤4000	1.2	按设计要求

表 4.1.18　铝板风管板材厚度　　　　　　　（单位：mm）

风管直径或长边尺寸 b	微压、低压、中压
b≤320	1.0
320<b≤630	1.5
630<b≤2000	2.0
2000<b≤4000	按设计要求

4）金属风管的连接应符合下列规定：

①风管板材拼接的咬口缝应错开，不得有十字形拼接缝。

②金属圆形风管法兰及螺栓规格应符合表4.1.19的规定。金属矩形风管法兰及螺栓规格应符合表4.1.20的规定。微压、低压与中压系统风管法兰的螺栓及铆钉孔的孔距不得大于150mm；高压系统风管法兰的螺栓及铆钉孔的孔距不得大于100mm。矩形风管法兰的四角部位应设有螺孔。

c. 用于中压及以下压力系统风管的薄钢板法兰矩形风管的法兰高度应大于或等于相同金属法兰风管的法兰高度。薄钢板板兰矩形风管不得用于高压系统风管。

表 4.1.19　金属圆形风管法兰及螺栓规格　　　　　　（单位：mm）

风管直径 D	法兰材料规格		螺栓规格
	扁钢	角钢	
D≤140	20×4	—	M6
140<D≤280	25×4	—	
280<D≤630	—	25×3	
630<D≤1250	—	30×4	M8
1250<D≤2000	—	40×4	

表 4.1.20　金属矩形风管法兰及螺栓规格　　　　　　（单位：mm）

风管长边尺寸 b	法兰材料规格（角钢）	螺栓规格
b≤630	25×3	M6
630<b≤1500	30×3	M8
1500<b≤2500	40×4	
2500<b≤4000	50×5	M10

5）玻璃钢风管的制作应符合下列规定：

①微压、低压及中压系统有机玻璃钢风管板材的厚度应符合表 4.1.21 的规定。无机玻璃钢（氯氧镁水泥）风管板材的厚度应符合表 4.1.22 的规定。风管玻璃纤维布厚度与层数应符合表 4.1.23 的规定，且不得采用高碱玻璃纤维布。风管表面不得出现泛卤及严重泛霜。

②玻璃钢风管法兰的规格应符合表 4.1.24 的规定，螺栓孔的间距不得大于 120mm。矩形风管法兰的四角处应设有螺孔。

③当采用套管连接时，套管厚度不得小于风管板材厚度。

④玻璃钢风管的加固应为本体材料或防腐性能相同的材料，加固件应与风管成为整体。

表 4.1.21　微压、低压、中压有机玻璃钢风管板材厚度　　　　　　（单位：mm）

圆形风管直径 D 或矩形风管长边尺寸 b	壁厚
D(b)≤200	2.5
200<D(b)≤400	3.2
400<D(b)≤630	4.0
630<D(b)≤1000	4.8
1000<D(b)≤2000	6.2

表 4.1.22 微压、低压、中压无机玻璃钢风管板材厚度 （单位:mm）

圆形风管直径 D 或矩形风管长边尺寸 b	壁厚
$D(b) \leqslant 300$	2.5～3.5
$300 < D(b) \leqslant 500$	3.5～4.5
$500 < D(b) \leqslant 1000$	4.5～5.5
$1000 < D(b) \leqslant 1500$	5.5～6.5
$1500 < D(b) \leqslant 2000$	6.5～7.5
$D(b) \leqslant 2000$	7.5～8.5

表 4.1.23 微压、低压、中压系统无机玻璃钢风管玻璃纤维布厚度与层数 （单位:mm）

圆形风管直径 D 或矩形风管长边尺寸 b	风管管体玻璃纤维布厚度		风管法兰玻璃纤维布厚度	
	0.3	0.4	0.3	0.4
	玻璃布层数			
$D(b) \leqslant 300$	5	4	8	7
$300 < D(b) \leqslant 500$	7	5	10	8
$500 < D(b) \leqslant 1000$	8	6	13	9
$1000 < D(b) \leqslant 1500$	9	7	14	10
$1500 < D(b) \leqslant 2000$	12	8	16	14
$D(b) \leqslant 2000$	14	9	20	16

表 4.1.24 玻璃钢风管法兰规格 （单位:mm）

圆形风管直径 D 或矩形风管长边尺寸 b	材料规格(宽×厚)	连接螺栓
$D(b) \leqslant 400$	30×4	M8
$400 < D(b) \leqslant 1000$	40×6	
$1000 < D(b) \leqslant 2000$	50×8	M10

6)砖、混凝土建筑风道的伸缩缝应符合设计要求,不应有渗水和漏风。

7)织物布风管在工程中使用时应具有相应符合国家现行标准的规定,并应符合卫生与消防的要求。

检查数量:按Ⅰ方案。

检查方法:观察检查、尺量、查验材料质量证明书、产品合格证。

8)复合材料风管的覆面材料必须采用不燃材料,内层的绝热材料应采用不燃或难燃且对人体无害的材料。

检查数量:全数检查。

检查方法:查验材料质量合格证明文件、性能检测报告,观察检查与点燃试验。

9)复合材料风管的制作应符合下列规定：

①复合风管的材料品种、规格、性能与厚度等应符合设计要求。复合板材的内外覆面层粘贴应牢固，表面平整无破损，内部绝热材料不得外露。

②铝箔复合材料风管的连接、组合应符合下列规定：

a.采用直接黏结连接的风管，边长不应大于500mm；采用专用连接件连接的风管，金属专用连接件的厚度不应小于1.2mm，塑料专用连接件的厚度不应小于1.5mm。

b.风管内的转角连接缝应采取密封措施。

c.铝箔玻璃纤维复合风管采用压敏铝箔胶带连接时，胶带应粘接在铝箔面上，接缝两边的宽度均应大于20mm。不得采用铝箔胶带直接与玻璃纤维断面相黏结的方法。

d.当采用法兰连接时，法兰与风管板材的连接应可靠，绝热层不应外露，不得采用降低板材强度和绝热性能的连接方法。中压风管边长大于1500mm时，风管法兰应为金属材料。

③夹芯彩钢板复合材料风管，应符合现行国家标准《建筑设计防火规范》(GB 50016—2018)的有关规定。当用于排烟系统时，内壁金属板的厚度应符合表4.1.16的规定。

检查数量：按Ⅰ方案。

检查方法：尺量、观察检查、查验材料质量证明书、产品合格证。

10)净化空调系统风管的制作应符合下列规定：

①风管内表面应平整、光滑，管内不得设有加固框或加固筋。

②风管不得有横向拼接缝。矩形风管底边宽度小于或等于900mm时，底面不得有拼接缝；大于900mm且小于或等于1800mm时，底面拼接缝不得多于1条；大于1800mm且小于或等于2700mm时，底面拼接缝不得多于2条。

③风管所用的螺栓、螺母、垫圈和铆钉的材料应与管材性能相适应，不应产生电化学腐蚀。

④当空气洁净度等级为$N_1 \sim N_5$级时，风管法兰的螺栓及铆钉孔的间距不应大于80mm；当空气洁净度等级为$N_6 \sim N_9$级时，风管法兰的螺栓及铆钉孔的间距不应大于120mm。不得采用抽芯铆钉。

⑤矩形风管不得使用S形插条及直角形插条连接。边长大于1000mm的净化空调系统风管若无相应的加固措施，不得使用薄钢板法兰弹簧夹连接。

⑥空气洁净度等级为$N_1 \sim N_5$级净化空调系统的风管，不得采用按扣式咬口连接。

⑦风管制作完毕后，应清洗。清洗剂不应对人体、管材和产品等产生危害。

检查数量：按Ⅰ方案。

检查方法：查阅材料质量合格证明文件和观察检查，用白绸布擦拭。

(3)一般项目

1)金属风管的制作

①金属法兰连接风管的制作应符合下列规定：

a.风管与配件的咬口缝应紧密，宽度应一致，折角应平直，圆弧应均匀，两端面应平行。风管不应有明显的扭曲与翘角，表面应平整，凹凸不应大于10mm。

b.当风管的外径或外边长小于或等于300mm时，其允许偏差不应大于2mm；当风管的外径或外边长大于300mm时，其允许偏差不应大于3mm。管口平面度的允许偏差不应大于 2mm。矩形风管两条对角线长度之差不应大于 3mm。圆形法兰任意两直径之差不应大于 3mm。

c.焊接风管的焊缝应饱满、平整,不应有凸瘤、穿透的夹渣和气孔、裂缝等其他缺陷。风管目测应平整,不应有凹凸大于 10mm 的变形。

d.风管法兰的焊缝应熔合良好、饱满,无假焊和孔洞。法兰外径或外边长及平面度的允许偏差不应大于 2mm。同一批量加工的相同规格法兰的螺孔排列应一致,并应具有互换性。

e.风管与法兰采用铆接连接时,铆接应牢固,不应有脱铆和漏铆现象。翻边应平整、紧贴法兰,宽度应一致,且不应小于 6mm。咬缝及矩形风管的四角处不应有开裂与孔洞。

f.风管与法兰采用焊接连接时,焊缝应低于法兰的端面。除尘系统风管宜采用内侧满焊、外侧间断焊的形式。当风管与法兰采用点焊固定连接时,焊点应熔合良好,间距不应大于 100mm。法兰与风管应紧贴,不应有穿透的缝隙与孔洞。

g.镀锌钢板风管表面不得有 10% 以上的白花、锌层粉化等镀锌层严重损坏的现象。

h.当不锈钢板或铝板风管的法兰采用碳素钢材时,材料规格应符合《通风与空调工程施工质量验收规范》(GB 50243—2016)第 4.1.3 条的规定,并应根据设计要求进行防腐处理。铆钉材料应与风管材质相同,避免产生电化学腐蚀。

②金属无法兰连接风管的制作应符合下列规定:

a.圆形风管无法兰连接形式应符合表 4.1.25 的规定。矩形风管无法兰连接形式应符合表 4.1.26 的规定。

表 4.1.25　圆形风管无法兰连接形式

无法兰连接形式		附件板厚	接口要求	使用范围
承插连接		—	插入深度≥30mm,有密封要求	直径<700mm 的微压、低压风管
带加强筋承插		—	插入深度≥20mm,有密封要求	微压、低压、中压风管
角钢加固承插		—	插入深度≥20mm,有密封要求	微压、低压、中压风管
芯管连接		≥管板厚	插入深度≥20mm,有密封要求	微压、低压、中压风管

续表

无法兰连接形式		附件板厚	接口要求	使用范围
立筋抱箍连接	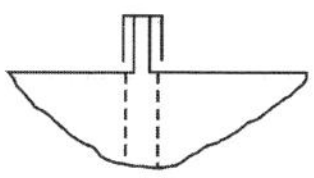	≥管板厚	翻边与楞筋匹配一致,紧固严密	微压、低压、中压风管
抱箍连接	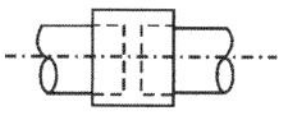	≥管板厚	对口尽量靠近不重叠,抱箍应居中,宽度≥100mm	直径<700mm 的微压、低压风管

表 4.1.26　矩形风管无法兰连接形式

无法兰连接形式		附件板厚/mm	使用范围
S形插条	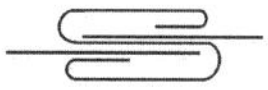	≥0.7	微压、低压风管,单独使用时连接处必须有固定措施
C形插条		≥0.7	微压、低压、中压风管
立插条	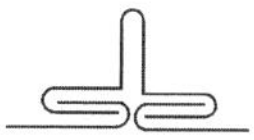	≥0.7	微压、低压、中压风管
立咬口	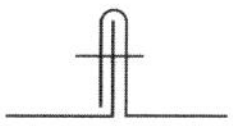	≥0.7	中、低压风管
包边立咬口	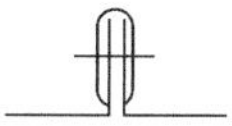	≥0.7	中、低压风管
薄钢板法兰插条		≥1.0	中、低压风管
薄钢板法兰弹簧夹		≥1.0	中、低压风管
直角形平插条	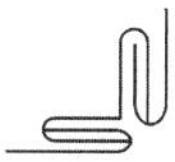	≥0.7	低压风管
立联合角形插条	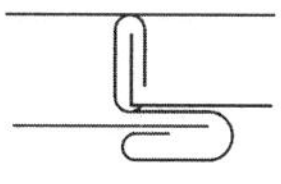	≥0.8	低压风管

b.矩形薄钢板法兰风管的接口及附件,尺寸应准确,形状应规则,接口应严密;风管薄钢板法兰的折边应平直,弯曲度不应大于5‰。弹性插条或弹簧夹应与薄钢板法兰折边宽度相匹配,弹簧夹的厚度应大于或等于1mm,且不应低于风管本体厚度。角件与风管薄钢板法兰四角接口的固定应稳固紧贴,端面应平整,相连处的连续通缝不应大于2mm;角件的厚度不应小于1mm及风管本体厚度。薄钢板法兰弹簧夹连接风管,边长不宜大于1500mm。当对法兰采取相应的加固措施时,风管边长不得大于2000mm。

c.矩形风管采用C形、S形插条连接时,风管长边尺寸不应大于630mm。插条与风管翻边的宽度应匹配一致,允许偏差不应大于2mm。连接应平整严密,四角端部固定折边长度不应小于20mm。

d.矩形风管采用立咬口、包边立咬口连接时,立筋的高度应大于或等于同规格风管的角钢法兰高度。同一规格风管的立咬口、包边立咬口的高度应一致,折角的倾角应有棱线、弯曲度允许偏差为5‰。咬口连接铆钉的间距不应大于150mm,间隔应均匀;立咬口四角连接处补角连接件的铆固应紧密,接缝应平整,且不应有孔洞。

e.圆形风管芯管连接应符合表4.1.27的规定。

表 4.1.27　圆形风管的芯管连接

风管直径 D/mm	芯管长度 l/mm	自攻螺丝或抽芯铆钉数量/个	外径允许偏差/mm	
			圆管	芯管
120	120	3×2	−1~0	−3~−4
300	160	4×2		
400	200	4×2	−2~0	−4~−5
700	200	6×2		
900	200	8×2		
1000	200	8×2		
1120	200	10×2		
1250	200	10×2		
1400	200	12×2		

注:大口径圆形风管宜采用内胀式芯管连接。

f.非规则椭圆风管可采用法兰与无法兰连接形式,质量要求应符合相应连接形式的规定。

③金属风管的加固应符合下列规定:

a.风管的加固可采用角钢加固、立咬口加固、楞筋加固、扁钢内支撑、螺杆内支撑和钢管内支撑等多种形式(图4.1.1)。

b.楞筋(线)的排列应规则,间隔应均匀,最大间距应为300mm,板面应平整,凹凸变形(不平度)不应大于10mm。

c.角钢或采用钢板折成加固筋的高度应小于或等于风管的法兰高度,加固排列应整齐均匀。与风管的铆接应牢固,铆钉的最大间隔不应大于220mm。各条加箍筋的相交处,或加箍筋与法兰相交处宜连接固定。

d. 管内支撑与风管的固定应牢固,穿管壁处应采取密封措施。各支撑点之间或支撑点与风管的边沿或法兰间的距离应均匀,且不应大于950mm。

e. 当中压、高压系统风管管段长度大于1250mm时,应采取加固框补强措施。高压系统风管的单咬口缝,还应采取防止咬口缝胀裂的加固或补强措施。

检验数量:按Ⅱ方案。

检验方法:观察和尺量检查。

2)非金属风管制作

非金属风管的制作除应符合《通风与空调工程施工质量验收规范》(GB 50243—2016)第4.2.1条第1款的规定外,尚应符合下列规定。

①硬聚氯乙烯风管的制作应符合下列规定:

a. 风管两端面应平行,不应有扭曲,外径或外边长的允许偏差不应大于2mm。表面应平整,圆弧应均匀,凹凸不应大于5mm。

b. 焊缝形式及适用范围应符合表4.1.28的规定。

表 4.1.28　硬聚氯乙烯板焊缝形式及适用范围

焊缝形式	图形	焊缝高度/mm	板材厚度/mm	焊缝坡口张角 $a(°)$	适用范围
V形对接焊接		2~3	3~5	70~90	单面焊的风管
X形对接焊缝		2~3	≥5	70~90	风管法兰及厚板的拼接
搭接焊缝		≥最小板厚	3~10	—	风管或配件的加固
角焊缝（无坡口）		2~3	6~18	—	
		≥最小板厚	≥3	—	风管配件的角焊
V形单面角焊缝		2~3	3~8	70~90	风管角部焊接

续表

焊缝形式	图形	焊缝高度 /mm	板材厚度 /mm	焊缝坡口 张角 a(°)	适用范围
V形双面角焊缝		2~3	6~15	70~90	厚壁风管角部焊接

c.焊缝应饱满,排列应整齐,不应有焦黄断裂现象。

d.矩形风管的四角可采用煨角或焊接连接。当采用煨角连接时,纵向焊缝距煨角处宜大于80mm。

②有机玻璃钢风管的制作应符合下列规定:

a.风管两端面应平行,内表面应平整光滑、无气泡,外表面应整齐,厚度应均匀,且边缘处不应有毛刺及分层现象。

b.法兰与风管的连接应牢固,内角交界处应采用圆弧过渡。管口与风管轴线成直角,平面度的允许偏差不应大于3mm;螺孔的排列应均匀,至管口的距离应一致,允许偏差不应大于2mm。

c.风管的外径或外边长尺寸的允许偏差不应大于3mm,圆形风管的任意正交两直径之差不应大于5mm,矩形风管的两对角线之差不应大于5mm。

d.矩形玻璃钢风管的边长大于900mm,且管段长度大于1250mm时,应采取加固措施。加固筋的分布应均匀整齐。

③无机玻璃钢风管的制作除应符合本条第2款的规定外,尚应符合下列规定:

a.风管表面应光洁,不应有多处目测到的泛霜和分层现象。

b.风管的外形尺寸应符合表4.1.29的规定。

表4.1.29 无机玻璃钢风管外形尺寸 (单位:mm)

直径 D 或大边长 b	矩形风管外表 平面度	矩形风管管口 对角形之差	法兰平面度	圆形风管 两直径之差
$D(b) \leqslant 300$	≤3	≤3	≤2	≤3
$300 < D(b) \leqslant 500$	≤3	≤4	≤2	≤3
$500 < D(b) \leqslant 1000$	≤4	≤5	≤2	≤4
$1000 < D(b) \leqslant 1500$	≤4	≤6	≤3	≤5
$1500 < D(b) \leqslant 2000$	≤5	≤7	≤3	≤5

c.风管法兰制作应符合本条第2款第2项的规定。

④砖、混凝土建筑风道内径或内边长的允许偏差不应大于20mm,两对角线之差不应大于30mm;内表面的水泥砂浆涂抹应平整,且不应有贯穿性的裂缝及孔洞。

检验数量:按Ⅱ方案。

检验方法:查验测试记录,观察和尺量检查。

3)复合材料风管制作

①复合材料风管及法兰的允许偏差应符合表 4.1.30 的规定。

表 4.1.30　复合材料风管及法兰允许偏差　　　(单位:mm)

风管长边尺寸 b 或直径 D	允许偏差				
	边长或直径偏差	矩形风管表面平面度	矩形风管端口对角线之差	法兰或端口平面度	圆形法兰任意正交两直径之差
b(D)≤320	±2	≤3	≤3	≤2	≤3
320<b(D)≤2000	±3	≤5	≤4	≤4	≤5

②双面铝箔复合绝热材料风管的制作应符合下列规定:

a.风管的折角应平直,两端面应平行,允许偏差应符合本条第 1 款的规定。

b.板材的拼接应平整,凹凸不大于 5mm,无明显变形、起泡和铝箔破损。

c.风管长边尺寸大于 1600mm 时,板材拼接应采用 H 形 PVC 或铝合金加固条。

d.边长大于 320mm 的矩形风管采用插接连接时,四角处应粘贴直角垫片,插接连接件与风管粘接应牢固,插接连接件应互相垂直,插接连接件间隙不应大于 2mm。

e.风管采用法兰连接时,风管与法兰的连接应牢固。

f.矩形弯管的圆弧面采用机械压弯成型制作时,轧压深度不宜超过 5mm。圆弧面成型后,应对轧压处的铝箔划痕密封处理。

g.对于聚氨酯铝箔复合材料风管或酚醛铝箔复合材料风管,内支撑加固的镀锌螺杆直径不应小于 8mm,穿管壁处应进行密封处理。聚氨酯(酚醛)铝箔复合材料风管内支撑加固的设置应符合表 4.1.31 的规定。

表 4.1.31　聚氨酯(酚醛)铝箔复合材料风管内支撑加固的设置

类别		系统工作压力/Pa			
		≤300	301~500	501~750	751~1000
		横向加固点数			
风管内边长 b (mm)	410<b≤600	—	—	—	—
	600<b≤800	—	—	—	1
	800<b≤1200	—	1	1	1
	1200<b≤1500	1	1	1	2
	1500<b≤2000	2	2	2	2
纵向加固间距/mm					
聚氨酯复合风管		≤1000	≤800	≤600	
酚醛复合风管		≤800			

③铝箔玻璃纤维复合材料风管除应符合本条第 1 款的规定外,尚应符合下列规定:

a.风管的离心玻璃纤维板材应干燥平整,板外表面的铝箔隔气保护层与内芯玻璃纤维材料应黏合牢固,内表面应有防纤维脱落的保护层,且不得释放有害物质。

b.风管采用承插阶梯接口形式连接时,承口应在风管外侧,插口应在风管内侧,承、插口均应整齐,插入深度应大于或等于风管板材厚度。插接口处预留的覆面层材料厚度应等同于板材厚度,接缝处的粘接应严密牢固。

c.风管采用外套角钢法兰连接时,角钢法兰规格可为同尺寸金属风管的法兰规格或小一档规格。槽形连接件应采用厚度不小于 1mm 的镀锌钢板。角钢外套法兰与槽形连接件的连接,应采用不小于 M6 的镀锌螺栓(见图 4.1.7),螺栓间距不应大于 120mm。法兰与板材间及螺栓孔的周边应涂胶密封。

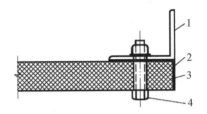

1—角钢外法兰;2—槽形连接件;3—风管;4—M6 镀锌螺栓

图 4.1.7 玻璃纤维复合风管角钢连接示意

d.铝箔玻璃纤维复合风管内支撑加固的镀锌螺杆直径不应小于 6mm,穿管壁处应采取密封处理。正压风管长边尺寸大于或等于 1000mm 时,应增设外加固框。外加固框架应与内支撑的镀锌螺杆相固定。负压风管的加固框应设在风管的内侧,在工作压力下其支撑的镀锌螺杆不得有弯曲变形。风管内支撑的加固应符合表 4.1.32 的规定。

表 4.1.32 玻璃纤维复合风管内支撑加固

类别		系统工作压力/Pa		
		≤100	101~250	251~500
		内支撑横向加固点数		
风管边长 b/mm	400<b≤500	—	—	1
	500<b≤600	—	1	1
	600<b≤800	1	1	1
	800<b≤1000	1	1	1
	1000<b≤1200	1	2	2
	1200<b≤1400	2	2	3
	1400<b≤1600	2	3	3
	1600<b≤1800	2	3	4
	1800<b≤2000	3	3	4
金属加固框纵向间距/mm		≤600	≤400	

④机制玻璃纤维增强氯氧镁水泥复合板风管除应符合本条第 1 款的规定外,尚应符合下列规定:

a.矩形弯管的曲率半径和分节数应符合表 4.1.33 的规定。

表 4.1.33 矩形弯管的曲率半径和分节数

弯管边长 b /mm	曲率半径	弯管角度和最少分节数							
		90°		60°		45°		30°	
		中节	端节	中节	端节	中节	端节	中节	端节
b≤600	≥1.5b	2	2	1	2	1	2	—	2
600<b≤1200	(1.0～1.5)b	2	2	2	2	1	2		2
1200<b≤2000	1.0b	3	2	2	2	1	2	1	2

注:当 b 与曲率半径为大值时,弯管的中节数可参照圆形风管弯管的规定,适度增加。

b.风管板材采用对接粘接时,在对接缝的两面应分别粘贴 3 层及以上,宽度不应小于 50mm 的玻璃纤维布增强。

c.黏结剂应与产品相匹配,且不应散发有毒有害气体。

d.风管内加固用的镀锌支撑螺杆直径不应小于 10mm,穿管壁处应进行密封。风管内支撑横向加固应符合表 4.1.34 的规定,纵向间距不应大于 1250mm。当负压系统风管的内支撑高度大于 800mm 时,支撑杆应采用镀锌钢管。

表 4.1.34 机制玻璃纤维增强氯氧镁水泥复合板风管内支撑横向加固数量

风管长边尺寸 b/mm	系统设计工作压力 P/Pa			
	P≤500		500<P≤1000	
	复合板厚度/mm		复合板厚度/mm	
	18～24	25～45	18～24	25～45
1250<b≤1600	1	—	1	—
1600<b≤2000	1	1	2	1

检查数量:按Ⅱ方案。

检查方法:查阅测试资料、尺量、观察检查。

4)净化空调系统风管除应符合《通风与空调工程施工质量验收规范》(GB 50243—2016)第 4.3.1 条的规定外,尚应符合下列规定:

①咬口缝处所涂密封胶宜在正压侧。

②镀锌钢板风管的咬口缝、折边和铆接等处有损伤时,应进行防腐处理。

③镀锌钢板风管的镀锌层不应有多处或 10% 表面积的损伤、粉化脱落等现象。

④风管清洗达到清洁要求后,应对端部进行密闭封堵,并应存放在清洁的房间。

⑤净化空调系统的静压箱本体、箱内高效过滤器的固定框架及其他固定件应为镀锌、镀镍件或其他防腐件。

检查数量:按Ⅱ方案。

检验方法:观察检查。

5)圆形弯管的曲率半径和分节数应符合表4.1.35的规定。圆形弯管的弯曲角度及圆形三通、四通支管与总管夹角的制作偏差不应大于3°。

表4.1.35 圆形弯管的曲率半径和分节数

弯管直径 D /mm	曲率半径	弯管角度和最少分节数							
		90°		60°		45°		30°	
		中节	端节	中节	端节	中节	端节	中节	端节
80~220	≥1.5D	2	2	1	2	1	2	—	2
240~450	1.0D~1.5D	3	2	2	2	1	2	—	2
480~800	1.0D~1.5D	4	2	2	2	1	2	1	2
850~1400	1.0D	5	2	3	2	2	2	1	2
1500~2000	1.0D	8	2	5	2	3	2	2	2

注:当 b 与曲率半径为大值时,弯管的中节数可参照圆形风管弯管的规定,适度增加。

检验数量:按Ⅱ方案。

检验方法:观察和尺量检查。

6)矩形风管弯管宜采用曲率半径为一个平面边长,内外同心弧的形式。当采用其他形式的弯管,且平面边长大于500mm时,应设弯管导流片。

检验数量:按Ⅱ方案。

检验方法:观察和尺量检查。

7)风管变径管单面变径的夹角不宜大于30°,双面变径的夹角不宜大于60°。圆形风管支管与总管的夹角不宜大于60°。

检查数量:按Ⅱ方案。

检查方法:尺量及观察检查。

8)防火风管的制作应符合下列规定:

①防火风管的口径允许偏差应符合《通风与空调工程施工质量验收规范》(GB 50243—2016)第4.3.1条的规定。

②采用型钢框架外敷防火板的防火风管,框架的焊接应牢固,表面应平整,偏差不应大于2mm。防火板敷设形状应规整,固定应牢固,接缝应用防火材料封堵严密,且不应有穿孔。

③采用在金属风管外敷防火绝热层的防火风管,风管严密性要求应按《通风与空调工程施工质量验收规范》(GB 50243—2016)第4.2.1条中有关压金属风管的规定执行。防火绝热层的设置应按本章第8节的规定执行。

检查数量:按Ⅱ方案。

检查方法:尺量及观察检查。

4.1.6　成品保护

(1)成品、半成品加工成型后,应存放在宽敞、避雨、避雪的仓库或棚中。置于干燥的隔潮的木头垫上,架上,按系统、规格和编号堆放整齐,避免相互碰撞造成表面损伤,要保持所有产品表面的光滑、洁净。

(2)成品、半成品运输、装卸时,应轻拿轻放。风管较多或高出车身的部分要绑扎牢固,避免来回碰撞,以免损坏风管及配件。

(3)吊运、安装风管及配件时要先按编号找准、排好,然后再进行吊运、安装,减少返工。并要注意安全,不要掉下来损坏风管及配件或伤人。

(4)不锈钢板风管、铝板风管与配件的表面不得有划伤、刻痕等缺陷。

(5)硬聚氯乙烯风管的热稳定性较差,运输和存放温度不应高于50℃。当运输和存放温度低于0℃时,安装前应在室温下放置24h。

(6)由于硬聚氯乙烯风管的剪切强度和抗裂性都比金属材料差,所以风管堆放不宜重叠,并且要求场地宽敞、平整、无积水。必要时还应用垫料垫平。风管上面不允许堆积其他物品,更不能有其他物体冲撞。严禁随意踩踏塑料风管。

4.1.7　安全与环保措施

(1)作业地点电气线路及用电设备必须符合《安全生产管理办法》的规定。施工现场设备安装合理,场地整洁,道路畅通,废料不得乱扔。

(2)施工时应按规定穿戴劳动保护用品,工作服袖口应扎紧,女工的辫子或长发不得外露。

(3)使用剪板机剪切时,手严禁伸入机械压板空隙中。上刀架不准放置工具等物品。调整板料时,脚不能放在踏板上。

(4)使用剪板机、冲床等需要两人共同作业的机械时,掌握操纵器的人员必须等一起工作的人员的手离开危险区域,得到开机信号后方准开机。

(5)咬口时,手指距滚轮护壳不小于5cm,手柄不得放在咬口机轨道上,扶稳板料,道料应平直。

(6)使用卷圆机、煨弯机时,手不得随料前进,并不得将手放在加工件上。

(7)在风管内铆法兰、腰箍、冲眼时,管外配合人员面部要避开冲孔,管内人员必须穿绝缘鞋,并戴绝缘手套。

(8)使用钻床钻孔时严禁戴手套,工件应垫平垫牢,必要时进行固定。

(9)使用木、铁大锤之前,应检查锤柄是否牢靠。打大锤时,严禁戴手套,并注意四周人员和锤头起落范围有无障碍物。

(10)风管应在门窗齐全的密闭干净的环境中制作,在加工过程中应经常打扫,保持环境干净。

(11)严格按项目施工组织设计用水、用电,避免超计划和浪费现象的发生,现场管线布置要合理,不得随意乱接乱用,设专人对现场的用水、用电进行管理。

(12)施工时需要照明亮度大和噪声大的工作尽量安排在白天进行,减少夜间施工照明电能的消耗和对周围居民的影响。

(13)使用四氯化碳等有毒溶剂对铝板除油时,应在露天进行;若在室内操作,应打开门窗或采用机械通风。

(14)制作工序中使用的黏结剂应妥善存放,注意防火且不得直接在阳光下曝晒。失效的黏结剂及空的黏结剂容器不得随意抛弃或燃烧,应集中堆放处理。

(15)玻璃钢风管的制作现场安排在建筑物内时,地面应铺设塑料布,避免浆料及原料污染地面。每天工作完成后,应打扫干净。

(16)当天施工结束后的剩余材料及工具应及时入库,不许随意放置。

(17)废料堆放地点应设置醒目标志,标明可回收废料及不可回收废料堆放区。

(18)其他严格按照《建筑施工安全检查标准》(JGJ 59—2011)执行。

4.1.8 施工注意事项

(1)洁净风管的严密性

1)洁净系统薄钢板风管的咬口形式如果设计无特殊要求,一般采用咬口缝隙较小的单咬口、转角咬口及联合角咬口较好。按扣式咬口漏风量较大,尽量避免采用。

2)在风管制作过程中,往往为了风管的折边咬口方便,尤其是联合角咬口,容易在近风管端部或三通分支处局部不咬口,造成漏风量大。因此,洁净系统的风管制作,应认真操作,对风管的咬口缝必须达到连续、紧密、宽度均匀,无孔洞、半咬口及胀裂等现象。

3)风管的咬口缝、铆钉孔及翻边的四个角,必须用密封胶进行密封。风管翻边的四个角,如果孔洞较大用密封胶难以封闭,必须用锡焊焊牢。密封胶应采用对金属不腐蚀、流动性好、固化快、富于弹性及遇到潮湿不易脱落的产品。在涂抹密封胶时,为保证密封胶与金属薄板的粘接牢固,涂抹前必须将密封处的油污擦干净。

(2)注意防止硬聚氯乙烯风管扭曲、翘角,要做到:

1)展开下料时,矩形板料四角要严格角方。

2)风管两个相对边的长度和宽度要相等。

3)加热折方要准确。

(3)用曲线锯(钢丝锯)下料时应做到:

1)锯割时应沿曲弧线均匀前进。

2)持锯要稳,不得左右偏扭,防止走线及锯片崩裂。

3)曲线锯滑动部分应保持润滑。

4)曲线锯工作部分应保持松紧适当。

(4)塑料风管成形用的胎具要符合下列要求:

1)圆形风管及配件热成形前应制备胎具。胎具的尺寸要准确,圆弧要均匀,外表咬口不得凸起,保持光滑。

2)胎具可比需要规格大一个板材厚度,两端应有加强措施。

3)胎具材料宜用 1mm 厚的镀锌钢板制作,小规格圆形风管的胎具宜用木制,表面应光滑。

（5）风管表面防腐处理

1）在通风、空调工程中，表面清理锈蚀的方法一般采用手工或机械除锈，有条件的地方也可采用化学除锈。但应注意不得使用使金属表面受损或使之变形的工具和手段，用以除去金属表面上的油脂、疏松氧化皮、污锈、焊渣等杂物。表面处理后，要在一定时间内涂覆，否则处理失效。

2）为了提高防腐质量，咬接风管前宜预先在钢板上涂一层防锈漆，这样可以保证不漏涂，钢板也不会很快锈蚀。

（6）注意塑料板的收缩量随时间的延长而变化，这就需要对每批板材在下料前先做试验，定出收缩量。避免由于板材收缩造成的风管断面不准确。

（7）为避免焊缝开裂，焊条与焊缝未粘牢及焊缝不平的通病，应有以下措施：

1）正确有针对性地选用焊缝形式。

2）控制好压缩空气的温度。

3）掌握好焊枪喷嘴与焊缝间所夹的角度。

4）焊条折断处接头要修成坡面。

5）焊缝要自然冷却。

（8）工程质量缺陷防治措施

1）风管的大边上下有不同程度的下沉，两侧面小边稍向外凸出，有明显的变形。防治措施：

①制作风管的钢板厚度，如果设计图纸无特殊要求，必须遵守现行的《通风与空调工程施工质量验收规范》（GB 50243—2016）中的有关规定。

②矩形风管的咬口形式，除板材拼接采用单平咬口外，其他各板边咬口应根据所使用的不同系统风管（如空调系统、空气洁净系统等）采用按扣式咬口、联合角咬口及转角咬口，使咬口缝设在四角部位，以增大风管的刚度。

③矩形风管边长大于或等于 630mm 和保温风管边长大于或等于 800mm，其管长度在1.2m 以上的，均应采取加固措施。经加固后的风管，其情况将有明显的改善。

常用的加固方法有角钢加固、角钢框加固、风管壁板起棱线或滚槽等，如图 4.1.8 所示。

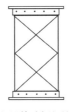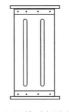

（a）角钢加固　（b）角钢框加固　（c）风管壁板起棱线　（d）风管壁板滚槽　（e）风管内壁加固

图 4.1.8　风管的加固形式

2）风管翻边宽度不一致，法兰与风管轴线不垂直，法兰接口处不严密。防治措施：

①为了保证管件的质量，防止管件制成后出现扭曲，翘角和管端不平整现象，在展开下料过程中应对矩形的四边严格进行角方。

②法兰的内边尺寸正偏差过大,同时风管的外边尺寸负偏差也过大时,应更换法兰;在特殊情况下可采取加衬套管的方法来补救。

③风管在套入法兰前,应按规定的翻边尺寸严格角方无误后,方可进行铆接翻边。

3)法兰互换性差,法兰表面不平整,圆形法兰旋转任何角度或矩形法兰旋转180°后,与同规格的法兰螺栓孔不能重合;圆形法兰的圆度差,矩形法兰的对角线不相等;圆形法兰内径或矩形法兰内边尺寸超过允许偏差。防治措施:

①法兰的下料尺寸必须准确。对于圆形法兰下料应按下式计算:

$$S=\pi\left(D+\frac{B}{2}\right)$$

式中:S—角钢下料长度;

D—法兰内径;

B—角钢宽度。

角钢画线后,可用角钢切断机或联合冲剪机切断。切断后的角钢还须进行找正调直,并将切口两端毛刺用砂轮磨光。

②人工热煨圆形法兰时,以直径偏差不大于0.5mm的要求制作胎具。将角钢或扁钢加热至红黄色,按图4.1.9所示的方法进行煨制。直径较大的法兰可分段多次煨制,一般煨2~3次而成。煨好后的法兰,待冷却后,稍加找圆平整,即可焊接、钻孔。

③采用角钢卷圆机或其他机械煨制圆形法兰时,应根据法兰直径的大小,搬动丝杠,对齐辊轮上、下位置进行调整试煨,待法兰直径符合要求后,可连续煨制。

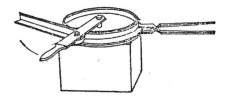

图 4.1.9 热煨法兰示意

④胎具是制作矩形法兰使其保证内边尺寸允许偏差、表面平整度和四边垂直的关键装置。在制作胎具时,必须保证四边的垂直度,对角线误差不得大于0.5mm。

⑤法兰口缝的焊接应采用先点焊后满焊的工艺。胎具制作的接口焊接更为重要,应减少焊接变形引起的尺寸偏差以及平整度和垂直度偏差。

⑥法兰螺栓的相隔间距要满足施工质量验收规范的规定,即对于通风、空调系统不应大于150mm;对于空气洁净系统不应大于120mm。法兰按要求的螺栓间距分孔后,将样板按孔的位置作正、反方向旋转,以检验其互换性。如果孔的重合误差只小于1mm,则可用扩大孔径的办法进行补救,否则应重新分孔。

⑦为便于穿装螺栓,螺孔直径应比螺栓直径大1.5mm。在法兰上冲孔时,使用定位胎具的孔径和螺孔间距尺寸要准确,安放要平稳。法兰钻孔时,可将定位后的螺孔中心用样冲定点,防止钻头打滑产生位移。

4)不锈钢风管抗腐蚀性能差,风管表面有划伤、擦毛等缺陷和焊渣飞溅物,焊缝表面呈现黑、黄斑及花斑。防治措施:

①板材下料或加工时,工作台应铺置橡胶板,画线不用锋利的金属划针,以免不锈钢表面划伤、擦毛等缺陷发生,进而破坏表面形成的氧化膜,降低不锈钢板的耐腐蚀能力。制作咬口时应用木方尺和木槌;卷圆预弯及折边,应用铜锤或不锈钢锤,避免在板材表面造成伤

痕和凹陷。风管不需加工的表面,应尽量保持平整,不要有锤印。

②不锈钢板材在加工或保管堆放过程中,要避免与碳素钢接触,防止由于碳素钢的铁屑与不锈钢长时间接触,使其表面出现腐蚀中心,破坏表面的氧化层钝化膜。

③板厚大于 1mm 的不锈钢板风管,其连接方式宜采用焊接。焊接可采用氩弧焊、直流电弧焊,但不得采用气焊。因为氧气和乙炔气对不锈钢中的镍、铬有腐蚀作用,同时在氧的作用下由于高温将会使镍、铬烧损,破坏不锈钢的耐腐蚀性能。焊缝表面和热影响层不得有裂纹、过烧现象。焊缝表面不得有气孔、夹渣。氩弧焊焊缝表面不得有发黑、发黄、花斑等现象。

④制作不锈钢风管采用电弧焊接时,在施焊过程中应在焊缝两侧表面涂白垩土粉,以防止焊渣飞溅物黏附在不锈钢板的表面上。

⑤风管焊接后,应对焊缝及风管表面进行清理,即先去除油污及焊渣和飞溅物,然后酸洗,再用热水冲洗干净,钝化后再冲洗。

⑥不锈钢板制作的风管,在焊缝及其边缘处开洞,将使洞口变形,并且还由于二次焊接产生金相结构的变化,降低机械强度和耐腐蚀性能。因此,在制作风管时应全面考虑。

5)铝板风管耐腐蚀性能降低,风管表面有划痕,焊缝内遗留焊渣和焊药。防治措施:

①风管板材画线下料应放在铺有橡胶板的工作台上进行。放样画线不能使用金属划针,防止损伤具有防腐性能的氧化铝薄膜。

②焊缝不得有漏焊、虚焊、穿孔及明显的凸瘤等缺陷。焊接时必须消除焊口处及焊丝上的氧化皮,露出铝的本色。消除氧化皮应在焊接前的较短时间内进行,以保证焊接的质量。

③风管焊接后必须用热水清洗焊缝,去除焊缝上的焊渣和焊药。

④铝板风管的法兰最好用角型铝型材或铝板制作。如果采用碳钢角钢制作法兰,必须做好防止电化学腐蚀的绝缘处理。一般常将角钢法兰表面镀锌或喷涂绝缘漆。

⑤角型法兰与风管固定,应采用 4~6mm 的铝铆钉,不得用碳素钢铆钉代替,防止电化学腐蚀,降低铝板的耐腐蚀性能。

6)铝板矩形风管刚度不够,风管大边有不同程度的下沉,两侧面(小边)稍向外凸出,有明显的变形,系统运转时,风管表面颤动而产生噪声。防治措施:

①制作风管的铝板,如果设计无要求,应采用纯铝或经过退火处理的铝合金板。

②根据规定,铝板风管和配件壁厚小于或等于 1.5mm 可采用咬接,大于 1.5mm 采用氧乙炔焊或氩弧焊。为保证风管的刚度,矩形风管或配件采用咬口连接时,可采用转角咬口、联合角咬口及按扣式咬口。

7)玻璃钢风管歪斜、表面不平整,矩形风管扭曲,四角不垂直;圆形风管圆度不够,风管的表面凹凸不平。防治措施:

①玻璃钢风管制作一般采用开模手糊法,即在模子上边铺覆玻璃布边涂刷胶料,待固化后而成。因此必须待固化后脱模,过早脱模将会引起风管本体变形,致使风管外形歪斜。玻璃钢采用的树脂较多,应根据耐腐蚀的介质而定,一般广泛采用的是环氧树脂。环氧树脂具有热塑性线型结构,必须用固化剂使线型、环氧树脂交联成网状结构的巨大分子,成为不溶、不熔的硬化物。固化剂的种类较多,胺类固化剂是环氧树脂固化最常用的固化剂,它的用量比较严格,必须严格控制。若用量过多可能导致固化体分子量降低,从

而使固化物性能变脆；若用量不足则不能保证完全固化。通常加热固化所得到的制品性能比定温固化好，且不缩短固化时间。因此制作风管必须掌握各种条件下的固化时间，保证产品质量。

②脱模后的玻璃钢风管，必须放在铺设平整的场地上，防止因风管本体重力不均而变形。

③制作玻璃钢风管时，首先在木模或钢模的外表面包一层透明玻璃纸，并在其外面满涂已调好的树脂胶料，再铺覆一层玻璃布，即每涂一层树脂胶料就铺覆一层玻璃布。必须将玻璃布的搭头错开并刮平，最后一层玻璃布的外面要均匀地涂一层树脂胶料，以保证外表的平整性。

8）硬聚氯乙烯塑料圆形风管圆弧不均匀，风管明显不平直，有凹凸不平等现象。防治措施：

①风管的圆弧是否均匀，主要取决于成形木模的准确度。木模的外形必须做到圆弧准确，表面光滑。为了使木模的圆弧均匀，木模可用车床车圆，并用砂纸打光。

②塑料板材加热应采用电热箱。电热箱的温度应保持在130～150℃，待箱内温度稳定后将板材放入加热。加热时间应根据板材厚度确定，使板材既热透，又不至于由于加热时间过长而柔软变形。

③自制的电热箱内的电热丝，在满足设计容量和一定阻值条件下，必须均匀布置，以达到箱内温度分布均匀，区域温差较小，保证板材整个表面均匀受热，防止板材在使用木模卷管过程中产生不均匀的局部变形。

9）硬聚氯乙烯塑料矩形风管扭曲、翘角，风管表面不平，对角线不相等，相邻表面互不垂直，两管端平面不平行。防治措施：

①硬聚氯乙烯塑料板是由层压法制成的，在制作风管过程中再次被加热后，由于板材内部存在各向异性和残余应力，冷却后将出现收缩现象。因此，下料前必须对每批板材做收缩量试验，确定实际收缩值，画线时把收缩量部分放出后，再行下料。板材画线下料时，应和金属风管一样，用角尺对板材四角进行角方。

②在板材画线下料时，必须保证两个相对边的长度和宽度相等，并将两块片料叠合以检验尺寸的准确性。

③硬聚氯乙烯塑料板矩形风管，为保证其强度，焊缝不设在四个棱角处。四个棱角应采用塑料板折方用管式电加热器进行折方成型。折方时，要把画好线的板材放在两根管式电加热器中，将折线对准加热器，在折线处进行局部加热。待加热处变软，抽出后放到扳边机或折方机上，将板材折成90°角，待加热处冷却定型后，取出即可。

④焊接硬聚氯乙烯塑料板时，为了使板材很好地结合，并具有较高的焊接强度，应对板材的板边进行坡口，坡口的角度和尺寸应均匀一致。

4.1.9　质量记录

（1）材料的产品合格证书、性能检测报告，进场检验记录复验报告。

（2）风管与配件制作检验批质量验收记录（金属风管）。

(3)风管与配件制作检验批质量验收记录(非金属、复合材料风管)。

(4)通风与空调子分部工程的质量验收记录(送、排风系统)。

(5)通风与空调子分部工程的质量验收记录(防、排烟系统)。

(6)通风与空调子分部工程的质量验收记录(除尘系统)。

(7)通风与空调子分部工程的质量验收记录(空调风系统)

(8)通风与空调子分部工程的质量验收记录(净化系统)。

(9)通风与空调分项工程的质量验收记录。

(10)图纸会审记录。

(11)设计变更明细表(附设计变更通知单)。

(12)合格焊工登记表。

(13)施工日记。

附件 风管下料加工展开方法

(1)焊接弯头展开与下料方法

焊接弯头又称虾壳弯头(虾米腰),如图 4.1.10 所示。

虾米腰是由两个端节和若干个中节组成,其中端节为中节之半(详见 4.5 节)。

设中节的背高和腹高分别为 A 和 B,则端节的背高和腹高即分别为 $A/2$ 和 $B/2$。端节的背高和腹高可由下式计算:

$$\frac{A}{2}=\left(R+\frac{D}{2}\right)\tan\frac{a}{2(n+1)}$$

$$\frac{B}{2}=\left(R-\frac{D}{2}\right)\tan\frac{a}{2(n+1)}$$

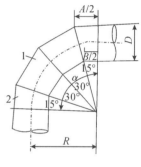

1—中节;2—端节

图 4.1.10 虾米腰

式中:$A/2$—端节的背高(mm);

$B/2$—端节的腹高(mm);

D—管子直径(mm);

a—弯曲角度;

n—弯头中间的节数。

若以 DN100mm 低压流体用输送钢管的 90°弯头为例,并令其弯曲半径 $R=1.5D$。中节数 $n=2$ 时,其端节的背高及腹高应按下述方法计算。

先测得管子的实际外径为 114mm,则弯曲半径 R 即为 $1.5 \times 114 = 171$(mm),然后代入公式计算,结果如下:

$$\frac{A}{2}=\left(171+\frac{114}{2}\right)\tan\frac{90°}{2(2+1)}=(171+57)\tan 15°=228 \times 0.268=61\text{(mm)}$$

$$\frac{B}{2}=\left(171-\frac{114}{2}\right)\tan\frac{90°}{2(2+1)}=(171-57)\tan 15°=114 \times 0.268=31\text{(mm)}$$

根据计算得到的端节背高及腹高,可按图 4.1.11 所示画展开图。

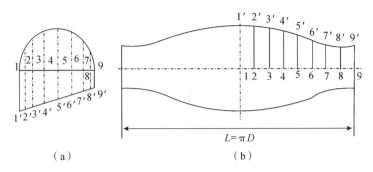

图 4.1.11　虾米腰端节展开图画法

1)按管子的直径画半圆,并将其 8 等分;

2)过半圆上的各分点作垂直线与直径 1—9 相交,得各交点为 2、3、4……;

3)在半圆两端的垂直线上截取线段 $1-1'=\dfrac{A}{2}$,$9-9'=\dfrac{B}{2}$,并用直线连接 $1'$、$9'$ 两点,可得所求交点 $2'$、$3'$、$4'$……等;

4)另作一线段 $L=\pi D$(圆周长),将其 16 等分,并过分点 2、3、4……作若干与 L 相垂直的平行线;

5)用两脚规在图 4.1.11(a)上截取 $1-1'$、$2-2'$、$3-3'$……置于图 4.1.11(b)上,再用圆滑曲线连接 $1'$、$2'$、$3'$……各点,就是端节展开图的一半;在另外一半对称截取 $1-1'$、$2-2'$、$3-3'$……,用圆滑曲线连接起来,即能得到端节展开图;

6)将端节展开图再翻转 180°,即能得到中节展开图。

把画好的展开图剪好,围拢在管子外壁上画线、切割,即可参考图 4.1.12 所示组拼弯头,并进行焊接。

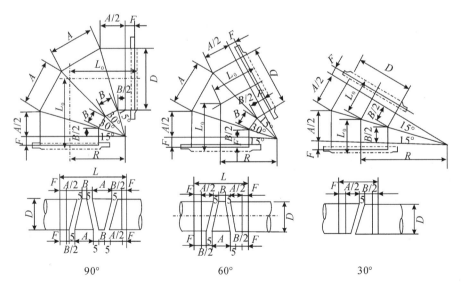

图 4.1.12　虾米腰组拼弯头

根据以上两个公式计算出 90°、60° 及 30° 焊接弯头常用的下料尺寸列于表 4.1.36。

表 4.1.36　90°、60°、30°焊接弯头常用下料尺寸　　　　　　　（单位：mm）

公称直径	管子外径	最小弯曲半径及下料尺寸			常用弯曲半径及下料尺寸		
		R	*A*/2	*B*/2	*R*	*A*/2	*B*/2
100	108	110	44	15	160	57.5	28.5
125	133	140	55.3	20	190	71.5	33
200	219	220	88.5	30	300	110	51
250	273	280	112	38.5	400	144	71
300	325	330	132	45	450	164	77
350	377	380	152	51	530	193	92
400	426	430	173	58	600	218	104
450	480	480	193	64.5	680	246	118
500	530	530	213	71	750	272	130
600	630	630	253	84.5	900	326	157

焊接弯头的节数，一般规定不应小于表 4.1.37 所列的节数。

表 4.1.37　焊接弯头的最少节数

弯头角度	节数	中间节	端节
90°	4	2	2
60°	3	1	2
45°	3	1	2
30°	2	0	2

（2）正三通展开法

正三通展开法中的同径正三通展开图画法与异径正三通展开图画法一样，下面以后者为例说明。

1）根据管子的实际直径，画出正三通的侧面图，如图 4.1.13 所示；

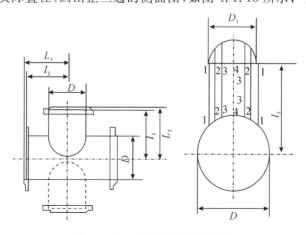

图 4.1.13　三通正面图和侧面图

2)在支管端部画半圆,并将其6等分;

3)过各分点作与直径相垂直的直线,使之交于干管上,于是可得线段1—1、2—2、3—3……;

4)算出支管周长 $L=\pi D$(支管直径),并画出线段 L,将其12等分;过各分点作与 L 相垂直的直线,由左至右在各垂线分别截取1—1、2—2、3—3、4—4、3—3、2—2、1—1;

5)用圆滑曲线连接1、2、3、4、3、2、1各点可得图4.1.14左半部分;右半部分与左半部分对称,以对称方法画出右半部分,即得三通支管展开图。

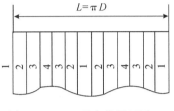

将三通支管展开图制成样板,将其围于管子外皮上即可画线割料。将制好的三通支管扣在干管上,可以画出需要切割的椭圆形洞眼。

图4.1.14 三通支管展开图

(3)斜三通展开法

1)求接合线

画三通的正面图和侧面图。分别将两个投影图的小管端画半圆并6等分。在侧面图中,由半圆等分点引下垂线与主管圆周各交点,向右引水平线,与正面图上 AB 线半圆等分点引平行线对应交点,连接成曲线即为所求的接合线,如图4.1.15中Ⅰ、Ⅱ所示。

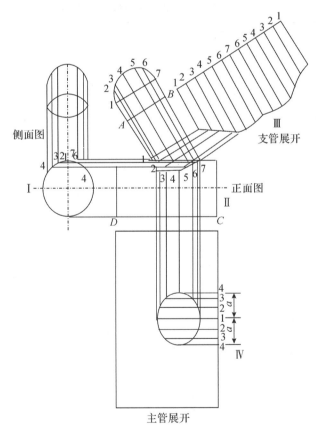

图4.1.15 斜三通展开

2)支管展开图

在正面图中引小管端面 AB 延长线 1-1,其长为小管的圆周长,并 12 等分,由各等分点引 1-1 线的垂线与接合线各点所引与 1-1 平行线对应交点连成曲线,即为支管展开图,如图 4.1.15 中Ⅲ所示。

3)主管展开图

在图 4.1.15 中,由点 C 引下垂线,其长为大管圆周长(也可取其周长的一半),并由中点 1 上下照录侧面图 a 弧段各点,向左引 DC 平行线与接合线各点引下垂直线对应交点连成曲线,得出开孔实形展开图。

等径斜三通可按同法仿照画出。

4)用样板下料应注意的问题

选择合适的样板材质。制作样板的材料不能过厚,以 1~3mm 为宜,不得卷曲、变形,最好选牛皮纸、油毡纸、软塑料薄板、薄铁皮等。

计算适宜的样板展开长度,圆管样板展开长度等于管道外直径加样板材料的厚度得出的长度乘以 π。但是,由于季节和样板材质影响,容易使画出的展开长度与实际管子的周长有出入。例如:油毡纸一类的样板,在冬季会变硬,会出现贴不紧管外壁的现象,则显得样板不够长;在夏季会变软,则样板很容易被拉长。这样就必须采取相应措施,适当增减样板的展开长度。应注意的是:无论增长还是减短,都不能在展开曲线画好后进行。

检查复核实际围量,样板制好后必须检查形状、复核尺寸,并包在管道外壁上作围量鉴定,样板紧贴管壁,两端碰头后,以无间隙又不重叠为好。

4.2 风管系统安装工程施工工艺标准

本施工工艺标准适用于建筑通风与空调工程中风口、风阀、排风罩、消声器的产成品质量的验收以及柔性短管的制作,通风与空调工程中的金属和非金属风管系统的安装。工程施工应以设计图纸和有关施工质量验收规范为依据。

4.2.1 材料要求

(1)风管部件材料的品种、规格和性能应符合设计要求,各种安装材料应具有质量证明书或产品合格证及产品清单。

(2)外购风管部件成品的性能参数应符合设计及相关技术文件的要求,风管成品不许有变形、扭曲、开裂、孔洞法兰脱落、法兰开焊、漏铆、漏紧螺栓等缺陷。

(3)安装的阀体、消声器、罩体、风口等部件应检查调节装置是否灵活,消声片、油漆层有无损坏。

(4)型钢(包括扁钢、角钢、槽钢、圆钢)应按照国家现有关标准进行验收。

(5)电动、气动调节阀的驱动执行装置,动作应可靠,且在最大工作压力下工作应正常。

(6)成品风阀工作压力大于 1000Pa 的调节风阀,生产厂应提供在 1.5 倍工作压力下能自由开关的强度测试合格的证书或试验报告。

(7)密闭阀应能严密关闭,漏风量应符合设计要求。

(8)防火阀、排烟阀或排烟口的制作应符合现行国家标准《建筑通风和排烟系统用防火阀门》(GB 15930—2017)的有关规定,并应具有相应的产品合格证明文件。

(9)防爆系统风阀的制作材料应符合设计要求,不得替换。

(10)消声器、消声弯管的制作应符合下列规定:

1)消声器的类别、消声性能及空气阻力应符合设计要求和产品技术文件的规定。

2)消声器内消声材料的织物覆面层应平整,不应有破损,并应顺气流方向进行搭接。

3)消声器内的织物覆面层应有保护层,保护层应采用不易锈蚀的材料,不得使用普通铁丝网。当使用穿孔板保护层时,穿孔率应大于20％。

4)净化空调系统消声器内的覆面材料应采用尼龙布等不易产尘的材料。

5)微穿孔(缝)消声器的孔径或孔缝、穿孔率及板材厚度应符合产品设计要求,综合消声量应符合产品技术文件要求。

(11)防排烟系统的柔性短管必须采用不燃材料。

4.2.2 主要机具

(1)施工机具:电焊机、氩弧焊机、砂轮切割机、焊条烘干箱、卷板机、单平咬口机、台钻、折方机、法兰冲剪机、联合冲剪机、车床、角向磨光机、压筋机、电气焊工具、焊条保温桶、台虎钳、钢锯、手锤、电锤、手电钻、手锯、电动砂轮锯、角向磨光机、梯子、台钻、电气焊设备、扳手、改锥、倒链、滑轮、绳索、尖冲、錾子、刷子等。

(2)测量检验工具:游标卡尺、钢直尺、钢卷尺、游标万能角度尺、内卡钳、水平尺、钢直尺、钢卷尺、水准仪、线坠(磁力线坠)、角尺等。

4.2.3 作业条件

(1)通风管道的安装,要在建筑物基本完成后进行,包括设备基础已经浇灌。安装现场已将建筑材料、垃圾等有碍安装的杂物均清除,已具备现场组装风管及部件的条件。

(2)制作地点至安装现场之间的道路应畅通,能保证机械设备、材料及半成品部件运输方便。

(3)焊接、喷涂作业场所应有良好的通排风措施。

(4)施工人员应按照经审查的大样图、系统图进行制作。

(5)风管及部件的支吊架形式已经选定,根据现场实际工程进度,按施工方案组织劳动力,进行安装技术交底,下达工程任务单。并向有关专业人员进行交底。土建施工过程中由专业人员密切配合,已做好风管、部件和设备安装的预留孔洞、预埋件的工作。安装前经检查支架预埋件位置正确,标高符合风管、部件安装要求。

(6)检查已制作好的风管及部件,准备好数量足够的风管安装所用的螺栓、垫料等辅助材料,安装装配使用的工具、量具准备齐全,并检查使用性能。

(7)对于采用装配式施工工艺的,风管预制部品进场验收合格。

4.2.4 施工工艺

(1)风管安装工艺流程

现场测量放线→制作支、吊架→安装支、吊装→(K)风管预组配→风管连接→风管安装就位找平找正→风口、风阀安装

(2)现场测量放线

1)根据设计图纸并参照土建基准线找出风管安装标高。矩形风管标高从管底算起,而圆形风管是从风管中心算起。

2)确定风管主、支管安装平面位置,可在建筑物顶部用墨线划出风管主、支管安装中心轴线。

(3)制作支、吊架

1)按照风管系统所在空间位置和风系统的形式、结构,确定风管支、吊架形式,具体形式见图4.2.1。

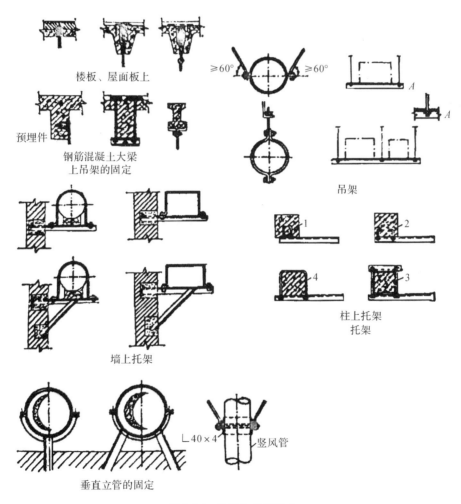

图 4.2.1 风管支、吊架形式

2）支、吊架间距应符合下列规定：

①不保温风管水平安装，直径或大边长小于 400mm，其间距不超过 4m；大于或等于 400mm，不应大于 3m。螺旋风管支架的间距可适当加大。

②不保温风管垂直安装其间距为 4m，并在每根立管上不少于 2 个固定点。

③保温风管的支、吊架闻距必须符合要求，设计无要求时应根据支、吊架的实际承重核算间距。

④对消声器、加热器等在风管上安装的设备，其两端风管应各设一个支、吊点。

3）风管支、吊架制作具体做法和用料规格应参照国家通风安装标准图集。

4）支、吊架的钻孔位置在调直后划出，严禁使用气割螺孔。

5）扁钢抱箍其形状应与风管相符，其周长应略小于风管，风管卡紧后两抱箍之间应保持 5mm 左右间隙.

6）吊杆、抱箍螺栓应螺纹完整，调节灵活，吊杆螺纹部分的长度应为 40～80mm，吊杆焊接拼接宜采用搭接，搭接长度不应少于吊杆直径的 6 倍，并应在两侧焊接。

7）支、吊架制作完毕后，应进行除锈，刷一遍防锈漆。用于不锈钢、铝板风管的支、吊架应做防腐绝缘处理，防止电化学或晶间腐蚀。

（4）安装支、吊架

1）支架安装

①砖墙上安装支架，根据支架标高确定打洞位置，洞的深度应比支架的埋入长度深 20mm。洞内应用水冲洗干净，先在洞内填一些 1：2 水泥砂浆，插入支架。支架埋入墙内部分不得有油漆或油污等杂物，埋入长度应做好标记，一般为 150～200mm。支架埋入后应平直标高准确，砂浆填充应密实，表面应平整、美观。

②支架采用膨胀螺栓或过墙螺栓固定时，先找出螺栓位置。对于膨胀螺栓孔，应严格按照螺栓直径钻孔，不得偏大。支架的水平度应采用钢垫片调整，过墙螺栓的背面必须加挡板。

③支架安装在现浇混凝土墙、柱上时，可将支架焊接在预埋件上。如果无预埋件，应用膨胀螺栓固定支架。柱上安装支架也可用螺栓、角铁或抱箍将支架卡箍在柱上。

2）吊架安装

①按风管中心线找出吊杆敷设位置，双吊杆吊架应以风管中心轴线为对称轴敷设。吊杆应离开管壁 20～30mm。

②吊架的固定点设置形式可焊接或挂设在预埋件上。无预埋件可采用膨胀螺栓。

③靠墙安装的垂直风管应用悬臂托架或有斜撑支架。不靠墙、柱穿楼板安装的垂直风管宜采用抱箍支架。在室外或屋面安装立管应用井架或拉索固定。

④为防止圆形风管安装后变形，应在风管支、吊架接触处设置托座。

（5）风管预组配

安装前应根据加工草图和现场测量情况对预制管件进行预组配。对管件的长度、角度、法兰连接情况作一次检查，并按安装顺序编号。若发现有遗漏损坏和质量问题等影响安装的因素，应及时采取措施进行补救。

（6）风管连接

1）风管的连接长度应根据风管的壁厚、法兰与风管的连接方法、安装的结构部位和吊装方法等因素决定。为了安装方便，尽量在地面上进行连接。

2）用法兰连接的一般通风、空调系统，其法兰垫料厚度为3～5mm，空气洁净系统的法兰垫料厚度不得小于5mm。法兰垫料的材质若设计无规定可按表4.2.1选用。

表4.2.1 法兰垫料选用

应用系统	输送介质	垫料材质及厚度/mm		
一般空调系统及送、排风系统	温度低于70℃的洁净空气或含尘含湿气体	8501密封胶带	软橡胶板	闭孔海绵橡胶板
		3	2.5～3	4～5
高温系统	温度高于70℃的空气或烟气	石棉绳	耐热胶板	
		Φ8	3	
化工系统	含有腐蚀性介质的气体	耐酸橡胶板	软聚氯乙烯板	
		2.5～3	2.5～3	
洁净系统塑料风道	有净化等级要求的洁净空气	橡胶板	闭孔海绵橡胶板	
		5	5	
洁净系统	含腐蚀性气体	软聚氯乙烯板		
		3～6		

3）加法兰垫料前应用棉纱擦掉法兰表面的异物和积水。法兰垫料不能挤入风管内。

4）空气洁净系统严禁使用厚纸板、铅油麻丝、泡沫塑料、石棉绳等易产尘材料。法兰垫料应尽量减少接头，接头必须采用梯形或榫形连接（见图4.2.2），并应涂胶粘牢。法兰均匀压紧后的垫料宽度应与风管内壁取平。

5）不锈钢法兰连接应采用同材质不锈钢螺栓，铝板法兰连接应采用镀锌螺栓，并在法兰两侧垫以镀锌垫圈。

6）连接法兰的螺母应均匀拧紧，其螺母应在同一侧。

7）矩形风管采用C形及S形插条连接时，风管长边尺寸不得大于630mm。接口处应加橡胶垫，四角必须有固定措施。风管连接两平面应平直，不得错位及扭曲。连接形式如图4.2.3所示。

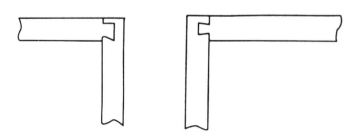

图4.2.2 风管法兰垫料接口形式

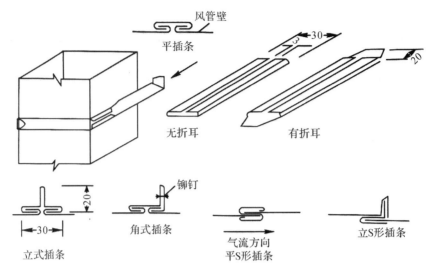

图 4.2.3 矩形风管插条连接形式

8)直径为 120~1000mm 的圆形风管可采用插接式连接及抱箍连接,连接形式如图 4.2.4 所示。

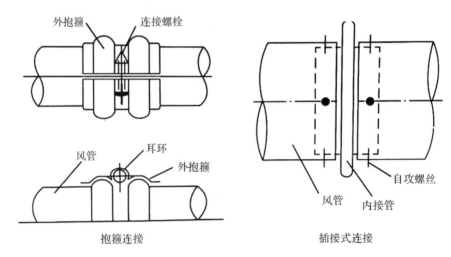

图 4.2.4 圆风管插式连接形式

采用插接式连接时,插件之间应配合紧密,插入深度应满足要求,风管连接后应保持同心,不扭曲变形,并应在接口处缠裹密封胶带或采取其他密封措施。

(7)风管安装就位,找平、找正

1)风管吊装前应对连接好的风管平直度及支管、阀门、风口等的相对位置进行复查,并应进一步检查支、吊架的位置以及标高、强度,确认无误后按照先干管后支管、先水平后垂直的顺序进行安装。

2)空气净化空调系统风管、静压箱及其他部件,在安装前内壁擦拭干净,做到无油污和浮尘。当施工完毕或停顿时,应封好端口。

3)整体吊装

①吊点设置可根据风管壁厚、连接方式、风管截面形状综合考虑。吊点间距宜为5～7m。无法兰连接、薄壁、矩形风管的吊点应适当缩短。吊点应设在梁、柱等坚固的结构上,对于无合适锚点的情况,应专门设立桅杆。

②风管绑扎应牢固可靠。矩形风管四角应加垫护角或质地较软的材料。圆形风管绑扎不宜选在法兰处。

③吊装时,应慢慢拉紧系重绳索,并检查各锚点及绳索的受力情况、风管平衡情况等,确认无误后起吊。风管吊起100～200mm时应停止起吊,再次检查倒链、滑轮、绳索及受力点。

④风管整体吊装宜选用多吊点吊装,吊装过程中每吊一定高度应进行一次平衡,以免使风管断裂。风管吊装就位后,应先用吊架固定,确认风管稳固好后才可以解去吊具,最后找平、找正。

⑤在垂直风管管体吊装时,不宜多设吊点。吊装前宜将风管进行临时加固,在风管中段设吊点。起吊一定高度后,旋转风管成垂直状态。垂直风管吊装时,风管在空中要旋转,绑扎绳索应靠近法兰,以免绳扣滑移。在室外安装风管时应考虑风力对安装工作的影响。

4)分节吊装

①受安装条件的限制风管整体吊装不易时,应采用分节吊装。

②风管可在地面连成不大于6m的管段,并应在风管安装位置搭设脚手架或升降操作平台等,就位一段,安装一段,逐段进行。

5)对于输送易燃、易爆气体的风管和易燃、易爆环境中的风管系统,必须使电气接地良好,并尽量减少风管接口。输送易燃、易爆气体的风管在通过生活区或其他生产房间时必须严密,不得设置接口。系统应电气接地良好,所有法兰均应采用多股软铜线跨接,导线与风管的连接宜采用锡焊或铜焊。

(8)风帽安装

1)风帽安装高度若超过屋面1.5mm,应设拉索固定。拉索的数量不应少于3根,且应设置均匀、牢固。

2)不连接风管的筒形风帽,可用法兰直接固定在混凝土或木板底座上。当排送湿度较大的气体时,应在底座设置滴水盘并有排水措施。

(9)风口安装

1)风口安装应横平、竖直、严密、牢固,表面平整。

2)带风量调节阀的风口在安装时应先安装调节阀框,后安装风口的叶片框。同一方向的风口的调节装置应设在同一侧。

3)散流器风口在安装时应注意风口预留孔洞要比喉口尺寸大,要留出扩散板的安装位置。

4)洁净系统的风口在安装前应将风口擦拭干净,其风口边框与洁净室的顶棚或墙面之间应采用密封胶或密封垫料封堵严密,不能漏风。

5)球形旋转风口连接应牢固,球形旋转头要灵活,不得空阔晃动。

6)排烟口与送风口的安装部位应符合设计要求,与风管或混凝土风道的连接应牢固、严密。

（10）风阀安装

1）在风阀安装前应检查框架结构是否牢固，调节、制动、定位等装置是否准确灵活。

2）风阀的安装要求同风管的安装，应将其法兰与风管或设备的法兰对正，加上密封垫片，上紧螺栓，使其与风管或设备连接牢固、严密。

3）在风阀安装时应使阀件的操纵装置便于人工操作，其安装方向应与阀体外壳标注的方向一致。

4）安装完的风阀，应在阀体外壳上有明显和准确的开启方向及开启程度的标志。

5）防火阀的易熔片应安装在风管的迎风侧，其熔点温度应符合设计要求。

4.2.5 质量标准

（1）一般规定

1）外购风管部件应具有产品合格质量证明文件和相应的技术资料。

2）风管部件的线性尺寸公差应符合现行国家标准《一般公差 未注公差的线性和角度尺寸的公差》（GB/T 1804—2000）中所规定的 C 级公差等级。

3）风管系统安装后应进行严密性检验，合格后方能交付下道工序。风管系统严密性检验应以主、干管为主，并应符合附录 A 的规定。

4）当风管系统支、吊架采用膨胀螺栓等胀锚方法固定时，施工应符合该产品技术文件的要求。

5）净化空调系统风管及其部件的安装应在该区域的建筑地面工程施工完成且室内具有防尘措施的条件下进行。风管接口不得安装在墙内或楼板内，风管沿墙体或楼板安装时，距墙面不宜小于 200mm，距楼板宜大于 150mm。

（2）主控项目

1）风管部件材料的品种、规格和性能应符合设计要求。

检查数量：按Ⅰ方案。

检查方法：观察、尺量、检查产品合格证明文件。

2）外购风管部件成品的性能参数应符合设计及相关技术文件的要求。

检查数量：按Ⅰ方案。

检查方法：观察检查、检查产品技术文件。

3）成品风阀的制作应符合下列规定：

①风阀应设有开度指示装置，并应能准确反映阀片开度。

②手动风量调节阀的手轮或手柄应以顺时针方向转动为关闭。

③电动、气动调节阀的驱动执行装置的动作应可靠，且在最大工作压力下工作应正常。

④净化空调系统的风阀，活动件、固定件以及紧固件均应采取防腐措施，风阀叶片主轴与阀体轴套配合应严密，且应采取密封措施。

⑤工作压力大于 1000Pa 的调节风阀，生产厂应提供在 1.5 倍工作压力下能自由开关的强度测试合格的证书或试验报告。

⑥密闭阀应能严密关闭，漏风量应符合设计要求。

检查数量:按Ⅰ方案。

检查方法:观察、尺量、手动操作、查阅测试报告。

4)防火阀、排烟阀或排烟口的制作应符合现行国家标准《建筑通风和排烟系统用防火阀门》(GB 15930—2017)的有关规定,并应具有相应的产品合格证明文件。

检查数量:全数检查。

检查方法:观察、尺量、手动操作,查阅产品质量证明文件。

5)防爆系统风阀的制作材料应符合设计要求,不得替换。

检查数量:全数检查。

检查方法:观察检查、尺量检查、检查材料质量证明文件。

6)消声器、消声弯管的制作应符合下列规定:

①消声器的类别、消声性能及空气阻力应符合设计要求和产品技术文件的规定。

②矩形消声弯管平面边长大于800mm时,应设置吸声导流片。

③消声器内消声材料的织物覆面层应平整,不应有破损,并应顺气流方向进行搭接。

④消声器内的织物覆面层应有保护层,保护层应采用不易锈蚀的材料,不得使用普通铁丝网。当使用穿孔板保护层时,穿孔率应大于20%。

⑤净化空调系统消声器内的覆面材料应采用尼龙布等不易产尘的材料。

⑥微穿孔(缝)消声器的孔径或孔缝、穿孔率及板材厚度应符合产品设计要求,综合消声量应符合产品技术文件要求。

检查数量:按Ⅰ方案。

检查方法:观察、尺量、查阅性能检测报告和产品质量合格证。

7)防排烟系统的柔性短管必须采用不燃材料。

检查数量:全数检查。

检查方法:观察检查、检查材料燃烧性能检测报告。

8)风管系统支、吊架的安装应符合下列规定:

①预埋件位置应正确、牢固可靠,埋入部分应去除油污,且不得涂漆。

②风管系统支、吊架的形式和规格应按工程实际情况选用。

③风管直径大于2000mm或边长大于2500mm风管的支、吊架的安装要求,应按设计要求执行。

检查数量:按Ⅰ方案。

检查方法:查看设计图、尺量、观察检查。

9)当风管穿过需要封闭的防火、防爆的墙体或楼板时,必须设置厚度不小于1.6mm的钢制防护套管;风管与防护套管之间应采用不燃柔性材料封堵严密。

检查数量:全数。

检查方法:尺量、观察检查。

10)风管安装必须符合下列规定:

①风管内严禁其他管线穿越。

②输送含有易燃、易爆气体或安装在易燃、易爆环境的风管系统必须设置可靠的防静电接地装置。

③输送含有易燃、易爆气体的风管系统通过生活区或其他辅助生产房间时不得设置接口。

④室外风管系统的拉索等金属固定件严禁与避雷针或避雷网连接。

检查数量：全数。

检查方法：尺量、观察检查。

11）外表温度高于 60℃，且位于人员易接触部位的风管，应采取防烫伤的措施。

检查数量：按Ⅰ方案。

检查方法：观察检查。

12）净化空调系统风管的安装应符合下列规定：

①在安装前风管、静压箱及其他部件的内表面应擦拭干净，且应无油污和浮尘。当施工停顿或完毕时，端口应封堵。

②法兰垫料应采用不产尘、不易老化，且具有强度和弹性的材料，厚度应为 5～8mm，不得采用乳胶海绵。法兰垫片宜减少拼接，且不得采用直缝对接连接，不得在垫料表面涂刷涂料。

③风管穿过洁净室（区）吊顶、隔墙等围护结构时，应采取可靠的密封措施。

检查数量：按Ⅰ方案。

检查方法：观察、用白绸布擦拭。

13）集中式真空吸尘系统的安装应符合下列规定：

①安装在洁净室（区）内真空吸尘系统所采用的材料应与所在洁净室（区）具有相容性。

②真空吸尘系统的接口应牢固装设在墙或地板上，并应设有盖帽。

③真空吸尘系统弯管的曲率半径不应小于 4 倍管径，且不得采用褶皱弯管。

④真空吸尘系统三通的夹角不得大于 45°，支管不得采用四通连接。

⑤集中式真空吸尘机组的安装，应符合现行国家标准《机械设备安装工程施工及验收通用规范》（GB 50231—2009）的有关规定。

检查数量：全数。

检查方法：尺量、观察检查。

14）风管部件的安装应符合下列规定：

①风管部件及操作机构的安装应便于操作。

②斜插板风阀安装时，阀板应顺气流方向插入；水平安装时，阀板应向上开启。

③止回阀、定风量阀的安装方向应正确。

④防爆波活门、防爆超压排气活门安装时，穿墙管的法兰和在轴线视线上的杠杆应铅垂，活门开启应朝向排气方向，在设计的超压下能自动启闭。关闭后，阀盘与密封圈贴合应严密。

⑤防火阀、排烟阀（口）的安装位置、方向应正确。位于防火分区隔墙两侧的防火阀，距墙表面不应大于 200mm。

检查数量：按Ⅰ方案。

检查方法：吊垂、手扳、尺量、观察检查。

15)风口的安装位置应符合设计要求,风口或结构风口与风管的连接应严密牢固,不应存在可察觉的漏风点或部位,风口与装饰面贴合应紧密。X 射线发射房间的送、排风口应采取防止射线外泄的措施。

检查数量:按Ⅰ方案。

检查方法:观察检查。

16)风管系统安装完毕后,应按系统类别要求进行施工质量外观检验。合格后,应进行风管系统的严密性检验,漏风量除应符合设计要求和《通风与空调工程施工质量验收规范》(GB 50243—2016)第4.2.1条的规定外,尚应符合下列规定:

①当风管系统严密性检验出现不合格时,除应修复不合格的系统外,受检方应申请复验或复检。

②净化空调系统进行风管严密性检验时,N1 级~N5 级的系统按高压系统风管的规定执行;N6 级~N9 级,且工作压力小于等于 1500Pa 的,均按中压系统风管的规定执行。

检查数量:微压系统,按工艺质量要求实行全数观察检验;低压系统,按Ⅱ方案实行抽样检验;中压系统,按Ⅰ方案实行抽样检验;高压系统,全数检验。

检查方法:除微压系统外,严密性测试按附录 A 的规定执行。

17)当设计无要求时,人防工程染毒区的风管应采用大于等于 3mm 钢板焊接连接;与密闭阀门相连接的风管,应采用带密封槽的钢板法兰和无接口的密封垫圈,连接应严密。

检查数量:全数。

检查方法:尺量、观察、查验检测报告。

18)住宅厨房、卫生间排风道的结构、尺寸应符合设计要求,内表面应平整;各层支管与风道的连接应严密,并应设置防倒灌的装置。

检查数量:按Ⅰ方案。

检查方法:观察检查。

19)病毒实验室通风与空调系统的风管安装连接应严密,允许渗漏量应符合设计要求。

检查数量:全数。

检查方法:观察检查,查验现场漏风量检测报告。

(3)一般项目

1)风管部件活动机构的动作应灵活,制动和定位装置动作应可靠,法兰规格应与相连风管法兰相匹配。

检查数量:按Ⅱ方案。

检查方法:观察检查、手动操作、尺量检查。

2)风阀的制作应符合下列规定:

①单叶风阀的结构应牢固,启闭灵活,关闭应严密,与阀体的间隙应小于 2mm。多叶风阀开启时,不应有明显的松动现象;关闭时,叶片的搭接应贴合一致。截面积大于 1.2m² 的多叶风阀应实施分组调节。

②止回阀阀片的转轴、铰链应采用耐锈蚀材料。阀片在最大负荷压力下不应弯曲变形,启闭应灵活,关闭应严密。水平安装的止回阀应有平衡调节机构。

③三通调节风阀的手柄转轴或拉杆与风管(阀体)的结合处应严密,阀板不得与风管相

碰擦,调节应方便,手柄与阀片应处于同一转角位置,拉杆可在操控范围内作定位固定。

④插板风阀的阀体应严密,内壁应做防腐处理。插板应平整,启闭应灵活,并应有定位固定装置。斜插板风阀阀体的上、下接管应成直线。

⑤定风量风阀的风量恒定范围和精度应符合工程设计及产品技术文件要求。

⑥风阀法兰尺寸允许偏差应符合表 4.2.2 的规定。

表 4.2.2　风阀法兰尺寸允许偏差　　　　　　　　(单位:mm)

风阀长边尺寸 b 或直径 D	允许偏差			
	边长或直径偏差	矩形风阀端口对角线之差	法兰或端口端面平面度	圆形风阀法兰任意正交两直径之差
$b(D) \leqslant 320$	±2	±3	0~2	±2
$320 < b(D) \leqslant 2000$	±3	±3	0~2	±2

检查数量:按Ⅱ方案。

检查方法:观察检查、手动操作、尺量检查。

3)风罩的制作应符合下列规定:

①风罩的结构应牢固,形状应规则,表面应平整光滑,转角处弧度应均匀,外壳不得有尖锐的边角。

②与风管连接的法兰应与风管法兰相匹配。

③厨房排烟罩下部集水槽应严密不漏水,并应坡向排放口。罩内安装的过滤器应便于拆卸和清洗。

④槽边侧吸罩、条缝抽风罩的尺寸应正确,吸口应平整。罩口加强板间距应均匀。

检查数量:按Ⅱ方案。

检查方法:观察检查、手动操作、尺量检查。

4)风帽的制作应符合下列规定:

①风帽的结构应牢固,形状应规则,表面应平整。

②与风管连接的法兰应与风管法兰相匹配。

③伞形风帽伞盖的边缘应采取加固措施,各支撑的高度尺寸应一致。

④锥形风帽内外锥体的中心应同心,锥体组合的连接缝应顺水,下部排水口应畅通。

⑤筒形风帽外筒体的上下沿口应采取加固措施,不圆度不应大于直径的 2%。伞盖边缘与外筒体的距离应一致,挡风圈的位置应准确。

⑥旋流型屋顶自然通风器的外形应规整,转动应平稳流畅,且不应有碰擦音。

检查数量:按Ⅱ方案。

检查方法:观察检查、手动操作、尺量检查。

5)风口的制作应符合下列规定:

①风口的结构应牢固,形状应规则,外表装饰面应平整。

②风口的叶片或扩散环的分布应匀称。

③风口各部位的颜色应一致,不应有明显的划伤和压痕。调节机构应转动灵活、定位

可靠。

④风口应以颈部的外径或外边长尺寸为准,风口颈部尺寸应符合表4.2.3的规定。

表4.2.3　风口颈部尺寸允许偏差　　　　　　　　(单位:mm)

圆形风口		
直径	≤250	>250
允许偏差	-2~0	-3~0
矩形风口		
大边长	<300	300~800	>800
允许偏差	-1~0	-2~0	-3~0
对角线长度	<300	300~500	>500
对角线长度之差	0~1	0~2	0~3

检查数量:按Ⅱ方案。

检查方法:观察检查、手动操作、尺量检查。

6)消声器和消声静压箱的制作应符合下列规定:

①消声材料的材质应符合工程设计的规定,外壳应牢固严密,不得漏风。

②阻性消声器充填的消声材料,体积密度应符合设计要求,铺设应均匀,并应采取防止下沉的措施。片式阻性消声器消声片的材质、厚度及片距,应符合产品技术文件要求。

③现场组装的消声室(段),消声片的结构、数量、片距及固定应符合设计要求。

④阻抗复合式、微穿孔(缝)板式消声器的隔板与壁板的结合处应紧贴严密;板面应平整、无毛刺,孔径(缝宽)和穿孔(开缝)率和共振腔的尺寸应符合国家现行标准的有关规定。

⑤消声器与消声静压箱接口应与相连接的风管相匹配,尺寸的允许偏差应符合表4.2.2的规定。

检查数量:按Ⅱ方案。

检查方法:观察检查、尺量检查、查验材质证明书。

7)柔性短管的制作应符合下列规定:

①外径或外边长应与风管尺寸相匹配。

②应采用抗腐、防潮、不透气及不易霉变的柔性材料。

③用于净化空调系统的还应是内壁光滑、不易产生尘埃的材料。

④柔性短管的长度宜为150~250mm,接缝的缝制或粘接应牢固、可靠,不应有开裂;成型短管应平整,无扭曲等现象。

⑤柔性短管不应为异径连接管,矩形柔性短管与风管连接不得采用抱箍固定的形式。

⑥柔性短管与法兰组装宜采用压板铆接连接,铆钉间距宜为60~80mm。

检查数量:按Ⅱ方案。

检查方法:观察检查、尺量检查。

8)过滤器的过滤材料与框架连接应紧密牢固,安装方向应正确。

检查数量:按Ⅱ方案。

检查方法:观察检查、手动操作。

9)风管内电加热器的加热管与外框及管壁的连接应牢固可靠,绝缘良好,金属外壳应与PE线可靠连接。

检查数量:按Ⅱ方案。

检查方法:观察检查、手动操作。

10)检查门应平整,启闭应灵活,关闭应严密,与风管或空气处理室的连接处应采取密封措施,且不应有渗漏点。净化空调系统风管检查门的密封垫料,应采用成型密封胶带或软橡胶条。

检查数量:按Ⅱ方案。

检查方法:观察检查、手动操作。

11)风管支、吊架的安装应符合下列规定:

①金属风管水平安装,直径或边长小于等于400mm时,支、吊架间距不应大于4m;大于400mm时,间距不应大于3m。螺旋风管的支、吊架的间距可为5m或3.75m;薄钢板法兰风管的支、吊架间距不应大于3m。垂直安装时,应设置至少2个固定点,支架间距不应大于4m。

②支、吊架的设置不应影响阀门、自控机构的正常动作,且不应设置在风口、检查门处,离风口和分支管的距离不宜小于200mm。

③悬吊的水平主、干风管直线长度大于20m时,应设置防晃支架或防止摆动的固定点。

④矩形风管的抱箍支架,折角应平直,抱箍应紧贴风管。圆形风管的支架应设托座或抱箍,圆弧应均匀,且应与风管外径一致。

⑤风管或空调设备使用的可调节减振支、吊架,拉伸或压缩量应符合设计要求。

⑥不锈钢板、铝板风管与碳素钢支架的接触处,应采取隔绝或防腐绝缘措施。

⑦边长(直径)大于1250mm的弯头、三通等部位应设置单独的支、吊架。

检查数量:按Ⅱ方案。

检查方法:尺量、观察检查。

12)风管系统的安装应符合下列规定。

①风管应保持清洁,管内不应有杂物和积尘。

②风管安装的位置、标高、走向,应符合设计要求。现场风管接口的配置应合理,不得缩小其有效截面。

③法兰的连接螺栓应均匀拧紧,螺母宜在同一侧。

④风管接口的连接应严密牢固。风管法兰的垫片材质应符合系统功能的要求,厚度不应小于3mm。垫片不应凸入管内,且不宜凸出法兰外;垫片接口交叉长度不应小于30mm。

⑤风管与砖、混凝土风道的连接接口,应顺着气流方向插入,并应采取密封措施。风管穿出屋面处应设置防雨装置,且不得渗漏。

⑥外保温风管必需穿越封闭的墙体时,应加设套管。

⑦风管的连接应平直。明装风管水平安装时,水平度的允许偏差应为3‰,总偏差不应大于20mm;明装风管垂直安装时,垂直度的允许偏差应为2‰,总偏差不应大于20mm。暗装风管安装的位置应正确,不应有侵占其他管线安装位置的现象。

⑧金属无法兰连接风管的安装应符合下列规定：

a.风管连接处应完整，表面应平整。

b.承插式风管的四周缝隙应一致，不应有折叠状褶皱。内涂的密封胶应完整，外粘的密封胶带应粘贴牢固。

c.矩形薄钢板法兰风管可采用弹性插条、弹簧夹或 U 形紧固螺栓连接。连接固定的间隔不应大于 150mm，净化空调系统风管的间隔不应大于 100mm，且分布应均匀。当采用弹簧夹连接时，宜采用正反交叉固定方式，且不应松动。

d.采用平插条连接的矩形风管，连接后板面应平整。

e.置于室外与屋顶的风管，应采取与支架相固定的措施。

检查数量：按Ⅱ方案。

检查方法：尺量、观察检查。

13)除尘系统风管宜垂直或倾斜敷设。倾斜敷设时，风管与水平夹角宜大于或等于 45°；当现场条件限制时，可采用小坡度和水平连接管。含有凝结水或其他液体的风管，坡度应符合设计要求，并应在最低处设排液装置。

检查数量：按Ⅱ方案。

检查方法：尺量、观察检查。

14)集中式真空吸尘系统的安装应符合下列规定：

①吸尘管道的坡度宜大于等于 5‰，并应坡向立管、吸尘点或集尘器。

②吸尘嘴与管道的连接，应牢固严密。

检查数量：按Ⅱ方案。

检查方法：尺量、观察检查。

15)柔性短管的安装，应松紧适度，目测平顺、不应有强制性的扭曲。可伸缩金属或非金属柔性风管的长度不宜大于 2m。柔性风管支、吊架的间距不应大于 1500mm，承托的座或箍的宽度不应小于 25mm，两支架间风道的最大允许下垂应为 100mm，且不应有死弯或塌凹。

检查数量：按Ⅱ方案。

检查方法：尺量、观察检查。

16)非金属风管的安装除应符合《通风与空调工程施工质量验收规范》(GB 50243—2016)第 6.3.2 条的规定外，尚应符合下列规定。

①风管连接应严密，法兰螺栓两侧应加镀锌垫圈。

②风管垂直安装时，支架间距不应大于 3m。

③硬聚氯乙烯风管的安装尚应符合下列规定：

a.采用承插连接的圆形风管，直径小于或等于 200mm 时，插口深度宜为 40~80mm，粘接处应严密牢固。

b.采用套管连接时，套管厚度不应小于风管壁厚，长度宜为 150~250mm。

c.采用法兰连接时，垫片宜采用 3~5mm 软聚氯乙烯板或耐酸橡胶板。

d.风管直管连续长度大于 20m 时，应按设计要求设置伸缩节，支管的重量不得由干管承受。

e.风管所用的金属附件和部件,均应进行防腐处理。

④织物布风管的安装应符合下列规定:

a.悬挂系统的安装方式、位置、高度和间距应符合设计要求。

b.水平安装钢绳垂吊点的间距不得大于3m。长度大于15m的钢绳应增设吊架或可调节的花篮螺栓。风管采用双钢绳垂吊时,两绳应平行,间距应与风管的吊点相一致。

c.滑轨的安装应平整牢固,目测不应有扭曲;风管安装后应设置定位固定。

d.织物布风管与金属风管的连接处应采取防止锐口划伤的保护措施。

e.织物布风管垂吊吊带的间距不应大于1.5m,风管不应呈现波浪形。

检查数量:按Ⅱ方案。

检查方法:尺量、观察检查。

17)复合材料风管的安装除应符合《通风与空调工程施工质量验收规范》(GB 50243—2016)第6.3.6条的规定外,尚应符合下列规定:

①复合材料风管的连接处,接缝应牢固,不应有孔洞和开裂。当采用插接连接时,接口应匹配,不应松动,端口缝隙不应大于5mm。

②复合材料风管采用金属法兰连接时,应采取防冷桥的措施。

③酚醛铝箔复合板风管与聚氨酯铝箔复合板风管的安装,尚应符合下列规定:

a.插接连接法兰的不平整度应小于或等于2mm,插接连接条的长度应与连接法兰齐平,允许偏差应为—2～＋0mm。

b.插接连接法兰四角的插条端头与护角应有密封胶封堵。

c.中压风管的插接连接法兰之间应加密封垫或采取其他密封措施。

④玻璃纤维复合板风管的安装应符合下列规定:

a.风管的铝箔复合面与丙烯酸等树脂涂层不得损坏,风管的内角接缝处应采用密封胶勾缝。

b.榫连接风管的连接应在榫口处涂黏胶剂,连接后在外接缝处应采用扒钉加固,间距不宜大于50mm,并宜采用宽度大于或等于50mm的热敏胶带粘贴密封。

b.采用槽形插接等连接构件时,风管端切口应采用铝箔胶带或刷密封胶封堵。

c.采用槽型钢制法兰或插条式构件连接的风管,风管外壁钢抱箍与内壁金属内套,应采用镀锌螺栓固定,螺孔间距不应大于120mm,螺母应安装在风管外侧。螺栓穿过的管壁处应进行密封处理。

d.风管垂直安装宜采用"井"字形支架,连接应牢固。

⑤玻璃纤维增强氯氧镁水泥复合材料风管,应采用黏结连接。直管长度大于30m时,应设置伸缩节。

检查数量:按Ⅱ方案。

检查方法:尺量、观察检查。

18)风阀的安装应符合下列规定:

①风阀应安装在便于操作及检修的部位。安装后,手动或电动操作装置应灵活可靠,阀板关闭应严密。

②直径或长边尺寸大于或等于630mm的防火阀,应设独立支、吊架。

③排烟阀(排烟口)及手控装置(包括钢索预埋套管)的位置应符合设计要求。钢索预埋套管弯管不应大于 2 个,且不得有死弯及瘪陷;安装完毕后应操控自如,无阻涩等现象。

④除尘系统吸入管段的调节阀,宜安装在垂直管段上。

⑤防爆波悬摆活门、防爆超压排气活门和自动排气活门安装时,位置的允许偏差应为 10mm,标高的允许偏差应为 ±5mm,框正、侧面与平衡锤连杆的垂直度允许偏差为 5mm。

检查数量:按Ⅱ方案。

检查方法:尺量、观察检查。

19)排风口、吸风罩(柜)的安装应排列整齐、牢固可靠,安装位置和标高允许偏差应为 ±10mm,水平度的允许偏差应为 3‰,且不得大于 20mm。

检查数量:按Ⅱ方案。

检查方法:尺量、观察检查。

20)风帽安装应牢固,连接风管与屋面或墙面的交接处不应渗水。

检查数量:按Ⅱ方案。

检查方法:尺量、观察检查。

21)消声器及静压箱的安装应符合下列规定:

①消声器及静压箱安装时,应设置独立支、吊架,固定应牢固。

②当采用回风箱作为静压箱时,回风口处应设置过滤网。

检查数量:按Ⅱ方案。

检查方法:观察检查。

22)风管内过滤器的安装应符合下列规定:

①过滤器的种类、规格应符合设计要求。

②过滤器应便于拆卸和更换。

③过滤器与框架及框架与风管或机组壳体之间连接应严密。

检查数量:按Ⅱ方案。

检查方法:观察检查。

23)风口的安装应符合下列规定:

①风口表面应平整、不变形,调节应灵活、可靠。同一厅室、房间内的相同风口的安装高度应一致,排列应整齐。

②明装无吊顶的风口,安装位置和标高允许偏差应为 10mm。

③风口水平安装,水平度的允许偏差应为 3‰。

④风口垂直安装,垂直度的允许偏差应为 2‰。

检查数量:按Ⅱ方案。

检查方法:尺量、观察检查。

24)洁净室(区)内风口的安装除应符合《通风与空调工程施工质量验收规范》(GB 50243—2016)第 6.3.13 的规定外,尚应符合下列规定:

①风口安装前应擦拭干净,不得有油污、浮尘等。

②风口边框与建筑顶棚或墙壁装饰面应紧贴,接缝处应采取可靠的密封措施。

③带高效空气过滤器的送风口,四角应设置可调节高度的吊杆。

检查数量:按Ⅱ方案。

检查方法:查验成品质量合格证明文件,观察检查。

4.2.6　成品保护

(1)对通风部件的加工,首先要选择好场地,通常在加工车间进行,因为部件加工工种多,零件多,加工环境对装配质量有着直接关系。

(2)加工配件的成品、半成品或零件,要分类排列整齐,依次编号,做到有条不紊。成品、半成品加工成型后,应存放在宽敞、避雨、避雪的仓库或场棚中。置于干燥的隔潮木头垫、架上。按系统、规格和编号堆放整齐,避免相互碰撞造成的表面划伤,要保持所有产品表面光滑、洁净。

(3)洁净系统使用的部件,装配好后要进行洁净处理。处理好后用塑料薄膜分个进行包装。

(4)通风部件在运输过程中要轻拿轻放。

(5)吊运、安装风管及配件时要先按编号找准,排好,然后再进行吊运,安装时要减少返工。并要注意安全,防止掉下重物损坏风管及配件或伤人。

(6)玻璃钢风管、配件及部件安装前应在放在有阴凉的场地,不得放在露天曝晒。玻璃钢风管在安装及运输时应注意不得碰撞和扭曲,并严禁敲打、撞击,以防复合层破裂、脱落及界皮分层。当发现有轻微破损时,应及时组织人员修复。

(7)安装洁净系统时,当安装中途停顿或施工完毕时,应将端头或与大气相通的孔口用塑料薄膜包扎封闭,防止杂物进入。

(8)在风管及部件安装过程中,要注意不要损坏和污染建筑物。

(9)严禁把风管用作脚手架或其他承重物的支点。并且不允许随意踩踏风管以及用其他物体撞击风管。

(10)暂停施工的系统风管,应将风管敞口处封闭,防止杂物进入。

(11)风管伸入土建结构风道时,其末端应安装钢板网,防止在系统运行时杂物进入风管内。

(12)交叉作业较多的场地,严禁以安装完的风管作为支、吊、托架,不允许将其他支、吊架焊在或挂在风管法兰和风管支、吊架上。

(13)运输和安装配件时,应避免由于碰撞而造成执行机构和叶片变形。在露天安装时应有防雨、防雪措施。

(14)风管及空调设备安装好的房间,要注意上下班及时关锁。

4.2.7　安全与环保措施

(1)施工前要认真检查施工机械,特别是电动工具,应运转正常,保护接零安全可靠。

(2)高空作业时必须系好安全带,上下传递物品不得抛投,小件工具要放在随身带的工具包内,不得任意放置,防止坠落伤人或丢失。

(3)吊装风管时,严禁人员站在被吊装风管下方,风管上严禁站人。

（4）风管正式起吊前应先进行试吊，试吊距离一般离地 200～300mm，仔细检查倒链或滑轮受力点和捆绑风管的绳索、绳扣是否牢固，风管的重心是否正确、无倾斜，确认无误后方可继续起吊。

（5）作业地点要配备必要的安全防护装置和消防器材。

（6）作业地点必须配备灭火器或其他灭火器材。

（7）风管安装流动性较大，对电源线路不得随意乱接乱用，应设专人对现场用电进行管理。

（8）当天施工结束后的剩余材料及工具应及时入库，不许随意放置，做到工完场清。

（9）氧气瓶、乙炔气瓶的存放要距明火 10m 以上，挪动时不能碰撞，氧气瓶不得和可燃气瓶同放一处。

（10）风管吊装工作尽量安排在白天进行，以减少夜间施工照明电能的消耗和对周围居民的影响。

（11）支、吊架涂漆时不得对周围的墙面、地面、工艺设备造成二次污染，必要时采取保护措施。

4.2.8 应注意的质量问题

应注意的质量问题见表 4.2.4。

表 4.2.4 应注意的质量问题

序号	常产生的质量问题	防治措施
1	风管安装不顺直、扭曲	安装前应检查风管两边法兰平行度、法兰与轴线垂直度；加强成品保护，严禁人员踩踏风管；控制风管一次吊装长度，避免一次吊装风管长度超长，造成变形；上螺栓时四边应用力均匀
2	风管安装高低不平	支、吊架安装时应用水平找平；调整支、吊架标高，增加支架；支架标高应考虑风管变径影响
3	风管安装后，易左右摆，不稳定	增设防晃支架
4	吊杆不直、倾斜，抱箍不紧，托架不平	加强支架下料钻孔质量控制；下料后应进行调直，支架安装后找平找直
5	支、吊架装在法兰、阀门、风管风量测定孔处	安装前认真核对支、吊架与法兰、阀门之间的相对距离
6	风口与风管连接不严	涂密封胶或缠密封胶带；支管尺寸应与风口相配
7	法兰垫料凸出法兰外或伸进管内，垫料接头处有空隙	尽量减少垫料接头；垫料长度、宽度应按法兰尺寸剪切。应采用榫形接头连接
8	法兰连接螺母位置不一致	按质量要求施工；法兰螺母应在同一侧

4.2.9　质量记录

(1)材料的产品合格证书、性能检测报告,进场检验记录和复验报告。

(2)风管系统安装检验批质量验收记录(送、排风系统)。

(3)风管系统安装检验批质量验收记录(空调系统)。

(4)风管系统安装检验批质量验收记录(净化空调系统)。

(5)通风与空调分项工程的质量验收记录。

(6)通风与空调子分部工程的质量验收记录(送、排风系统)。

(7)通风与空调子分部工程的质量验收记录(防、排烟系统)。

(8)通风与空调子分部工程的质量验收记录(除尘系统)。

(9)通风与空调子分部工程的质量验收记录(空调系统)。

(10)通风与空调子分部工程的质量验收记录(净化系统)。

(11)隐蔽工程记录。

(12)施工日记。

4.3　风机与空气处理设备安装工程施工工艺标准

本工艺标准适用于民用建筑通风与空调工程中风机与空调设备的安装。工程施工应以设计图纸和有关施工质量验收规范为依据。

4.3.1　材料要求

(1)施工材料主要有普通钢板、角钢、扁钢、铸铁垫板、混凝土等。螺栓、垫圈、膨胀螺栓、密封胶、木垫、橡胶垫、棉纱、油漆、电焊条等辅材应准备齐全。

(2)设备安装所使用的主料和辅料的规格、型号应符合设计规定,应具有出厂合格证或产品质量证明书。

(3)地脚螺栓通常随设备配套带来,其规格和质量应符合施工图纸或说明书要求。

(4)垫铁的规格、型号及安装数量应符合设计及设备安装有关规范的规定。

(5)橡胶减振垫的材质和规格、单位面积承载力、安装的数量和位置应符合设计及设备安装有关规范的规定。

(6)阻燃密封胶条的性能参数、规格、厚度应满足设计和设备安装说明要求。

(7)密封胶的粘接强度、固化时间、性能参数(耐酸、耐碱、耐热)应能满足设备安装说明书要求。

4.3.2　主要机具

(1)施工机具:吊车、倒链、滑轮、钢丝绳、麻绳、千斤顶、卷扬机等起重工具;扳手、套筒扳手、螺丝刀、手锤、锉刀、拉铆枪、手电钻、台钻、电焊机、冲击电钻等常用工具。

(2)测量检验工具:水平仪、水准仪、经纬仪、不锈钢直尺、钢盘尺、角尺、墨斗、线坠、水平尺、塞尺等测量放线用工具。

4.3.3 作业条件

(1)施工现场应整洁,无其他物品妨碍安装,有足够的运输空间。

(2)设备型号和设备基础应符合设计要求,并办理了交接验收手续。

(3)开箱检验已进行完毕并符合要求,随设备所带资料及产品合格证应齐全(进口设备必须具有国家商检部门的检验合格证明文件)。

(4)所用机具及设备均应完好,运转正常,并符合安全生产的有关规定。操作人员应持证上岗并熟悉操作程序。

(5)空调机组安装应在建筑结构内装饰施工基本完毕、室内干净、无灰尘扬起的情况下进行。机房应进行妥善封闭。

(6)空调机组安装前应有施工技术、安全、质量的文字交底。应认真阅读机组的技术文件,并熟悉施工图纸。

4.3.4 施工工艺

(1)工艺流程

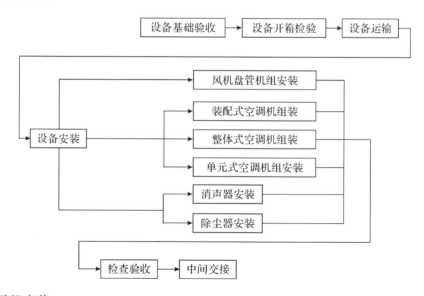

(2)风机安装

1)工艺流程

设备基础验收→风机检查及运输→风机安装及找平、找正→风机试运转

2)设备基础验收

①设备基础验收应有建设单位、土建施工单位和安装单位共同参与,并办理验收合格手续。风机安装前应根据设计图纸对设备基础进行全面检查。其坐标、标高及尺寸应符合设备安装要求。

②风机安装前应在基础表面铲出麻面，以便使二次浇灌的混凝土或水泥能与基础紧密结合。

3）风机检查及运输

①根据设备装箱清单，核对叶轮、机壳和其他部位的主要尺寸。进风口、出风口的位置等应与设计相符。做好检查记录。

②叶轮旋转方向应符合设备技术文件的规定。

③进、出风口应有盖板严密遮盖。各切削加工面、机壳和转子不应有变形或锈蚀、碰损等缺陷。

④整体安装的风机，搬运和吊装的绳索不得捆缚在转子和机壳或轴承盖的吊环上。

⑤现场组装的风机、绳索的捆缚不得损伤机件表面，转子、轴颈和轴封等处均不应作为捆缚部位。

⑥输送特殊介质的通风机转子和机壳内如果涂有保护层，应严加保护，不得损伤。

4）风机安装及找平、找正

①通风机安装应符合生产厂家提供的安装说明及要求。

a.风机就位前，应按设计图纸并依据建筑物的轴线、边缘线及标高线放出安装基准线。将设备基础表面的油污、泥土杂物清除和地脚螺栓预留孔内的杂物清除干净。

b.皮带传动的风机和电动机轴的中心线间距和皮带的规格应符合设计要求。

c.风机的基础应符合设计要求。预留孔灌浆前应清除杂物，灌浆应用细石混凝土，其强度等级应比基础的混凝土高一级，并应捣固密实，地脚螺栓不得歪斜。

d.电动机应水平安装在滑座上或固定在基础上，找正应以风机为准，安装在室外的电动机应设防雨罩。

②整体安装风机时，搬运和吊装的绳索不得捆绑在转子和机壳或轴承盖的吊环上。风机底座若不用隔震装置而直接安装在基础上，应用垫铁找平。风机吊至基础上后，用垫铁找平。垫铁一般应放在地脚螺栓两侧，斜垫铁必须成对使用。风机安装好后，同一组垫铁应点焊在一起，以免受力时松动。

③风机安装在无减振器的支架上时，应垫上4～5mm厚的橡胶板，找平、找正后固定牢。

④风机安装在有减振器的机座上时，地面要平整，各组减振器承受的荷载压缩量应均匀，不偏心，安装后采取保护措施，防止损坏。

⑤风机的机轴应保持水平，水平度允许偏差为 0.2/1000。

⑥风机与电动机用联轴器连接时，两轴中心线应在同一直线上，两轴芯径向位移允许偏差为 0.05mm，两轴线倾斜允许偏差为 0.2/1000。

⑦安装风机与电动机用三角皮带传动时，应对设备进行找正，保证电动机与风机的轴线平行，并使两个皮带轮的中心线相重合。三角皮带的拉紧程度控制在可用手敲打已装好的皮带中间，以稍有弹跳为准。

⑧安装风机与电动机的传动皮带轮时，操作者应紧密配合，防止将手碰伤。挂皮带轮时不得把手指插入皮带轮内，以防止发生事故。

⑨风机的传动装置外露部分应安装防护罩，风机的吸入口或吸入管直通大气时，应加装保护网或其他安全装置。

⑩风机出口的接出风管应顺叶轮旋转方向采用接出弯管。在现场条件允许的情况下,应保证出口至弯管的距离 A 大于或等于风口出口长边尺寸 1.5～2.5 倍(见图 4.3.1)。如果受现场条件限制达不到要求,应在弯管内设导流叶片弥补。

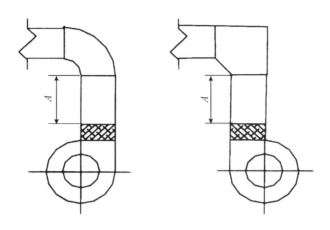

图 4.3.1　通风机接出风管弯管示意

⑫输送特殊介质的风机转子和机壳内若涂有保护层,应严加保护。

⑬对于大型组装轴流风机,叶轮与机壳的间隙应均匀分布,并符合设备技术文件要求。叶轮与进风外壳的间隙见表 4.3.1。

表 4.3.1　叶轮与主体风筒对应两侧间隙允许偏差　　　　　　　　(单位:mm)

叶轮直径	≤600	601～1200	1201～2000	2001～3000	3001～5000	5001～8000	>8000
对应两侧半径间隙之差不应大于	0.5	1	1.5	2	3.5	5	6.5

⑭通风机附属的自控设备和观测仪器、仪表安装,应按设备技术文件规定执行。

5)风机试运转

经过全面检查,手动盘车,确认供应电源相序正确后方可送电试运转,运转前轴承箱必须加上适量的润滑油,并检查各项安全措施;叶轮旋转方向必须正确;在额定转速下试运转时间不得小于 2h。运转后,再检查风机减振基础有无位移和损坏现象,做好记录。

(3)空气处理设备安装

1)工艺流程

设备开箱检查→基础验收→设备运输→底座安装→设备安装→找平、找正

2)设备开箱检验

①开箱前检查外包装有无损坏和受潮。开箱后认真核对设备及各部分的名称、规格、型号、技术条件是否与装箱单相符,是否符合设计要求。产品说明书、合格证、随机清单和设备技术文件应齐全。逐一检查主机附件、专用工具、备用配件等是否齐全。机组的外形应平整,圆弧均匀,漆膜完好,无锈蚀,焊缝饱满,无孔洞,无明显伤痕,非金属设备构件材质应符

合使用场所的特殊要求,表面保护涂层应完整。

②取下风机段活动板或通过检查门进入,用手盘动风机叶轮,检查其是否与机壳相碰、风机减振部分是否符合要求。

③检查表冷器的凝结水部分是否畅通,有无渗漏,加热器及旁通阀是否严密、可靠,过滤器零部件是否齐全,滤料及过滤形式是否符合设计要求。

④空调机组水、风进出口的尺寸、方位应符合设计要求。

3)基础验收

设备基础的强度、外形尺寸、坐标、标高及减振装置进行认真检查。

4)设备运输

空气处理设备在水平运输和垂直运输之前尽可能不要开箱,开箱后应保留好底座。现场水平运输时,应尽量采用车辆运输或钢管、跳板组合运输。室外垂直运输一般采用门式提升架或吊车。在机房内可采用滑轮、倒链进行吊装和运输。整体设备允许的倾斜角度参照说明书。

5)底座安装

①将空调箱底座安装于设备基础之上,按照设计要求设置减振器或减振垫。

②减振器型号规格应符合设计规定,减振器的设置位置应合理。

③底座四周采用限位装置对设备底座的水平位移进行约束。

6)一般装配式空调安装

①阀门启闭应灵活,阀叶须平直。表面式换热器应有合格证,在规定期间内且外表面无损伤时,安装前可不做水压试验,否则应做水压试验。水压试验的压力等于系统最高工作压力的1.5倍,且不低于0.4MPa,试验时间为2~3min。试验期间压力不得下降。空调器内挡水板可阻挡喷淋处理后的空气夹带水滴进入风管内,以使空调房间湿度稳定。挡水板在安装时前后不得装反。安装后机组应清理干净,箱体内无杂物。

②若现场有多套空调机组,在安装前应将段体进行编号,切不可将段位互换调错。应按厂家说明书,分清左式、右式,段体排列顺序应与图纸吻合。

③从空调机组的一端开始,逐一将段体抬上底座,就位找正,加衬垫,将相邻两个段体用螺栓连接牢固严密。每连接一个段体前,在将内部清扫干净。组合式空调机组各功能段间连接后,整体应平直,门开启要灵活,水路应畅通。

④加热段与相邻段体间应采用耐热材料作为垫片,表面式换热器之间的缝隙应用耐热材料堵严。

⑤喷淋段连接处要严密,牢固可靠。喷淋段不得渗水。喷淋段的检视门不得漏水。积水槽应清理干净,以保证冷凝水流畅,不溢水。凝结水管应设置水封,水封高度根据机外余压确定。应防止空气调节器内空气外漏或室外空气进来。

⑥安装空气过滤器时其方向应符合要求。

a.框式及袋式粗、中效空气过滤器的安装要便于拆卸及更换滤料。过滤器与框架间、框架与空气处理室的维护结构间应严密。

b.自动浸油过滤器的网要清扫干净,传动应灵活,过滤器间接缝要严密。

c.卷绕式过滤器安装时,框架要平整,滤料应松紧适当,上下筒平行。

d.静电过滤器的安装应特别注意平稳,与风管或风机相连的部位设柔性短管,接地电阻要小于4Ω。

e.亚高效、高效过滤器的安装应符合以下规定:按出厂标志方向搬运、存放,安置于防潮洁净的室内。其框架端面或刀口端面应平直,其平整度允许偏差为±1mm,其外框不得改动。洁净室全部安装完毕,并全面清扫擦净。系统连续试车12h后,方可开箱检查,不得有变形、破损和漏胶等现象,合格后立即安装。安装时,外框上的箭头与气流方向应一致。用波纹板组合的过滤器在竖向安装时,波纹板应垂直地面,不得反向。过滤器与框架间必须加密封垫料或涂抹密封胶,厚度为6～8mm。定位胶贴在过滤器边框上,用梯形或榫形拼接,安装后的垫料的压缩率应大于50%。采用硅橡胶密封时,先清除边框上的杂物和油污,在常温下挤抹硅橡胶,应饱满、均匀、平整。采用液槽密封时,槽架安装应水平,槽内保持清洁无水迹。密封液宜为槽深的2/3。现场组装的空调机组,应做漏风量测试。多个过滤器组合安装时,要根据各台过滤器初阻力大小合理配置,每台额定阻力和各台平均阻力相差应小于5%。

⑦现场组装的空气调节机组,应做漏风量测试,漏风率要求应符合表4.3.2的规定。

表4.3.2　漏风率要求

机组性质	静　压/Pa	漏风率/%
一般空调机组	保持700	≤3%
净化系统机组(低于1000级洁净用)	保持1000	≤2%
净化系统机组(≥1000级洁净用)	保持1000	≤1%

7)整体式空调机组的安装

①安装前认真熟悉图纸、设备说明书以及有关的技术资料。检查设备零部件、附属材料及随机专用工具是否齐全。制冷设备充有保护气体时,应检查有无泄漏情况。

②空调机组安装时,坐标、位置应正确。基础达到安装强度。基础表面应平整,一般应高出地面100～150mm。

③空调机组加减振装置时,应严格按设计要求的减振器型号、数量和位置进行安装并找平找正。

④水冷式空调机组的冷却水系统、蒸汽、热水管道及电气、动力与控制线路的安装工应持证上岗。充注制冷剂和调试应由制冷专业人员按产品说明书的要求进行。

8)单元式空调机组安装

①分体式室外机组和风冷整体式机组的安装。安装位置应正确,目测呈水平,凝结水的排放应畅通。周边间隙应满足冷却风的循环。制冷剂管道连接应严密无渗漏。穿过的墙孔必须密封,雨水不得渗入。

②水冷柜式空调机组的安装。安装时其四周要留有足够空间,方能满足冷却水管道连接和维修保养的要求。机组安装应平稳。冷却水管连接应严密,不得有渗漏现象,应按设计要求设有排水坡度。

③窗式空调器的安装。其支架的固定必须牢靠。应设有遮阳、防雨措施,但注意不得妨

碍冷凝器的排风。安装时其凝结水盘应有坡度,出水口设在水盘最低处,应将凝结水从出口用软塑料管引至排放地。安装后,其面板应平整,不得倾斜,应用密封条将四周封闭严密。运转时应无明显的窗框振动和噪声。

(4)风机盘管及诱导器的安装

1)工艺流程

表面检查→通电试验→水压试验→吊架安装→设备质量检查→设备就位→连接配管

2)安装前应检查每台电机壳体及表面交换器有无损伤、锈蚀等缺陷。

3)风机盘管和诱导器应逐台进行通电试验检查,机械部分不得有摩擦,电器部分不得漏电。

4)风机盘管和诱导器应逐台进行水压试验,试验强度应为工作压力的 1.5 倍,定压后观察 2~3min,不渗不漏为合格。

5)卧式吊装风机盘管和诱导器,吊架安装平整牢固,位置正确。吊杆不应自由摆动,吊杆与托盘相连应用双螺母紧固。

6)诱导器安装前必须逐台进行质量检查,检查项目如下:

①各连接部分不得有松动、变形和产生破裂等情况;喷嘴不能脱落、堵塞。

②静压箱封头处缝隙密封材料不能有裂痕和脱落;一次风调节阀必须灵活可靠,并调到全开位置。

7)诱导器经检查合格后按设计要求就位安装,并检查喷嘴型号是否正确。

①暗装卧式诱导器应用支、吊架固定,并便于拆卸和维修。

②诱导器与一次风管连接处应严密,防止漏风。

③诱导器水管接头方向和回风面朝向应符合设计要求。对于立式双面回风诱导器,为了利于回风,靠墙一面应留 50mm 以上空间。对于卧式双回风诱导器,要保证其靠楼板一面留有足够空间。

8)冷热媒水管与风机盘管、诱导器连接可采用钢管或紫铜管,接管应平直。紧固时应用扳手卡住六方接头,以防损坏铜管。凝结水管应柔性连接,软管长度不大于 300mm,材质宜用透明胶管,并用喉箍紧固严密,不渗漏,坡度应正确。凝结水应畅通地排放到指定位置,水盘应无积水现象。

9)风机盘管、诱导器同冷热媒管道连接,应在管道系统冲洗排污合格后进行,以防堵塞热交换器。

10)暗装卧式风机盘管,吊顶应留有活动检查门,便于机组能整体拆卸和维修。

(5)消声器安装

1)阻性消声器的消声片和消声壁、抗性消声器的膨胀腔、共振性消声器中的穿孔板孔径和穿孔率、共振腔、阻抗复合消声器中的消声片、消声壁和膨胀腔等有特殊要求的部位均应按照设计和标准图进行制作加工、组装,如图 4.3.2、图 4.3.3、图 4.3.4、图 4.3.5 所示。

大量使用的消声器、消声弯头、消声风管和消声静压箱应选用专业设备生产厂的产品,产品应具有检测报告和质量证明文件。

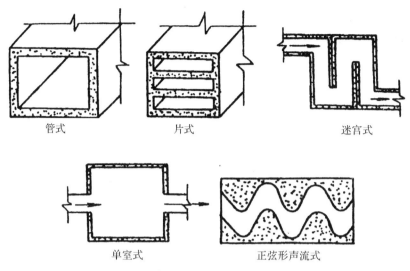

图 4.3.2   阻性消声器

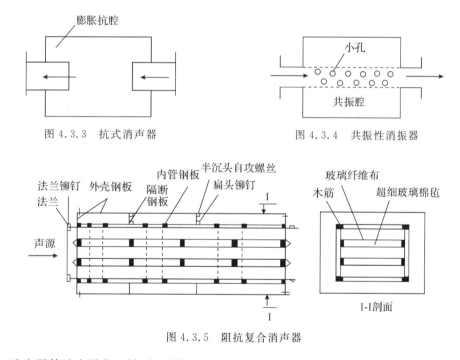

图 4.3.3   抗式消声器   图 4.3.4   共振性消振器

图 4.3.5   阻抗复合消声器

2)消声器等消声设备运输时,不得有变形现象和过大振动,避免外界冲击破坏消声性能。

3)消声器、消声弯管应单独设支、吊架,不得由风管来支撑,其支、吊架的设置应位置正确、牢固可靠。

4)消声器支、吊架的横托板穿吊杆的螺孔距离,应比消声器宽 40~50mm。为了便于调节标高,可在吊杆端部套 50~80mm 的丝扣,以便找平、找正。应加双螺母固定。

5)消声器的安装方向必须正确,与风管或管件的法兰连接应保证严密、牢固。

6)当通风、空调系统有恒温、恒湿要求时,消声设备外壳应做保温处理。

7)消声器等安装就位后,可用拉线或吊线尺量的方法进行检查,对位置不正、扭曲、接口不齐等不符合要求的部位应进行修整,达到设计和使用的要求。

(6)除尘器的安装

1)除尘器安装需要支架或其他支承结构物来固定,按除尘器的类型、安装位置和设计要求的不同,可支承在墙上、柱上或专用支架立于楼地面基础上。其安装图分别见图4.3.6、图4.3.7、图4.3.8、图4.3.9。

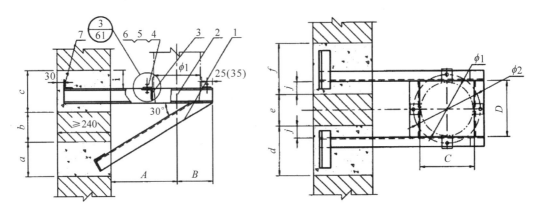

图4.3.6 墙上安装支架

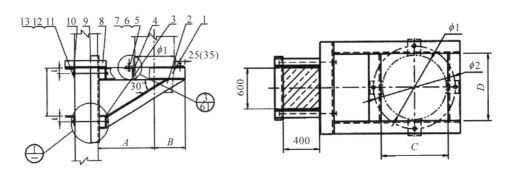

图4.3.7 柱上安装支架

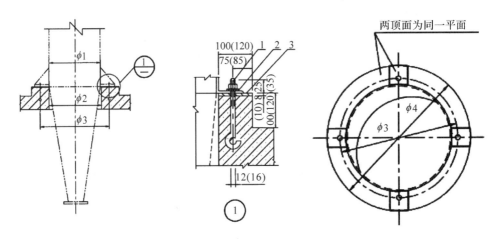

图4.3.8 混凝土楼板上安装支架

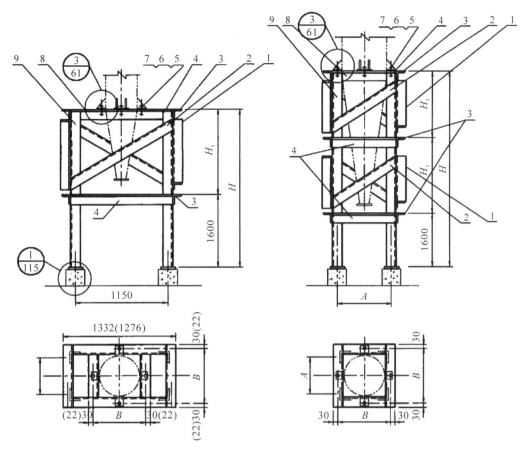

图 4.3.9　地面上安装支架

2)除尘器基础验收。除尘器安装前,应对设备基础进行全面的检查,外形尺寸、标高、坐标应符合设计,基础螺栓预留孔位置、尺寸应正确。基础表面应铲出麻面,以便二次灌浆。应提交耐压试验单,验收合格后方可进行设备安装。大型除尘器在安装前对基础尚须进行水平度测定,允许偏差值±3mm。

3)水平运输和垂直运输除尘器时,应保持外包装完好。

4)设备开箱检查验收。按除尘器设备装箱清单,核对主机、辅机、附件、支架、传动机构和其他零部件和备件的数量、主要尺寸、进、出口的位置、方向是否符合设计要求。安装前必须按图检查各零件的完好情况,若发现变形和尺寸变动,应整形或校正后方可安装。

5)除尘器设备安装就位前,应按照设计图纸,并根据建筑物的轴线、边缘线及标高线测放出安装基准线,将设备基础表面的油污、泥土杂物清除掉,将地脚螺栓预留孔内的杂物冲洗干净。

①除尘器设备在整体安装吊装时,应直接放置在基础上,用垫铁找平、找正。垫铁一般应放在地脚螺栓两侧,斜垫铁必须成对使用。

②除尘器现场组装。当除尘器设备以散件组装或分段组装时,应先组装基础、支架部分,待找平、找正、固定后再装上部,或多机组对安装。箱体及灰斗应进行密封性焊接,外观

应平整,折角应平直,加固要牢靠。焊接框架、检修平台时,要求焊缝保持平整、牢固。

③除尘器设备的进口和出口方向应符合设计要求。安装连接各部法兰时,密封填料应加在螺栓内侧,以保证密封。人孔盖及检查门应压紧,不得漏气。

④除尘器的排尘装置、卸料装置、排泥装置的安装必须严密,并便于以后操作和维修。各种阀门必须开启灵活、关闭严密。传动机构必须转动自如,动作稳定可靠。

6)袋式除尘器安装

①布袋接口应牢固,各部件连接处要严密。分室反吹袋式除尘器的滤袋安装必须平直,每条滤袋的拉紧力保持在 25~35N/m。与滤袋接触的短管、袋帽应光滑无毛刺。

②机械回转扁袋除尘器的旋臂转动应灵活可靠,净气室上部顶盖应密封不漏气、旋转灵活。

③脉冲除尘器喷吹孔的孔眼对准文氏管的中心,同心度允许偏差±2mm。

7)电除尘器安装

①电除尘器壳体及辅助设备应均匀接地,在各种气候条件下接地电阻应小于 4Ω。

②清灰装置动作应灵活、可靠,不可与周围其他物件相碰。

③电除尘器外壳应加保温层。

(7)空气风幕机的安装

1)空气风幕机安装位置方向应正确、牢固可靠,与门框间应采用弹性垫片隔离,防止空气风幕机的振动传递到门框上产生共振。

2)风幕机的安装不得影响其回风口过滤网的拆卸和清洗。

3)风幕机的安装高度应符合设计要求,风幕机吹出的空气应能有效地隔断室内外空气的对流。

4)风幕机的安装纵向垂直度和横向水平度的偏差均不大 2/1000。

(8)洁净层流罩的安装

1)层流罩安装高度和位置应符合设计要求,应设立单独的吊杆,并有防晃动的固定措施,以保持层流罩的稳固。

2)安装在洁净室的层流罩与顶板相连的四周必须设有密封及隔振措施,以保证洁净室的严密性。

3)层流罩安装的水平度允许偏差应为 1/1000,高度的允许偏差为±1mm。

(9)装配式洁净室的安装

1)地面铺设

垂直单向流洁净室的地面应采用格栅铝合金活动地板;而水平单向流和乱流洁净室应采用塑料贴面活动地板或现场铺设的塑料地板。塑料地面一般选用抗静电聚氯乙烯卷材。

2)板壁安装

板壁一般采用1mm的喷塑薄钢板,将两边冲压成企口形,两层板材间填充不燃的保温材料。板壁安装前应在地面弹线并校准尺寸。开始按画出的底马槽线,将贴密封条的底马槽装好。应注意使马槽接缝与板壁接缝错开。板壁应先从转角处开始安装。板壁两边企口处各贴一层厚为2mm的闭孔海剑咬板。当相邻两块板壁的高度一致、垂直平行时,便可用顶卡子将相邻两块板壁锁牢。板壁装好后,将顶马槽和屋角进行预装,注意平直,不使接缝与板壁的接缝错开。壁板组装结束后,应对其垂直度进行检查,垂直度允许偏差为 2/1000。

3)顶板的安装

在部件 L 形板与骨架、L 形板与顶马槽、十字形板与骨架等连接处,均需加密封条,以保证顶板的密封性。

4.3.5　质量标准

(1)一般规定

1)风机与空气处理设备应附带装箱清单、设备说明书、产品质量合格证书和性能检测报告等随机文件,进口设备还应具有商检合格的证明文件。

2)设备安装前应进行开箱检查验收,并应形成书面的验收记录。

3)设备就位前应对其基础进行验收,合格后再安装。

(2)主控项目

1)风机及风机箱的安装应符合下列规定:

①产品的性能、技术参数应符合设计要求,出口方向应正确。

②叶轮旋转应平稳,每次停转后不应停留在同一位置上。

③固定设备的地脚螺栓应紧固,并应采取防松动措施。

④落地安装时,应按设计要求设置减振装置,并应采取防止设备水平位移的措施。

⑤悬挂安装时,吊架及减振装置应符合设计及产品技术文件的要求。

检查数量:按Ⅰ方案。

检查方法:依据设计图纸核对,盘动,观察检查。

2)通风机传动装置的外露部位以及直通大气的进、出风口,必须装设防护罩、防护网或采取其他安全防护措施。

检查数量:全数检查。

检查方法:依据设计图纸核对,观察检查。

3)单元式与组合式空气处理设备的安装应符合下列规定:

①产品的性能、技术参数和接口方向应符合设计要求。

②现场组装的组合式空调机组应按现行国家标准《组合式空调机组》(GB/T 14294—2008)的有关规定进行漏风量的检测。通用机组在 700Pa 静压下,漏风率不应大于 2%;净化空调系统机组在 1000Pa 静压下,漏风率不应大于 1%。

③应按设计要求设置减振支座或支、吊架,承重量应符合设计及产品技术文件的要求。

检查数量:通用机组按Ⅱ方案,净化空调系统机组 N7~N9 级按Ⅰ方案,N1~N6 级全数检查。

检查方法:依据设计图纸核对,查阅测试记录。

4)空气热回收装置的安装应符合下列规定:

①产品的性能、技术参数等应符合设计要求。

②热回收装置接管应正确,连接应可靠、严密。

③安装位置应预留设备检修空间。

检查数量:按Ⅰ方案。

检查方法:依据设计图纸核对,观察检查。

5)空调末端设备的安装应符合下列规定:

①产品的性能、技术参数应符合设计要求。

②风机盘管机组、变风量与定风量空调末端装置及地板送风单元等的安装,位置应正确,固定应牢固、平整,便于检修。

③风机盘管的性能复验应按现行国家标准《建筑节能工程施工质量验收标准》(GB 50411—2019)的规定执行。

④冷辐射吊顶安装固定应可靠,接管应正确,吊顶面应平整。

检查数量:按Ⅰ方案。

检查方法:依据设计图纸核对,观察检查和查阅施工记录。

6)除尘器的安装应符合下列规定:

①产品的性能、技术参数、进出口方向应符合设计要求。

②现场组装的除尘器壳体应进行漏风量检测,在设计工作压力下允许漏风量应小于5%,其中离心式除尘器应小于3%。

③布袋除尘器、静电除尘器的壳体及辅助设备接地应可靠。

④湿式除尘器与淋洗塔外壳不应渗漏,内侧的水幕、水膜或泡沫层成形应稳定。

检查数量:按Ⅰ方案。

检查方法:依据设计图纸核对,观察检查和查阅测试记录。

7)在净化系统中,高效过滤器应在洁净室(区)进行清洁,系统中末端过滤器前的所有空气过滤器应安装完毕,且系统应在连续试运转12h以上后,在现场拆开包装并进行外观检查,合格后应立即安装。高效过滤器安装方向应正确,密封面应严密,并应按附录B的要求进行现场扫描检漏,且应合格。

检查数量:全数检查。

检查方法:查阅检测报告,或实测。

8)风机过滤器单元的安装应符合下列规定:

①安装前,应在清洁环境下进行外观检查,且不应有变形、锈蚀、漆膜脱落等现象。

②安装位置、方向应正确,且应方便机组检修。

③安装框架应平整、光滑。

④风机过滤器单元与安装框架接合处应采取密封措施。

⑤应在风机过滤器单元进风口设置功能等同于高中效过滤器的预过滤装置后,进行试运行,且应无异常。

检查数量:全数检查。

检查方法:观察检查或查阅施工记录。

9)洁净层流罩的安装应符合下列规定:

①外观不应有变形、锈蚀、漆膜脱落等现象。

②应采用独立的吊杆或支架,并应采取防止晃动的固定措施,且不得利用生产设备或壁

板作为支撑。

③直接安装在吊顶上的层流罩,应采取减振措施,箱体四周与吊顶板之间应密封。

④安装后,应进行不少于1h的连续试运转,且运行应正常。

检查数量:全数检查。

检查方法:尺量、观察检查和查阅施工记录。

10)静电式空气净化装置的金属外壳必须与PE线可靠连接。

检查数量:全数检查。

检查方法:核对材料、观察检查或电阻测定。

11)电加热器的安装必须符合下列规定:

①电加热器与钢构架间的绝热层必须采用不燃材料,外露的接线柱应加设安全防护罩。

②电加热器的外露可导电部分必须与PE线可靠连接。

③连接电加热器的风管的法兰垫片,应采用耐热不燃材料。

检查数量:全数检查。

检查方法:核对材料、观察检查,查阅测试记录。

12)过滤吸收器的安装方向应正确,并应设独立支架,与室外的连接管段不得有渗漏。

检查数量:全数检查。

检查方法:观察检查和查阅施工或检测记录。

(3)一般项目

1)风机及风机箱的安装应符合下列规定:

①通风机安装允许偏差应符合表4.3.3的规定,叶轮转子与机壳的组装位置应正确。叶轮进风口插入风机机壳进风口或密封圈的深度,应符合设备技术文件要求或应为叶轮直径的1/100。

表4.3.3 通风机安装允许偏差

项次	项目		允许偏差	检验方法
1	中心线的平面位移		10mm	经纬仪或拉线和尺量检查
2	标高		±10mm	水准仪或水平仪、直尺、拉线和尺量检查
3	皮带轮轮宽中心平面偏移		1mm	在主、从动皮带轮端面拉线和尺量检查
4	传动轴水平度		纵向0.2‰ 横向0.3‰	在轴或皮带轮0°和180°的两个位置上,用水平仪检查
5	联轴器	两轴芯径向位移	0.05mm	采用百分表圆周法或塞尺四点法检查验证。
		两轴线倾斜	0.2‰	

②轴流风机的叶轮与筒体之间的间隙应均匀,安装水平偏差和垂直度偏差均不应大于1‰。

③减振器的安装位置应正确,各组或各个减振器承受荷载的压缩量应均匀一致,偏差应小于2mm。

④风机的减振钢支、吊架的结构形式和外形尺寸应符合设计或设备技术文件的要求。焊接应牢固,焊缝外部质量应符合《通风与空调工程施工质量验收规范》(GB 50243—2016)第9.3.2条第3款的规定。

⑤风机的进、出口不得承受外加的重量,相连接的风管、阀件应设置独立的支、吊架。

检查数量:按Ⅱ方案。

检查方法:尺量、观察或查阅施工记录。

2)空气风幕机的安装应符合下列规定:

①安装位置及方向应正确,固定应牢固可靠。

②机组的纵向垂直度和横向水平度的允许偏差均应为2‰。

③成排安装的机组应整齐,出风口平面允许偏差应为5mm。

检查数量:按Ⅱ方案。

检查方法:尺量、观察检查。

3)单元式空调机组的安装应符合下列规定:

①分体式空调机组的室外机和风冷整体式空调机组的安装固定应牢固可靠,并应满足冷却风自然进入的空间环境要求。

②分体式空调机组室内机的安装位置应正确,并应保持水平,冷凝水排放应顺畅。管道穿墙处密封应良好,不应有雨水渗入。

检查数量:按Ⅱ方案。

检查方法:观察检查。

4)组合式空调机组、新风机组的安装应符合下列规定:

①组合式空调机组各功能段的组装应符合设计的顺序和要求,各功能段之间的连接应严密,整体外观应平整。

②供、回水管与机组的连接应正确,机组下部冷凝水管的水封高度应符合设计或设备技术文件的要求。

③机组与风管采用柔性短管连接时,柔性短管的绝热性能应符合风管系统的要求。

④机组应清扫干净,箱体内不应有杂物、垃圾和积尘。

⑤机组内空气过滤器(网)和空气热交换器翅片应清洁、完好,安装位置应便于维护和清理。

检查数量:按Ⅱ方案。

检查方法:观察检查。

5)空气过滤器的安装应符合下列规定:

①过滤器框架安装应平整牢固,方向应正确,框架与围护结构之间应严密。

②粗效、中效袋式空气过滤器的四周与框架应均匀压紧,不应有可见缝隙,并应便于拆卸和更换滤料。

③卷绕式空气过滤器的框架应平整,上、下筒体应平行,展开的滤料应松紧适度。

检查数量:按Ⅱ方案。

检查方法:观察检查。

6）蒸汽加湿器的安装应符合下列规定：

①加湿器应设独立支架，加湿器喷管与风管间应进行绝热、密封处理。

②干蒸汽加湿器的蒸汽喷口不应朝下。

检查数量：按Ⅱ方案。

检查方法：观察检查。

7）紫外线与离子空气净化装置的安装应符合下列规定：

①安装位置应符合设计或产品技术文件的要求，并应方便检修。

②装置应紧贴空调箱体的壁板或风管的外表面，固定应牢固，密封应良好。

③装置的金属外壳应与 PE 线可靠连接。

检查数量：按Ⅱ方案。

检查方法：观察检查、查阅试验记录，或实测。

8）空气热回收器的安装位置及接管应正确，转轮式空气热回收器的转轮旋转方向应正确，运转应平稳，且不应有异常振动与声响。

检查数量：按Ⅱ方案。

检查方法：观察检查。

9）风机盘管机组的安装应符合下列规定：

①机组安装前宜进行风机三速试运转及盘管水压试验。试验压力应为系统工作压力的 1.5 倍，试验观察时间应为 2min，不渗漏为合格。

②机组应设独立支、吊架，固定应牢固，高度与坡度应正确。

③机组与风管、回风箱或风口的连接，应严密可靠。

检查数量：按Ⅱ方案。

检查方法：观察检查、查阅试验记录。

10）变风量、定风量末端装置安装时，应设独立的支、吊架，与风管连接前宜做动作试验，且应符合产品的性能要求。

检查数量：按Ⅱ方案。

检查方法：观察检查、查阅试验记录。

11）除尘器的安装应符合下列规定：

①除尘器的安装位置应正确，固定应牢固平稳，除尘器安装允许偏差和检验方法应符合表 4.3.4 的规定。

表 4.3.4 除尘器安装允许偏差和检验方法

项次	项目		允许偏差/mm	检验方法
1	平面位移		≤10	水准仪、直线和尺量检查
2	标高		±10	
3	垂直度	每米	≤2	吊线和尺量检查
4		总偏差	≤10	

②除尘器的活动或转动部件的动作应灵活、可靠,并应符合设计要求。

③除尘器的排灰阀、卸料阀、排泥阀的安装应严密,并应便于操作与维护修理。

检查数量:按Ⅱ方案。

检查方法:尺量、观察检查及查阅施工记录。

12)现场组装静电除尘器除应符合设备技术文件外,尚应符合下列规定:

①阳极板组合后的阳极排平面度允许偏差应为5mm,对角线允许偏差应为10mm。

②阴极小框架组合后主平面的平面度允许偏差应为5mm,对角线允许偏差应为10mm。

③阴极大框架的整体平面度允许偏差应为15mm,整体对角线允许偏差应为10mm。

④阳极板高度小于或等于7m的电除尘器,阴、阳极间距允许偏差应为5mm。阳极板高度大于7m的电除尘器,阴、阳极间距允许偏差应为10mm。

⑤振打锤装置的固定应可靠,振打锤的转动应灵活。锤头方向应正确,振打锤锤头与振打砧之间应保持良好的线接触状态,接触长度应大于锤头厚度的70%。

检查数量:按Ⅱ方案。

检查方法:尺量、观察检查及查阅施工记录。

13)现场组装布袋除尘器的安装应符合下列规定:

①外壳应严密,滤袋接口应牢固。

②分室反吹袋式除尘器的滤袋安装应平直。每条滤袋的拉紧力应为30±5N/m,与袋连接接触的短管和袋帽不应有毛刺。

③机械回转扁袋袋式除尘器的旋臂,转动应灵活可靠;净气室上部的顶盖应密封不漏气,旋转应灵活,不应有卡阻现象。

④脉冲袋式除尘器的喷吹孔应对准文氏管的中心,同心度允许偏差应为2mm。

检查数量:按Ⅱ方案。

检查方法:尺量、观察检查及查阅施工记录。

14)洁净室空气净化设备的安装应符合下列规定:

①机械式余压阀的安装时,阀体、阀板的转轴应水平,允许偏差应为2‰。余压阀的安装位置应在室内气流的下风侧,且不应在工作区高度范围内。

②传递窗的安装应牢固、垂直,与墙体的连接处应密封。

检查数量:按Ⅱ方案。

检查方法:尺量、观察检查。

15)装配式洁净室的安装应符合下列规定:

①洁净室的顶板和壁板(包括夹芯材料)应采用不燃材料。

②洁净室的地面应干燥平整,平面度允许偏差应为1‰。

③壁板的构、配件和辅助材料应在清洁的室内进行开箱,安装前应严格检查规格和质量。壁板应垂直安装,底部宜采用圆弧或钝角交接;安装后的壁板之间、壁板与顶板间的拼缝应平整严密,墙板垂直度的允许偏差应为2‰,顶板水平度与每个单间的几何尺寸的允许偏差应为2‰。

④洁净室吊顶在受荷载后应保持平直,压条应全部紧贴。当洁净室壁板采用上、下槽形板时,接头应平整严密。洁净室内的所有拼接缝组装完毕后,应采取密封措施,且密封应

良好。

检查数量:按Ⅱ方案。

检查方法:尺量、观察检查及查阅施工记录。

16)空气吹淋室的安装应符合下列规定:

①空气吹淋室的安装应按工程设计要求,定位应正确。

②外形尺寸应正确,结构部件应齐全、无变形,喷头不应有异常或松动等现象。

③空气吹淋室与地面之间应设有减振垫,与围护结构之间应采取密封措施。

④空气吹淋室的水平度允许偏差应为 2‰。

⑤对产品进行不少于 1h 的连续试运转,设备连锁和运行性能应良好。

检查数量:按Ⅱ方案。

检查方法:尺量、观察检查,查验产品合格证和进场验收记录。

17)高效过滤器与层流罩的安装应符合下列规定:

①安装高效过滤器的框架应平整清洁,每台过滤器的安装框架的平整度允许偏差应为 1mm。

②机械密封时,应采用密封垫料,厚度宜为 6mm～8mm,密封垫料应平整。安装后垫料的压缩应均匀,压缩率宜为 25%～30%。

③采用液槽密封时,槽架应水平安装,不得有渗漏现象,槽内不应有污物和水分,槽内密封液高度不应超过 2/3 槽深。密封液的熔点宜高于 50℃。

④洁净层流罩安装水平度偏差的应为 1‰,高度允许偏差应为 1mm。

检查数量:按Ⅱ方案。

检查方法:尺量、观察检查。

4.3.6　成品保护

(1)通风机在运输中要防止雨淋。安装在室外的电动机应设防雨罩。

(2)对于整体安装的通风机,搬运和吊装的绳索不能捆绑在机壳和轴承盖上。与机壳边接触的绳索,在机体棱角处应垫好柔软的材料,防止磨损机壳及绳索。

(3)解体安装通风机时,绳索捆绑不能损坏主轴、轴衬的表面和机壳、叶轮等部件。

(4)在风机搬运过程中,不应将叶轮和齿轮轴直接放在地上滚动或移动。

(5)通风机的进风管、出风管装置应有单独的支撑,并与基础或其他建筑物连接牢固。风管与风机连接时,法兰面不得硬拉和别劲,机壳不应承受其他机件的重量,以防止机壳变形。

(6)在安装空气处理室的过程中,上下班要锁门;在搬运零、部件时,应注意勿撞伤安装好的成品。如果采用玻璃挡水板,最好放在最后安装。

(7)安装洁净室时,各种构件的配件和材料应存放在有围护结构的清洁、干燥的环境中,平整地放置在防潮膜上。在安装过程中不得撕下壁板表面的塑料保护膜,禁止撞击和蹬踏板面。

(8)净化设备应按出厂时外包装标志的方向装车、放置,运输过程中应防止剧烈振动和碰撞。对于风机底座与箱体软连接的设备,搬运时应将底座架固定,就位后放下。

(9)净化设备运到现场开箱之前,应在较清洁的房间内存放,并应采取防潮措施。当现场一时不具备室内存放条件时,允许在室外短期存放,但应有防雨、防潮措施。

(10)冬期施工时,风机盘管水压试验后必须随即将水排放干净,以防冻坏设备。

(11)除尘器的搬运、吊装要严禁硬物碰撞,防止损坏。

(12)除尘器的成品要放在宽敞、干燥、避风雨的地方。其上面的接口要作临时性封闭,以免异物进入。

4.3.7 安全与环保措施

(1)搬动和安装大型通风空调设备时,应有起重工配合进行,并设专人指挥,统一行动,所用工具、绳索必须符合安全要求。

(2)整装设备在起吊和下落时,要缓慢行动,并注意周围环境,不要破坏其他建筑物、设备,要避免砸伤手脚。

(3)分段装配式空调机组拼装时,要注意防止板缝夹伤手指。紧固螺栓时用力要适度。安装盖板时作业人员要相互配合,防止物件坠落伤人。

(4)禁止会危害环境的废水未经处理直接排入城市排水设施和河流。

(5)不得在施工现场焚烧油漆等会产生有毒有害烟尘和恶臭气体的物质。

(6)使用密封式的圈筒或者采取其他措施处理施工中的废弃物。

(7)采取洒水等有效措施控制施工过程中产生的扬尘。

(8)对产生噪声的施工机械应采取有效的控制措施,减轻噪声扰民。

4.3.8 施工注意事项

(1)通风机基础的各部尺寸应符合设计要求。预留孔灌浆前应清除杂物。应用碎石混凝土灌浆,其标号应比基础的混凝土高一级,并捣固密实,地脚螺栓不得歪斜。

(2)各组减振器承受荷载的压缩量应均匀,不得偏心;安装减振器的地面应平整,减振器安装完毕后,在使用前应采取保护措施,防止损坏。

(3)电动机应水平安装在滑轨上或固定在基础上,找正时应以通风机为准。

(4)滚动轴承装配的通风机,应控制两轴承架上轴承孔的不同轴度,将叶轮和轴装好后,应转动灵活。

(5)轴流式通风机组装时,叶轮与机壳间的间隙应均匀分布,并符合设备技术文件要求。在运转时,若风机产生与转速不相符的振动,应检查叶轮重量是否对称,或叶片上是否有附着物。对于双进风通风机应检查两侧进气量是否相等,如果不相等,可调节挡板,使两侧进气口的负压相等。

(6)现场组装的布袋除尘器应符合下列规定:

1)各部件的连接必须严密。

2)布袋应松紧适当,接头处应牢固。

3)脉冲袋式除尘器喷吹孔,应对准文氏管的中心,同心度的允许偏差不应大于2mm。

4)震打或脉冲吹刷系统应正常可靠。

（7）安装除尘器时,应位置正确、牢固平稳,进出口方向必须符合设计要求;垂直度的允许偏差每米不应大于 2mm,总偏差不应大于 10mm。

（8）除尘器的排灰阀、卸料阀、排泥阀的安装必须严密,并便于操作和维修。

（9）工程质量缺陷治理措施

1)空调器安装质量不符合要求,表面凹凸不平整,各空气处理段连接有缝隙,空气处理部件离壁板有明显缝隙,减振效果不良,排水管漏风。防治措施:

①空调器安装前应检查基础的尺寸、位置是否符合设计的要求。设备就位前,应按施工图并依据有关建筑物的轴线、边缘或标高放出安装位置基准线。平面位置安装基准线对基础实际轴线(若无基础则有厂房墙或柱的实际轴线或边缘线)距离的允许偏差为±20mm。设备上定位基准的面、线或点,对安装基准线的平面位置和标高的允许偏差为平面位置±10mm,标高±20~10mm。

②空气过滤器、表面冷却器、加热器与空调器连接,其间应密封,防止气流短路从而降低空气处理的效果。

③空调器与基础接触处应有减振措施。一般空调器与基础之间垫上厚度不小于 5mm 的橡胶板。为了保持橡胶板在基础上的平整度,必须用黏结剂粘牢后,再安装空调器。

④空调器的表面冷却器对空气冷却后产生的凝结水,从空调器引至排水口时,排水管应设水封装置,防止空调器中的空气从排水管排出。水封的高度应根据空调系统的风压大小来确定。

2)空气过滤器箱不严密,庄气过滤器箱箱体漏风;过滤器箱与过滤器框架不严密。防治措施:

①过滤器箱的板材连接和过滤器箱与风管连接方式与风管制作的连接方式相同。

对于板厚小于 1.2mm 的采用咬口连接;对于板厚大于 1.2mm 的采用铆接。咬口形式可采用转角咬口和联合角咬口,尽量避免按扣式咬口。按扣式咬口的缺点是插接部分不严密,漏风量严重。拼接板材可采用单平咬口。过滤器箱与风管连接如图 4.3.10 所示。

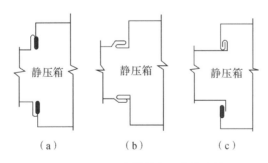

（a） （b） （c）

图 4.3.10 过滤器箱与风管的连接

②箱体与过滤器框架一般采用如图 4.3.11 所示的方式。箱体与箱体框架的间隙除连接点外,一般保持在 3mm 左右。箱体与过滤器框架必须使上下和左右四根角钢连接严密无缝隙,防止未经过滤器过滤的空气流过。因此,箱体与过滤器框架采用螺栓紧固时,其间必须垫上密封垫片。

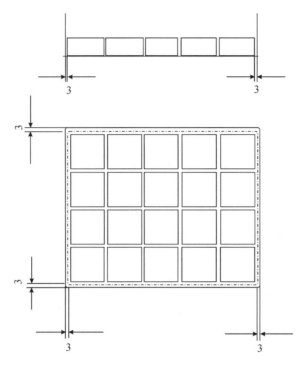

图 4.3.11　箱体与框架结构形式

③为了保证框架与箱体连接的严密,制作框架的角钢下料后,必须对角钢进行调直。组装点焊后应进行校正,合格后方能焊接,其垂直度可按非标准设备制作的标准进行检查。

④箱体上的咬口缝或铆接后的搭接缝、铆钉孔必须用密封胶密封。

3)洁净风管系统漏风,使洁净室的洁净度达不到设计要求,满足不了使用需求。防治措施:

①精心制作洁净风管,风管的咬口缝、铆钉缝、法兰处风管的翻边四角、静压箱与风管连接处采用锡焊或涂密封胶等措施。

②调节阀轴孔处装密封圈及密封盖。风管内零件均应镀锌处理。

③法兰垫料应选用不产尘、弹性好并具有一定强度的材料,如橡胶板、闭孔海绵橡胶板等,厚度不能太薄,以 5～8mm 为宜。法兰垫片以整体为佳,若有接头,必须采用梯形或榫形连接,不要采用直缝对接,如图 4.3.12 所示。法兰垫片应清洁,并涂密封胶粘牢。

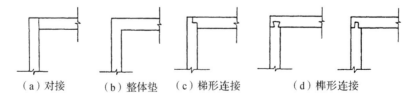

（a）对接　　（b）整体垫　　（c）梯形连接　　（d）榫形连接

图 4.3.12　风管法兰垫片接头种类示意

④法兰铆钉孔间距不应大于 100mm,法兰螺栓孔间距不应大于 120mm。

⑤交叉拧紧法兰螺栓,用密封胶将法兰口封闭。

4)洁净系统内产生积尘,系统试运转吹风时灰尘浓度较高,系统正常运行时,空气过滤器的阻力增大较快。防治措施:

①矩形风管底边宽在800mm以内的,不应有拼接缝(包括纵向和横向的);在800mm以上的,应尽量减少纵向接缝。不得有横向拼缝。

②洁净系统风管加固不得设在风管内,不得采用凸棱的方法加固风管,一般常用角钢框或在风管外皮用角钢加固。

③洁净系统的消声装置应选用不易积尘和产尘的结构及消声材料。一般空调系统采用的消声器不能用于洁净系统,应选用微穿孔板消声器或微穿孔板复合消声器。

④为避免柔性短管漏风、积尘和产尘,不得采用帆布制作,应选用里面光滑、不产尘、不透气的材料,如软橡胶板、人造革等。

5)空气吹淋室吹淋效果差,空气吹淋室的两个门不联锁,喷嘴气流不均匀,工作人员进入吹淋室有振动和冷风感。防治措施:

①空气吹淋室安装前应检查基础(或地面)表面是否平整,其平整度应符合空调器安装的要求。为了减少空气吹淋运转时产生的振动,应在底座下垫上厚度不小于5mm的橡胶板。

②空气吹淋室安装后,应根据该设备的技术文件和使用说明书,对规定的各种动作进行试验调整,使其各项技术指标达到要求。如风机启动、电加热器的投入对吹淋空气的加热,两门的联锁及时间继电器的试验和整定等,使其能达到下列要求。

a.两门互锁,即一门打开时,另一门打不开,使洁净室与外面不直接接通。

b.空气吹淋室在吹淋过程中,两门均打不开。

c.人员进入洁净室必须经过吹淋,由洁净室出来不要吹淋。

③空气吹淋室一般采用球状缩口型喷嘴,具有送风均匀、喷嘴转向可以调整的特点。为了保证吹淋效果,必须使喷嘴射出的气流(两侧沿切线方向)吹到被吹淋人员的全身。对喷嘴的吹淋角度一般应调整至顶部向下20°,两侧水平相错10°、向下10°。

4.3.9　质量记录

(1)通风机的出厂合格证或质量保证书。

(2)开箱检查记录。

(3)土建基础复测记录。

(4)通风机的单机试运转记录。

(5)表面式热交换器的试压记录。

(6)净化空调设备的擦拭记录。

(7)必要的水压试验、漏风量的检测应做好记录。

(8)检验批质量验收记录。

(9)分项工程质量验收记录。

(10)必要的水压试验、漏风量的检测应做好记录,符合要求。

4.4 空调水系统管道与设备安装工程施工工艺标准

本施工工艺标准适用于空调工程水系统安装,包括冷(热)水、冷却水、凝结水系统的设备(不包括末端设备)、管道及附件施工。工程施工应以设计图纸和有关施工质量验收规范为依据。

4.4.1 材料要求

(1)空调工程水系统的管道、管配件及阀门的型号、规格、材质及连接形式应符合设计要求。

(2)镀锌碳素钢管及管件的规格种类应符合设计及生产标准要求,管壁内外镀锌均匀,无锈蚀、无飞刺。管件无偏扣、乱扣、丝扣不全或角度不准等现象。管材及管件均应有出厂合格证及其他相应的质量证明材料。

(3)钢塑管道及管件的规格种类应符合设计及生产标准要求,管壁、粘胶层及内衬(涂)塑层薄厚均匀,无锈蚀、无飞刺,内衬无破损。钢塑管材及管件应有出厂合格证及其他相应的质量证明材料。

(4)塑料管及管件的规格种类应符合设计及生产标准要求,管材和管件内外壁应光滑、平整、无气泡、无裂纹、无脱皮和严重的冷斑及明显的痕纹、凹陷,并附有产品说明书和质量合格证书。

(5)黏结剂应标有生产名称、生产日期和使用年限,并应有出厂合格证和说明书。黏结剂应呈自由流动状态,不得为凝胶体,应无异味,色度小于1°,混浊小于5°。在未搅拌情况下不得有分层现象和析出物出现;黏结剂内不得含有团块、不溶颗粒和其他杂质。

(6)橡胶减振垫应具有产品合格证。垫铁应平整,无氧化皮。

4.4.2 主要机具

(1)主要施工机具:砂轮切割机、手砂轮、压力工作台、倒链、台钻、电锤、坡口机、套丝机、试压泵、铜管扳边器、手锯、套丝板、管钳、套筒扳手、梅花扳手、活扳、铁锤、电气焊设备、专用热熔焊接工具等。

(2)测量工具:水准仪、红外激光水平仪、线坠墨斗、钢直尺、水平尺、钢卷尺、角尺、U形压力计等。

4.4.3 作业条件

(1)设计图纸、技术文件齐全,施工程序清楚。

(2)明装托、吊干管安装必须在安装层的结构顶板完成后进行。沿管线安装位置的模板及杂物清理干净,托、吊卡件均已安装牢固,位置正确。

(3)立管安装应在主体结构完成后进行。高层建筑在主体结构达到安装条件后,适当插入进行。每层均应有明确的标高线,暗装竖井管道,应把竖井内的模板及杂物清除干净,并有防坠落措施。

(4)支管安装应在墙体砌筑完毕,墙面未装修前进行(包括暗装支管)。

(5)施工准备工作完成,材料送至现场。

(6)安装前,必须事先熟悉有关施工图纸及其他技术资料。

(7)安装前,必须会同设计单位和监理单位(建设单位),进行图纸会审。

(8)安装前,应由专业技术负责人或工长向施工人员进行技术交底。

(9)对于采用 BIM 深化设计、工厂化预制加工、装配式施工工艺的,深化设计已完成了各专业模型间的碰撞检查,优化 BIM 模型。已依据管道模型图结合专业化族库进行了管道模型预制断管,提取管件数量及尺寸信息,对外委托工厂或现场进行预制加工。

4.4.4 施工工艺

(1)工艺流程

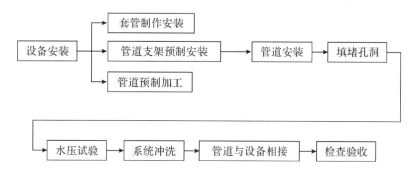

(2)水泵安装

1)工艺流程

开箱检查→基础验收→测量放线→(K)设备就位、固定

注:K 为质量检测控制点。

2)开箱检查

①设备安装前应进行开箱检查,开箱检查人员应由建设、监理、施工单位的代表组成。

②开箱检查设备的型号、规格,应符合设计图纸要求。

3)基础验收

①核对基础和有关施工记录,应符合相应基础的技术标准与施工验收规范的要求。

②混凝土基础应表面平整,位置、尺寸、标高等均应符合设计要求。

③基础的表面平整度偏差不得大于 2mm/m。

4)测量放线

根据设备及减振器尺寸在基础上放线。

5)设备就位、固定

①在减振器下方加设相应厚度的钢板。土建在基础抹灰时应保证减振器底面与基础面正好相平。

②对减振要求较高的场合,水泵可设置整体式减振台板,减振台板与基础间设置减振器。

③水泵底座或减振台板安装后应设置限位装置,防止水泵水平位移。

(3)冷却塔安装

1)工艺流程

开箱检查→基础验收→测量放线→设备就位→找正、找平→(K)设备固定

注:K 为质量检测控制点。

2)开箱检查

①设备安装前应进行开箱检查,开箱检查人员应由建设、监理、施工单位的代表组成。

②开箱检查内容:设备型号、规格应符合设计图纸要求;零件、部件、附属材料和专用工具应与装箱单相符,无缺损及丢失现象;设备进出口管道应封闭良好,法兰密封面应无损伤。

③检查结束后应按检查情况做好开箱检查记录,对缺件、规格或品种不符及损伤件必须记录清楚,由建设单位和施工单位双方签字确认。

3)基础验收

①核对基础和有关施工记录,应符合相应基础的技术标准与施工验收规范的要求。

②混凝土基础应表面平整,位置、尺寸、标高、预埋件等均应符合设计要求,预埋底板应平整,无空鼓现象。

4)测量放线

根据设备底座螺栓孔的间距,核实地脚螺栓孔间距是否符合要求。

5)设备就位

①冷却塔吊装前应核对设备重量,吊运捆扎应稳固,主要受力点应高于设备重心。

②按照安装地点的条件,利用起重机或汽车吊或各式起重桅杆等将冷却塔吊起,卸下底排,吊移到设备基础上。

③成排冷却塔就位时,先在基础上用红外激光水平仪放一条线,保证所有冷却塔在一条线上。

④垫铁安装应在冷却塔就位时完成。垫铁应符合设备安装的有关规定。

6)找平、找正

①可用方水平等仪器在选定的精加工平面上测量纵、横方位水平度来进行冷却塔找平。

②可通过拉钢丝,用钢板尺测量其直线度、平行度、同轴度来进行冷却塔找正。

③冷却塔找平、找正时如果发现有偏差,可调整垫铁组。找平、找正完成后,对于钢制垫铁组,应在垫铁两侧点焊固定。对于无垫铁的设备的安装,可采用油压千斤顶进行调整。

7)设备固定

①冷却塔找平找正后,对称地拧紧地脚螺栓。拧紧地脚螺栓后的安装精度应在允许偏差之内。

②设备找正后,应及时进行二次灌浆。灌浆用的混凝土强度等级应高一级,并应捣固密实。混凝土达到规定强度后应再次找平。

③如果冷却塔固定采用的是焊接连接,应先在每个焊接部位点焊。

(4)水处理设备安装

1)水处理设备的基础尺寸、地脚螺栓或预埋钢板的埋设应满足设备安装的要求,基础表面应平整。

2)水处理设备的吊装应注意保护设备的仪表和玻璃观察孔的部位。设备就位找平后拧紧地脚螺栓进行固定。

3)与水处理设备连接的管道,应在试压、冲洗完毕后再连接。

4)冬季安装,应将设备内的水放空,防止冻坏设备。

(5)管道安装

1)套管制作安装

①套管管径应比穿墙板的干管、立管管径大1~2号。保温管道的套管应留出保温层间隙。

②套管的长度:过墙套管的长度=墙厚+墙两面抹灰厚度;过楼板套管的长度=楼板厚度+板底抹灰厚度+地面抹灰厚度+20mm(卫生间30mm)。

③镀锌铁皮套管适用于过墙支管,要求卷制规整,咬口接缝,套管两端平齐,打掉毛刺,管内外要防腐。

④套管安装:位于混凝土墙、板内的套管应在钢筋绑扎时放入,可点焊或绑扎在钢筋上。套管内应填以松散材料,防止混凝土浇筑时堵塞套管。对有防水要求的套管应增加止水环,具体做法参照图集S312。穿砖砌体的套管应配合土建及时放入。套管应安装牢固,位置正确,无歪斜。

⑤穿楼板的套管应把套管与管子之间的空隙用油麻和防水油膏填实封闭,穿墙套管可用石棉绳填实。

2)管道预制

①下料:要用与测绘相同的钢盘尺量尺,并注意减去管段中管件所占的长度,注意加上拧进管件内螺纹尺寸,让出切断刀口值。

②套丝:用机械套扣之前,先用所属管件试扣。

③调直:调直前,先将有关的管件上好,再进行调直。

④清除麻(石棉绳)丝:将丝扣接头处的麻丝头用断锯条切断,再用布条等将其除净。

⑤编号、捆扎:将预制件逐一与加工草图进行核对、编号,并妥善保管。

3)管道支架制作安装

①下料:支架下料一般宜用砂轮切割机进行切割,较大的型钢可采用氧乙炔切割,切割后应将氧化皮及毛刺等清除干净。

②开孔:开孔应采用电钻加工,不得采用氧乙炔割孔。钻出的孔径应比所穿管卡直径大2mm左右。

③螺纹加工:吊杆、管卡等部件的螺纹可用车床加工,也可用圆板牙进行手工扳丝。

④组对、点焊:组对应按加工详图进行,且应边组对边矫形、边点焊边连接,直至成型。

⑤校核、焊接:经点焊成型的支、吊架应用标准样板进行校核,确认无误方可进行正式焊接。

⑥矫形:宜采用大锤、手锤等在平台或钢圈上进行,然后以标准样板检验是否合格。

⑦防腐处理:制作好的支、吊架应按照设计要求,及时作好除锈防腐处理。

⑧安装支、吊架:用水冲洗孔洞,灌入2/3的1:3的水泥砂浆,将托架插入洞内,插入深度必须符合设计要求。找正托架使其对准挂好的小线,然后用石块或碎砖挤紧塞牢。再用水泥

砂浆灌缝抹平,待达到强度后方可安装管道。固定在空心砖墙上时,严禁采用膨胀螺栓。

4)管道安装

①干管安装

a.干管若为吊卡固定时,在安装管子前,必须先把地沟或顶棚内吊卡按坡向顺序依次穿在型钢上,安装管路时先把吊卡按卡距套在管子上,把吊卡子抬起,将吊卡长度按坡度调整好,再穿上螺栓螺母,将管安装好。

b.托架上安管时,把管先架在托架上,上管前先把第一节管带上U形卡,然后安装第二节管,各节管段照此进行。

c.管道安装应从进户处或分支点开始,安装前要检查管内有无杂物。在丝头处抹上铅油缠好麻丝,另一人在末端找平管子,一人在接口处把第一节管相对固定,对准丝口,依丝扣自然锥度,慢慢转动入口,到用手转不动时,再用管钳咬住管件,用另一管钳子上管,松紧度适宜,外露2~3扣为好。最后清除麻头。

d.焊接连接管道的安装程序与丝接管道相同,从第一节管开始,把管扶正找平,使甩口方向一致,对准管口,调直后即可用点焊,然后正式施焊。

e.遇有方形补偿器,应在安装前按规定做好预拉伸,用钢管支撑,点焊固定,按位置把补偿器摆好,中心加支、吊托架,按管道坡向用水平尺逐点找好坡度,再把两边接口对正、找直、点焊、焊死。待管道调整完,固定卡焊牢后,方可把补偿器的支撑管拆掉(见图4.4.1)。

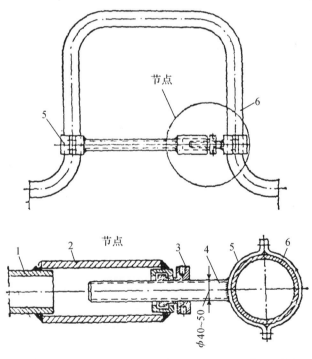

1— 撑杆;2—短管;3—螺母;4—螺杆;5—夹圈;6—补偿器的管段

图4.4.1 拉补偿器用的螺丝杆

f.按设计图纸或标准图中的规定位置、标高,安装阀门、集气罐等。

g.管道安装完,首先检查坐标、标高、坡度,变径、三通的位置等是否正确。用水平尺核对、复核调整坡度,合格后将管道固定牢固。

h.要装好楼板上的钢套管,摆正后使套管上端高出地面面层 20mm(卫生间 30mm),下端与顶棚抹灰相平。水平穿墙套管与墙的抹灰面相平。

②立管安装

a.首先检查和复核各层预留孔洞、套管是否在同一垂直线上。

b.安装前,按编号从第一节管开始安装,由上向下,一般两人操作为宜,先进行预安装,确认支管三通的标高、位置无误后,卸下管道抹油缠麻,将立管对准接口的丝扣扶正角度慢慢转动入扣,直至手拧不动为止,用管钳咬住管件,用另一把管钳上管,松紧适宜,外露 2～3 扣为宜。

c.检查立管的每个预留口的标高、角度是否准确、平正。确认后将管子放入立管管卡内紧固,然后填塞套管缝隙或预留孔洞。预留管口暂不施工时,应做好保护措施。

③支管安装

a.核对各设备的安装位置及立管预留口的标高、位置是否准确,做好记录。风机盘管、诱导器应采用柔性连接,柔性短管自带活套连接时,可不采用活接头,否则应增加活接头。

b.安装活接头时,子口一头安装在来水方向,母口一头安装在去水方向。

c.丝头抹油缠麻,用手托平管子,随丝扣自然锥度入扣,手拧不动时,用管钳子将管子拧到松紧适度,丝扣外露 2～3 扣为宜。然后对准活接头,把麻垫抹上铅油套在活接口上,对正子母口,带上锁母,用管钳拧到松紧适度,清净麻头。

c.用钢尺、水平尺、线坠校核支管的坡度和距墙尺寸,复查立管及设备有无移动。合格后固定管道和堵抹墙洞缝隙。

5)管道卡箍连接

①镀锌钢管预制:用滚槽机滚槽,在需要开孔的部位用开孔机开孔。

②安装密封圈:把密封圈套入管道口一端,然后将另一管道口与该管口对齐,把密封圈移到两管道口密封面处,密封圈两侧不应伸入两管道的凹槽。

③安装接头:把接头两处螺栓松开,分成两块,先后在密封圈上套上两块外壳,插入螺栓,对称上紧螺帽,确保外壳两端进入凹槽直至上紧。

④机械三通、机械四通:先从外壳上去掉一个螺栓,松开另一螺母直到与螺栓端头平,将下壳旋离上壳约 90°,把上壳出口部分放在管口开口处对中并与孔成一直线,再沿管端旋转下壳使上下两块合拢。

⑤法兰片:松开两侧螺母,将法兰两块分开,分别将两块法兰片的环形键部分装入开槽管端凹槽里,再把两侧螺栓插入拧紧,调节两侧间隙相近,安装密封垫要将"C"形开口处背对法兰。

(6)阀门安装

1)安装前,应仔细核对型号与规格是否符合设计要求,检查阀杆和阀盘是否灵活,有无卡住和歪斜现象,并按有关规定对阀门进行强度试验和严密性试验,不合格者不得进行安装。

2)水平管道上的阀门,阀杆宜垂直向上或向左右偏 45°,也可水平安装,但不宜向下;垂直管道上的阀门阀杆,必须顺着操作巡回线方向安装。

3)搬运阀门时,不允许随手抛掷;吊装时,绳索应拴在阀体与阀盖的法兰连接处,不得拴在手轮或阀杆上。

4)阀门安装时应保持关闭状态,并注意阀门的特性及介质流动方向。

5)阀门与管道连接时,不得强行拧紧其法兰上的连接螺栓;对螺纹连接的阀门,其螺纹应完整无缺,拧紧时宜用扳手卡住阀门一端的六角体。

6)安装螺纹连接阀门时,一般应在阀门的出口端加设一个活接头。

7)对带操作机构和传动装置的阀门,应在阀门安装好后,再安装操作机构和传动装置,且在安装前先对它们进行清洗,安装完后还应进行调整,使其动作灵活、指示准确。

(7)水压试验

1)连接安装水压试验管路:根据水源的位置和管路系统情况,制定出试压方案和技术措施,根据试压方案连接试压管路。

2)灌水前的检查

①检查试压系统中的管道、设备、阀件、固定支架等是否按照施工图纸和设计变更内容全部施工完毕,并符合有关规范要求。

②对于不能参与试验的系统、设备、仪表及管道附件检查其是否已采取安全可靠的隔离措施。

③检查试压用的压力表是否已经校验,其精度等级不得低于1.5级,表盘的最大刻度值应符合试验要求。

④检查水压试验前的安全措施是否已经全部落实到位。

3)水压试验

①打开水压试验管路中的阀门,开始向系统注水。

②开启系统上各高处的排气阀,使管道内的空气排尽。待灌满水后,关闭排气阀和进水阀,停止向系统注水。

③打开连接加压泵的阀门,用电动或手动试压泵通过管路向系统加压,同时拧开压力表上的旋塞阀,观察压力表升高情况,一般分2～3次升至试验压力。在此过程中,每加压至一定数值时,应停下来对管道进行全面检查,无异常现象方可再继续加压。

④系统试压达到合格验收标准后,放掉管道内的全部存水,填写试验记录。

(7)系统冲洗

1)冲洗前应将系统内的仪表加以保护,并将孔板、喷嘴、滤网、节流阀及止回阀的阀芯等拆除,妥善保管,待冲洗合格后复位。对不允许冲洗的设备及管道应进行隔离。

2)水冲洗的排放管应接入可靠的排水井或沟中,并保证排水畅通和安全,排放管的截面积不应小于被冲洗管道截面积的60%。

3)水冲洗应以管内可能达到的最大流量或不小于1.5m/s的流速进行。

4)水冲洗以出口水色和透明度与入口处目测一致为合格。

5)蒸汽系统的宜采用蒸汽吹扫,也可以采用压缩空气进行。

采用蒸汽吹扫时,应先进行暖管,恒温1h后方可进行吹扫,然后自然降温至环境温度,再升温暖管,恒温进行吹扫,如此反复一般不少于3次。

6)一般蒸汽管道,可用刨光木板置于排汽口处检查,板上应无铁锈、脏物为合格。

(8)管道防腐和保温

1)管道防腐:管道铺设与安装的防腐均按设计要求及国家验收规范施工,所有型钢支架及管道镀锌层破损处和外露丝扣要补刷防锈漆。

2)管道保温：管道明装暗装的保温有三种形式，即管道防冻保温、管道防热损失保温、管道防结露保温，其保温材质及厚度均按设计要求选取，其质量应达到设计及国家验收标准要求。

4.4.5　质量标准

（1）一般规定

1)镀锌钢管及带有防腐涂层的钢管不得采用焊接连接，应采用螺纹连接。当管径大于DN100时，可采用卡箍或法兰连接。

2)从事金属管道焊接施工的企业应具有相应的焊接工艺评定，施焊人员应持有相应类别焊接的技能证明。

3)空调用蒸汽管道工程施工质量的验收应符合现行国家标准《建筑给水排水及采暖工程施工质量验收规范》（GB 50242—2016)的有关规定。温度高于100℃的热水系统应按国家有关压力管道工程施工的规定执行。

4)当空调水系统采用塑料管道时，施工质量的验收应按国家现行标准的规定执行。

（2）主控项目

1)空调水系统设备与附属设备的性能、技术参数，管道、管配件及阀门的类型、材质及连接形式应符合设计规定。

检查数量：按Ⅰ方案。

检查方法：观察检查外观质量并查阅产品质量证明文件和材料进场验收记录。

2)管道安装应符合下列规定：

①隐蔽安装部位的管道安装完成后，应在水压试验合格后方能交付隐蔽工程的施工。

②并联水泵的出口管道进入总管应采用顺水流斜向插接的连接形成，夹角不应大于60°。

③系统管道与设备的连接应在设备安装完毕后进行。管道与水泵、制冷机组的接口应为柔性接管，且不得强行对口连接。与其连接的管道应设置独立支架。

④判定空调水系统管路冲洗、排污合格的条件是，目测排出口的水色和透明度与入口的水对比应相近，且无可见杂物。当系统继续运行2h以上且水质稳定后方可与设备相贯通。

⑤固定在建筑结构上的管道支、吊架，不得影响结构的安全。管道穿越墙体或楼板处应设钢制套管，管道接口不得置于套管内，钢制套管应与墙体饰面或楼板底部平齐，上部应高出楼层地面20～50mm，且不得将套管作为管道支撑。当穿越防火分区时，应采用不燃材料进行防火封堵。保温管道与套管四周的缝隙应使用不燃绝热材料填塞紧密。

检查数量：按Ⅰ方案。

检查方法：尺量、观察检查，旁站或查阅试验记录。

3)管道系统安装完毕，外观检查合格后，应按设计要求进行水压试验。当设计无要求时，应符合下列规定：

①冷（热）水、冷却水与蓄能（冷、热）系统的试验压力，当工作压力小于等于1.0MPa时应为1.5倍工作压力，但最低不小于0.6MPa；当工作压力大于1.0MPa时应为工作压力加0.5MPa。

②系统最低点压力升至试验压力后，应稳压10min，压力下降不应得大于0.02MPa，然

后应将系统压力降至工作压力,外观检查无渗漏则为合格。对于大型、高层建筑等垂直位差较大的冷(热)水、冷却水管道系统,当采用分区、分层试压时,在该部位的试验压力下,应稳压 10min,压力不得下降,再将系统压力降至该部位的工作压力,在 60min 内压力不下降、外观检查无渗漏则为合格。

③各类耐压塑料管的强度试验压力(冷水)为 1.5 倍工作压力,且不应小于 0.9MPa。严密性试验压力应为 1.15 倍的设计工作压力。

④凝结水系统采用通水试验,应以不渗漏、排水畅通为合格。

检查数量:全数检查。

检查方法:旁站观察或查阅试验记录。

4)阀门的安装应符合下列规定:

①阀门安装前必须进行外观检查,阀门的铭牌应符合现行国家标准《工业阀门标志》(GB/T 12220—2015)的规定。对于工作压力大于 1.0MPa 及在主干管上起到切断作用和系统冷热水运行转换调节功能的阀门和止回阀,应进行壳体强度和阀瓣密封性能试验,合格后方准使用。其他阀门可不单独进行试验。壳体强度试验压力应为常温条件下公称压力的 1.5 倍,持续时间不少于 5min。试验中阀门的壳体、填料应无渗漏。密封性能试验压力为公称压力的 1.1 倍。试验压力在试验持续的时间内应保持不变,阀门压力试验持续时间与允许泄漏量应符合表 4.4.1 的规定。

表 4.4.1　阀门压力试验持续时间与允许泄漏量

公称直径/mm	最短试验持续时间/s	
	密封性试验(水)	
	止回阀	其他阀门
≤50	60	15
65～150	60	60
200～300	60	120
≥350	120	120
允许泄漏量	3 滴×(DN/25)/min	小于 DN65 为 0 滴,其他为 2 滴×(DN/25)/min

注:压力试验的介质为洁净水。用于不锈钢阀门的试验水,氯离子含量不得高于 25mg/L。

②阀门的安装位置、高度、进出口方向必须符合设计要求,连接应牢固紧密。

③安装在保温管道上的手动阀门的手柄不得朝向下。

④动态与静态平衡阀的工作压力应符合系统设计要求,安装方向应正确。阀门在系统运行时应按参数设计要求进行校核、调整。

⑤电动阀门的执行机构应能全程控制阀门的开启与关闭。

检查数量:对于安装在主干管上起切断作用的闭路阀门,全数检查。其他款项按 I 方案。

检查方法:按设计图核对、观察检查;旁站观察或查阅试验记录。

5)补偿器的安装应符合下列规定:

①补偿器的补偿量和安装位置应符合设计文件的要求,并应根据设计计算的补偿量进行预拉伸或预压缩。

②波纹管膨胀节或补偿器内套有焊缝的一端,在水平管路上应安装在水流的流入端,在垂直管路上应安装在水流的上端。

③填料式补偿器应与管道保持同心,不得歪斜。

④补偿器一端的管道应设置固定支架,结构形式和固定位置应符合设计要求,并应在补偿器预拉伸(或预压缩)前固定。

⑤滑动导向支架设置的位置应符合设计与产品技术文件的要求,管道滑动轴心应与补偿器轴心相一致。

检查数量:按Ⅰ方案。

检查方法:观察检查,旁站观察或查阅补偿器的预拉伸或预压缩记录。

6)水泵、冷却塔的技术参数和产品性能应符合设计要求,管道与水泵的连接应采用柔性接管,且应为无应力状态,不得有强行扭曲、强制拉伸等现象。

检查数量:全数检查。

检查方法:按图核对,观察、实测或查阅水泵试运行记录。

7)水箱、集水器、分水器与储水罐的水压试验或满水试验应符合设计要求,内外壁防腐涂层的材质、涂抹质量、厚度应符合设计或产品技术文件的要求。

检查数量:全数检查。

检查方法:尺量、观察检查,查阅试验记录。

8)蓄能系统设备的安装应符合下列规定:

①蓄能设备的技术参数应符合设计要求,并应具有出厂合格证、产品性能检验报告。

②蓄冷(热)装置与热能塔等设备安装完毕后应进行水压和严密性试验,且应试验合格。

③储槽、储罐与底座应进行绝热处理,并应连续均匀地放置在水平平台上,不得采用局部垫铁方法校正装置的水平度。

④输送乙烯乙二醇溶液的管路不得采用内壁镀锌的管材和配件。

⑤封闭容器或管路系统中的安全阀应按设计要求设置,并应在设定压力情况下开启灵活,系统中的膨胀罐应工作正常。

检查数量:按Ⅰ方案。

检查方法:旁站观察、观察检查和查阅产品与试验记录。

9)地源热泵系统热交换器的施工

①垂直地埋管应符合下列规定:

a.钻孔的位置、孔径、间距、数量与深度不应小于设计要求,钻孔垂直度偏差不应大于1.5%。

b.埋地管的材质、管径应符合设计要求。埋管的弯管应为定型的管接头,并应采用热熔或电熔连接方式与管道相连接。直管段应采用整管。

c.下管应采用专用工具。埋管的深度应符合设计要求,且两管应分离,不得相贴合。

d.回填材料及配比应符合设计要求,回填应采用注浆管,并应由孔底向上满填。

e.水平环路集管埋设的深度距地面不应小于1.5m,或埋设于冻土层以下0.6m;供、回环路集管的间距应大于 0.6m。

②水平埋管热交换器的长度、回路数量和埋设深度应符合设计要求。

③地表水系统热交换器的回路数量、组对长度与所在水面下深度应符合设计要求。

检查数量:按Ⅰ方案。

检查方法:测斜仪、尺量、目测,查阅材料验收记录。

(3)一般项目

1)采用建筑塑料管道的空调水系统,管道材质及连接方法应符合设计和产品技术的要求。管道安装应符合下列规定:

①采用法兰连接时,两法兰面应平行,误差不得大于 2mm。密封垫为与法兰密封面相配套的平垫圈,不得凸入管内或凸出法兰之外。法兰连接螺栓应采用两次紧固,紧固后的螺母应与螺栓齐平或略低于螺栓。

②电熔连接或热熔连接的工作环境温度不应低于 5℃。插口外表面与承口内表面应做小于 0.2mm 的刮削,连接后同心度的允许误差应为 2%。热熔熔接接口圆周翻边应饱满、匀称,不应有缺口状缺陷、海绵状的浮渣与目测气孔。接口处的错边应小于 10% 的管壁厚。承插接口的插入深度应符合设计要求。熔融的包浆在承、插件间形成均匀的凸缘,不得有裂纹凹陷等缺陷。

③采用密封圈承插连接的胶圈应位于密封槽内,不应有皱折扭曲。插入深度应符合产品要求,插管与承口周边的偏差不得大于 2mm。

检查数量:按Ⅱ方案。

检查方法:尺量、观察检查,验证产品合格证书和试验记录。

2)金属管道与设备的现场焊接应符合下列规定:

①管道焊接材料的品种、规格、性能应符合设计要求。管道焊接坡口形式和尺寸应符合表 4.4.2 的规定。对口的平直度的允许偏差应为 1%,全长不应大于 10mm。管道与设备的固定焊口应远离设备,且不宜与设备接口中心线相重合。管道的对接焊缝与支、吊架的距离应大于 50mm。

表 4.4.2 管道焊接坡口形式和尺寸

项次	厚度 T/mm	坡口名称	坡口形式	坡口尺寸			备注
				间隙 C/mm	钝边 P/mm	坡口角度 α/°	
1	1~3	Ⅰ形坡口		0~1.5 单面焊	—	—	内壁错边量≤0.1T,且≤2mm;外壁≤3mm
	4~6			1~2.5 双面焊			
2	7~9	V形坡口		0~2.0	0~2	65~75	
	10~26			0~3.0	0~3	55~65	

项次	厚度 T/mm	坡口名称	坡口形式	坡口尺寸			备注
				间隙 C/mm	钝边 P/mm	坡口角度 α/°	
3	2～30	T形坡口		0～2.0	—	—	

②管道现场焊接后焊缝表面应清理干净,并进行外观质量的检查。焊缝外观质量应符合下列规定:

a.管道焊缝外观质量允许偏差应符合表4.4.3的规定。

表 4.4.3　管道焊缝外观质量允许偏差

序号	类别	质量要求
1	焊缝	不允许有裂缝、未焊透、未熔合、表面气孔、外露夹渣、未焊满等现象
2	咬边	纵缝不允许咬边,其他焊缝深度≤0.10T(T为板厚),且≤1.0mm,长度不限
3	根部收缩（根部凹陷）	深度≤0.20＋0.04T,且≤2.0mm,长度不限
4	角焊缝厚度不足	厚度≤0.30＋0.05T,且≤2.0mm;每100mm焊缝长度内缺陷总长度≤25mm
5	角焊缝焊脚不对称	差值≤2＋0.20t(t为设计焊缝厚度)

b.管道焊缝余高和根部凸出允许偏差应符合表4.4.4的规定。

表 4.4.4　管道焊缝余高和根部凸出允许偏差　　　　（单位:mm）

母材厚度	≤6	>6,≤13	>13,≤50
余高和根部凸出	≤2	≤4	≤5

③设备现场焊缝外部质量应符合下列规定:

a.设备焊缝外观质量允许偏差应符合表4.4.5的规定。

表 4.4.5　设备焊缝外观质量允许偏差

序号	类别	质量要求
1	焊缝	不允许有裂缝、未焊透、未熔合、表面气孔、外露夹渣、未焊满等现象
2	咬边	深度≤0.10T(T为板厚),且≤1.0mm,长度不限

续表

序号	类别	质量要求
3	根部收缩 （根部凹陷）	深度≤0.20+0.02T,且≤1.0mm,长度不限
4	角焊缝 厚度不足	厚度≤0.30+0.05T,且≤2.0mm;每100mm焊缝长度内缺陷总长度 ≤25mm
5	角焊缝 焊脚不对称	差值≤2+0.20t(t为设计焊缝厚度)

b.设备焊缝余高和根部凸出允许偏差应符合表4.4.6的规定。

表4.4.6　设备焊缝余高和根部凸出允许偏差　　　　（单位:mm）

母材厚度T	≤6	>6,≤25	>25
余高和根部凸出	≤2	≤4	≤5

检查数量:按Ⅱ方案。

检查方法:焊缝检查尺尺量、观察检查。

3)对于螺纹连接的管道,螺纹应清洁、规整,断丝或缺丝不大于螺纹全扣数的10%。管道的连接应牢固;接口处的外露螺纹应为2～3扣,不应有露填料。镀锌管道的镀锌层应保护完好,局部的破损处应做防腐处理。

检查数量:按Ⅱ方案。

检查方法:尺量、观察检查。

4)法兰连接管道的法兰面应与管道的中心线垂直,且应同心。法兰对接应平行,偏差不应大于管道外径的1.5‰,且不得大于2mm。连接螺栓的长度应一致,螺母在同一侧,并应均匀拧紧。紧固后的螺母应与螺栓端部平齐或略低于螺栓。法兰衬垫的材料、规格与厚度应符合设计要求。

检查数量:按Ⅱ方案。

检查方法:尺量、观察检查。

5)钢制管道的安装应符合下列规定:

①管道和管件在安装前,应将其内、外壁的污物和锈蚀清除干净。管道安装后应保持管内清洁。

②热弯时弯制弯管的弯曲半径不应小于管道外径的3.5倍;冷弯时弯制弯管的弯曲半径不应小于管道外径的4倍;焊接弯管的弯曲半径不应小于管道外径的1.5倍;冲压弯管的弯曲半径不应小于管道外径的1倍。弯管的最大外径与最小外径的差不应大于管道外径的8%,管壁减薄率不应大于15%。

③冷(热)水管道与支、吊架之间应设置衬垫。承压强度应能满足管道的全部重量,且应采用不燃、难燃的硬质绝热材料或经防腐处理的木衬垫。衬垫的厚度不应小于绝热层厚度,宽度应大于支、吊架支承面的宽度。衬垫的表面应平整,上下两衬垫接合面的空隙应填实。

④管道安装的允许偏差和检验方法应符合表4.4.7的规定。安装在吊顶内等暗装区域的管道,位置应正确,且不应有侵占其他管线安装位置的现象。

表4.4.7 管道安装的允许偏差和检验方法

项目			允许偏差/mm	检查方法
坐标	架空及地沟	室外	25	按系统检查管道的起点、终点、分支点和变向点及各点之间的直管。 用经纬仪、水准仪、液体连通器、水平仪、拉线和尺量检查。
		室内	15	
	埋地		60	
标高	架空及地沟	室外	±20	
		室内	±15	
	埋地		±25	
水平管道平直度	DN≤100mm		2L‰,最大40	用直尺、拉线和尺量检查
	DN>100mm		3L‰,最大60	
立管垂直度			5L‰,最大25	用直尺、线锤、拉线和尺量检查
成排管段间距			15	用直尺尺量检查
成排管段或成排阀门在同一平面上			3	用直尺、拉线和尺量检查

注:L为管道的有效长度(mm)。

检查数量:按Ⅱ方案。

检查方法:尺量、观察检查。

6)沟槽式连接管道的沟槽与橡胶密封圈和卡箍套应配套。沟槽及支、吊架的间距应符合表4.4.8的规定。

表4.4.8 沟槽式连接管道的沟槽及支、吊架的间距

公称直径 /mm	沟槽深度 /mm	允许偏差 /mm	支、吊架的 间距/m	端面垂直度允许 偏差/mm
65～100	2.20	0～+0.3	3.5	1.0
125～150	2.20	0～+0.3	4.2	
200	2.50	0～+0.3	4.2	1.5
225～250	2.50	0～+0.3	5.0	
300	3.0	0～+0.5	5.0	

注:1.连接管端面应平整光滑、无毛刺;沟槽深度在规定范围内。

2.支、吊架不得支承在连接头上。

3.水平管的任意两个连接头之间必须有支、吊架。

检查数量:按Ⅱ方案。

检查方法:尺量、观察检查,查阅产品合格证明文件。

7)风机盘管机组及其他空调设备与管道的连接,应采用耐压值大于等于1.5倍的工作压力的金属或非金属柔性接管,连接应牢固,不应有强扭和瘪管。冷凝水排水管的坡度应符合设计要求。当设计无要求时,管道坡度宜大于或等于8‰,且应坡向水口。设备与排水管的连接应采用软接,并应保持畅通。

检查数量:按Ⅱ方案。

检查方法:观察、查阅产品合格证明文件。

8)金属管道的支、吊架的形式、位置、间距、标高应符合设计要求。当设计无要求时,应符合下列规定:

①支、吊架的安装应平整牢固,与管道接触应紧密。管道与设备连接处应设置独立支、吊架。当设备安装在减振基座上时,独立支架的固定点应为减振基座。

②冷(热)媒水、冷却水系统管道机房内总、干管的支、吊架,应采用承重防晃管架。与设备连接的管道管架宜采取减振措施。当水平支管的管架采用单杆吊架时,应在系统管道的起始点、阀门、三通、弯头处及长度每隔15m处设置承重防晃支、吊架。

③无热位移的管道吊架的吊杆应垂直安装,有热位移的管道吊架的吊杆应向热膨胀(或冷收缩)的反方向偏移安装,偏移量按计算位移量确定。

④滑动支架的滑动面应清洁、平整,其安装位置应满足管道要求,支承面中心应向位移反方向偏移1/2位移量或符合设计文件规定。

⑤竖井内的立管应每隔两层或三层设置滑动支架。在建筑结构负重允许的情况下,水平安装管道支、吊架的间距应符合表4.4.9的规定,弯管或近处应设置支、吊架。

表4.4.9 水平安装管道支、吊架的最大间距

公称直径 /mm		15	20	25	32	40	50	70	80	100	125	150	200	250	300
支架的 最大间 距/m	L_1	1.5	2.0	2.5	2.5	3.0	3.5	4.0	5.0	5.0	5.5	6.5	7.5	8.5	9.5
	L_2	2.5	3.0	3.5	4.0	4.5	5.0	6.0	6.5	6.5	7.5	7.5	9.0	9.5	10.5

注:1.适用于工作压力不大于2.0MPa、不保温或保温材料密度不大于200kg/m³的管道系统。

2.L_1用于保温管道,L_2用于不保温管道。

3.洁净区(室内)管道支、吊架应采用镀锌或采取其他的防腐措施。

4.公称直径大于300mm的管道可参考公称直径为300mm的管道执行。

检查数量:按Ⅱ方案。

检查方法:尺量、观察检查。

9)采用聚丙烯(PP-R)管道时,管道与金属支、吊架之间应采取隔绝措施,不宜直接接触。当设计无要求时,聚丙烯(PP-R)冷水管支、吊架的间距应符合表4.4.10的规定,使用温度大于或等于60℃热水管道应加宽支承面积。支、吊架的间距应符合设计要求。

检查数量:按Ⅱ方案。

检查方法:观察检查。

表 4.4.10 聚丙烯(PP-R)冷水管支、吊架的间距 （单位:mm）

公称外径	20	25	32	40	50	63	75	90	110
水平安装	600	700	800	900	1000	1100	1200	1350	1550
垂直安装	900	1000	1100	1300	1600	1800	2000	2200	2400

10)除污器、自动排气装置等管道部件的安装应符合下列规定:

①阀门安装的位置及进、出口方向应正确且便于操作。连接应牢固紧密,启闭应灵活。成排阀门的排列应整齐美观,在同一平面上的允许偏差不应大于 3mm。

②电动、气动等自控阀门在安装前应进行单体调试,启闭试验应合格。

③冷(热)水和冷却水系统的水过滤器应安装在进入机组水泵等设备前端的管道上,安装方向应正确,安装位置应便于滤网的拆装和清洗,与管道的连接应牢固、严密。过滤器滤网的材质、规格应符合设计要求。

④闭式系统管路应在系统最高处及所有可能积聚空气的管段高点设置排气阀,在管路最低点应设置排水管及排水阀。

检查数量:按Ⅱ方案。

检查方法:对照设计文件、尺量、观察和操作检查。

11)冷却塔安装应符合下列规定:

①基础的位置标高应符合设计要求,允许误差应为±20mm,进风侧距建筑物应大于1m。冷却塔部件与基座的连接应采用镀锌或不锈钢螺栓,固定应牢固。

②冷却塔安装应水平,单台冷却塔的水平度和垂直度允许偏差均为2‰。多台冷却塔安装时,排列应整齐,各台冷却塔的水面高度应一致,高度偏差值不应大于30mm。

③冷却塔的集水盘应严密、无渗漏,进、出水口的方向和位置应正确。静止分水器的布水应均匀。转动布水器的冷却塔喷水出口方向应一致,转动应灵活,水量应符合设计或产品技术文件的要求,方向应一致。

④冷却塔风机叶片端部与塔体四周的径向间隙应均匀。对于可调整角度的叶片,角度应一致,并应符合产品技术文件的要求。

⑤有水冻结危险的地区,冬季使用的冷却塔及管道应采取防冻与保温措施。

检查数量:按Ⅱ方案。

检查方法:尺量、观察检查,集水盘做充水试验或查阅试验记录。

12)水泵及附属设备的安装应符合下列规定:

①水泵的平面位置和标高允许偏差应为±10mm,安装的地脚螺栓应垂直,且与设备底座应紧密固定。

②垫铁组放置位置正确、平稳,接触应紧密,每组不应超过3块。

③整体安装的泵的纵向水平偏差不应大于0.1‰,横向水平偏差不应大于0.2‰。组合安装的泵的纵、横向安装水平偏差均不应大于0.05‰。水泵与电机采用联轴器连接时,联轴

器两轴芯的轴向倾斜不应大于 0.2‰,径向位移不应大于 0.05mm。整体安装的小型管道水泵目测应水平,不应有偏斜。

④减振器与水泵及水泵基础的连接应牢固、平稳,接触紧密。

检查数量:按Ⅱ方案。

检查方法:扳手试拧、观察检查,用水平仪和塞尺测量或查阅设备安装记录。

13)水箱、集水器、分水器、膨胀水箱等设备安装时,支架或底座的尺寸、位置应符合设计要求。设备与支架或底座接触紧密,安装应平正、牢固。平面位置允许偏差应为 15mm,标高允许偏差应为±5mm,垂直度允许偏差就为 1‰。

检查数量:按Ⅱ方案。

检查方法:尺量、观察检查,旁站观察或查阅试验记录。

14)补偿器的安装应符合下列规定:

①波纹补偿器、膨胀节应与管道保持同心,不得偏斜和周向扭转。

②填料式补偿器应按设计文件要求的安装长度及温度变化留有 5mm 剩余的收缩量。两侧的导向支座应保证运行时补偿器自由伸缩,不得偏离中心,允许偏差应为管道公称直径的 5‰。

检查数量:全数检查。

检查方法:尺量、观察检查,旁站观察或查阅试验记录。

15)地源热泵系统地埋管热交换系统的施工应符合下列规定:

①单 U 管钻孔孔径不应小于 110mm,双 U 管钻孔孔径不应小于 140mm。

②埋管施工过程中的压力试验,工作压力小于或等于 1.0MPa 时为工作压力的 1.5 倍,工作压力大于 1.0MPa 时为工作压力加 0.5MPa,试验压力应全数合格。

③埋地换热管应按设计要求分组汇集连接,并应安装阀门。

④建筑基础底下地埋水平管的埋设深度应小于或等于设计深度,并应延伸至水平环路集管连接处,且应进行标识。

检查数量:按Ⅱ方案。

检查方法:尺量、观察检查,旁站观察或查阅试验记录。

16)地表水地源热泵系统换热器的形式、尺寸应符合设计要求,衬垫物的平面定位允许偏差应为 200mm,高度允许偏差应为±50mm。绑扎固定应牢固。

检查数量:按Ⅱ方案。

检查方法:尺量、观察检查,旁站观察或查阅试验记录。

17)蓄能系统设备的安装应符合下列规定:

①蓄能设备(储槽、罐)放置的位置应符合设计要求,基础表面应平整,倾斜度不应大于 5‰。同一系统中多台蓄能装置基础的标高应一致,尺寸允许偏差应符合《通风与空调工程施工质量验收规范》(GB 50243—2016)第 8.3.1 条的规定。

②蓄能系统的接管应满足设计要求。当多台蓄能设备支管与总管相接时,应顺向插入,两支管接入点的间距不宜小于 5 倍总管管径长度。

③温度和压力传感器的安装位置应符合设计要求,并应预留检修空间。

④蓄能装置的绝热材料与厚度应符合设计要求。绝热层、防潮层和保护层的施工质量

应符合《通风与空调工程施工质量验收规范》(GB 50243—2016)第 10 章的规定。

⑤充灌的乙二醇溶液的浓度应符合设计要求。

⑥现场制作钢制蓄能储槽等装置时,应符合现行国家标准《立式圆筒型钢制焊接储罐施工规范》(GB 50128—2014)、《钢结构工程施工质量验收标准》(GB 50205—2020)和《现场设备、工业管道焊接工程施工规范》(GB 50236—2011)的有关规定。

⑦采用内壁保温的水蓄冷储罐应符合相关绝热材料的施工工艺和验收要求。绝热层、防水层的强度应满足水压的要求。罐内的布水器、温度传感器、液位指示器等的技术性能和安装位置应符合设计要求。

⑧采用隔膜式储罐的隔膜应满布,且升降应自如。

检查数量:按Ⅱ方案。

检查方法:观察检查,密度计检测、旁站观察或查阅试验记录。

4.4.6 成品保护

(1)中断施工时,管口一定要做好封闭工作。隔了一段时间又开始工作时,在与原口相接以前要特别注意检查原口内是否有其他异物。

(2)敷设在地沟内的管道,施工前要先清理管沟内的渣土、污物;已保温的管道不允许随意踩踏,并且要及时盖好地沟盖板。

(3)搬运阀门时,不允许随手抛掷;吊装时,绳索应拴在阀体与阀盖的法兰连接处,不得拴在手轮或阀杆上。

(4)加工好的管端密封面应沉入法兰内 3~5mm,并及时填写高压管螺纹加工记录。

(5)加工好的管子暂不安装时,应在加工面上涂油防锈并封闭管口,妥善保管。

(6)当弯管工作在螺纹加工之后进行时,应对螺纹和密封面采取有效保护措施。

(7)硬聚氯乙烯管强度较低,并且脆性高,为减少破损率,在同一安装部位应将其他材质管道安装完后再进行安装。

(8)硬聚氯乙烯管材堆放要平整,防止遭受日晒和冷冻。管子、管道附件及阀门等在施工过程中应妥善保管和维护,不得混淆堆放。

(9)交工验收前,施工单位要专门组织成品保护人员,24 小时有人值班。能关锁的车间、场地要及时关锁。

(10)已安好的塑料管或堆放的塑料管材,不得在上面随意踩踏和搭设支撑跳板等。

4.4.7 安全与环保措施

(1)使用套丝机进刀退刀时,用力要均衡,不得用力过猛。

(2)使用电气设备前,先检查有无漏电,如果有故障,必须经电工修理好后方可使用。

(3)操作转动设备时严禁戴手套,并应将袖口扎紧。

(4)使用手锤前,先检查锤头是否牢固。

(5)支托架上安装管子时,先把管子固定好再接口,防止管子滑脱砸伤人。

(6)顶棚内焊接要严加注意防火。焊接地点周围严禁堆放易燃物。

(7)高空作业时要系好安全带,严防登滑或踩探头板。

(8)搬运设备时,要防止摔坏设备,砸伤人。

(9)管道试压时,严禁使用失灵或不准确的压力表。

(10)试压中,对管道加压时,应集中注意力观察压力表,防止超压。

(11)用蒸汽吹洗时,排出口的管口应朝上,防止伤人。排气管管径不得小于被吹洗管的管径,防止污染环境。

(12)冲洗水的排放管,应接至可靠的排水井或排水沟里,保证排泄畅通和安全。

4.4.8 施工注意事项

(1)不锈钢管子、管道附件、阀门、不锈钢电焊条及其他与不锈钢有关的材料必须有出厂合格证明书,否则应补检,其各项指标应符合现行国家或部颁标准。

(2)在热处理和焊接过程中要特别注意不锈钢的晶间腐蚀。

(3)由于塑料管路因受气温影响、阳光作用和随着使用时间的增加会老化变脆,所以对塑料管的敷设、固定均要注意其特殊要求。管子的固定用卡箍,接触处用弹性材料衬垫,管路避免暴露在阳光中,不要接近蒸汽和震动较厉害的地方。可以埋入地下或在安全的地沟中敷设。

(4)管道和管件必须保证中心线相重合。法兰盘必须和管道中心线垂直。同时要注意法兰盘螺孔方位和管件的管口方向及位置。

(5)当插接失败或尺寸有误时,必须在30s内拔出、擦净重新涂黏结剂,再次进行连接。如果时间过长,黏结剂固化后不易脱掉。

(6)聚丙烯管施工中应注意:

1)加热温度一定要保持在270～300℃之间。温度过低不能熔化,易产生毛刺;温度过高易使树脂变质,连接不良。

2)必须仔细清除管子和管件接触部位的污物、灰尘和油漆,以免降低连接强度。

3)坡口必须光滑,不得有毛刺现象。

4)聚丙烯管由于输送剧毒或腐蚀性较强的流体介质,为了保证连接强度和严密性,完成连接以后,还必须用同种材质的树脂焊条在管口上进行焊接。焊前,需用丙酮擦洗干净。焊接温度一般保持在250℃左右为宜。$\phi 16 \sim \phi 20$mm 的接口焊三道,$\phi 25 \sim \phi 75$mm 的接口焊六道即可。

(7)空调水系统管道安装过程中常见质量问题及防治措施见表4.4.11。

表 4.4.11 常见质量问题及防治措施

序号	常产生的质量问题	防治措施
1	除锈不净,刷漆遗漏	操作人员按规程规范要求认真作业,加强自检、互检、保质质量
2	阀门不严密	阀门安装前按设计规定做好检查、清洗、试压工作,施工班组要做好自检、互检和验收记录

序号	常产生的质量问题	防治措施
3	随意用气焊切割型钢、螺栓孔及管子等	1. 直径 DN50 以下的管子的切断和 DN40 以下的管子同径三通开口,均不得用气焊割口,可用砂轮锯或手锯割口 2. 支、吊架钢结构上的螺栓孔 $\phi \leqslant 13mm$ 的不允许用气焊割口,应用电钻打孔 3. 支、吊架金属材料均用砂轮锯或手锯断口

4.4.9 质量记录

(1)材料出厂合格证。

(2)管道的水压试验记录。

(3)凝结水管的充水试验记录。

(4)隐蔽工程记录。

(5)管道的吹洗记录。

(6)阀门及附件的出厂合格证。

(7)阀门强度、严密性试验记录。

(8)冷却塔的出厂合格证。

(9)冷却塔的运行记录。

(10)设备的出厂合格证书。

(11)水箱等的满水试验和水压试验。

(1)水泵的运行记录。

4.5 空调用冷(热)源与辅助设备安装工程施工工艺标准

本工艺标准适用于空调工程中压力不高于 2.5MPa,工作温度在 $-20\sim150℃$ 的整体式、组装式及单元式制冷设备(包括热泵)、制冷附属设备、其他配套设备和管路系统安装工程施工质量的检验和验收。工程施工应以设计图纸和有关施工质量验收规范为依据。

4.5.1 材料要求

(1)制冷机组(包括活塞式制冷压缩机、螺杆制冷压缩机组、离心式制冷机组)、蒸发器(包括立式蒸发器、卧式蒸发器、螺旋管式蒸发器)、冷凝器(包括立式冷凝器、卧式冷凝器、蒸发式冷凝器、套管式冷凝器、淋水式冷凝器)以及辅助设备(包括贮液器、氨液分离器、油分离器、氨气过滤器、氨液过滤器、空气分离器、紧急泄氨器、集油器、空气冷却器、中间冷却器、立式搅拌器)等,其选用型号、规格、性能应符合设计要求,应有产品合格证和制造安装技术性文件。

(2)采用的管材和焊接材料应符合设计规定,并具有出厂合格证明或质量鉴定文件。

(3)制冷系统的各类管件及阀门的型号、规格、性能、技术参数必须符合设计要求,并有出厂合格证明。

(4)无缝钢管内外表面应无明显腐蚀、无裂纹、重皮及凹凸不平等缺陷。

(5)铜管内外壁均应光洁,无疵孔、裂缝、结疤、层裂或气泡等缺陷。

4.5.2 主要机具

(1)机具:卷扬机、空压机、真空泵、切割机、套丝机、手砂轮、倒链、台钻、电锤、坡口机、电气焊设备、试压泵等。

(2)工具:压力工作台、铜管板边器、手锯、套丝板、管钳、套筒扳手、梅花扳手、活扳手、铁锤等。

(3)量具:钢直尺、钢卷尺、角尺、水平尺、半导体测温计、U形压力计等。

4.5.3 作业条件

(1)设计图纸、技术文件齐全,制冷工艺及施工程序清楚。

(2)建筑结构工程施工完毕,室内装修基本完成,与管道连接的设备已安装就位、找正、找平,管道穿过结构部位的孔洞已配合预留,尺寸正确。预埋件设置恰当,符合制冷管道施工要求。

(3)施工准备工作完成,材料送到现场。

(4)制冷设备安装前,应会同土建、监理、建设单位共同对设备基础进行验收,做好基础验收记录,对不符合设备安装要求的基础,应及时整改。

(5)制定安全合理的大型制冷设备运输方案和吊装方案,相关的安全措施应落实到位。

4.5.4 施工工艺

(1)工艺流程

1)设备安装

基础检验→设备开箱检查→设备运输→吊装就位→找平找正→灌浆、基础抹面

2)一般系统

施工准备→管道等安装→系统吹污→系统气密性试验→系统抽真空→管道防腐→系统充制冷剂

3)水蓄冷系统

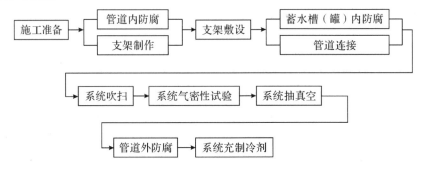

（2）制冷机组的安装

1）活塞式制冷机组

①基础检查验收：会同土建、监理和建设单位共同对基础质量进行检查，确认合格后进行中间交接，检查内容主要包括外形尺寸、平面的水平度、中心线、标高、地脚螺栓孔的深度和间距、埋设件等。

②就位找正和初平

a.根据施工图纸按照建筑物的定位轴线弹出设备基础的纵横向中心线，利用铲车、人字拔杆将设备吊至设备基础上进行就位。设备管口方向应符合设计要求，将设备的水平度调整到接近要求的程度。

b.利用平垫铁或斜垫铁对设备进行初平，垫铁的放置位置和数量应符合设备安装要求。

③精平和基础抹面

a.设备初平合格后，应对地脚螺栓孔进行二次灌浆，所用的细石混凝土或水泥砂浆的强度等级，应比基础强度等级高1～2级。灌浆前应清理孔内的污物、泥土等杂物。每个孔洞灌浆必须一次完成，分层捣实，并保持螺栓处于垂直状态。待其强度达到70%以上时，方能拧紧地脚螺栓。

b.设备精平后应及时点焊垫铁，设备底座与基础表面间的空隙应用混凝土填满，并将垫铁埋在混凝土内，灌浆层上表面应略有坡度，以防油、水流入设备底座，抹面砂浆应密实、表面光滑美观。

c.利用水平仪法或铅垂线法在气缸加工面、底座或与底座的加工面上测量，对设备进行精平，使机身纵、横向水平度允许偏差为1/1000，并应符合设备技术文件的规定。

④拆卸和清洗

a.用油封的制冷压缩机，如果在设备技术文件规定的期限内，且外观良好、无损坏和锈蚀，仅需拆洗缸盖、活塞、气缸内壁、吸排气阀及曲轴箱等，并检查所有紧固件、油路是否通畅，更换曲轴箱内的润滑油。用充有保护性气体或制冷工质的机组，如果在设备技术文件规定的期限内，充气压力无变化，且外观完好，可不作压缩机的内部清洗。

b.设备拆卸清洗的场地应清洁，并具有防火设备。设备拆卸时，应按照顺序进行，在每个零件上做好记号，防止组装时颠倒。

c.采用汽油进行清洗时，清洗后必须涂上一层机油，防止锈蚀。

2）螺杆式制冷机组

①螺杆式制冷机组的基础检查、就位找正初平的方法同活塞式制冷机组，机组安装的纵向和横向水平偏差均不应大于1/1000，并应在底座或底座平行的加工面上测量。

②脱开电动机与压缩机间的联轴器，点动电动机，检查电动机的转向是否符合压缩机要求。

③设备地脚螺栓孔的灌浆强度达到要求后，对设备进行精平，利用百分表在联轴器的端面和圆周上进行测量、找正，其允许偏差应符合设备技术文件的规定。

3）离心式制冷机组

①离心式制冷机组的安装方法与活塞式制冷机组基本相同，机组安装的纵向和横向水平偏差均不应大于1/1000，并应在底座或底座平行的加工面上测量。

②机组吊装时,钢丝绳要设在蒸发器和冷凝器的筒体外侧,不要使钢丝绳在仪表盘、管路上受力,钢丝绳与设备的接触点应垫木板。

③机组在连接压缩机进气管前,应从吸气口观察导向叶片和执行机构、叶片开度与指示位置,按设备技术文件的要求调整一致并定位,最后连接电动执行机构。

④安装时设备基础底板应平整,底座安装应设置隔振器,隔振器的压缩量应一致。

4)溴化锂吸收式制冷机组

①安装前,设备的内压应符合设备技术文件规定的出厂压力。

②机组在房间内布置时,应在机组周围留出可进行保养作业的空间。多台机组布置时,两机组间的距离应保持在 1.5～2mm。

③溴化锂制冷机组的就位后的初平及精平方法与活塞式制冷机组基本相同。

④机组安装的纵向和横向水平偏差均不应大于 1/1000,并应按设备技术文件规定的基准面上测量。水平偏差的测量可采用 U 形管法或其他方法。

⑤燃油或燃气直燃型溴化锂制冷机组及附属设备的安装还应符合《建筑设计防火规范》(GB 50016—2014)的相关要求。

5)模块式冷水机组

①设备基础平面的水平度、外形尺寸应满足设备安装技术文件的要求。设备安装时,在基础上垫以橡胶减振块,并对设备进行找平、找正,使模块式冷水机组的纵横向水平度偏差不超过 1/1000。

②多台模块式冷水机组并联组合时,应在基础上增加型钢底座,并将机组牢固地固定在底座上。连接后的模块机组外壳应保持完好无损、表面平整,并连接成统一整体。

③模块式冷水机组的进、出水管连接位置应正确,严密不漏。

④风冷模块式冷水机组的周围,应按设备技术文件要求留有一定的通风空间。

6)大、中型热泵机组

①空气热源热泵机组周围应按设备不同留有一定的通风空间。

②机组应设置隔振垫,并有定位措施,防止设备运行发生位移,损害设备接口及连接的管道。

③机组供、回水管侧应留有 1～1.5m 的检修距离。

(3)附属设备

1)制冷系统的附属设备如冷凝器、贮液器、油分离器、中间冷却器、集油器、空气分离器、蒸发器和制冷剂泵等就位前,应检查管口的方向与位置、地脚螺栓孔与基础的位置,并应符合设计要求。

2)附属设备的安装除应符合设计和设备技术文件规定外,尚应符合下列要求:

①附属设备的安装,应进行气密性试验及单体吹扫;气密性试验压力应符合设计和设备技术文件的规定;

②卧式设备的安装水平偏差和立式设备的铅垂度偏差均不宜大于 1/1000;

③当安装带有集油器的设备时,集油器的一端应稍低;

④洗涤式油分离器的进液口的标高宜比冷凝器的出液口标高低;

⑤当安装低温设备时,设备的支撑和与其他设备接触处应增设垫木,垫木应预先进行防

腐处理,垫木的厚度不应小于绝热层的厚度;

⑥与设备连接的管道,其进、出口方向及位置应符合工艺流程和设计的要求。

3)制冷剂泵的安装,应符合下列要求:

①泵的轴线标高应低于循环贮液桶的最低液面标高,其间距应符合设备技术文件的规定;

②泵的进、出口连接管管径不得小于泵的进、出口直径;两台及两台以上泵的进液管应单独敷设,不得并联安装;

③泵不得空运转或在有气蚀的情况下运转。

(4)制冷系统管道安装

1)管道预制

①制冷系统的阀门,安装前应按设计要求对型号、规格进行核对检查,并按照规范要求做好清洗和强度、严密性试验。

②制冷剂和润滑油系统的管子、管件应将内外壁铁锈及污物清除干净,除完锈的管子应将管口封闭,并保持内外壁干燥。

③从液体干管引出支管时,应从干管底部或侧面接出,从气体干管引出支管时,应从干管上部或侧面接出。

④管道成三通连接时,应将支管按制冷剂流向弯成弧形再进行焊接,当支管与干管直径相同且管道内径小于50mm时,需在干管的连接部位换上大一号管径的管段,再按以上规定进行焊接。

⑤不同管径管子对接焊接时,应采用同心异径管。

⑥紫铜管连接宜采用承插焊接,或套管式焊接,承口的扩口深度不应小于直径,扩口方向应迎介质流向。

⑦紫铜管切口表面应平齐,不得有毛刺、凹凸等缺陷。

⑧乙二醇系统管道连接时严禁焊接,应采用丝接或卡箍连接。

2)阀门安装

①阀门安装的位置、方向、高度应符合设计要求,不得反装。

②安装带手柄的手动截止阀,手柄不得向下。电磁阀、调节阀、热力膨胀阀、升降式止回阀等,阀头均应向上竖直安装。

③热力膨胀阀的感温包,应装于蒸发器末端的回气管上,应接触良好,绑扎紧密,并用隔热材料密封包扎,其厚度与管道保温层相同。

④安全阀安装前,应检查铅封情况、出厂合格证书和定压测试报告,不得随意拆启。

3)仪表安装

①所有测量仪表按设计要求均采用专用产品,并应有合格证书和有效的检测报告。

②所有仪表应安装在光线良好、便于观察、不妨碍操作和检修的地方。

③压力继电器和温度继电器应装在不受振动的地方。

4)系统吹扫、气密性试验及抽真空

①系统吹扫

a.整个制冷系统是一个密封而又清洁的系统,不得有任何杂物存在,必须采用洁净干燥的空气对整个系统进行吹扫,将残存在系统内部的铁屑、焊渣、泥砂等杂物吹净。

b.应选择在系统的最低点设排污口。用压力 0.5～0.6MPa 的干燥空气进行吹扫。如果系统较长,可采用几个排污口分段进行。此项工作按次序连续反复地进行多次,当用白布检查吹出的气体无污垢时为合格。

②系统气密性试验

a.系统内污物吹净后,应对整个系统进行气密性试验。

b.制冷剂为氨的系统,采用压缩空气进行试验。对于较大的制冷系统也可采用压缩空气,但须干燥处理后再充入系统。

c.检漏方法:用肥皂水对系统所有焊口、阀门、法兰等连接部位进行仔细涂抹检漏。

d.在试验压力下,经稳压 24h 后观察压力值,不出现压力降为合格。

e.试验过程中如发现泄漏要做好标记,必须在泄压后进行检修,不得带压修补。

f.系统气密性试验压力应符合设计和设备技术文件的规定。当设计和设备技术文件无规定时,应符合相关规范的规定要求。

③系统抽真空试验

在气密性试验后,采用真空泵将系统抽至剩余压力小于 5.3kPa(40mm 汞柱),保持 24h,氨系统压力以不发生变化为合格。

5)管道防腐与保温

①管道防锈

a.制冷管道、型钢、支吊架等金属制品必须做好除锈防腐处理,安装前可在现场集中进行,如果采用手工除锈,可用钢丝刷或砂布反复清刷,直至露出金属光泽,再用棉纱擦净锈尘。

b.刷漆时,必须保持金属面干燥、洁净、漆膜附着良好,油漆厚度均匀,无遗漏。

c.制冷管道刷漆的种类、颜色,应按设计或验收规范规定执行。

②乙二醇系统管道内壁需作环氧树脂防腐处理。

③管道保温应符合制冷管道保温要求。

6)系统充制冷剂

①制冷系统充灌制冷剂时,应将装有质量合格的制冷剂的钢瓶在磅秤上做好记录,用连接管与机组注液阀接通,利用系统内真空度将制冷剂注入系统。

②当系统内的压力至 0.196～0.294MPa 时,应对系统再次进行检验。查明泄漏后应予以修复,再充灌制冷剂。

③当系统压力与钢瓶压力相同时,即可启动压缩机,加快充入速度,直至符合有关设备技术文件规定的制冷剂重量。

(5)燃油系统管路安装

1)机房内油箱的容量不得大于 1m³,油位应高于燃烧器 0.10～0.15m,油箱顶部应安装呼吸阀,油箱还应设置油位指示器。

2)为防止油中的杂质进入燃烧器、油泵及电磁阀等部件,应在管路系统中安装过滤器,一般可设在油箱的出口处和燃烧器的入口处。油箱的出口处可采用 60 目的过滤器,而燃烧器的入口处则应采用 140 目较细的过滤器。

3)燃油管路应采用无缝钢管,焊接前应清除管内的铁锈和污物,焊接后应做强度和严密性试验。

4)燃油管道的最低点应设置排污阀,最高点应设置排气阀。

5)装有喷油泵回油管路时,回油管路系统中应装有旋塞、阀门等部件,保证管路畅通无阻。

6)在无日用油箱的供油系统,应在储油罐与燃烧器之间安装空气分离器,并应靠近机组。

7)管道采用无损检测时,其抽检比例和合格等级应符合设计文件要求。

8)当管道系统采用水冲洗时,合格后还应用干燥的压缩空气将管路中的水分吹干。

(6)燃气系统管路安装

1)管路应采用无缝钢管,并采用明装敷设。特殊情况下采用暗装敷设时,必须便于安装和检查。

2)燃气管路的敷设,不得穿越卧室、易燃易爆品仓库、配电间、变电室等部位。

3)当燃气管路的设计压力大于机组使用压力范围时,应在进机组之前增加减压装置。

4)燃气管路进入机房后,应按设计要求配置球阀、压力表、过滤器及流量计等。

5)燃气管路宜采用焊接连接,应做强度、严密性试验和气体泄漏量试验。

6)燃气管路与设备连接前,应对系统进行吹扫,其清洁度应符合设计和有关规范的规定。

4.5.5　质量标准

(1)一般规定

1)制冷(热)设备、附属设备、管道、管件及阀门等产品的性能及技术参数应符合设计要求,设备机组的外表不应有损伤,密封应良好,随机文件和配件应齐全。

2)与制冷(热)机组配套的蒸汽、燃油、燃气供应系统,应符合设计文件和产品技术文件的要求,并应符合国家现行标准的有关规定。

3)制冷机组本体的安装、试验、试运转及验收应符合现行国家标准《制冷设备、空气分离设备安装工程施工及验收规范》(GB 50274—2010)的有关规定。

4)太阳能空调机组的安装应符合现行国家标准《民用建筑太阳能空调工程技术规范》(GB 50787—2012)的有关规定。

(2)主控项目

1)制冷机组及附属设备的安装应符合下列规定:

①制冷(热)设备、制冷附属设备产品性能和技术参数应符合设计要求,并应具有产品合格证书、产品性能检验报告。

②设备的混凝土基础应进行质量交接验收,且应验收合格。

③设备安装的位置、标高和管口方向应符合设计要求。采用地脚螺栓固定的制冷设备或附属设备,垫铁的放置位置应正确,接触应紧密,每组垫铁不应超过3块,螺栓应紧固,并应采取防松动措施。

检查数量:全数检查。

检查方法:观察、核对设备型号、规格;查阅产品质量合格证书、性能检验报告和施工记录。

2)制冷剂管道系统应按设计要求或产品要求进行强度、气密性及真空试验,且应试验合格。

检查数量:全数检查。

检查方法:观察、旁站观察、查阅试验记录。

3)直接膨胀蒸发式冷却器的表面应保持清洁、完整,空气与制冷剂应呈逆向流动;冷却器四周的缝隙应堵严,冷凝水排放应畅通。

检查数量:全数检查。

检查方法:观察检查。

4)燃油管道系统必须设置可靠的防静电接地装置。

检查数量:全数检查。

检查方法:观察、查阅试验记录。

5)燃气管道的安装必须符合下列规定:

①燃气系统管道与机组的连接不得使用非金属软管。

②当燃气供气管道压力大于 5kPa 时,焊缝无损检测应按设计要求执行;当设计无规定时,应对全部焊缝进行无损检测并合格。

③燃气管道吹扫和压力试验的介质应采用空气或氮气,严禁采用水。

检查数量:全数检查。

检查方法:观察、查阅压力试验与无损检测报告。

6)组装式的制冷机组和现场充注制冷剂的机组,应进行系统管路吹污、气密性试验、真空试验和充注制冷剂检漏试验,技术数据应符合产品技术文件和国家现行标准的有关规定。

检查数量:全数检查。

检查方法:旁站观察,查阅试验及试运行记录。

7)蒸汽压缩式制冷系统管道、管件和阀门的安装应符合下列规定:

①制冷系统的管道、管件和阀门的类别、材质、管径、壁厚及工作压力等应符合设计要求,并应具有产品合格证书、产品性能检验报告。

②法兰、螺纹等处的密封材料应与管内的介质性能相适应。

③制冷循环系统的液管不得向上装成 Ω 形;除特殊回油管外,气管不得向下装成 V 形。液体支管引出时,必须从干管底部或侧面接出;气体支管引出时,应从干管顶部或侧面接出;有两根以上的支管从干管引出时,连接部位应错开,间距不应小于 2 倍支管直径,且不应小于 200mm。

④管道与机组连接应在管道吹扫、清洁合格后进行。与机组连接的管路上应按设计要求及产品技术文件的要求安装过滤器、阀门、部件、仪表等,位置应正确,排列应规整。管道应设独立的支、吊架。压力表距阀门位置不宜小于 200mm。

⑤制冷设备与附属设备之间制冷剂管道的连接,制冷剂管道坡度、坡向应符合设计及设备技术文件的要求。当设计无要求时,应符合表 4.5.1 的规定。

表 4.5.1 制冷剂管道坡度、坡向

管道名称	坡向	坡度
压缩机吸气水平管(氟)	压缩机	≥10‰
压缩机吸气水平管(氨)	蒸发器	≥3‰
压缩机排气水平管	油分离器	≥10‰
冷凝器水平供液管	贮液器	1‰~3‰
油分离器至冷凝器水平管	油分离器	3‰~5‰

⑥制冷系统投入运行前,应对安全阀进行调试校核,开启和回座压力应符合设备技术文件要求。

⑦系统多余的制冷剂不得向大气直接排放,应采用回收装置进行回收。

检查数量:按Ⅰ方案。

检查方法:核查合格证明文件,观察、尺量,查阅测量、调试校核记录。

8)氨制冷机应采用密封性能良好、安全性好的整体式冷水机组。除磷青铜材料外,氨制冷剂的管道、附件、阀门及填料不得采用铜或铜合金材料,管内不得镀锌。氨系统管道的焊缝应进行射线照相检验,抽检率应为10%,以质量不低于Ⅲ级为合格。

检查数量:全数检查。

检查方法:观察检查、查阅探伤报告和试验记录。

9)多联机空调(热泵)系统的安装应符合下列规定:

①多联机空调(热泵)系统室内机、室外机产品的性能、技术参数等应符合设计要求,并应具有出厂合格证和产品性能检验报告。

②室内机、室外机的安装位置、高度应符合设计及产品技术的要求,固定应可靠。室外机的通风条件应良好。

③制冷剂应根据工程管路系统的实际情况,通过计算后进行充注。

④安装在户外的室外机组应可靠接地,并应采取防雷保护措施。

检查数量:按Ⅰ方案。

检查方法:旁站观察、检查和查阅试验记录。

10)空气源热泵机组的安装应符合下列规定:

①空气源热泵机组产品的性能、技术参数应符合设计要求,并应具有出厂合格证和产品性能检验报告。

②机组应有可靠的接地和防雷措施,与基础间的减振应符合设计要求。

③机组的进水侧应安装水力开关,并应与制冷机的启动开关连锁。

检查数量:全数检查。

检查方法:旁站观察,查阅产品性能检验报告。

11)吸收式制冷机组的安装应符合下列规定:

①吸收式制冷机组的产品的性能、技术参数应符合设计要求。

②吸收式机组安装后设备内部应冲洗干净。

③机组的真空试验应合格。

④直燃型吸收式制冷机组排烟管的出口应设置防雨帽、防风罩和避雷针,燃油油箱上不得采用玻璃管式油位计。

检查数量:全数检查。

检查方法:旁站观察,查阅产品性能检验报告和施工记录。

(3)一般项目

1)制冷(热)机组与附属设备的安装应符合下列规定:

①设备与附属设备安装允许偏差和检验方法应符合表4.5.2的规定。

表 4.5.2　制冷设备与制冷附属设备安装允许偏差和检验方法

项次	项目	允许偏差/mm	检验方法
1	平面位移	10	经纬仪或拉线和尺量检查
2	标高	±10	水准仪或经纬仪、拉线和尺量检查

②整体组合式制冷机组机身纵、横向水平度的允许偏差应为1‰。当采用垫铁调整机组水平度时,应接触紧密并相对固定。

③附属设备的安装应符合设备技术文件的要求,水平度或垂直度允许偏差应为1‰。

④制冷设备或制冷附属设备基(机)座下减振器的安装位置应与设备重心相匹配,各个减振器的压缩量应均匀一致,且偏差不应大于2mm。

⑤采用弹性减振器的制冷机组应设置防止机组运行时水平位移的定位装置。

⑥冷热源与辅助设备的安装位置应满足设备操作及维修的空间要求,四周应有排水设施。

检查数量:按Ⅱ方案。

检查方法:水准仪、经纬仪、拉线和尺量检查,查阅安装记录。

2)模块式冷水机组单元多台并联组合时,接口应牢固、严密不漏,外观应平整完好,目测无扭曲。

检查数量:全数检查。

检查方法:尺量、观察检查。

3)制冷剂管道、管件的安装应符合下列规定:

①管道、管件的内外壁应清洁干燥,连接制冷机的吸、排气管道应设独立支架。管径小于或等于40mm的铜管道,在与阀门连接处应设置支架。水平管道支架的间距不应大于1.5m,垂直管道不应大于2.0m。管道上、下平行铺设时,吸气管应在下方。

②制冷剂管道弯管的弯曲半径不应小于3.5倍管道直径,最大外径与最小外径之差不应大于8‰的管道直径,且不应使用焊接弯管及皱褶弯管。

③制冷剂管道的分支管应按介质流向弯成90°与主管连接,不宜使用弯曲半径小于1.5倍管道直径的压制弯管。

④铜管切口应平整,不得有毛刺、凹凸等缺陷,切口允许倾斜偏差应为管径的1%。管扩口应保持同心,不得有开裂及皱褶,并应有良好的密封面。

⑤铜管采用承插钎焊焊接连接时,应符合表 4.5.3 的规定,承口应迎着介质流动方向。当采用套管钎焊焊接连接时,插接深度不应小于表 4.5.3 中最小承插连接的规定;当采用对接焊接时,管道内壁应齐平,错边量不应大于 10‰壁厚,且不大于 1mm。

表 4.5.3　铜管承、插口深度　　　　　　　　(单位:mm)

铜管规格	≤DN15	DN20	DN25	DN32	DN40	DN50	DN65
承口的扩口深度	9～12	12～15	15～18	17～20	21～24	24～26	26～30
最小插入深度	7	9	10	12	13	14	
间隙尺寸	0.05～0.27			0.05～0.35			

⑥管道穿越墙体或楼板时,应加装套管;管道的支、吊架和钢管的焊接应按《通风与空调工程施工质量验收规范》(GB 50243—2016)第 9 章的规定执行。

检查数量:按Ⅱ方案。

检查方法:尺量、观察检查。

4)制冷剂系统阀门的安装应符合下列规定:

①制冷剂阀门安装前应进行强度和严密性试验。强度试验压力应为阀门公称压力的 1.5 倍,时间不得少于 5min;严密性试验压力应为阀门公称压力的 1.1 倍,持续时间 30s 不漏为合格。

②阀体应清洁干燥、不得有锈蚀,安装位置、方向和高度应符合设计要求。

③水平管道上阀门的手柄不应向下,垂直管道上阀门的手柄应便于操作。

④自控阀门安装的位置应符合设计要求。电磁阀、调节阀、热力膨胀阀、升降式止回阀等的阀头均应向上;热力膨胀阀的安装位置应高于感温包,感温包应装在蒸发器出口处的回气管上,与管道应接触良好、绑扎紧密。

⑤安全阀应垂直安装在便于检修的位置,排气管的出口应朝向安全地带,排液管应装在泄水管上。

检查数量:按Ⅱ方案。

检查方法:尺量、旁站观察或查阅试验记录。

5)制冷系统的吹扫排污应采用压力为 0.5～0.6MPa(表压)的干燥压缩空气或氮气,应以白色(布)标识靶检查 5min,目测无污物为合格。系统吹扫干净后,系统中阀门的阀芯拆下清洗应干净。

检查数量:全数检查。

检查方法:观察、旁站观察或查阅试验记录。

6)多联机空调系统的安装应符合下列规定:

①室外机的通风应通畅,不应有短路现象,运行时不应有异常噪声。当多台机组集中安装时,不应影响相邻机组的正常运行。

②室外机组应安装在设计专用平台上,并应采取减振与防止紧固螺栓松动的措施。

③风管式室内机的送、回风口之间,不应形成气流短路。风口安装应平整,且应与装饰线条相一致。

④室内外机组间冷媒管道的布置应采用合理的短捷路线,并应排列整齐。

检查数量:按Ⅱ方案。

检查方法:尺量、观察检查。

7)空气源热泵机组除应符合《通风与空调工程施工质量验收规范》(GB 50243—2016)第8.3.1条的规定外,尚应符合下列规定:

①机组安装的位置应符合设计要求。同规格设备成排就位时,目测排列应整齐,允许偏差不应大于10mm。水力开关的前端宜有4倍管径及以上的直管段。

②机组四周应按设备技术文件要求,留有设备维修空间。设备进风通道的宽度不应小于1.2倍的进风口高度;当两个及以上机组进风口共用一个通道时,间距宽度不应小于2倍的进风口高度。

③当机组设有结构围挡和隔音屏障时,不得影响机组正常运行的通风要求。

检查数量:按Ⅱ方案。

检查方法:尺量、检查、旁站观察或查阅试验记录。

8)燃油系统油泵和蓄冷系统载冷剂泵安装时,纵、横向水平度允许偏差应为1‰,联轴器两轴芯轴向倾斜允许偏差应为0.2‰,径向允许位移不应大于0.05mm。

检查数量:全数检查。

检查方法:尺量、观察检查。

9)吸收式制冷机组安装除应符合《通风与空调工程施工质量验收规范》(GB 50243—2016)第8.3.1的规定外,尚应符合下列规定:

①吸收式分体机组运至施工现场后,应及时运入机房进行组装,并应清洗、抽真空。

②机组的真空泵到达指定安装位置后,应进行找正、找平。抽气连接管应采用直径与真空泵进口直径相同的金属管,当采用橡胶管时,应采用真空用的胶管,并应对管接头处采取密封措施。

③机组的屏蔽泵到达指定安装位置后,应进行找正、找平,电线接头处应采取防水密封措施。

④机组的水平度允许偏差应为2‰。

检查数量:按Ⅱ方案。

检查方法:观察检查,查阅泵安装和真空测试记录。

4.5.6 成品保护

(1)制冷设备安装,必须在机房土建工程已完工,包括墙面粉饰工作、地面工程全部完工后,但要保证对墙面、地面不得碰坏或污染。

(2)机房要能关锁,房内要清洁,散装压缩机等零部件及半安装成品要及时遮盖保护。

(3)设备充灌的保护气体,开箱检查后,应无泄漏,并采取保护措施,不宜过早或任意拆除,以免设备受损。

(4)制冷设备的搬运和吊装,应符合下列规定:

1)安装前放置设备,应用衬垫将设备垫妥,防止设备变形及受潮。

2)设备应捆扎稳固,主要承力点应高于设备重心,以防倾倒。

3)对于具有公共底座机组的吊装,其受力点不得使机组底座产生扭曲和变形。

4)吊索的转折处与设备接触部位,应以软质材料衬垫,以防设备、机体、管路、仪表、附件等受损和擦伤油漆。

(5)玻璃钢冷却塔和用塑料制品作填料的冷却塔,应严格执行防火规定。

(6)管道的预制加工、防腐、安装、试压等工序应紧密衔接进行,如施工有间断(包括下班时间),应及时将各管口封闭,以免进入杂物堵塞管道。

(7)吊装重物不得采用已安装好的管道做吊点、支承点,也不得在管道上施放脚手板踩蹬作业。

(8)管道穿过墙及楼板的孔洞修补工作,必须在建筑物面层粉饰之前全部完成。安装过程中,同样要注意对建筑物成品的保护,不得碰坏或污染建筑表面。

(9)建筑物装饰施工期间,必要时应设专人监护已安装完的管道、阀部件、仪表等。

4.5.7　安全与环保措施

(1)安装操作时应戴手套;焊接施工时须戴好防护眼镜、面罩及手套。

(2)在密闭空间或设备内焊接作业时,应有良好的通排风措施,并设专人监护。

(3)管道吹扫时,排放口应接至安全地点,不得对向人和设备,防止造成人员伤亡及设备损伤。

(4)管道采用蒸汽吹扫时,应先进行暖管,吹扫现场设置警戒线,无关人员不得进入现场,防止蒸汽烫伤人。

(5)采用电动套丝机进行套丝作业时,操作人员不得佩戴手套。

(6)避免制冷剂的泄漏,减少对大气的污染。

(7)管道吹扫的排放口应定点排放,不得污染已安装的设备及周围环境。

(8)管道和支吊架油漆时,应做好隔离工作,不得污染已完的地面、墙壁、吊顶及其他安装成品。

4.5.8　应注意的质量问题

(1)制冷机辅助设备,单体安装前必须吹污,并保持内壁清洁。

承受压力的辅助设备,在制造厂已做过强度试验,并具有合格证,在设备技术文件规定期限内,无损伤和锈蚀等现象,可不做强度试验。

(2)阀门检查试压。阀门在安装前按设计规定做好检查、清洗、试压工作,并做好阀门试验记录。施工班组要做好自检、互检和验收记录。

(3)冷凝器的冷却水量要适当,避免出现水量不足或冷却水温偏高的现象。

由制冷系统的工作原理可知,制冷量是由冷凝器的冷却水将制冷剂吸收的热量带走。如果冷凝器的冷却水量不足或冷却水温偏高,将减少带走制冷剂吸收的热量,从而使空调机组制冷量不足。制冷压缩机虽然在运转过程中无异常现象,但将使排气温度或冷凝器压力升高,使系统处于不正常状态。如果冷凝压力继续升高至高低压力继电器的整定值,高压继电器的接点断开,制冷压缩机停止运转。

因此,无论采用直流式冷却水系统,还是采用混合式冷却水系统、循环式冷却水系统,都必须保证冷却水量和冷却水温。

(4)注意不能随意用气割型钢、管材及螺栓孔。

1)直径在 57mm 以下的管材切断和 5140mm 以下的管子同径三通开口,均不得用气割切口,可用砂轮切割机或手锯割削。

2)支、吊架钢结构上的螺栓孔,51≤13mm 的不允许用气割割孔,但可用电钻钻孔。

3)支、吊架金属材料的切割,不允许用气割切割。

(5)制冷剂系统中的铜管安装尚应符合下列规定:

1)铜管切口表面应平整,不得有毛刺、凹凸等缺陷,切口平面允许倾斜偏差为管子直径的 1%。

2)铜管及铜合金的弯管可用热弯或冷弯,椭圆率不应大于 8%。

3)铜管管口翻边后应保持同心,不得出现裂纹、分层豁口及褶皱等缺陷,并应有良好的密封面。

4)几组并列安装的配管,其弯曲半径应相同,间距、坡向、倾斜度应一致。

(6)冷却塔安装应注意以下几点:

1)冷却塔安装应平稳牢固。

2)冷却塔的出水管口及喷嘴的方向和位置应正确,布水均匀。有转动布水器的冷却塔,其转动部分必须灵活,喷水出口宜水平,方向一致,不应垂直向下。

(7)空调制冷管安装过程中常见的质量问题及防治措施见表 4.5.5。

表 4.5.5 常见质量问题及防治措施

序号	常产生的质量问题	防治措施
1	除锈不净,刷漆遗漏	按规程规范要求认真作业,加强自检、互检、保证质量。
2	阀门不严密	阀门安装前按设计规定做好检查、清洗、试压工作,并要做好自检、互检和试压记录。
3	随意用气焊切割型钢、螺栓孔	1. 支、吊架钢结构上的螺栓孔不允许用气焊割口,应用机械打孔。 2. 支、吊架金属材料均用砂轮锯或手锯断口。
4	法兰接口渗漏	1. 安装时注意两法兰平行,水平管道最上面两法兰孔须水平、同心,垂直管道靠墙两法兰孔须与墙面平行。 2. 螺栓应均匀、对称用力拧紧。
5	法兰焊口渗漏	焊缝外形尺寸符合要求,对中选择适中,正确选择电流及焊条,严格焊接工艺。

4.5.9 质量记录

(1)设备及阀门出厂合格证或质量保证书。

(2)管材及阀门的清洗检查记录。

(3)系统试验记录。

(4)检验批质量验收记录。

(5)分项工程质量验收记录。

4.6 防腐与绝热工程施工工艺标准

本工艺标准适用于建筑工程通风与空调工程中金属风管、制冷系统与空调水系统的管道及支架表面处理和防腐、绝热施工。工程施工应以设计图纸和有关施工质量验收规范为依据。

4.6.1 材料要求

(1)油漆必须在有效期内使用,如果过期了,应送技检部门鉴定合格后,方可使用。

(2)当底漆与面漆采用不同厂家的产品时,涂刷面漆前应做黏结力检验,合格后方可施工。

(3)所用绝热材料要具备出厂合格证或质量鉴定文件,必须是有效保质期内的合格产品。

(4)使用的绝热材料的材质、密度、规格及厚度应符合设计要求和消防防火规范要求。

(5)保温材料在贮存、运输、现场保管过程中应不受潮湿及机械损伤。

(6)保温材料应按照节能规范进行现场取样,送检合格后方可投入使用。

4.6.2 主要机具

(1)施工机具:手电钻、刀锯、布剪子、克丝钳、改锥、腻子刀、油刷子、小桶、弯钩、钢丝刷、粗纱布、压缩机、磨光机、喷壶、直排毛刷子、滚筒毛刷、圆盘锯、手锯、裁纸刀、钢板尺、毛刷子、打包钳、腰子刀、平抹子、圆弧抹子等。

(2)测量工具:压力表、漆膜测厚仪、钢卷尺、钢针、靠尺、楔形塞尺等。

4.6.3 作业条件

(1)油漆按照产品说明书要求配制完毕,熟化时间达到油漆使用要求。

(2)油漆施工前,待防腐处理的构件表面应无灰尘、铁锈、油污等污物,并保持干燥。

(3)管材、型材及板材按照使用要求已进行矫正调整处理。

(4)待涂刷的焊缝应检验(或检查)合格,焊渣、药皮、飞溅等已清理干净。

(5)管道及设备的绝热应在防腐及水压试验合格后进行,如果先做绝热层,应将管道的接口及焊接处留出,待水压试验合格后再做接口处的绝热施工。

(6)建筑物的吊顶及管井内需要做保温的管道,必须在防腐试压合格后进行,隐蔽验收检查合格后,土建才能最后封闭,严禁颠倒工序施工。

(7)保温前必须将地沟管井内的杂物清理干净。

(8)湿作业的灰泥保护壳在冬季施工时,要有防冻措施。

(9)管道保温层施工必须在系统压力试验检漏合格、防腐质量验收合格后进行。风管的绝热应在防腐及漏风量试验合格后进行。

(10)场地应清洁干净,有良好的照明设施,冬季、雨期施工应有防冻防雨雪措施。

4.6.4　施工工艺

(1)防腐施工工艺流程

除锈→表面清理→刷底漆→面漆

(2)防腐施工操作工艺

1)除锈、去污

①人工除锈时可用钢丝刷或粗纱布擦拭,直到露出金属光泽,再用棉纱或破布擦净。

②喷砂除锈时,所用的压缩空气不得含有油脂和水分,空气压缩机出口处,应装设油水分离器;喷砂所用砂粒,应坚硬且有棱角,筛除其中的泥土杂质,并经过干燥处理。

③清除油污,一般可采用碱性溶剂进行清洗。

2)涂漆施工要点

①油漆作业的方法应根据施工要求、涂料的性能、施工条件、设备情况进行选择。

②涂漆施工的环境温度宜在5℃以上,相对湿度在85%以下。

③涂漆施工时空气中必须无煤烟、灰尘和水汽;室外涂漆遇雨、雾时应停止施工。

3)涂漆的方式

①手工涂刷:手工涂刷应分层涂刷,每层应往复进行,并保持涂层均匀,不得漏涂。快干漆不宜采用手工涂刷。

②机械喷涂:采用的工具为喷枪,以压缩空气为动力。喷射的漆流应和喷漆面垂直,喷漆面为平面时,喷嘴与喷漆面应相距250～350mm;喷漆面为曲面时,喷嘴与喷漆面的距离应为400mm左右。喷涂施工时,喷嘴的移动应均匀,速度宜保持在10～18m/min。喷漆使用的压缩空气压力为0.3～0.4MPa。

4)涂漆施工程序

涂漆施工程序是否合理,对漆膜的质量影响很大。

①第一层底漆或防锈漆直接涂在工件表面上,与工件表面紧密结合,起防锈、防腐、防水、层间结合的作用;第二层面漆(调和漆和磁漆等)涂刷应精细,使工件获得要求的色彩。

②一般底漆或防锈漆应涂刷一道到两道;第二层的颜色最好与第一层颜色略有区别,以检查第二层是否有漏涂现象。每层涂刷不宜过厚,以免起皱和影响干燥。如果发现不干、皱皮、流挂、露底,须进行修补或重新涂刷。

③表面涂调和漆或磁漆时,要尽量涂得薄而均匀。如果涂料的覆盖力较差,也不允许任意增加厚度,而应逐次分层涂刷覆盖。每涂一层漆后,应有一个充分干燥的时间,待前一层干后才能涂下一层。

④每层漆膜的厚度应符合设计要求。

（3）风管及部件绝热施工操作流程

1）一般材料保温

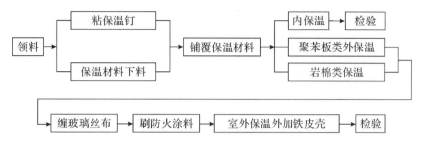

2）橡塑保温

领料→下料→刷胶水→粘贴→接头处贴胶带→检验

3）铝镁质保温

涂抹膏料→粘贴→接缝处理→收光→缠玻纤布→刷防水→检验

（4）风管及部件绝热操作工艺

1）绝热材料下料要准确，切割端面要平直。

2）保温钉和用保温钉固定保温材料的结构形式见图 4.6.1、图 4.6.2。粘贴保温钉前

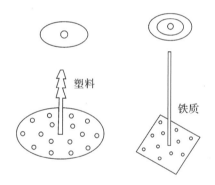

图 4.6.1 保温钉

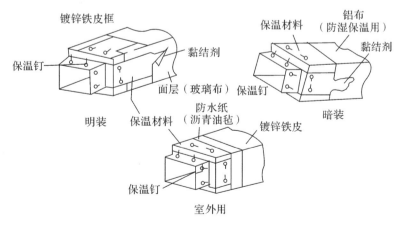

图 4.6.2 新型的保温结构

要将风管壁上的尘土、油污擦净,将黏结剂分别涂抹在管壁和保温钉粘接面上,稍后再将其粘上。矩形风管或设备保温钉的分布应均匀,其数量为底面每平方米不应少于16个,侧面不应少于10个,顶面不应少于8个。首行保温钉至风管或保温材料边沿的距离应小于120mm。

3)绝热材料铺覆应使纵、横缝错开。小块绝热材料应尽量铺覆在风管上表面。

4)各类绝热材料做法

①内绝热。绝热材料如果采用岩棉类,铺覆后应在法兰处绝热材料断面上涂抹固定胶,防止纤维被吹起来,岩棉内表面应涂有固化涂层。

②聚苯板类外绝热。聚苯板铺好后,在四角放上短包角,然后薄钢带作箍,用打包钳卡紧,钢带箍每隔500mm打一道。

③岩棉类外绝热。对明管绝热后在四角加长条铁皮包角,用玻璃丝布缠紧。

5)缠玻璃丝布。缠绕时应使其互相搭接,使绝热材料外表形成三层玻璃丝布缠绕。

6)玻璃丝布外表要刷两道防火涂料,涂层应严密均匀。

7)室外明露风管在绝热层外宜加上一层镀锌钢板或铝皮保护层。

8)全用铝镁质膏体材料时,将膏体一层一层地直接涂抹在需要保温保冷的设备或管道上。第一层的厚度应在5mm以下,第一层完全干燥后,再做第二层(第二层的厚度可以10mm左右),依次类推,直到达到设计要求的厚度,然后再表面收光即可。表面收光层干燥后,就可进行特殊要求的处理,如涂刷防水涂料、油漆或包裹玻纤布、复合铝箔等。

9)有铝镁质标准型卷毡材时,先将铝镁质膏体直接涂抹于卷毡材上,厚度为2~5mm,将涂有膏体的卷毡材直接粘贴于设备或管道上。如果需要做两层以上的卷毡材,将涂有膏体的卷毡材分层粘贴上去,直到达到设计要求的保温厚度,表面再用2mm左右的膏体材料收光即可。表面收光层干燥后,就可进行特殊要求的处理,如涂刷防水涂料、油漆或包裹玻纤布、复合铝箔等。

(5)管道及设备绝热层施工工艺流程

1)预制瓦块

散瓦→断镀锌钢丝→如灰→摸填充料→合瓦→钢丝绑扎→填缝→抹保护壳

2)管壳制品

散管壳→合管壳→缠保护壳

3)裹保温

裁料→缠裹保温材料→包扎保护层

4)设备及箱罐铅丝网石棉灰保温

焊钩钉→刷油→绑扎钢丝网→抹灰棉→抹保护层

5)橡胶保温

领料→下料→刷胶水→粘贴→接头处贴胶带→检验

6)铝镁质保温

涂抹膏料→粘贴→接缝处理→收光→缠玻纤布→刷防水

(6)管道及设备绝热层施工操作工艺

1)各项预制瓦块运至施工地点,在沿管线散瓦时必须确保瓦块的规格尺寸与管道的管径相配套。

2)安装保温瓦块时,应将瓦块内侧抹 5～10mm 的石棉灰泥,作为填充料。瓦块的横缝搭接应错开,纵缝应朝下。

3)预制瓦块根据直径大小选用 18 号、20 号镀锌钢丝进行绑扎、固定。绑扎接头不宜过长,并将接头插入瓦块内。

4)预制瓦块绑扎完后,应用石棉灰将缝隙处填充,勾缝抹平。

5)外抹石棉水泥保护壳(其配比石棉灰∶水泥＝3∶7)按设计规定厚度抹平压光,设计无规定时,其厚度为 10～15mm。

6)立管保温时,其层高小于或等于 5m,每层应设一个支撑托盘;层高大于 5m,每层应不少于 2 个。支撑托盘应焊在管壁上,其位置应在立管卡子上部 200mm 处,托盘直径不大于保温层的厚度。

7)管道附近的保温除寒冷地区室外架空管道及室内防结露保温的法兰、阀门等附件按设计要求保温外,一般法兰、阀门、套管伸缩器等不应保温,并在其两侧应留 70～80mm 的间隙,在保温端部抹 60°～70°的斜坡,设备容器上的人孔、手孔及可拆卸部件保温层端部应做成 45°斜坡。

8)保温管道的支架处应留膨胀伸缩缝,并用石棉绳或玻璃棉填满。

9)用预制瓦块做管道保温层,在直线管段上每隔 5～7m 应留一条间隙为 5mm 的膨胀缝,在弯管处管径小于或等于 300mm 时应留一条间隙为 20～30mm 的膨胀缝用石棉绳或玻璃棉填塞。

10)用管壳制品作保温层,其操作方法一般为两个人配合,一人将壳缝剖开对包在管上,两手用力挤住,另外一人缠裹保护壳,缠裹时用力要均匀,压茬要平整,粗细要一致。

11)若采用不封边的玻璃丝布作保护壳时,要将毛边折叠,不得外露。块状保温材料采用缠裹式保温(如聚乙烯泡沫塑料),按照管径留出搭茬量,将料做好。为确保其平整美观,一般应将搭茬留在管子内侧。

12)管道绝热用薄钢板做保护层,其纵缝搭口应朝下,薄钢板的搭接长度一般为 30mm。

13)设备及箱罐保温一般表面积比较大,目前,采用较多的有砌筑泡沫混凝土块或珍珠岩块,外抹订刀、白灰、水泥保护壳。

14)用 CAS 标准型卷毡材时,先将 CAS 膏体直接涂抹于卷毡材上,厚度为 2～5mm,将涂有膏体的卷毡材直接粘贴于设备或管道上。如果要做两层以上的卷毡材,在第二层卷毡材的表面涂抹厚度为 2～5mm 的膏体材料,将涂有膏体的 CAS 卷毡材粘贴上去,依次类推,直到达到设计要求的保温厚度,表面再用 2mm 左右的膏体材料收光即可。表面收光层干燥后,就可进行特殊要求的处理如涂刷防水涂料、油漆或包裹玻纤布、复合铝箔等。

15)按照实际工程经验,用 CAS 标准卷毡材进行保温处理时,CAS 标准型卷毡材与 CAS 膏体材料的用量比为(70～80)∶(20～30)。用 CAS 防水型卷毡材和 CAS 专用保冷材料进行保温冷处理时,安装方法同上,只需将 CAS 膏体材料换为 CAS 低温黏结剂即可。

16)全用 CAS 膏体材料时,将膏体一层一层地直接涂抹于需要保温保冷的设备或设备管道上,第一层的厚度应在 5mm 以下,第一层完全干燥后,再做第二层(第二层的厚度可以在 10mm 左右),依次类推,直到达到设计要求的厚度,然后再表面收光即可。表面收光层干燥后,就可进行特殊要求的处理如涂刷防水涂料、油漆或包裹玻纤布、复合铝箔等。

(7)制冷管道保温层施工工艺流程

绝热层→防潮层→保护层

(8)制冷管道保温层施工操作工艺

1)绝热层施工方法

①直管段立管应自下而上顺序进行,水平管应从一侧或弯头直管段处顺序进行。

②硬质绝热层管壳,可采用 16～18 号镀锌钢丝双股捆扎,捆扎的间距不应大于 400mm,并用黏结材料紧贴在管道上,管壳之间的缝隙不应大于 2mm,并用黏结材料勾缝添满,环缝应错开,错开距离不小于 75mm,管壳缝隙设在管道轴线的左右侧,当绝热层大于 80mm 时,绝热层应分层铺设,层间应压缝。

③半硬质及软质绝热制品的绝热层可采用包装钢带或 14～16 号镀锌钢丝进行捆扎,其捆扎间距,对半硬质绝缘热制品不应大于 300mm,对软质不大于 200mm。

④每块绝热制品上捆扎件不得少于两道。

⑤不得采用螺旋式缠绕捆扎。

⑥弯头处应采用定型的弯头管壳或用直管壳加工成虾米腰块,每个应不少于 3 块,确保管壳与管壁紧密结合,美观平滑。

⑦设备管道上的阀门、法兰及其他可拆卸部件保温两侧应留出螺栓长度加 25mm 的空隙。阀门、法兰部位则应单独进行保温。

⑧遇到三通处应先做主干管,后做分支管。凡穿过建筑物保温管道的套管,与管子四周间隙应用保温材料堵塞紧密。

⑨管道上的温度插座宜高出所设计的保温厚度。不保温的管道不要同保温管道敷设在一起,保温管道应与建筑物保持足够的距离。

2)防潮层施工方法

①垂直管应自下而上,水平管应从低向高点顺序进行,环向搭缝口应朝向低端。

②防潮层应紧紧粘贴在隔热层上,封闭良好,厚度均匀,松紧适度,无气泡、褶皱、裂缝等缺陷。

③用卷材做防潮层,可用螺旋形缠绕的方式牢固粘贴在隔热层上,开头处应缠两圈后再呈螺旋形缠绕,搭接宽度为 30～50mm。

④如果用油毡纸做防潮层,可用包卷的方式包扎,搭接宽度为 50～60mm。油毡接口朝下,并用沥青玛蹄脂密封,每 300mm 扎镀锌钢丝或铁箍一道。

3)保护层施工方法

保温结构的外表必须设置保护层(护壳),宜采用镀锌薄钢板或薄铝合金板,当采用普通薄钢板时,其里外表面必须涂敷防锈涂料。

①直管段金属护壳的外圆周长下料,应比绝热层外圆周长加长 30～50mm。护壳环向搭接一端应压出凸筋;较大直径管道的护壳纵向搭接也应压出凸筋;其环向搭接尺寸不得少于 50mm。

②管道弯头部位金属护壳环向与纵向接缝的下料裕量,应根据接缝型式计算确定。

③设备及大型贮罐金属保护层的接缝和凸筋,应呈棋盘形错列布置(见图 4.6.3)。金属护壳下料时,应按设备外形先行排版画线,并应综合考虑接缝型式、密封要求及膨胀收缩量、

留出 20～50mm 的裕量。

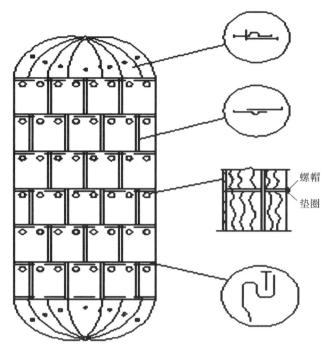

图 4.6.3　贮罐金属保护层接缝布置

　　④方形设备的金属护壳下料长度不宜超过 1m。当超过时,应根据金属薄板的壁厚和长度在金属薄板上压出对角筋线。

　　⑤设备封头的金属护壳,应按封头绝热层的形状大小进行分瓣下料,并应一边压出凸筋,另一边为直边搭接,但也可采用插接。

　　⑥压型板(波型或槽型金属护壳板)的下料,应按设备外形和压型板的尺寸进行排版拼样。应采用机械切割,不得用火焰切割。

　　⑦弯头与直管段上的金属护壳搭接尺寸,高温管道应为 75～150mm;中、低温管道应为 50～70mm;保冷管道应为 30～50mm。搭接部位不得固定。

　　⑧在设备或大直径管道绝热层上的金属护壳,当一端采用螺栓固定时,螺栓的焊接应与壁面垂直。每块金属护壳上的固定螺栓不应少于两个,其另一端应为插接或 S 形挂钩支承。

　　⑨在金属保护层安装时,应紧贴保温层或防潮层。硬质绝热制品的金属保护层纵向接缝处,可进行咬接,但不得损坏里面的保温层或防潮层。半硬质和软质绝热制品的金属保护层纵向接缝可采用插接或搭接。

　　⑩固定保冷结构的金属保护层,当使用手提电钻钻孔时,必须采取措施,严禁损坏防潮层。

　　⑪水平管道金属保护层的环向接缝应沿管道坡向,搭向低处,其纵向接缝宜布置在水平中心线下方的 15°～45°处,缝口朝下。当侧面或底部有障碍物时,纵向接缝可移至管道水平中心线上方 60°以内。

　　⑫垂直管道金属保护层的敷设,应由下而上进行施工,接缝应上搭下。

⑬立式设备、垂直管道或斜度大于45°的斜立管道上的金属保护层,应分段将其固定在支承件上。

⑭有下列情况之一时,金属保护层必须按照规定嵌填密封剂或在接缝处包缠密封带:

a.露天或潮湿环境中的保温设备、管道和室内外的保冷设备、管道与其附件的金属保护层。

b.保冷管道的直管段与其附件的金属保护层接缝部位和管道支、吊架穿出金属护壳的部位。

⑮管道金属保护层的接缝除环向活动缝外,应用抽芯铆钉固定。保温管道也可用自攻螺丝固定。固定间距宜为200mm,但每道缝不得少于4个。当金属保护层采用支撑环固定时,钻孔应对准支撑环。

⑯静置设备和转动机械的绝热层,其金属保护层应自下而上进行敷设。环向接缝宜采用搭接或插接,纵向接缝可咬接或插接,搭接或插接尺寸应为30~50mm。平顶设备顶部绝热层的金属保护层,应按设计规定的斜度进行施工。

⑰压型板安装前,应先装底部支承件,再由下而上安装压型板。压型板可采用螺栓与胶垫或抽芯铆钉固定。采用硬质绝热制品,其金属压型板的宽波应安装在外面。采用半硬质和软质绝热制品,其压型板的窄波应安装在外面。

⑱直管段金属护壳膨胀缝的环向接缝部位;静置设备、转动机械的金属护壳膨胀缝的部位,其金属护壳的接缝尺寸应能满足热膨胀的要求,均不得加置固定件,应做成活动接缝。其间距应符合下列规定:

a.应与保温层设置的伸缩缝相一致。

b.半硬质和软质保温层金属护壳的环向活动缝间距,应符合表4.6.1的规定。

表4.6.1 保温层金属护壳的环向活动缝间距

介质温度/℃	间距/m
≤100	视具体情况确定
101~320	4~6
>320	3~4

⑲绝热层留有膨胀间隙的部位,金属护壳亦应留设。

⑳大型设备、贮罐绝热层的金属护壳,宜采用压型板或做出垂直凸筋,并应采用弹簧联接的金属箍带环向加固。

㉑对单独保温的阀门、大小头等设备管道部件,金属护壳也必须单独设置。

㉒在已安装的金属护壳上,严禁踩踏或堆放物品。对于不可避免的踩踏部位,应采取临时或永久防护措施。

4.6.5 质量标准

(1)一般规定

1)空调设备、风管及其部件的绝热工程施工应在风管系统严密性检验合格后进行。

2)制冷剂管道和空调水系统管道绝热工程的施工,应在管路系统强度和严密性检验合格和防腐处理结束后进行。

3)防腐工程施工时,应采取防火、防冻、防雨等措施,且不应在潮湿或低于5℃的环境下作业。绝热工程施工时,应采取防火、防雨等措施。

4)风管、管道的支、吊架应进行防腐处理,明装部分应刷面漆。

5)防腐与绝热工程施工时,应采取相应的环境保护和劳动保护措施。

(2)主控项目

1)风管和管道防腐涂料的品种及涂层层数应符合设计要求,涂料的底漆和面漆应配套。

检查数量:按Ⅰ方案。

检查方法:按面积抽查,查对施工图纸和观察检查。

2)风管和管道的绝热层、绝热防潮层和保护层,应采用不燃或难燃材料,材质、密度、规格与厚度应符合设计要求。

检查数量:按Ⅰ方案。

检查方法:查对施工图纸、合格证和做燃烧试验。

3)风管和管道的绝热材料进场时,应按现行国家标准《建筑节能工程施工质量验收标准》(GB 50411—2019)的规定进行验收。

检查数量:按Ⅰ方案。

检查方法:按现行国家标准《建筑节能工程施工质量验收规范》(GB 50411—2019)的有关规定执行。

4)洁净室(区)内的风管和管道的绝热层,不应采用易产生灰尘的玻璃纤维和短纤维矿棉等材料。

检查数量:全数检查。

检查方法:观察检查。

(3)一般项目

1)防腐涂料的涂层应均匀,不应有堆积、漏涂、皱纹、气泡、掺杂及混色等缺陷。

检查数量:按Ⅱ方案。

检查方法:按面积或件数抽查,观察检查。

2)设备、部件、阀门的绝热和防腐涂层,不得遮盖铭牌标志和影响部件、阀门的操作功能;经常操作的部位应采用能单独拆卸的绝热结构。

检查数量:按Ⅱ方案。

检查方法:观察检查。

3)绝热层应满铺,表面应平整,不应有裂缝、空隙等缺陷。当采用卷材或板材时,允许偏差应为5mm;当采用涂抹或其他方式时,允许偏差应为10mm。

检查数量:按Ⅱ方案。

检查方法:观察检查。

4)橡塑绝热材料的施工应符合下列规定:

①黏结材料应与橡塑材料相适用,无溶蚀被黏结材料的现象。

②绝热层的纵、横向接缝应错开,缝间不应有孔隙,与管道表面应贴合紧密,不应有气泡。

③矩形风管绝热层的纵向接缝宜处于管道上部。

④多重绝热层施工时,层间的拼接缝应错开。

检查数量:按Ⅱ方案。

检查方法:观察检查。

5)风管绝热材料采用保温钉固定时,应符合下列规定:

①保温钉与风管、部件及设备表面的连接,应采用粘接或焊接,结合应牢固,不应脱落;不得采用抽芯铆钉或自攻螺丝等破坏风管严密性的固定方法。

②矩形风管及设备表面的保温钉应均布,风管保温钉数量应符合表4.6.2的规定。首行保温钉距绝热材料边沿的距离应小于120mm,保温钉的固定压片应松紧适度、均匀压紧。

表 4.6.2　风管保温钉数量　　　　　　　　　　(单位:个/m²)

隔热层材料	风管底面	侧面	顶面
铝箔岩棉保温板	≥20	≥16	≥10
铝箔玻璃棉保温板(毡)	≥16	≥10	≥8

③绝热材料纵向接缝不宜设在风管底面。

检查数量:按Ⅱ方案。

检查方法:观察检查。

6)管道采用玻璃棉或岩棉管壳保温时,管壳规格与管道外径应相匹配,管壳的纵向接缝应错开,管壳应采用金属丝、黏结带等捆扎,间距应为 300～350mm,且每节至少应捆扎两道。

检查数量:按Ⅱ方案。

检查方法:观察检查。

7)风管及管道的绝热防潮层(包括绝热层的端部)应完整,并应封闭良好。立管的防潮层环向搭接缝口应顺水流方向设置;水平管的纵向缝应位于管道的侧面,并应顺水流方向设置;带有防潮层绝热材料的拼接缝应采用黏胶带封严,缝两侧黏胶带粘接的宽度不应小于20mm。胶带应牢固地粘贴在防潮层面上,不得有胀裂和脱落。

检查数量:按Ⅱ方案。

检查方法:尺量和观察检查。

8)绝热涂抹材料作绝热层时,应分层涂抹,厚度应均匀,不得有气泡和漏涂等缺陷,表面固化层应光滑牢固,不应有缝隙。

检查数量:按Ⅱ方案。

检查方法:观察检查。

9)金属保护壳的施工应符合下列规定:

①金属保护壳板材的连接应牢固严密,外表应整齐平整。

②圆形保护壳应贴紧绝热层,不得有脱壳、褶皱、强行接口等现象。接口搭接应顺水流方向设置,并应有凸筋加强,搭接尺寸应为 2～25mm。采用自攻螺钉紧固时,螺钉间距应匀称,且不得刺破防潮层。

③矩形保护壳表面应平整,楞角应规则,圆弧应均匀,底部与顶部不得有明显的凸起或

凹陷。

④户外金属保护壳的纵、横向接缝应顺水流方向设置,纵向接缝应设在侧面。保护壳与外墙面或屋顶的交接处应设泛水,且不应渗漏。

检查数量:按Ⅱ方案。

检查方法:尺量和观察检查。

10)管道或管道绝热层的外表面,应按设计要求加上色标。

检查数量:按Ⅱ方案。

检查方法:观察检查。

4.6.6　成品保护

(1)在进行防腐油漆施工前,应清理周围环境,防止尘土污染油漆表面。

(2)在室内进行防腐油漆施工时,每遍油漆后,应将门窗关闭;室外工程应建立值班制度,负责看管,禁止摸碰。

(3)施工过程中若遇到雨雪、风沙或强阳光,应及时采取措施加以防护。室内油漆后4h以内要防雨淋。

(4)防腐油漆的除锈和刷漆(或喷漆)时要注意对建筑物装饰层的保护,不要造成交叉污染。

(5)保温材料应放在干燥处妥善保管。如果堆放在露天,应有防潮、防雨雪措施,并且防止挤压损伤变形(如矿纤材料),并于地面架空。

(6)施工时尽量采用先上后下、先里后外的方法,确保施工完的保温层不被损坏。

(7)操作人员或其他人员不得脚踏、挤压或将工具及其他物件放在已施工好的绝热层上。在已安装的金属护壳上,严禁踩踏或堆放物品。对于不可避免的踩踏部位,应采取临时防护措施。

(8)对于固定保冷结构的金属保护层,当使用手提电钻钻孔时,必须采取措施,严禁损坏防潮层。

(9)如果在特殊情况下要拆下绝热层进行管道处理或其他工种在施工过程中损坏了保温层,应及时按原则要求进行修复。

(10)当与其他工种交叉作业时,要注意共同保护好成品,不要造成互相污染、互相损坏。已装好门窗的场所,下班后应关窗锁门。

4.6.7　安全与环保措施

(1)油漆施工时不准吸烟,附近不得有电焊、气焊或气割作业。

(2)如果绝热层材料为玻璃纤维制品或矿棉制品,施工时操作人员须穿戴好保护用品,并将袖口和裤管扎紧,防止碎屑掉入体表,以免引起红肿、过敏和瘙痒。

(3)熬制热沥青时,应配备灭火器材,并有防雨措施,应采取必要的通风、防尘措施。

(4)高空作业应执行相应安全标准要求。

(5)油漆施工不宜在环境温度低于5℃,相对湿度大于85%的环境下施工。

(6)室外进行绝热层施工时,应有防雨雪措施。

(7)每天施工完后,应及时清理作业场所的废弃材料,避免污染环境。

4.6.8 施工注意事项

(1)当弯头部位绝热层无成型制品时,应将直管壳加工成虾米腰结构敷设。敷设异径管的绝热层无成型制品时,应将直管壳加工成扇形块,并应采用环向或网状捆扎,其捆扎铁丝应与大直径管段的捆扎铁丝纵向拉连。

(2)固定件及支承件应注意下列问题:

1)支承件的宽度应比绝热层厚度小 10mm,但最小不得小于 20mm。

2)管道采用软质毡、垫保温时,其支撑环的间距宜为 0.5～1m。当采用金属保护层时,其环向接缝与支撑环的位置应一致。

3)抱箍式固定件与管道之间应设置石棉板等隔热。

(3)要注意关键部位的保温。与空调设备相连接的风管、水管接头处,是容易出现质量通病的部位,如果处理不好,夏季便有凝结水渗出。连接处常见的质量通病列于表 4.6.3 中。

表 4.6.3　连接处易出现的通病

接头部位	存在问题	改进方法
空气处理室进回水管与水池或壳体相连接处	水池保温层与水管保温层(壳)之间有缝隙	用保温材料填实,再用密封膏封闭
进回水管与空调器中的热交换器相连接处	水管保温层不到位	
送风管与风机盘管连接处	风管保温层与风机盘管出口脱离	用保温钉固定
风机盘管进回水管阀门	保温材料接头处有缝隙	填实

(4)风管外观质量控制措施

1)木龙骨下料尺寸应根据保温材料的厚度丈量。为保证保温材料的厚度一致和外形美观,木龙骨尺寸要准确,装钉在风管上时要保持外形平直。纤维板(或胶合板)要根据木龙骨的实际外形尺寸下料,装钉要接缝严密,外形平整。

2)在粘接保温钉时,应注意保温板或保温毡的下料尺寸,避免保温钉设在保温材料的对缝上。保温钉应按梅花形粘接,距离保温材料的边缝 50mm 左右为宜。

3)保温钉粘接不牢或压板脱落,都将会造成保温材料局部下沉、脱落,致使外形不美观。

4)用铝箔玻璃丝布作防潮和保护层时,必须用力均匀,拉紧后再用粘接胶带将纵缝和横缝粘接牢固。防止用力不匀,产生铝箔玻璃丝布松紧不一而下垂、粘接胶带脱落等现象。

5)选用铝箔玻璃丝布作风管保温最外层的保护层时,由于铝箔质地严密,可起到防潮作用。在施工过程中要防止保护层破损,并且做到完整无损、粘接牢固、不脱落。

(5)工程质量缺陷治理措施

1)风管保温性能不良,送风温度偏高,室温降低缓慢,风管局部表面结露,甚至有滴水现象。防治措施:

①保温材料的厚度应按设计图纸要求施工。如果设计图纸没有明确规定,应根据《采暖通风国家标准图集》的规定,依工程所在地区确定保温材料的厚度(见表4.6.4)。

表4.6.4 保温材料的物理性能及选用厚度

材料名称	容量 /(kg/m³)	导热系数 /[kcal/(m·h·k)]	保温厚度/mm		
			Ⅰ区	Ⅱ区	Ⅲ区
玻璃纤维板	90～120	0.03～0.04	25	35	55
软木板	200～240	0.05～0.06	30	55	75
聚苯乙烯泡沫塑料板(自熄)	30～50	0.03～0.04	25	35	55
脲醛泡沫塑料	15～20	0.024～0.035	25	35	50
玻璃纤维缝毡	80～110	0.04	25	35	50
超细玻璃棉毡	15～20	0.024～0.03	25	30	40

对于松散的保温材料,在保温时应严格掌握铺设的厚度,并力求达到铺敷均匀。两垂直侧面的保温散材应防止下坠。

②在安装过程中要保证风管的平整,并防止风管在交叉施工中受到踩踏。风管表面如果出现不平整,自熄型硬泡沫塑料保温材料与风管相互接触的间隙增大,保温效果将降低,而半硬性的岩棉板或玻璃纤维板,保温效果影响则较小。

③保温板料的纵、横向的接缝要错开,特别是风管法兰不能外露,可采用擦接等工艺,将法兰包在保温板料中。各种接缝要控制在最小限度,不得使用过小的零碎板料拼接而增加缝隙,降低保温效果。

2)空调系统保温工程留有尾项空调系统投入运行后,未保温部位产生凝结水。防治措施:

①风管系统保温的目的,一是尽量减少热损失,二是防止风管外壁表面结露。因此,风管系统的消声器等部件应进行保温。风量调节阀在不影响启闭的情况下,也应进行保温。

②散流器或百叶通风口等隐蔽在顶棚内的部分,特别是软吊顶,必须连同风管、风阀一起保温,以防止凝结水流淌至吊顶。这部分往往容易忽视。

③为了调节和维修的方便,冷冻水管道上的阀门应单独保温,并应做到能单独拆卸。

④与风机盘管、诱导器连接的风管和冷冻水管,以及其他产生凝结水的部位,必须连同支、干管一起进行保温,防止凝结水流至吊顶。

4.6.9 质量记录

(1)防腐、保温材料产品合格证或质保书。

（2）防腐油漆施工记录表。

（3）管道及设备保温施工记录表。

（4）绝热材料取样复验报告。

（5）隐蔽工程验收记录。

（6）检验批质量验收记录。

（7）分项工程质量验收记录。

4.7　通风与空调系统调试工程施工工艺标准

本标准适用于通风与空调工程的系统测定与调整。工程施工应以设计图纸和有关施工质量验收规范为依据。

4.7.1　调试用仪器仪表要求

（1）系统调试所使用的测试仪器应在使用合格检定或校准合格有效期内，精度等级及最小分度值能满足工程性能测定的要求。

（2）严格执行计量法，不准在调试工作岗位上使用无检定合格印、证或超过检定周期以及经检定不合格的计量仪器仪表。

（3）系统调试所使用的测试仪器和仪表，性能应稳定可靠，其精度等级及最小分度值应能满足测定的要求，并应符合国家有关计量法规及检定规程的规定。综合效果测定时，所使用的仪表精度级别应高于被检对象的级别。

（4）搬运和使用仪器仪表要轻拿轻放，防止震动和撞击，不使用仪表时应放在专用工具仪表箱内，防潮、防污秽等。

4.7.2　主要机具

（1）常用仪表：风速、温度、风压、湿度测试仪，以及噪声计、微压计、转速表、钳形电流表、钢丝钳、万用表等

（2）常用工具：钢卷尺、手电钻、手锤、扳手、螺丝刀、改锥、克丝钳子、电筒、木梯、对讲机、计算器、长杆等。

4.7.3　作业条件

（1）系统调试应包括：设备单机试运转及调试；系统非设计满负荷条件下的联合试运转及调试。

（2）通风、空调系统安装质量检查记录齐全，符合质量标准的有关规定，并得到监理部门的确认。

（3）系统设备、管线检查内容应包括：系统设备和管线的安装是否按照设计规定完成，有无缺漏项；风管漏光检测或漏风量检测结果符合规范的规定；设备及风管、水管内部清洁有

无杂物、污染物及外表面清洁情况;排水设施及补供水设施是否达到使用条件。

(4)试运转所需的水、电、气等能源供应均能满足使用要求,试运转及调试所需能源能及时、稳定地提供。

(5)调试环境检查。土建施工应完工,应检查:涉及调试使用的房间土建及装修工程场地环境是否清洁;设备机房门锁是否已安装;场所照明条件是否满足调试需要。

(6)通风与空调工程的系统调试由施工单位负责、监理单位监督、设计单位与建设单位参与和配合。系统调试前做好下列工作准备:

1)经监理单位审批同意运转调试方案,内容包括调试目的要求、时间进度计划、调试项目、程序和采取的方法等。

2)按运转调试方案备好仪表和工具及调配记录表格。

3)熟悉通风空调系统的全部设计资料及各个节点计算的状态参数,领会设计意图,掌握风管系统、冷源和热源系统、供电及自控系统的工作原理。

4)风道系统的调节阀、防火阀、排烟阀、送风口和回风口内的阀板、叶片应在开启的工作状态位置。排烟风口的正常状态为关闭。

5)参与调试的人员必须了解各种常用测试仪表的构造原理和性能,严格掌握它们的使用和校验方法,按规定的操作步骤进行调试。

(7)通风与空调工程系统非设计满负荷条件下的联合试运转及调试,应在制冷设备和通风与空调设备单机试运转合格后进行。

4.7.4　施工工艺

(1)工艺流程

准备工作→设备条件准备→系统条件准备→设备单机试运转→无生产负荷的系统测定与调整→系统联合调试→调试报告和记录整编

(2)准备工作

1)收集和掌握调试的相关信息。需要获取的信息资料包括设计信息、自控承包商信息、厂商信息、电气信息、用户信息共五个方面,应确保所收集到的信息的准确性和完善性。

2)建立调试记录表格。根据调试涉及的系统组成和特点,制作调试记录表。调试记录表须包括项目名称、设备编号、型号规格、数量、参数/指标、安装部位、设计(选用)参数、实测值及调试结果等内容。

3)编写调试方案。编写方案应包括系统概况(系统规模及组成、涉及的功能区分布及功能需求介绍)、前期准备、调试进度计划(反映工艺顺序和组织关系)、调试程序和操作方法、需用资源的需求和配置(人员组织、工具仪器、调试用材料)、调试联络、安全措施等部分。

4)资源准备。在试运转、调试期间所需的人力、物力及仪器、仪表设备按计划进入现场。

5)设备系统条件准备。首先进行系统核查和确认。对各相关系统的整体完成情况进行核查,确认其是否具备调试条件,对于存在的问题应提出要求解决的时间,并与调试计划对照确定其影响程度。

6)调试前应会同有关部门人员对工程质量进行检查,对工程中存在的缺陷,会同有关单位提出处理意见,修正后进行调试。

7)检查调试所用物资、仪器、工具及能源接入条件是否满足当前调试工作需要,安全措施是否已准备完成。

(3)设备单机试运转

1)通风机、空调机组中的风机试运转

①外观检查

a.核对设备型号及技术参数是否符合设计要求。

b.固定设备的垫铁、地脚螺栓应符合规范要求。检查设备的转动部分,应轻便灵活,不得有卡碰现象。

c.轴承处应加注足够的润滑油,所用润滑油规格数量应符合设备技术文件的规定。

d.传动皮带松紧度要合适。

②试运转

a.现场检查和确认设备是否具备受电条件。

b.进行点动启停试验,目测观察叶轮旋转方向是否正确,目测和耳听检查叶轮与机壳有无摩擦、异常振动和声响,运转是否平稳,确认正常后方可进入下一步

c.至少进行2h试运转,运转期间检查如下项目,并做好记录。

d.检查风机各紧固连接部位,不应松动。目测观察,停机后再检查。

e.用钳形电流表分别测点启动、运行电流和电压,计算功率。电机运行功率应符合设备技术文件规定。

f.采用便携式声级计测量风机噪声,测点应设在距设备1.1m、距地1.5m环设备选取几点,测定数据以最大值为准。

g.2h后用点温仪测量轴承温度,滑动轴承最高温度不得超过70℃,滚动轴承最高温度不得超过80℃,同时符合设备技术文件的规定。

以上正常完成后,单机运转即为合格。

2)水泵单机试运转

①外观检查

a.核对设备型号及技术参数是否符合设计要求。

b.固定设备的垫铁、地脚螺栓应符合规范要求。检查设备的转动部分,应轻便灵活,不得有卡碰现象。

c.轴承处应加注足够的润滑油,所用润滑油规格数量应符合设备技术文件的规定。

②试运转

a.现场检查和确认设备是否具备受电条件。

b.泵启动前的准备和检查。泵和吸入管路必须充满输送液体,排尽空气,不得在无液体情况下启动。泵启动前吸入口阀门全开,出口阀门关闭。注意,不应在出口阀门全闭的情况下长时间运转,应在转速正常后迅速打开出口阀门。

c.进行点动启停试验,目测观察叶轮旋转方向是否正确,目测和耳听检查转子与机壳有无摩擦、异常振动和声响,运转是否平稳,确认正常后方可进入下一步。

d.至少进行2h试运转,运转期间检查如下项目,并做好记录:

ⅰ.检查水泵各紧固连接部位,不应松动。

ⅱ.用钳形电流表分别测点启动、运行电流和电压,计算功率,电机运行功率应符合设备技术文件规定。

ⅲ.密封部位渗漏量检查。在无特殊要求的情况下,普通填料 60mL/h（约 20 滴/min）,机械密封的不应大于 5mL/h,目测观察。

ⅳ.采用便携式声级计测量风机噪声,测点应设在距设备 1.1m,距地 1.5m 环设备选取几点,以最大值为准。

ⅴ.2h 后用点温仪测量轴承温度,滑动轴承最高温度不得超过 70℃;滚动轴承最高温度不得超过 80℃,同时符合设备技术文件的规定。

以上正常完成后,单机运转即为合格。

3）冷却塔试运转

①准备工作

a.清扫冷却塔内的夹杂物和尘垢,并装好回水口过滤网,防止冷却水管和冷凝器等堵塞。

b.冷却塔和冷却水管路系统应用水冲洗,管路系统应无漏水现象。

c.冷却塔内的补给水和溢流水位应符合设备技术文件的规定,自动补水阀的动作要灵活、准确。

②试运转

a.冷却塔内的风机旋转方向要正确,电动机的接地要符合电气规范要求。

b.测定风机的启动电流和运转电流。

c.测量轴承温度。

d.噪声测定。采用便携式声级计测量,测点应设两处:第一处为在距风机出风口斜向 45°出风口直径处环设备选取至少两点,以平均值为准,此数值为参考值;第二处为在进风口方向上沿距塔体边 1 倍当量直径,测点至少取两点,以平均值为准,该测定值作为评判噪声值,应符合设备技术文件及冷却塔噪声标准的规定。

e.通水试运转。检查集水盘内和进水口有无杂物堵塞并清洁。检查花洒喷水角度是否符合设备技术文件规定。横流式冷却塔配水池水位和逆流式冷却塔旋转布水器的转速要适宜,要调整好进入冷却塔的水量,使喷水量和吸入水量保持平衡,并观测补给水和集水池的水位等运行状况。

f.冷却塔试运转如无异常现象,连续运转时间不应少于 2h。

4）风机盘管试运转

①启动前检查。用手转动风扇轮,确保其旋转顺畅,风扇体内无异物;检查机组内有无异物,进风口和出风口是否堵塞,并作清洁处理。

②进行点动启停试验。启动前对电机进行电气检查,确认是否具备受电条件。目测观察叶轮旋转方向是否正确,目测和耳听检查转子与机壳有无摩擦和异常振动、声响,运转是否平稳,确认正常后方可进入下一步。

③至少进行 0.5h 试运转,运转期间检查如下项目,并做好记录:

a.检查风机各紧固连接部位,不应松动。目测观察,停机后再检查。

b.用钳形电流表分别测点启动、运行电流和电压,计算功率,电机运行功率应符合设备技术文件规定。

5)电控风阀单体调试

①核查风阀的检修操作空间,并做好记录。

②调试前检查。检查风阀本体有无变形,手动启闭检查有无摩擦、卡阻,应确保动作灵活、可靠,关闭自如。检查组合风阀连杆机构连接是否可靠,有无变形,风阀与固定框架的连接是否可靠,固定框架与基础连接是否可靠,组合风阀周边有无影响运动的障碍物。

③采用便携式电源电动开启或关闭、部分开等动作,确保工作可靠,并记录接线端子排标识和机构动作时间、结果。对于电动调节阀,检测其限位信号输出,以及信号输出后与供电回路的连锁动作状况。如果不能满足要求则对电气回路进行检查调整,使之符合启闭和开度要求。

6)带风机动力的恒温恒湿机、除尘器、自动浸油过滤器、新风热交换器等设备试运转应符合规范中相关条文的规定及设备技术文件的要求。

(4)无生产负荷的系统的测定与调整

1)系统风量的测定与调整

①操作步骤

a.风量初测:将系统阀门设于全开状态,测量每个风口的风速,计算各风口风量汇总得出系统总风量。

b.校核系统总风量:将实测总风量与设备风量参数值比较,如果偏差小于10%,则视为满足,可进入系统风量平衡步骤,如果偏差大于10%,则进入下一步处理。

c.如果实测总风量低于设备风量的90%,则采取以下措施:进行风机性能测定,包括风量、风压、功率、转速等参数的测定,确定风机性能与设备技术文件的符合性;检查系统漏风点并处理;再重测并计算总风量,如果满足要求,则进入系统风量平衡的步骤。如果实测总风量高于设备风量且超过10%,则采取以下措施:调整系统主分支阀门开度,并重测各风口风速及噪声值,计算总风量如满足要求则进入系统风量平衡的步骤;如果仍不满足,则另行分析处理。

d.系统风量平衡:采用流量等比分配法,从系统的最不利管段的风口开始,逐步调到风机。如在图4.7.1中,先测出支管1和2的风量,并用支管上的风阀调整支管1和2的风

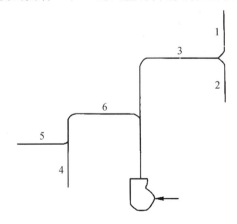

图 4.7.1 流量等比分配法

量,使其风量的比值和设计风量的比值近似相等。然后测出并调整支管 4、5 和 3、6 的风量,使其风量的比值和设计风量的比值都近似相等。这时根据风量分配原理,各支管的风量必定按照设计风量比值分配,达到设计风量值。需注意调整后的阀门开度,应做好标示记录。

e.风口风量的测定:调整各支管的风口调节阀开度,再测量,直至风口实测风量与设计风量的偏差小于 15%,且计算总风量与设计总风量的偏差小于 10%。

②风量的测定和计算

a.通过风管的风量可按下式计算:

$$L = 3600Fv(\text{m/h})$$

式中:F 为风管截面积,m^2;v 为截面平均风速,m/s。

b.一般用热电式风速仪或叶轮式风速仪测定平均风速,也可用微压计或皮托管测得风管截面上的平均动压,再根据下式计算出风速:

$$v = \sqrt{\frac{2P}{\rho}}$$

式中:v 为平均风速,m/s;P 为平均动压,Pa;ρ 为空气密度,kg/m^3。

③测量系统风量和风压时的注意事项

a.测定断面的位置

应选择在气流比较均匀稳定的管段上,尽可能选择在远离产生涡流的局部阻力(各种风阀、弯头、三通及风口)的部位。一般选在产生局部阻力之后 4～5 倍管径(或风管大边尺寸),以及局部阻力之前 1.5～2 倍风管直径(或风管大边尺寸)的直管段上。

b.断面测点的位置

风管风量测量断面测点布置详见本章附录第 C.1 节。

④风量调整

a.系统风量平衡采用流量等比分配法或基准风口法,从系统最不利环路的末端开始,逐步向风机调整。

b.流量等比分配法:按各风口设计风量的比例关系调整阀门的开度比例,从而达到各风口所需风量。调整前应按管系绘制系统图并将各风口的设计风量标注在图上。调整时可用两套仪表同时测定两支管的风量,使两支管的实际风量比例等于设计风量的比例(风量不一定等于设计风量)。常用测量仪表有皮托管、微压计和热电式风速仪。

c.基准风口调整法:将某风口实测风量与设计风量的比值作为调整其他各风口风量的基础,对系统各风口进行调整。

d.风量调整前,应先将各风口的风量全部测出,然后计算各风口实测风量与设计风量的比值,选取比值最低(风量最小)的风口作为基准风口,再调整其他风口。调整时用两套仪表分别测量基准风口与调整风口,使两风口各自实测风量与设计风量的比值相等,即:

$$\frac{L_{压实}}{L_{压设}} = \frac{L_{调实}}{L_{调设}}$$

e.系统分支较多时,可将各分支作为一个调整单元。每个分支选取最小风量的风口,作为基准风口进行分支内风量平衡。分支风量平衡后再平衡分支之间的风量。分支之间风量平衡时,可随意在每个分支选取一个风口,然后用上法调整分支之间的风阀,使风口风量平衡。

f.风口风量平衡后,应再次调整系统总风量。调整幅度较小时,应调整总阀门或通过改变风管阻力来实现。调整幅度较大时,应调整风机转速,必要时更换风机。新风、一次回风,二次回风风量的测定调整,应在各自的管道上进行,无管道时可在进口或出口处测量。

2)水系统调试

①系统充水

通过膨胀水箱补水管或定压膨胀罐补水泵向系统供水,直至充满系统。注意,应在充水过程中开启设备进出口阀门、分集水器阀门、系统排气阀。系统满水时应关闭排气阀,注意检查排气阀工作是否正常。

②系统常温水循环

分别开启冷冻泵和冷却泵。开泵时注意,在启泵前应关闭出口阀门和出口压力表进水阀,待泵启动后逐渐打开进出水阀和压力表阀。使冷冻水、冷却水系统进行24h循环运行,观察水泵进出口压力表,无异常视为合格。

③开机前清洗及再充水

循环结束后开启分集水器泄水阀排水,将系统排空后拆洗过滤器及清理冷却塔集水盘及出水口,完毕后再充水,过程同上。

④开机试运行至少8h。开机顺序为:冷却水泵→冷却塔→冷冻水泵→制冷机组。关机顺序为:冷水机组→冷冻水泵→冷却水泵→冷却塔。制冷机组开机及负荷调节由厂商实施或现场指导进行。

⑤先单台开机运行,观察各设备的压力表、温度计、运行电流读数是否符合设计要求和厂商要求,注意观察各台冷冻机、水泵、冷却塔水量是否接近,如果偏差较大则进行分析处理,直至符合设计要求。

⑥在运行过程中,随时检查冷却塔的补水和漂水量是否平衡并及时补水。

3)系统调试过程中的设备参数测定

①设备运行电流测定和三相平衡。

②电控柜继电器保护整定。

③风机性能的测定与调整。

4)系统调试注意事项

①空调系统的风管上的风阀应全部开启。启动风机使总风阀的开度保持在风机电机允许的运转电流范围内。

②运转冷水系统和冷却水系统,待正常后将冷水机组投入运转。

③待空调系统的送风系统、冷冻水系统、冷却水系统及冷水机组等运转正常后,将冷水控制系统和空调控制系统投入,以确定各类调节阀动作的正确性。

(5)系统联合调试

这里的系统联调指的是与FAS、BAS系统的联调。

1)防火阀单体联调

①与FAS承包商配合,从就地模块箱向防火排烟阀发出指令,现场检查风阀动作是否

正确。

②风阀正确动作后,检查状态输出信号是否反馈回模块箱。

③若风阀不能正确动作和反馈,则需分析处理,详见本章附录 C。

2)系统操作控制联调

①根据 FAS、BAS 系统操作控制表,配合弱电系统对各区域、各系统进行模拟控制试验。

②根据前期 FAS 的信息反馈和设计联络后确定的控制要求,建立各系统操作控制点表。

③配合联调时将不同工况下各设备和阀门的动作状态记入控制点表,与点表状态不符的与 FAS 共同分析处理。

(6)调试报告和记录整编

通风空调工程经过系统试验调整后,应将各类调试资料进行整编并提交报告,和测定和调整后的原始记录一起作为交工验收的依据。调试报告和记录应包括下列内容:

1)各系统单体设备调试报告。

2)通风空调各系统调试报告。

3)通风空调系统无生产负荷的联合试运转调试报告。

4)调试记录汇编。

以上调试资料经业主、监理单位审核后进入竣工验收程序。

4.7.5　质量标准

(1)一般规定

1)通风与空调工程竣工验收的系统调试应由施工单位负责、监理单位监督、设计单位与建设单位参与和配合。系统调试可由施工企业进行,或委托具有调试能力的其他单位进行。

2)系统调试前应编制调试方案,并应报送专业监理工程师审核批准。系统调试应由专业施工和技术人员实施,调试结束后,应提供完整的调试资料和报告。

3)系统调试所使用的测试仪器应在使用合格检定或校准合格有效期内,精度等级及最小分度值应能满足工程性能测定的要求。

4)通风与空调工程系统非设计满负荷条件下的联合试运转及调试,应在制冷设备和通风与空调设备单机试运转合格后进行。系统性能参数的测定应符合本章附录 C 的规定。

5)恒温恒湿空调工程的检测和调整应在空调系统正常运行 24h 及以上,达到稳定后进行。

6)净化空调系统运行前应在回风、新风的吸入口处和粗、中效过滤器前设置临时无纺布过滤器。净化空调系统的检测和调整应在系统正常运行 24h 及以上,达到稳定后进行。工程竣工洁净室(区)洁净度的检测应在空态或静态下进行。检测时,室内人员不宜多于 3 人,并应穿着与洁净室等级相适应的洁净工作服。

(2)主控项目

1)通风与空调工程安装完毕后应进行系统调试。系统调试应包括下列内容。

①设备单机试运转及调试。

②系统非设计满负荷条件下的联合试运转及调试。

检查数量：按Ⅰ方案。

检查方法：旁站观察、查阅调试记录。

2）设备单机试运转及调试应符合下列规定。

①通风机、空气处理机组中的风机的叶轮旋转方向应正确，运转应平稳，应无异常振动与声响，电机运行功率应符合设备技术文件要求。在额定转速下连续运转2h后，滑动轴承外壳最高温度不得大于70℃，滚动轴承不得大于80℃。

②水泵叶轮旋转方向应正确，应无异常振动和声响，紧固连接部位应无松动，电机运行功率应符合设备技术文件要求。水泵连续运转2h滑动轴承外壳最高温度不得超过70℃，滚动轴承不得超过75℃。

③冷却塔风机与冷却水系统循环试运行不应小于2h，运行应无异常。冷却塔本体应稳固、无异常振动。冷却塔中风机的试运转尚应符合本条第1款的规定。

④制冷机组的试运转除应符合设备技术文件和现行国家标准《制冷设备、空气分离设备安装工程施工及验收规范》（GB 50274—2010）的有关规定外，尚应符合下列规定：

a.机组运转应平稳、应无异常振动与声响。

b.各连接和密封部位不应有松动、漏气、漏油等现象。

c.吸、排气的压力和温度应在正常工作范围内。

d.能量调节装置及各保护继电器、安全装置的动作应正确、灵敏、可靠。

e.正常运转不应少于8h。

⑤多联式空调（热泵）机组系统应在充灌定量制冷剂后，进行系统的试运转，并应符合下列规定：

a.系统应能正常输出冷风或热风，在常温条件下可进行冷热的切换与调控。

b.室外机的试运转应符合本条第4款的规定。

c.室内机的试运转不应有异常振动与声响，百叶板动作应正常，不应有渗漏水现象，运行噪声应符合设备技术文件要求。

d.具有可同时供冷、热的系统，应在满足当季工况运行条件下，实现局部内机反向工况的运行。

⑥电动调节阀、电动防火阀、防排烟风阀（口）的手动、电动操作应灵活可靠，信号输出应正确。

⑦变风量末端装置单机试运转及调试应符合下列规定：

a.控制单元单体供电测试过程中，信号及反馈应正确，不应有故障显示。

b.启动送风系统，按控制模式进行模拟测试，装置的一次风阀动作应灵敏可靠。

c.对于带风机的变风量末端装置，风机应能根据信号要求运转，叶轮旋转方向应正确，运转应平稳，不应有异常振动与声响。

d.带再热的末端装置应能根据室内温度实现自动开启与关闭。

⑧蓄能设备（能源塔）应按设计要求正常运行。

检查数量：第3、4、8款全数，其他按Ⅰ方案。

检查方法：调整控制模式，旁站、观察、查阅调试记录。

3)系统非设计满负荷条件下的联合试运转及调试应符合下列规定。

①系统总风量调试结果与设计风量的允许偏差应为－5％～10％,建筑内各区域的压差应符合设计要求。

②变风量空调系统联合调试应符合下列规定:

a.系统空气处理机组应在设计参数范围内对风机实现变频调速。

b.空气处理机组在设计机外余压条件下,系统总风量应满足本条文第1款的要求,新风量的允许偏差应为0～＋10％。

c.变风量末端装置的最大风量调试结果与设计风量的允许偏差应为0～15％。

d.改变各空调区域运行工况或室内温度设定参数时,该区域变风量末端装置的风阀(风机)动作(运行)应正确。

e.改变室内温度设定参数或关闭部分房间空调末端装置时,空气处理机组应自动正确地改变风量。

f.应正确显示系统的状态参数。

③空调冷(热)水系统、冷却水系统的总流量与设计流量的偏差不应大于10％。

④制冷(热泵)机组进出口处的水温应符合设计要求。

⑤地源(水源)热泵换热器的水温与流量应符合设计要求。

⑥舒适空调与恒温、恒湿空调室内的空气温度、相对湿度及波动范围应符合或优于设计要求。

检查数量:第1、2款及第4款的舒适性空调,按Ⅰ方案;第3、5、6款及第4款的恒温、恒湿空调系统,全数检查。

检查方法:调整控制模式,旁站观察、查阅调试记录。

4)防排烟系统联合试运行与调试后的结果,应符合设计要求及国家现行标准的有关规定。

检查数量:全数检查。

检查方法:旁站观察、查阅调试记录。

5)净化空调系统除应符合《通风与空调工程施工质量验收规范》(GB 50243—2016)第11.2.3条的规定外,尚应符合下列规定:

①单向流洁净室系统的系统总风量允许偏差应为0～10％,室内各风口风量的允许偏差应为0～15％。

②单向流洁净室系统的室内截面平均风速的允许偏差应为0～10％,且截面风速不均匀度不应大于0.25。

③相邻不同级别洁净室之间和洁净室与非洁净室之间的静压差不应小于5Pa,洁净室与室外的静压差不应小于10Pa。

④室内空气洁净度等级应符合设计要求或为商定验收状态下的等级要求。

⑤各类通风、化学实验柜、生物安全柜在符合或优于设计要求的负压下运行应正常。

检查数量:第3款,按Ⅰ方案;第1、2、4、5款,全数检查。

检查方法:检查、验证调试记录,按本章附录C进行测试校核。

6)蓄能空调系统的联合试运转及调试应符合下列规定:

①系统中载冷剂的种类及浓度应符合设计要求。

②在各种运行模式下系统运行应正常平稳;运行模式转换时,动作应灵敏正确。

③系统各项保护措施反应应灵敏,动作应可靠。

④蓄能系统在设计最大负荷工况下运行应正常。

⑤系统正常运转不应少于一个完整的蓄冷释冷周期。

检查数量:全数检查。

检查方法:观察、旁站、查阅调试记录。

7)空调制冷系统、空调水系统与空调风系统的非设计满负荷条件下的联合试运转及调试,正常运转不应少于8h,除尘系统不应少于2h。

检查数量:全数检查。

检查方法:旁站观察、查阅调试记录。

(3)一般项目

1)设备单机试运转及调试应符合下列规定:

①风机盘管机组的调速、温控阀的动作应正确,并应与机组运行状态一一对应,中档风量的实测值应符合设计要求。

②风机、空气处理机组、风机盘管机组、多联式空调(热泵)机组等设备运行时,产生的噪声不应大于设计及设备技术文件的要求。

③水泵运行时壳体密封处不得渗漏,紧固连接部位不应松动,轴封的温升应正常,普通填料密封的泄漏水量不应大于60mL/h,机械密封的泄漏水量不应大于5mL/h。

④冷却塔运行产生的噪声不应大于设计及设备技术文件的规定值,水流量应符合设计要求。冷却塔的自动补水阀应动作灵活,试运转工作结束后,集水盘应清洗干净。

检查数量:第1、2款按Ⅱ方案;第3、4款全数检查。

检查方法:观察、旁站、查阅调试记录,按本章附录C进行测试校核。

2)通风系统非设计满负荷条件下的联合试运行及调试应符合下列规定:

①系统经过风量平衡调整,各风口及吸风罩的风量与设计风量的允许偏差不应大于15%。

②设备及系统主要部件的联动应符合设计要求,动作应协调正确,不应有异常现象。

③湿式除尘与淋洗设备的供、排水系统运行应正常。

检查数量:按Ⅱ方案。

检查方法:按本章附录C进行测试,校核检查、查验调试记录。

3)空调系统非设计满负荷条件下的联合试运转及调试应符合下列规定:

①空调水系统应排除管道系统中的空气,系统连续运行应正常平稳,水泵的流量、压差和水泵电机的电流不应出现10%以上的波动。

②水系统平衡调整后,定流量系统的各空气处理机组的水流量应符合设计要求,允许偏差应为15%;变流量系统的各空气处理机组的水流量应符合设计要求,允许偏差应为10%。

③冷水机组的供回水温度和冷却塔的出水温度应符合设计要求;多台制冷机或冷却塔并联运行时,各台制冷机及冷却塔的水流量与设计流量的偏差不应大于10%。

④舒适性空调的室内温度应优于或等于设计要求,恒温恒湿和净化空调的室内温、湿度应符合设计要求。

⑤室内(包括净化区域)噪声应符合设计要求,测定结果可采用 Nc 或 dB(A)的表达方式。

⑥环境噪声有要求的场所,制冷、空调设备机组应按现行国家标准《采暖通风与空气调节设备噪声声功率级的测定　工程法》(GB 9068—1988)的有关规定进行测定。

⑦压差有要求的房间、厅堂与其他相邻房间之间的气流流向应正确。

检查数量:第 1、3 款全数检查,第 2 款及第 4 款～第 7 款,按Ⅱ方案。

检查方法:观察、旁站、用仪器测定、查阅调试记录。

4)蓄能空调系统联合试运转及调试应符合下列规定:

①单体设备及主要部件联动应符合设计要求,动作应协调正确,不应有异常。

②系统运行的充冷时间、蓄冷量、冷水温度、放冷时间等应满足相应工况的设计要求。

③系统运行过程中管路不应产生凝结水等现象。

④自控计量检测元件及执行机构工作应正常,系统各项参数的反馈及动作应正确、及时。

检查数量:全数检查。

检查方法:旁站观察、查阅调试。

5)通风与空调工程通过系统调试后,监控设备与系统中的检测元件和执行机构应正常沟通,应正确显示系统运行的状态,并应完成设备的连锁、自动调节和保护等功能。

检查数量:按Ⅱ方案。

检查方法:旁站观察,查阅调试记录。

4.7.6　成品保护

(1)通风空调机房的门、窗必须严密,应设专人值班,非工作人员严禁入内。需要进入时,应由现场保卫部门发放通行工作证方可进入。

(2)风机、空调设备的启停应由电气专业操作人员配合进行。

(3)系统风量测试调整时,不应损坏风管保温层。调试完成后,应将测点截面处的保温层修复好,测孔应堵好,调节阀门固定好,画好标记以防变动。

(4)自动调节系统的自控仪表元件、控制盘箱等应采取特殊保护措施,以防电气自控元件丢失及损坏。

(5)空调系统全部测量调试完毕后,及时办理交接手续,由使用单位运行启用,负责空调系统的成品保护。

(6)洁净空调系统应采取封闭措施,以防高效、亚高效过滤器集尘。

4.7.7　安全与环保措施

(1)凡参与空调调试的有关人员,在调试前应由专业技术人员进行安全技术交底,让施工人员了解本项目的安全管理方针和目标,了解施工作业过程中的危险源及应采取的应急响应措施。

（2）进入施工现场或进行施工作业时必须穿戴劳动防护用品，在高处、吊顶内作业时要戴安全帽。

（3）高处作业人员应按规定轻便着装，严禁穿硬底、铁掌等易滑的鞋。

（4）所使用的梯子不得缺档，不得垫高使用，下端要采取防滑措施。

（5）在吊顶内作业时一定要穿戴利索，切勿踏在非承重的地方。

（6）在开启空调机组前，一定要仔细检查，以防杂物损坏机组。调试人员不应立于风机的进风方向。

（7）使用仪器、设备时要遵守该仪器的安全操作规程，确保其处于良好的运转状态，合理使用。

（8）在调试过程中要了解本项目的环境管理方针，遵守项目部的各项环境措施。

（9）在调试过程中所用完的电池要按固体废弃物的管理规定处理，不能胡乱丢弃。

（10）在使用水银温度计时，一定要严格遵守操作规程，轻拿轻放，以免破碎后水银污染环境。

4.7.8 施工注意事项

施工注意事项见表 4.7.1。

表 4.7.2 施工注意事项

序号	调试项目	可能出现的问题	原因分析	处理办法
1	系统风量测定与调整	实测风量偏大	系统阻力偏小	调节风机出口处及分支阀门开度
			风机参数大,转速偏高	调整风机皮带轮大小或调松
				更换风机电机
		实测风量偏小	系统漏风量大	检查系统漏风点并作密封处理
			系统阻力偏大	检查各阀门是否已开启;检查有无大阻力局部配件如有改进
			风机反转	电源换向
			风机参数小	调整风机皮带轮大小或调紧
				减小叶轮与机壳间隙
				更换风机电机
2	风口风量测定	风口风速偏大	支管风量偏大	调整支管调节阀开度,或封口加设调节阀
				改变风口颈部尺寸,如加插板

续表

序号	调试项目	可能出现的问题	原因分析	处理办法
3	风机性能测定	风机振动大	转速过高	适当降低转速
			叶轮不平衡	拆下叶轮修整
			连接风管未接好	加固连接部位
			吸入、出风口关闭	开启
			轴承间隙过大	调整或更换轴承
			风机主轴变形	校直
			基础或支架强度不足	加固
			轴承或滚珠破裂	更换轴承或滚珠
		风机噪声偏大风机噪声偏大	由上述振动引起	采取上述或减振措施
			出口处局部阻力过大	改进出口大阻力局部配件
			风机内进入异物	清理
			叶轮与机壳碰撞	校正
		电机温升过高	缺相	检查重接
			电机绝缘性差,绕组受潮	烘干
		轴承温升过高	轴承润滑不良	加油或更换
			轴承间隙过小	调整或更换
			轴承损坏	调整或更换
4	水泵试运转	水泵不吸水、压力表指针剧烈跳动	补水不足	增加补水
			进水管内积气	排气
			止回阀未开启或开度不足	检查维修止回阀
			管路的排气阀或压力表漏气	更换
			吸入口阻力过力	
		水泵出口有压力显示,异常偏高或偏低	出水管路堵塞	清理
			止回阀堵塞	清理
			电机反向	电源换向
			出口阻力过大	清理
			叶轮阻塞	清理
			水泵转速低	

续表

序号	调试项目	可能出现的问题	原因分析	处理办法
4	水泵试运转	水泵有异常声响	吸水管内有空气	排气
			吸水高度过高	调整吸水管路或水泵位置
		水泵异常振动	水泵联轴节不同心	维修或更换
			减振器不合理	调整减振器
5	冷却塔试运行	集水盘内水位不断下降	补水不足	增加补水
			漂水量大	增加补水
			集水盘漏水	修理
		集水盘内水溢流	浮球调校水位高	调整浮球
6	风阀调试	执行机构不动作	风阀本体变形	拆下修整
			叶片变形	拆下修整
			阀门内积灰阻滞	吹灰
			连杆机构变形	拆下修整
			机构接线错误(特别是多机构)	重新接线
			执行机构损坏	更换执行机构
		信号输出不正确	机构接线错误(特别是多机构)	重新接线

4.7.9 质量记录

(1)仪器、仪表经校验合格的证明文件。

(2)调试单位资格证书和调试人员的上岗证。

(3)依据设计图纸和有关技术文件编制的完整的调试方案。

(4)设备单机和非设计满负荷联合试运转与调试记录

(5)分部分项工程质量验收记录。

(6)(子分部)工程工程质量验收记录。

附录 A   风管强度及严密性测试

A.1 漏风量测试

(1)系统风管与设备的漏风量测试,应分正压试验和负压试验两类。应根据被测试风管的工作状态决定,也可采用正压测试来检验。

(2)系统风管漏风量测试可以采用整体或分段进行,测试时被测系统的所有开口均应封闭,不应漏风。

(3)被测系统风管的漏风量超过设计和《通风与空调工程施工质量验收规范》(GB 50243—2016)的规定时,应查出漏风部位(可用听、摸、飘带、水膜或烟检漏),做好标记;修补完工后,应重新测试,直至合格。

(4)漏风量测定一般应为系统规定工作压力(最大运行压力)下的实测数值。特殊条件下,也可用相近或大于规定压力下的测试代替,漏风量可按下式计算:

$$Q_0 = Q(P_0/P)^{0.65}$$

式中:Q_0——规定压力下的漏风量$[m^3/(h \cdot m^2)]$;

Q——测试的漏风量$[m^3/(h \cdot m^2)]$;

P_0——风管系统测试的规定工作压力(Pa);

P——测试的压力(Pa)。

A.2 测试装置

(1)漏风量测试应采用经检验合格的专用漏风量测量仪器,或采用符合现行国家标准《用安装在圆形截面管道中的差压装置测量满管流体流量》(GB/T 2624—2006)中规定的计量元件搭设的测量装置。

(2)漏风量测试装置可采用风管式或风室式。风管式测试装置应采用孔板做计量元件;风室式测试装置应采用喷嘴做计量元件。

(3)对于漏风量测试装置的风机,风压和风量宜为被测定系统或设备的规定试验压力及最大允许漏风量的 1.2 倍及以上。

(4)漏风量测试装置试验压力的调节,可采用调整风机转速的方法,也可采用控制节流装置开度的方法。漏风量值应在系统达到试验压力后保持稳压的条件下测得。

(5)漏风量测试装置的压差测定应采用微压计,分辨率应为 1.0Pa。

(6)风管式漏风量测试装置应符合下列规定:

1)风管式漏风量测试装置应由风机、连接风管、测压仪器、整流栅、节流器和标准孔板等组成(见图 4.A.1)。

2)应采用角接取压的标准孔板。孔板 β 值范围应为 0.22~0.70,孔板至前、后整流栅的直管段距离应分别大于或等于 10 倍和 5 倍风管直径。

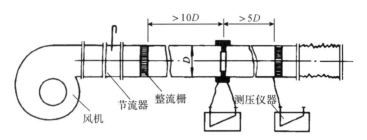

图 4.A.1　正压风管式漏风量测试装置

3)连接风管应均为光滑圆管。孔板至上游 2 倍风管直径范围内,圆度允许偏差应为0.3%,下游应为 2%。

4)孔板应与风管连接,前端与管道轴线垂直度允许偏差应为 1°;孔板与风管同心度允许偏差应为 1.5%的风管直径。

5)在第一整流栅后,所有连接部分应该严密不漏。

6)漏风量应按下式计算:

$$Q = 3600\varepsilon \cdot \alpha \cdot A_n \sqrt{\frac{2}{\rho}\Delta P}$$

式中:Q—漏风量(m^3/h);

　　　ε—空气流束膨胀系数;

　　　α—孔板的流量系数;

　　　A_n—孔板开口面积(m^2);

　　　ρ—空气密度(kg/m^3);

　　　ΔP—孔板差压(Pa)。

7)孔板的流量系数 α 与 β 值的关系应根据图 4.A.2 确定,并应满足下列条件:

①当 $1.0 \times 10^5 < Re < 2.0 \times 10^6$,$0.05 < \beta \leqslant 0.49$,$50mm < D \leqslant 1000mm$ 时,不计管道粗糙度对流量系数的影响;

②当雷诺数 Re 小于 1.0×10^5 时,应按现行国家标准《用安装在圆形截面管道中的差压

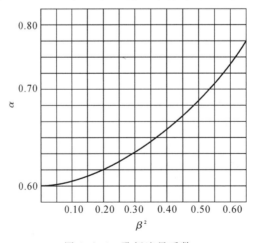

图 4.A.2　孔板流量系数

装置测量满管流体流量》(GB/T 2624—2006)中的有关条文求得流量系数 α。

8)孔板的空气流束膨胀系数 ε 值可根据表 4.A.1 查得。

表 4.A.1　采用角接取压标准孔板流束膨胀系数 ε 值($k=1.4$)

β^4	P_2/P_1								
	1.0	0.98	0.96	0.94	0.92	0.90	0.85	0.80	0.75
0.08	1.0000	0.9930	0.9866	0.9803	0.9742	0.9681	0.9531	0.9381	0.9232
0.1	1.0000	0.9924	0.9854	0.9787	0.9720	0.9654	0.9491	0.9328	0.9166
0.2	1.0000	0.9918	0.9843	0.9770	0.9698	0.9627	0.9450	0.9275	0.9100
0.3	1.0000	0.9912	0.9831	0.9753	0.9676	0.9599	0.9410	0.9222	0.9034

注:1.本表允许内插,不允许外延。

2. P_2/P_1 为孔板后与孔板前的全压值之比。

9)负压条件下的漏风量测试装置应将风机的吸入口与节流器、孔板流量测量段逐相连接,并使孔板前 10D 整流栅置于迎风端,组成完整装置。然后应通过软接口与需测定风管或设备相连接(见图 4.A.3)。

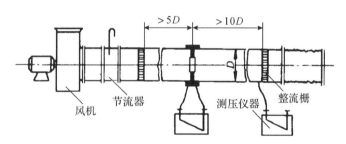

图 4.A.3　负压风管式漏风量测试装置

(7)风室式漏风量测试装置应符合下列规定:

1)风室式漏风量测试装置由风机、连接风管、测压仪器、均流板、节流器、风室、隔板和喷嘴等组成,如图 4.A.4 所示。

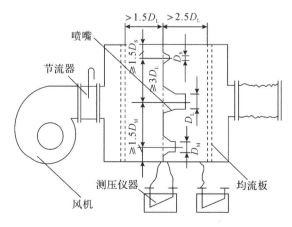

图 4.A.4　正压风室式漏风量测试装置

2)为利用喷嘴实施风量的测量,隔板应将风室分割成前后两孔腔,并应在隔板上开孔安装测量喷嘴。根据测试风量的需要,可采用不同孔径和数量的喷嘴。为保证喷嘴入口气流的稳定性和流量的正确性,两个喷嘴之间的中心距离不得小于大口径喷嘴喉部直径的3倍,且任意一个喷嘴中心到风室最近侧壁的距离不得小于其喷嘴喉部直径的1.5倍。计量喷嘴入口端均流板安装位置与隔板的距离不应小于1.5倍大口径喷嘴,出口端均流板安装位置与隔板的距离不应小于2.5倍大口径喷嘴。风机的出风口应与测试装置相连接(见图4.A.4)。当选用标准长径喷嘴作为计量元件时,口径确定后,颈长应为0.6倍口径、喷嘴大口不应小于2倍口径、扩展部分长度应等于口径。喷嘴端口应刨边,并应留三分之一厚和10°倾斜(见图4.A.5)。

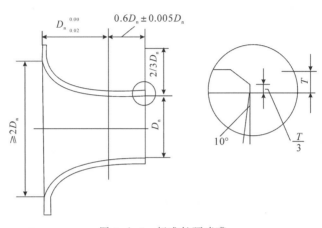

图4.A.5 标准长颈喷嘴

3)风室为一个两端留有连接口的密封箱体,过风断面积应按最大测试风量通过时,平均风速度应小于或等于0.75m/s。风机的出风口应与节流器、喷嘴入口方向的接口相连接,另一端通过软接口与需测定风管或设备相连接(见图4.A.4)。

4)风室中喷嘴两端的静压取压接口,应为多个且均布于四壁。静压取压接口至喷嘴隔板的距离不得大于最小喷嘴喉部直径的1.5倍。应将多个静压接口并联成静压环,再与测压仪器相接。

5)采用本装置测定漏风量时,通过喷嘴喉部的流速应控制在15~35m/s范围内。

6)室中喷嘴隔板后的所有连接部分应严密不漏。

7)单个喷嘴风量应按下式计算:

$$Q_n = 3600 C_d \cdot A_d \sqrt{\frac{2}{\rho}} \Delta P$$

式中:Q_n——单个喷嘴漏风量(m^3/h);

C_d——喷嘴的流量系数,直径127mm以上取0.99,小于等于127mm可按表4.A.2或图4.A.6查取;

A_d——喷嘴的喉部面积(m^2);

ΔP——喷嘴前后的静压差(Pa)。

表 4. A. 2　喷嘴流量系数表

Re	流量系数	Re	流量系数	Re	流量系数	Re	流量系数
12000	0.950	40000	0.973	80000	0.983	200000	0.991
16000	0.956	50000	0.977	90000	0.984	250000	0.993
20000	0.961	60000	0.979	100000	0.985	300000	0.994
3000	0.969	70000	0.981	150000	0.989	350000	0.994

注:不计温度系数。Re 为雷诺数。

8)多个喷嘴风量应按下式计算:

$$Q = \sum Q_n$$

式中:Q—多个喷嘴漏风量(m³/h);

　　　Q_n—单个喷嘴漏风量(m³/h)。

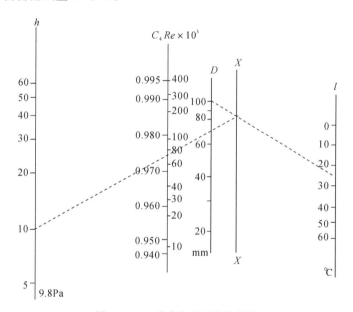

图 4. A. 6　喷嘴流量系数推算图

9)负压条件下的漏风量测试装置应将风机的吸入口与节流器、风室箱体喷嘴入口反方向的接口相连接,另一端应通过软接口将箱体接口与需测定风管或设备相连接(见图4.A.7)。

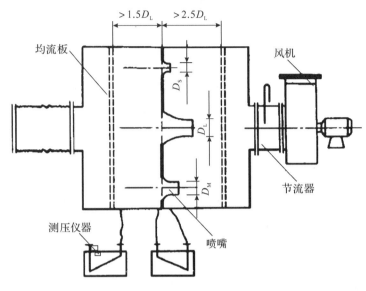

图 4.A.7 负压风室式漏风量测试装置

附录 B 洁净室(区)工程测试

B.1 风量和风速的检测

(1)风速检测仪器宜采用热风速仪、三维或等效三维超声风速仪、叶轮风速仪。风量检测仪器可采用带流量计的风量罩、文丘里流量计、孔板流量计等。

(2)单向流洁净室系统的系统总风量、室内截面平均风速和风口风量的测试应符合下列规定:

1)单向流洁净室室内风速的测试的测试平面应垂直于送风气流,位于距离高效空气过滤器出风面 300mm 处。测试平面应分成若干面积相等的栅格,栅格数量不应少于被测试截面面积(m²)10 倍的平方根数,测点应取在每个栅格的中心,全部测点不应少于 5 点。

直接测量过滤器面风速时,测点距离过滤器出风面应为 150mm,测试面应划分为面积相等边长不大于 600mm×600mm 的格栅,测点应取在每个栅格的中心。

每一风速测点持续测试的有效时间不应少于 10s,并应记录最大值、最小值和平均值。

单向流洁净室(区)的总送风量应按下式计算:

$$Q_t = \sum (v_{cp} \times A) \times 3600 (\mathrm{m^3/h})$$

式中:v_{cp}—每个栅格的平均风速(m/s);

A—每个栅格的面积(m²)。

2)单向流洁净室气流风速分布的测试,应由建设方、测试方共同协商确定,且宜在空态下进行。风速分布测试应取工作面高度为测试平面,平面上划分的栅格数量不应少于测试截面面积(m^2)10 倍的平方根数,测点应取在每个栅格的中心。

风速分布的不均匀度 β_0 应按下式计算,其数值不应大于 0.25。

$$\beta_0 = \frac{S}{v}$$

式中:v—各测点风速的平均值;

S——标准差。

当洁净室内安装好工艺设备和工作台后,若还需进行风速分布测试时,其测试的实施要求、合格判断规定等应根据工程项目的具体情况由建设方、测试方共同协商确定。

(3)洁净室系统风口风量的检测应符合下列规定:

1)安装有高效过滤器风口风量的测试,应根据风口形状采用加接辅助风管的方法。辅助风管应采用镀锌钢板或其他不产尘材料制成,形状及内截面应与风口相同,长度不应小于 2 倍风口长边长的直管段,并应连接于风口外部。应在辅助风管出口求取的风口截面平均风速和风量,并应按《通风与空调工程施工质量验收规范》(GB 50243—2016)中的附录 E.2 的规定执行。

2)当风口上风侧有 2 倍风管长边长度的直管段,且已有预留测孔或可以设置测点时,风量宜采用风管法测试,并应按《通风与空调工程施工质量验收规范》(GB 50243—2016)中的附录 E.2 的规定执行。

3)常规风口的送风量宜采用带有流量计的风罩仪进行直接测量,测量时风罩的开口应全部罩住被测风口,不应有泄漏。

4)风口的上风侧已安装有文丘里或孔板流量装置时,可利用该流量计直接测量该处的风口风量。

B.2 室内静压的检测

(1)静压差的检测宜采用电子微压计、斜管微压计、机械式压差计等,分辨率不应低于 2.0Pa。

(2)静压差的测定应符合下列规定:

1)所有的建筑隔断、门窗均应密闭。

2)在洁净室送、回、排风量均应符合设计要求的条件下,由高压向低压,由平面布置上距室外最远的里房间开始,依次向外测定,检测时应注意使测压管的管口不受气流影响。

(3)不同等级的相连洁净室之间的门洞、洞口处,应测定洞口处的空气流向和流速。洞口的平均风速大于或等于 0.2m/s 时,可采用热风速仪检测。

B.3 高效空气过滤器的泄露检测

(1)高效空气过滤器安装后应对空气送风口的滤芯、过滤器的边框、过滤器外框和高效箱体的密封处进行泄漏检测,检测宜在洁净室处于"空态"或"静态"下进行。

(2)高效过滤器的检漏,应使用采样速率大于 1L/min 的光学(离散)粒子计数器。D 类高效过滤器的检测应采用激光粒子计数器或凝结核粒子计数器。

(3)采用粒子计数器检漏高效过滤器,上风侧应引入均匀浓度的大气尘或含其他气溶胶尘的空气,上风侧浓度宜为 20～80mg/m³。大于或等于 0.5μm 的尘粒,浓度应大于或等于 $3.5×10^5$ pc/m³;大于或等于 0.1μm 的尘粒,浓度应大于或等于 $3.5×10^7$ pc/m³。检测 D 类高效过滤器时,大于或等于 0.1μm 的尘粒,浓度应大于或等于 $3.5×10^9$ pc/m³。

(4)高效过滤器的泄漏检测,宜采用扫描法。过滤器下风侧用粒子计数器的等动力采样头应放在距离被检部位表面 20～30mm 处,以 5～20mm/s 的速度,对过滤器的表面、边框、封头胶接处进行移动扫描检查。

(5)在移动扫描检测过程中,应对计数突然递增的部位进行定点检验。当检测浓度大于或等于上游浓度的 0.01％时,应判定为存在渗漏。

(6)无菌药厂中安装的高效过滤器宜采用 PAO 气溶胶法进行检漏。

(7)安装在风管内与空气处理机组内的空气过滤器泄漏的检测,可按本节第(1)～(6)条的规定执行,泄漏率应符合现行国家标准《洁净室及相关受控环境 第 3 部分:检测方法》(GB/T 25915.3—2010)第 C.4 节的规定。检测时,应向远离洁净室的过滤器上风侧向注入气溶胶,然后测量风管或空气处理机组内过滤器后的空气粒子浓度,计算出过滤器设备的透过率。检测的所有点的透过率均不应大于过滤器最易透过粒径额定透过率的 5 倍。当使用光度计时,透光率不应大于 0.01％。

B.4　室内空气洁净度等级的检测

(1)室内空气洁净度等级的检测应在设计指定的占用状态(空态、静态、动态)下进行。

(2)当使用采样速率大于 1L/min 的离散粒子计数器,测试粒径大于等于 0.5μm 粒子时,宜采用光散射离散粒子计数器。当测试粒径大于等于 0.1μm 的粒子时,宜采用大流量激光粒子计数器(采样量 28.3L/min);当测试粒径小于 0.1μm 的超微粒子时,宜采用凝聚核粒子计数器。

(3)采样点的位置与数量应符合下列规定:

1)最低限度的采样点数应符合表 4.B.1 的规定或按下式计算:

$$N_L = A^{0.5}$$

式中:A—洁净区面积,水平单向流时 A 为与气流方向呈垂直的流动空气截面的面积(m²);

N_L—最低限度的采样点数。

表 4.B.1　最低限度的采样点数 N_L

测点数	2	3	4	5	6	7	8	9	10
洁净区面积 A/m²	2.1～6.0	6.1～12.0	12.1～20.0	20.1～30.0	30.1～42.0	42.1～56.0	56.1～72.0	72.1～90.0	90.1～110.0

2)采样点应均匀分布于整个面积内,并应位于工作区的高度(距地坪 0.8m 的水平面)或由设计、业主特指的位置。

（4）最少采样量的确定应符合下列规定：

1）每次采样的最少采样量应符合表 4.B.2 的规定。

表 4.B.2　每次采样的最少采样量 V_s　　　　（单位：L）

洁净度等级	粒径/μm					
	0.1	0.2	0.3	0.5	1.0	5.0
1	2000	8400	—	—	—	—
2	200	840	1960	5680	—	—
3	20	84	196	568	2400	—
4	2	8	20	57	240	—
5	2	2	2	6	24	680
6	2	2	2	2	2	68
7	—	—	—	2	2	7
8	—	—	—	2	2	2
9	—	—	—	2	2	2

2）每个采样点的最少采样时间应为 1min，采样量不应小于 2L。

3）每个洁净室（区）最少采样次数为 3 次。当洁净区仅有一个采样点时，该点采样不应小于 3 次。

4）预期空气洁净度等级达到 4 级或更洁净的环境，采样量可采用国家标准《洁净室及相关受控环境 第 1 部分：空气洁净度等级》（GB/T 25915.1—2010）附录 F 规定的序贯采样法。

（5）检测采样应符合下列规定：

1）采样时采样口处的气流速度，宜接近室内的设计气流速度。

2）单向流洁净室粒子计数器的采样管口应迎着气流方向；非单向流洁净室采样管口宜向上。

3）采样管应洁净，连接处不得有渗漏，且长度应短。

4）室内的测定人员数不应多于 3 名，并应穿着洁净工作服，且应远离或位于采样点的下风侧，人应静止或微动。

（6）当全室（区）测点为 2～9 点时，应计算每个采样点的平均粒子浓度值、全部采样点的平均粒子浓度及其标准差，导出 95% 置信上限值；当采样点超过 9 点时，可采用算术平均值 N_L 作为置信上限值，并应符合下列规定。

1）每个采样点的平均粒子浓度应小于或等于洁净度等级规定的限值，并应符合表 4.B.3 的规定。

表 4.B.3　洁净度等级及悬浮粒子浓度限值　　　　　　（单位：pc/m³）

洁净度等级	大于或等于表中粒径 D					
	0.1μm	0.2μm	0.3μm	0.5μm	1.0μm	5.0μm
1	10	2	—	—	—	—
2	100	24	10	4	—	—
3	1000	237	102	35	8	—
4	10000	2370	1020	352	83	—
5	100000	23700	10200	3520	832	29
6	1000000	237000	102000	35200	8320	293
7	—	—	—	352000	83200	2930
8	—	—	—	3520000	832000	29300
9	—	—	—	35200000	8320000	293000

注：本表仅表示了整数值的洁净度等级悬浮粒子最大浓度的限值。

2）对于非整数洁净度等级，对应于粒子粒径 D（μm）的最大浓度限值，应按下式计算：

$$C_n = 10^N \times \left(\frac{0.1}{D}\right)^{2.08}$$

3）洁净度等级定级的粒径范围为 0.1～5.0μm，用于定级的粒径数不应大于 3 个，且粒径的顺序差不应小于 1.5 倍。

4）全部采样点的平均粒子浓度 N_i 的 95％置信上限值，应小于或等于洁净度等级规定的限值，并应符合下式的规定：

$$N_i + t \times \frac{S}{\sqrt{n}} \leqslant 级别规定的限值（C_n）$$

式中：N_i—室内各测点平均粒子浓度；

　　n—测点数；

　　S—室内各测点平均含尘浓度 N 的标准差；

　　t—置信度上限位为 95％时，单侧 t 分布的系数应符合表 4.B.4 的规定。

表 4.B.4　t 系数

点数	2	3	4	5	6	7～9
t	6.3	2.9	2.4	2.1	2.0	1.9

（7）每次测试应做记录，并应提交性能测试报告。测试报告应包括下列内容：

1）测试机构的名称、地址。

2）测试日期和测试者签名。

3）执行标准的编号及标准实施年份。

4）被测试的洁净室或洁净区的地址、采样点的特定编号及坐标图。

5)被测洁净室或洁净区的空气洁净度等级、被测粒径(或沉降菌、浮游菌)、被测洁净室所处的状态、气流流型和静压差。

6)测量用的仪器的编号和标定证书,测试方法细则及测试中的特殊情况。

7)在全部采样点坐标图上注明所测的粒子浓度(或沉降菌、浮游菌的菌落数)。

8)对异常测试值及数据处理的说明。

B.5　室内浮游菌和沉降菌菌落数的检测

(1)室内微生物菌落数的检测宜采用空气悬浮微生物法和沉降微生物法,采样点可均匀布置或取代表性地域布置。采样后的基片(或平皿)应经过恒温箱内37℃、48h的培养生成菌落后进行计数。

(2)悬浮微生物法应采用离心式、狭缝式和针孔式等碰击式采样器。采样时间应根据空气中微生物浓度来决定。采样点数可与测定空气洁净度的测点数相同。

(3)沉降微生物法应采用直径90mm的培养皿,在采样点上沉降30min,最少培养皿数应符合表4.B.5的规定。

表 4.B.5　最少培养皿数

空气洁净度级别	培养皿数
<5	44
5	14
6	5
≥7	2

(4)制药厂洁净室(包括生物洁净室)室内浮游菌和沉降菌测试,可采用按协议确定的采样方案。

(5)用培养皿测定沉降菌、用碰撞式采样器或过滤采样器测定游浮菌,应符合下列规定:

1)采样装置采样前的准备及采样后的处理,均应在设有高效空气过滤器排风的负压实验室进行操作,实验室的温度应为22±2℃,相对湿度应为50%±10%。

2)采样仪器应消毒灭菌。

3)采样器的精度和效率,应满足使用要求。

4)采样装置的排气不应污染洁净室。

5)沉降皿个数及采样点、培养基及培养温度、培养时间应按有关规范的规定执行。

6)浮游菌采样器的采样率宜大于100L/min。

7)碰撞培养基的空气速度应小于20m/s。

B.6　室内空气温度和相对湿度的检测

(1)洁净室(区)的温、湿度测试可分为一般温、湿度测试和功能温、湿度测试。

(2)温度测试可采用玻璃温度计、电阻温度检测装置、数字式温度计等;湿度测试可采用通风干湿球温度计、数字式温湿度计、电容式湿度计、毛发式湿度计等。

(3)温度和相对湿度测试应在洁净室(区)净化空调系统通过调试,气流均匀性测试完成,并应在系统连续运行 24h 以上时进行。

(4)应根据温度和相对湿度允许波动范围,采用相应适用精度的仪表进行测定。每次测定时间隔不应大于 30min。

(5)室内测点布置应符合下列原则:

1)送回风口处。

2)恒温工作区具有代表性的地点(如沿着工艺设备周围布置或等距离布置)。

3)没有恒温要求的洁净室中心。

4)测点应布置在距外墙表面大于 0.5m,离地面 0.8m 的同一高度上,也可以根据恒温区的大小,分别布置在离地不同高度的几个平面上。

(6)温、湿度测点数应符合表 4.B.6 的规定。

表 4.B.6 温、湿度测点数

波动范围	室面积≤50m²	每增加 20～50m²
$\Delta t = \pm 0.5 \sim \pm 2℃$	5 个	增加 3～5 个
$\Delta RH = \pm 5\% \sim \pm 10\%$		
$\Delta t \leqslant \pm 0.5℃$	点间距不应大于 2m,点数不应少于 5 个	
$\Delta RH = \pm 5\%$		

(7)有恒温、恒湿要求的洁净室(房间),应进行室温波动范围的检测,并应测定并计算室内各测点的记录温度与控制点温度的差值,分别统计小于或等于某一温差的测点数占测点总数的百分比,整理成温差累积统计曲线。若 90% 以上测点偏差值在室温波动范围内,应判定为合格。

(8)区域温度应以各测点中最低(或最高的)的一次测试温度为基准,并应计算各测点平均温度与上述基准的偏差值,分别统计小于等于某一温差的测点数占测点总数的百分比,整理成偏差累计统计曲线,90% 以上测点所达到的偏差值应为区域温差。

(9)相对湿度波动范围及区域相对湿度差的测定,可按室温波动范围及区域温差的测定规定执行。

B.7 气流流型的检测

(1)气流流型的检测宜采用气流目测和气流流向的方法。气流目测宜采用示踪线法、发烟(雾)法和图像处理等方法。气流流向的测试宜采用示踪线法、发烟(雾)法和三维法测量气流速度等方法。

(2)采用示踪线法时,可采用棉线、薄膜带等轻质纤维放置在测试杆的末端,或装在气流中的细丝格栅上,直接观察气流的方向和因干扰引起的波动。然后,标在记录的送风平面的气流流型图上。每台高效空气过滤器至少应对应一个观察点。

(3)采用发烟(雾)法时,可采用去离子水,用固态二氧化碳(干冰)或超声波雾化器等生成直径为 0.5～50μm 的水雾;采用四氯化钛(TiCl₄)作示踪粒子时,应确保洁净室、室内设备以及操作人员不受四氯化钛产生的酸伤害。

(4)采用图像处理技术进行气流目测时,可根据按《通风与空调工程施工质量验收规范》(GB 50243—2016)第 B.7.1 条得到的粒子图像数据,利用二维空气流速度矢量提供量化的气流特性。

(5)采用三维法测量气流速度、采用热风速计或三维超声波风速仪时,检测点应选择在关键工作区及其工作面高度。根据建设方要求需进行洁净室(区)的气流方向的均匀分布测试时,应进行多点测试。

B.8 室内噪声检测

(1)室内噪声测试状态应为空态或与建设方协商确定的状态,并宜检测 A 声压级的数据。当工程需要时,可采用噪声倍频程的检测和分析。

(2)测点布置应按洁净室面积均分,每 50m² 应设 1 个测点。测点应位于其中心,距地面高度应为 1.1～1.5m 或按工艺要求设定。

(3)噪声检测应符合本章第 C.6 节的规定。

B.9 室内自净时间的检测

(1)非单向流洁净室自净时间的检测,应以大气尘或烟雾发生器等尘源为基准,采用粒子计数器测试。

(2)应测量洁净室内靠近回风口处稳定的含尘浓度,作为达到自净状态的参照量。

(3)当以大气尘为基准时,应让洁净室停止运行相当一段时间,在室内含尘浓度已接近于大气浓度时,测取洁净室内靠近回风口处的含尘浓度。然后开机,定时读数(通常可设置每间隔 6s 读数一次),直到回风口处的含尘浓度回复到原来的稳定状态,记录下所需的时间。

(4)当以人工尘源为基准时,应将烟雾发生器(如巴兰香烟)放置在距地面 1.8m 及以上的室中心,发烟 1～2min 后停止,等待 1min 测出洁净室内靠近回风口处的含尘浓度。然后开机,定时读数(通常可设置每间隔 6s 读数一次),直到回风口处的含尘浓度回复到原来的稳定状态,记录下所需的时间。

(5)由初始浓度、室内达到稳定的浓度、实际换气次数,可得到计算自净时间。将实测自净时间与计算自净时间进行对比,如果实测自净时间不大于 1.2 倍计算自净时间,应判为合格。

(6)洁净室的自净性能还可以采用 100∶1 自净时间或洁净度恢复率来表示。

附录 C　通风空调系统运行基本参数测定

C.1　风管风量测量

(1)风管内风量的测量宜采用热风速仪直接测量风管断面平均风速,然后求取风量的方法。

(2)风管风量测量的断面应选择在直管段上,且距上游局部阻力部件不应小于 5 倍管径(或矩形风管长边尺寸),距下游局部阻力构件不应小于 2 倍管径(或矩形风管长边尺寸)的管段位置(见图 4.C.1)。

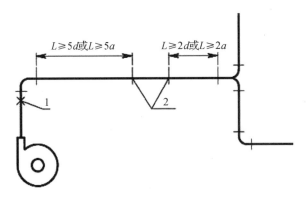

1—静压测点;2—测定断面;a—矩形风管长边长;d—圆形风管直径
图 4.C.1　测定断面位置选择示意

(3)风管风量测量断面测点布置应符合下列规定。

1)矩形风管断面测点数的确定及布置(见图 4.C.2):应将矩形风管测定断面划分为若干个接近正方形的面积相等的小断面,且面积不应大于 0.05m² ,边长不应大于 220mm(虚线分格),测点应位于各个小断面的中心(十字交点)。

2)圆形风管断面测点数的确定及布置(见图 4.C.3):应将圆形风管断面划分为若干个面积相等的同心圆环,测点布置在各圆环面积等分线上,并应在相互垂直的两直径上布置两个或四个测孔,各测点到管壁距离应符合表 4.C.1 的规定。

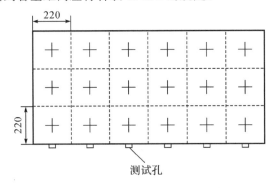

图 4.C.2　矩形风管测点布置示意

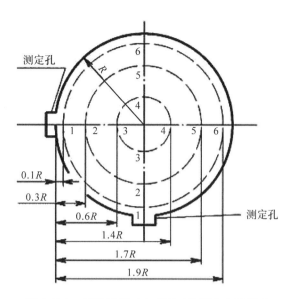

图 4.C.3 圆形风管三个圆环时的测点布置示意

表 4.C.1 圆形风管测点到测孔距离/mm

测点序号	风管直径|圆环数			
	200mm 以下 3 环	200～400mm 4 环	401～700mm 5 环	700mm 以上 6 环
1	0.1R	0.1R	0.05R	0.05R
2	0.3R	0.2R	0.20R	0.15R
3	0.6R	0.4R	0.30R	0.25R
4	1.4R	0.7R	0.50R	0.35R
5	1.7R	1.3R	0.70R	0.50R
6	1.9R	1.6R	1.3R	0.70R
7	—	1.8R	1.5R	1.3R
8	—	1.9R	1.7R	1.5R
9	—	—	1.8R	1.65R
10	—	—	1.05R	1.75R
11	—	—	—	1.85R
12	—	—	—	1.95R

注:R 为风管半径。

(4)当采用热风速仪测量风速时,风速探头测杆应与风管管壁垂直,风速探头应正对气流吹来方向。

(5)断面平均风速应为各测点风速测量值的平均值,风管实测风量应按下式计算:

$$L = 3600 \times F \times v \, (\text{m/h})$$

式中：F—风管测定断面面积（m²）；

v—风管测定断面平均风速（m/s）。

C.2 风口风量测量

（1）风口风量测量方法选择宜符合下列规定：

1）散流器风口风量，宜采用风量罩法测量。

2）当风口为格栅或网格风口时，宜采用风口风速法测量。

3）当风口为条缝形风口或风口气流有偏移时，宜采用辅助风管法测量。

4）当风口风速法测试有困难时，可采用风管风量法。

（2）风口风量测量应符合下列规定：

1）采用风口风速法测量风口风量时，在风口出口平面上，测点不应少于6点，并应均匀布置。

2）采用辅助风管法测量风口风量时，辅助风管的截面尺寸应与风口内截面尺寸相同，长度不应小于2倍风口边长。辅助风管应将被测风口完全罩住，出口平面上的测点不应少于6点，且应均匀布置。

（3）当采用风量罩测量风口风量时，应选择与风口面积较接近的风量罩罩体，罩口面积不得大于4倍风口面积，且罩体长边不得大于风口长边的2倍。风口宜位于罩体的中间位置；罩口与风口所在平面应紧密接触、不漏风。

（4）风口风量检测的数据处理应符合下列规定。

1）采用风口风速法（或辅助风管法）测量时，风口风量应按下式计算：

$$L = 3600 \times F \times v \text{(m/h)}$$

式中：F—风口截面有效面积（或辅助风管的截面积）（m²）；

v—风口处测得的平均风速（m/s）。

2）采用风管风量法测量时，风口风量亦按上式计算。

C.3 空调水流量及水温检测

（1）空调系统水流量检测应符合下列规定：

1）水流量测量断面应设置在距上游局部阻力构件10倍管径、距下游局部阻力构件5倍管径的长度的管段上。

2）当采用转子或涡轮等整体流量计进行流量的测量时，应根据仪表的操作规程，调整测试仪表到测量状态，待测试状态稳定后，开始测量，测量时间宜取10min。

3）当采用超声波流量计进行流量的测量时，应按管道口径及仪器说明书规定选择传感器安装方式。测量时，应清除传感器安装处的管道表面污垢，并应在稳态条件下读取数值。

4）水流量检测值应取各次测量值的算术平均值。

（2）空调水温检测应符合下列规定：

1）水温测点应布置在靠近被测机组（设备）的进出口处。当被检测系统有预留安放温度计位置时，宜利用预留位置进行测试。

2)水温检测应符合下列规定:

①膨胀式、压力式等温度计的感温泡,应完全置于水流中。

②当采用铂电阻等传感元件检测时,应对显示温度进行校正。

3)水温检测值应取各次测量值的算术平均值。

C. 4 室内环境温度、湿度检测

(1)空调房间室内环境温度、湿度检测的测点布置,应符合下列规定:

1)室内面积不足 16m² 的,应测室内中央 1 点;16m² 及以上且不足 30m² 的,应测 2 点(房间对角线三等分点);30m² 及以上不足 60m² 的,应测 3 点(房间对角线四等分点);60m² 及以上不足 100m² 的,应测 5 点(两对角线四分点,梅花设点);100m² 及以上的,每增加 50m² 应增加 1 个测点(均匀布置)。

2)测点应布置在距外墙表面或冷热源大于 0.5m,离地面 0.8~1.8m 的同一高度上。

3)测点也可根据工作区的使用要求,分别布置在离地不同高度的数个平面上。

4)在恒温工作区,测点应布置在具有代表性的地点。

(2)舒适性空调系统室内环境温度、湿度的检测应测量一次。

(3)恒温恒湿空调系统室内温、湿度的测试,应符合本章附录第 B.6 节的规定。

C. 5 室内环境噪声检测

(1)测噪声仪器宜采用(带倍频程分析的)声级计,宜检测 A 声压级的数据。

(2)室内环境噪声检测的测点布置应符合下列规定:

1)室内噪声测点应位于室内中心且距地面 1.1~1.5m 高度处,应按工艺要求设定,距离操作者应为 0.5m,距墙面和其他主要反射面不应小于 1m。

2)当室内面积小于 50m² 时,应取 1 个测点,每增加 50m² 应增加 1 个测点。

(3)室内环境噪声检测应符合下列规定:

1)空调系统应正常运行。

2)测量时声级计或传声器可采用手持或固定在三脚架上,应使传声器指向被测声源。

3)噪声测量结果应以 A 声级 dB(A)表示。必要时,测量倍频程噪声。应进行噪声的评价。

4)测量背景噪声时应关掉所有相关的空调设备。

(4)室内环境噪声应按下式计算:

$$P_e = P_m - \Delta b$$

式中:Δb—噪声修正值,根据实测噪声与背景噪声之差查表 4.C.2 确定。

表 4. C. 2　噪声修正值　　　　　　　　　　　　　(单位:dB(A))

ΔL	<3	3	4~5	6~10
Δb	测量无效	3	2	1

C.6 空调设备机组运行噪声检测

(1)冷却塔运行噪声测点的布置应符合下列的规定：

1)对于逆流式塔,应选择冷却塔的进风口方向,在离塔壁水平距离为1倍塔体直径、离地面高度为1.5m处测量噪声;对于横流式塔,在离塔壁水平距离为$1.13\sqrt{ab}$(a、b为塔体截面长宽尺寸)、离地面高度为1.5m处测量噪声(见图4.C.4)。

2)应在冷却塔进风口处两个以上不同方向布置测点。

3)冷却塔噪声测试时环境风速不应大于4.5m/s。

4)测试不应选择在雨天进行。

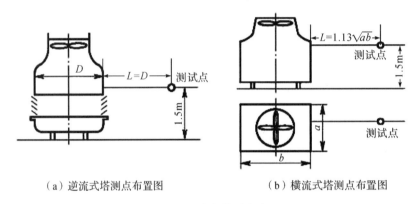

（a）逆流式塔测点布置图　　　　（b）横流式塔测点布置图

图4.C.4　冷却塔测点布置

(2)空调设备、空调机组运行噪声检测的测点布置应符合下列规定：

1)坐地安装立式机组噪声测试点应选择机组出风口方向,并应距离机组各立面1m(见图4.C.5)。

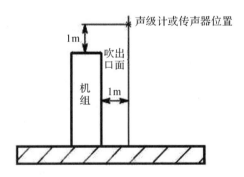

图4.C.5　坐地安装机组噪声测点布置

2)吊顶安装卧式机组噪声测试点应选择机组出风口前方与机组下平面各 1m(见图 4.C.6)。

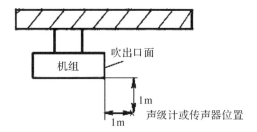

机组

吹出口面

1m

声级计或传声器位置

1m

图 4.C.6 吊顶安装机组噪声测点布置

(3)空调设备噪声检测应符合下列规定:

1)空调设备应正常运行。

2)噪声检测时,声级计或传声器可手持,也可固定在三脚架上,传声器应指向被测声源。

3)测量背景噪声时,应关掉所有相关的空调设备。

(4)噪声检测的数据处理应符合本附录第 C.5 节第(4)条的规定。

主要参考标准名录

[1]《通风与空调工程施工质量验收规范》(GB 50243—2002)

[2]《通风管道技术规程》(JGJ141—2017)

[3]《通风空调工程施工工艺标准》(ZJQ00-SG-011—2003)

[4] 北京市建设委员会.建筑安装分项工程施工工艺规程(第六分册)(DBJ/T01-26—2003)[M].北京:中国市场出版社,2003

[5] 邓明.通风空调工程施工与质量验收实用手册[M].北京:中国建材工业出版社,2003

[6] 黄剑敌.暖、卫、通风空调施工工艺标准手册[M].北京:中国建筑工业出版社,2003

5 建筑电气安装工程施工工艺标准

5.1 变压器、箱式变电所安装工程施工工艺标准

本标准适用于建筑电气安装工程 10kV 及以下室内电力变电器，箱式变电所安装，工程施工应以设计图纸和有关施工质量验收规范为依据。

5.1.1 设备及材料要求

(1)变压器的容量、规格及型号必须符合设计要求。应有合格证和随带技术文件，变压器应有出厂试验记录。

带有防护罩的干式变压器，防护罩与变压器的距离应符合标准的规定。

变压器应装有铭牌。铭牌上应注明制造厂名，额定容量，一、二次额定电压，电流，阻抗电压及接线组别等技术数据。

干式变压器的局放试验 PC 值及噪音测试器 dB(A) 值应符合设计及标准要求。

外观检查：变压器有铭牌，附件齐全，绝缘件无损伤、裂纹，接线无脱落脱焊，表面涂层完整。

(2)安装时所选用的型钢和紧固件、导线的型号和规格应符合设计要求，其性能应符合相关技术标准的规定。紧固件应是镀锌制品标准件。

(3)型钢：各种规格型钢应符合设计要求，并无明显锈蚀；螺栓：除地脚螺栓及防震装置螺栓外均应采用镀锌螺栓，并配相应的平垫圈和弹簧垫。

(4)其他材料：蛇皮管、耐油塑料管、电焊条、防锈漆、调和漆及变压器油均应符合设计要求，并有产品合格证。

5.1.2 主要机具

(1)搬运吊装机具：汽车吊、汽车、卷扬机、手拉葫芦、三角起重架、道木、钢丝绳、麻绳、滚杠。

(2)安装机具：台钻、砂轮、电焊机、气焊工具、电锤、台虎钳、活扳子、锤子、套丝板、滤油机、油罐等。

(3)测试器具：钢卷尺、钢板尺、水平尺、线坠、兆欧表、万用表、电桥及试验仪器。

5.1.3 作业条件

(1)施工图纸及技术资料齐全无误,设计图纸已经会审。

(2)土建工程基本施工完毕,标高、尺寸、结构及预埋件焊件强度均符合设计要求。

(3)变压器轨道安装完毕,并符合设计要求。

(4)变电所内墙面、屋顶喷浆完毕,屋顶无渗漏水,门、窗及玻璃安装完毕。

(5)室内清洁,无其他非建筑结构的贯穿设施,顶板不渗漏。

(6)安装干式变压器室内应无灰尘,相对湿度宜保持在70%以下。

(7)变电所基础、电缆沟验收合格,且对埋入基础的电气导管、电梯导管、电缆支架、预留孔、预埋件进行检查并符合要求。

(8)施工搬运、吊装方案已经编制并经审批和施工安全、技术交底。

5.1.4 操作工艺

(1)变压器操作工艺流程

设备开箱检查→变压器二次搬运→变压器就位安装→变压器附件安装→变压器吊芯检查及交接试验→送电前的检查→送电试运行

(2)设备开箱检查

1)应由监理单位组织会同安装单位、供货单位、建设单位代表共同进行开箱检查,并做好开箱检查记录。

2)按照设备清单、施工图纸及设备技术文件核对变压器本体、附件及备件的规格型号是否符合设计图纸要求,是否齐全,有无丢失或损坏。

3)变压器本体外观检查无损伤及变形,油漆完好无损伤。

4)检查油箱封闭是否良好,有无漏油、渗油现象,油标处油面是否正常,发现问题应做好记录。

5)检查绝缘瓷件及环氧树脂铸件有无损伤、缺陷及裂纹。

(3)变压器二次搬运

1)变压器二次搬运应由起重工作业,电工配合。最好采用汽车吊吊装,也可采用手动葫芦吊装。如果距离较长最好用汽车运输,运输时必须用钢丝绳固定牢固,并应行车平稳,尽量减少震动;如果距离较短且道路良好,可用卷扬机、滚杠运输。变压器重量及吊装点高度可参照表5.1.1及表5.1.2。

表 5.1.1　树脂浇铸干式变压器重量表

序号	容量/kVA	重量/t	序号	容量/kVA	重量/t
1	100~200	0.71~0.92	4	1250~1600	3.39~4.22
2	250~500	1.16~1.90	5	2000~2500	5.14~6.30
3	630~1000	2.08~2.73			

表 5.1.2　油浸式电力变压器重量表

序号	容量/kVA	总量/t	吊点高/m
1	100~180	0.6~1.0	3.0~3.2
2	200~420	1.0~1.8	3.2~3.5
3	500~630	2.0~2.6	3.8~4.0
4	750~800	3.0~3.8	5.0
5	1000~1250	3.5~4.6	5.2
6	1600~1800	5.2~6.1	5.2~5.8

2)变压器吊装时,索具必须检查合格,钢丝绳应通过专用起重卸扣挂在油箱的吊钩上,上盘的吊环仅作吊芯用,不得用此吊环吊装整台变压器。

3)变压器搬运时,应注意保护瓷瓶,最好用木箱或纸箱将高低压瓷瓶罩住,使其不受损伤。

4)变压器在搬运过程中,不应有冲击或严重震动,利用机械牵引时,牵引的着力点应在变压器重心以下,以防倾斜,运输倾斜角不得超过15°,防止内部结构变形。

5)用千斤顶顶升大型变压器时,应将千斤顶放置在油箱专门部位。

6)大型变压器在搬运或装卸前,应核对高低压侧方向,以免安装时调换方向发生困难。

(4)变压器就位安装

1)变压器就位可用汽车吊直接吊进变压器室内,或采用滚杠滑移法水平搬运至变电所后,用三角支架、手动葫芦吊至基础就位。

2)变压器就位时,应注意其方位,距墙尺寸应与图纸相符,允许误差为±25mm,图纸无标注时,纵向按轨道定位,横向距离不得小于800mm,距门不得小于1000mm,并适当照顾屋内吊环的垂线位于变压器中心,以便于吊芯,干式变压器安装图纸无注明时,安装、维修最小环境距离应符合表5.1.3的要求。

表 5.1.3　安装、维修最小环境距离表

部位	周围条件	最小距离/mm	附图
b_1	有导轨	2600	
	无导轨	2000	
b_2	有导轨	2200	
	无导轨	1200	
b_3	距墙	1100	
b_4	距墙	600	

3)变压器基础的轨道应水平,轨距与轮距应配合,装有气体继电器的变压器,应使其顶盖沿气体继电器气流方向有1%~1.5%的升高坡度(制造厂规定不需安装坡度者除外)。

4)变压器宽面推进时,低压侧应向外;窄面推进时,油枕侧一般应向外。在装有开关的情况下,操作方向应留有 1200mm 以上的宽度。

5)油浸变压器的安装,应考虑能在带电的情况下,便于检查油枕和套管中的油位、上层油温、瓦斯继电器等。

6)装有滚轮的变压器,滚轮应能转动灵活,在变压器就位后,应将滚轮用能拆卸的制动装置加以固定。

7)变压器的安装应根据设计要求采取抗地震措施。

(5)附件安装

1)气体继电器安装

①气体继电器安装前应经质量检验鉴定。

②气体继电器应水平安装,观察窗应装在便于检查的一侧,箭头方向应指向油枕,与连通管的连接应密封良好。截油阀应位于油枕和气体继电器之间。

③打开放气嘴,放出空气,直到有油溢出时将放气嘴关上,以免有空气使继电保护器误动作。

④当操作电源为直流时必须将电源正极接到水银侧的接点上,以免接点断开时产生飞弧。

⑤事故喷油管的安装方位,应注意到事故排油时不至于危及其他电器设备;喷油管口应换为割划有"+"字线的玻璃,以便发生故障时气流能顺利冲破玻璃。

2)防潮呼吸器的安装

①防潮呼吸器安装前,应检查硅胶是否失效,如果已失效,应以 115～120℃ 温度烘烤 8 小时,使其复原或更新。浅蓝色硅胶变为浅红色,即已失效;白色硅胶,不加鉴定一律烘烤。

②防潮呼吸器安装时,必须将呼吸器盖子上的橡皮垫去掉,使其通畅,并在下方隔离器具中装适量变压器油,起滤尘作用。

3)温度计的安装

①套管温度计安装时,应直接安装在变压器上盖的预留孔内,并在孔内加适量变压器油,刻度方向应便于检查。

②电接点温度计在安装前应进行校验,油浸变压器一次元件应安装在变压器顶盖上的温度计套筒内,并加适量变压器油。二次仪表挂在变压器一侧的预留板上。干式变压器一次元件应按厂家说明书位置安装,二次仪表安装在便于观测的变压器护网栏上。软管不得有压扁或死弯,弯曲半径不得小于 50mm,富余部分应盘圈并固定在温度计附近。

③干式变压器的电阻温度计,一次元件应预埋在变压器内,二次仪表应安装在值班室或操作台上,导线应符合仪表要求,并加以适当的附加电阻校验调试后方可使用。

4)电压切换装置的安装

①变压器电压切换装置各分接点与线圈的连线应紧固正确,且接触紧密、良好。转动点应正确停留在各个位置上,并与指示位置一致。

②电压切换装置的拉杆、分接头的凸轮、小轴销子等应完整无损,转动盘应动作灵活,密封良好。

③电压切换装置的传动机构(包括有载调压装置)的固定应牢靠,传动机构的摩擦部分

应有足够的润滑油。

④有载调压切换装置的调换开关的触头及铜辫子软线应完整无损，触头间应有足够的压力（一般为 8～10kg）。

⑤有载调压切换装置转动到极限位置时，应装有机械联锁与带有限位开关的电气连锁。

⑥有载调压切换装置的控制箱一般应安装在值班室或操作台上，连线应正确无误并应调整好，手动、自动工作正常，档位指示正确。

⑦电压切换装置吊出检查调整时，暴露在空气中的时间应符合表 5.1.4 的规定。

表 5.1.4　调压切换装置露空时间

环境温度/℃	>0	>0	>0	<0
空气相对湿度/%	65 以下	65～75	76～85	不控制
持续时间不大于/h	24	16	10	8

5）变压器连线

①变压器的一、二次接线，地线，控制管线均应符合相应各章节的规定。

②变压器一、二次引线的施工，不应使变压器的套管直接承受应力（见图 5.1.1）。

一式　　二式

图 5.1.1　母线与变压器低压端子连接

③变压器工作零线与中性点接地线应分别敷设，工作零线宜用绝缘导线。

④变压器中性点的接地回路中，靠近变压器处宜做 1 个可拆卸的连接点。

⑤油浸变压器附件的控制导线应采用具有耐油性能的绝缘导线。靠近箱壁的导线应用金属软管保护，并排列整齐，接线盒应密封良好。

（6）变压器吊芯检查及交接试验

1）变压器吊芯检查

①变压器安装前应做吊芯检查。制造厂规定不检查者以及 1000kVA 以下、运输过程中无异常情况者，当地生产仅做短途运输的变压器，且在运输过程中已有效监督，无紧急制动、剧烈振动、冲撞或严重颠簸等异常情况者，可不做吊芯检查。

②吊芯检查应在气温不低于 0℃、芯子温度不低于周围空气温度、空气相对湿度不大于75% 的条件下进行（器身暴露在空气中的时间不得超过 16h）。

③所有螺栓应紧固，并应有防松措施。铁芯无变形，表面漆层良好，铁芯应接地良好。

④线圈的绝缘层应完整，表面无变色、脆裂、击穿等缺陷。高低压线圈无移动变位情况。

⑤线圈间、线圈与铁芯、铁芯与轭铁间的绝缘层应完整无松动。

⑥引出线绝缘良好，包扎紧固无破裂情况，引出线固定应牢固可靠，应紧固，引出线与套管连接牢靠，接触良好紧密，引出线接线正确。

⑦测量可接触到的穿芯螺栓、轭铁夹件及绑扎钢带对铁轭、铁芯、油箱及绕组压环的绝缘电阻。做1000V的耐压试验,持续时间为1min,应无闪络及击穿现象。

⑧油路应畅通,油箱底部清洁无油垢杂物,油箱内壁无锈蚀。

⑨芯子检查完毕后,应用合格的变压器油冲洗,并从箱底油堵处将油放净。吊芯过程中,芯子与箱壁不应碰触。

⑩吊芯检查后如果无异常,应立即将芯子复位并注油至正常油位。吊芯、复位、注油必须在16h内完成。

⑪吊芯检查完成后,要对油系统密封进行全面仔细检查,不得有漏油、渗油现象。

2)变压器的交接试验

①变压器的交接试验应由当地供电部门许可的试验室进行。试验标准应符合《电气装置安装工程电气设备交接试验标准》(GB 50105—2016)的要求,应符合当地供电部门的规定及产品技术资料的要求。

②变压器交接试验的内容,即电力变压器的试验项目,应符合《电气装置安装工程电气设备交接试验标准》的有关规定。

(7)变压器送电前的检查

1)变压器试运行前应做全面检查,确认符合试运行条件时方可投入运行。

2)变压器试运行前必须由质量监督部门检查合格。

3)变压器试运行前的各项检查内容

①各种交接试验单据齐全,数据符合要求。

②变压器应清理、擦拭干净,顶盖上无遗留杂物,本体及附件无缺损,且不渗油。

③变压器一、二次引线相位正确,绝缘良好。

④接地良好,PE、N线的连接点应在变压器处。

⑤通风设施安装完毕,工作正常,事故排油设施完好,消防设施齐备。

⑥油浸变压器油系统油门应打开,油门指示正确,油位正常。

⑦油浸变压器的电压切换装置及干式变压器的分接头位置放置在正常电压档位。

⑧保护装置整定值符合设计规定要求,操作及联动试验正常。

⑨干式变压器护栏安装完毕。各种标志牌挂好,门装锁。

(8)变压器送电试运行验收

1)送电试运行

①变压器第一次投入时,可全压冲击合闸,冲击合闸时一般可由高压侧投入。

②变压器第一次受电后,持续时间不应少于10min,应无异常情况。

③变压器应进行3～5次全压冲击合闸,应无异常情况,励磁涌流不应引起保护装置误动作。

④油浸变压器带电后,检查油系统不应有渗油现象。

⑤变压器试运行时要注意冲击电流,空载电流,一、二次电压,温度,并做好详细记录,干式变压器自动风冷系统应能正常工作并达到设计要求。

⑥变压器并列运行前,应核对好相位。

⑦变压器空载运行24h,若无异常情况,方可投入负荷运行。

2）验收

①变压器开始带电起 24h 后无异常情况，应办理验收手续。

②验收时，应移交下列资料和文件：设计变更记录；产品说明书、试验报告书、合格证及安装图纸等技术文件；安装检查及调整记录。

（9）箱式变电所安装操作工艺

1）工艺流程

测量定位→基础→设备就位→安装→接线→试验→验收

2）测量定位

按设计施工图纸所标定位置及坐标方位、尺寸，进行测量放线，确定箱式变电所安装的底盘线和中心轴线，确定地脚螺栓的位置。

3）基础型钢安装

①预制加工基础型钢的型号、规格应符合设计要求。按设计尺寸进行下料和调直，做好防锈处理，根据地脚螺栓位置及孔距尺寸进行机械制孔。

②基础型钢钢架安装时，按放线确定的位置、标高、中心轴线尺寸控制准确的位置放好型钢钢架，用水平尺或水准仪找平、找正，与地脚螺栓连接牢固。

③基础型钢与地线连接，将引进箱内的接地线与型钢结构基架两端焊接。

4）箱式变电所就位与安装

①就位前应确保作业场地清洁、通道畅通。将箱式变电所运至安装的位置。吊装时应充分利用吊环将吊索穿入吊环内，然后做试吊，检查受力吊索力的分布应均匀一致，确保箱体平稳、安全、准确地就位。

②按设计布局的顺序组合排列箱体。找正两端的箱体，然后挂通线，找准、调正，使其箱体正面平顺。

③组合的箱体找正、找平后，应将箱与箱用镀锌螺栓连接牢固。

④箱式变电所接地应以每箱独立与基础型钢连接，接地线严禁串联。接地干线与箱式变电所的 N 母线及 PE 母线直接连接，变电箱体、支架或外壳的接地应用带有防松装置的螺栓连接。连接应紧固可靠、紧固件齐全。

⑤箱式变电所的基础应高于室外地坪，周围排水通畅。

⑥箱壳内的高低压室均应装设照明灯具。

⑦箱体应有防雨、防晒、防锈、防尘、防潮、防凝露的技术措施。

⑧箱式变电所安装高压或低压电度表时，相位必须准确，应安装在便于查看的位置。

5）接线

①高压接线应尽量简单，但要求既有终端变电所接线，又有适应环网供电的接线。

②接线的接触面应连接紧密，连接螺栓或压线螺栓紧固必须牢固，与母线连接时紧固螺栓应采用力矩扳手，其紧固力矩值应达到相关规定的要求。

③相序排列应准确、整齐、平整、美观，并涂有相序色标。

④设备接线端，母线搭接或卡子、平板处，明设地线的接线螺栓处等两侧 10～15mm 处均不得涂刷涂料。

6)试验及验收

①箱式变电所应进行电气交接试验。变压器应按本章所涉及变压器试验的相关规定进行试验。

②高压开关、熔断器等与变压器组合在同一个密闭油箱内的箱式变电所,其高压电气交接试验必须按随带的技术文件执行。

③低压配电装置的电气交接试验

a.对每路配电开关及保护装置核对规格型号,必须符合设计要求。

b.测量线间和线对地间绝缘电阻值大于 0.5MΩ。电气装置的交流工频耐压试验为 1kV,当绝缘电阻值大于 10MΩ 时,用 2500V 兆欧表测试替代,试验时间 1min,无击穿闪络现象。

5.1.5 质量标准

(1)主控项目

1)变压器安装应位置正确,附件齐全,油浸变压器油位正常,无渗油现象。

2)接地装置引出的接地干线与变压器的低压侧中性点直接连接;接地干线与箱式变电所的 N 母线及 PE 母线直接连接;变电器箱体、干式变压器的支架或外壳应接地(PE);所有连接应可靠,紧固件及防松零件齐全。

3)高压电气设备和布线系统、继电保护系统的交接试验必须符合现行国家标准《电气装置安装工程 电气设备交接试验标准》(GB 50150—2016)的规定。

4)箱式变电所及落地式配电箱的基础应高于室外地坪。周围排水通畅。用地脚螺栓固定的螺帽齐全,拧紧牢固;自由安放的应垫平放正。金属箱式变电所及落地式配电箱,箱体应接地(PE)或接零(PEN)可靠,且有标识。

5)箱式变电所的交接试验,必须符合下列规定:

①由高压成套开关柜、低压成套开关柜和变压器三个独立单元组合成的箱式变电所高压电气设备部分,交接试验必须符合现行国家标准《电气装置安装工程 电气设备交接试验标准》(GB 50150—2016)的规定。

②高压开关、熔断器等与变压器组合在同一个密闭油箱内的箱式变电所,交接试验按产品提供的技术文件要求执行。

③低压成套配电柜交接试验符合下列的规定:

a.每路配电开关及保护装置的规定、型号应符合设计要求。

b.相间和相对地间的绝缘电阻值应大于 0.5MΩ。

c.当国家现行产品标准未做规定时,电气装置的交流工频耐压试验电压应为 1kV,试验持续时间应为 1min。当绝缘电阻值大于 10MΩ 时,宜采用 2500V 兆欧表遥测。

6)并列运行的变压器,必须符合并列运行条件。

7)配电间隔和静止补偿装置栅栏门应采用裸编织铜线与保护导体可靠连接,其截面面积不应小于 4mm²。

（2）一般项目

1）有载调压开关的转动部分润滑应良好，动作灵活，点动给定位置与开关实际位置一致，自动调节符合产品的技术文件要求。

2）绝缘件应无裂纹、缺损和瓷件瓷釉损坏等缺陷，外表清洁，测温仪表指示准确。

3）装有滚轮的变压器就位后应将滚轮用能拆卸的制动部件固定。

4）变压器应按产品技术文件要求检查器身，当满足下列条件之一时，可不检查器身。

①制造厂规定不检查器身者；

②就地生产仅做短途运输的变压器，且在运输过程中有效监督，无紧急制动、剧烈振动、冲撞或严重颠簸等异常情况者。

5）箱式变电所内外涂层完整、无损伤，有通风口的风口防护网完好。

6）箱式变电所的高低压柜内部接线完整，低压每个输出的回路标记清晰，回路名称准确。

7）装有气体继电器变压器顶盖，沿气体继电器的气流方向有1.0%～1.5%的升高坡度。除与母线槽采用软连接外，变压器的套管中心线应与母线槽在同一轴线上。

8）对有防护等级要求的变压器，在其高压或抵押及其他用途的绝缘板上开孔时，应符合变压器的防护等级要求。

5.1.6　成品保护

（1）变压器门应加锁，未经安装单位许可闲杂人员不得入内。

（2）对就位的变压器高低压瓷套管及环氧树脂铸件，应有防砸及防碰撞措施。

（3）变压器器身要保持清洁干净，油漆面无碰撞损伤。干式变压器就位后，要采取保护措施，防止铁件掉入线圈内。

（4）在变压器上方作业时，操作人员不得蹲踩变压器，并带工具袋，以防工具材料掉下砸坏、砸伤变压器。

（5）变压器发现漏油、渗油时应及时处理，防止因油面太低、潮气侵入而降低线圈的绝缘程度。

（6）对安装完的电气管线及其支架应注意保护，不得碰撞损伤。

（7）在变压器上方不宜操作电、气焊接，对特殊情况必须对变压器进行全方位保护，防止焊渣掉下，损伤设备。

5.1.7　安全与环保措施

（1）变压器运输应编制运输吊装方案。吊装前对吊索、吊具的安全性能进行检查。

（2）带电作业时，工作人员必须穿绝缘鞋，并且至少两人作业，其中一人操作，另一人监护。

（3）设备通电调试前，必须检查线路接线是否正确，保护措施是否齐全，确认无误后，方可通电调试。

（4）安装使用的各种电气机具要符合《施工现场临时用电安全技术规范》（JGJ 46—

2005)的要求。

(5)在进行变压器、电抗器干燥,变压器油过滤时,应慎重作业,备好消防器材。

(6)施工场地应做到活完料净脚下清,现场垃圾应及时清运,收集后运至指定地点集中处理。

5.1.8　应注意的问题

(1)变压器安装前检查确保不渗漏,不合格不得使用。

(2)气体继电器安装前进行检查,检查安装坡度满足规范要求。

(3)电压切换装置安装前应做好预检,检查电压切换位置是否准确,转动灵活。

(4)变压器一、二次引线连接时,压接要牢固,紧固螺栓时应用力矩扳手,并有防松措施。

(5)瓷套管在变压器搬运到安装完毕的过程中应加强保护,以免损坏。

(6)母线与变压器连接按工艺要求进行,确保连接间隙符合要求。

(7)变压器中性点、箱式变电所 N 和 PE 母线的接地连接及支架或框架接地,应按规范要求进行连接,保证连接可靠,紧件防松零件齐全。

5.1.9　质量记录

(1)产品合格证。

(2)产品出厂试验报告单及产品安装使用说明书。

(3)设备材料进货检验记录。

(4)器身检查记录。

(5)交接试验报告单。

(6)安装自互检记录。

(7)设计变更洽商记录。

(8)试运行记录。

(9)钢材材质证明。

(10)预检记录。

(11)干燥记录。

(12)冲击试验记录。

(13)施工现场质量管理检查记录。

(14)变压器、箱式变电所安装检验批质量验收记录及安装分项工程验收记录。

5.2　成套配电柜、控制柜(屏、台)
安装工程施工工艺标准

本标准适用于电压为 10kV 以下及一般工业与民用建筑工程成套配电柜及开关柜、控制柜、电源柜安装工程的施工。

5.2.1　设备及材料要求

(1)设备及材料均应符合国家或部颁的现行技术标准,符合设计要求。持有生产许可证和安全认证制度的产品,且有许可证编号和安全认证标志,相关证明资料齐全。设备有铭牌,注明生产厂家及型号。

(2)安装使用材料

1)型钢,表面无严重锈斑,无过度扭曲、弯折变形,焊条无锈蚀,有合格证和材质证明书。

2)热镀锌制品,螺栓、垫圈、支架、横担表面无锈斑,有合格证和质量证明书。

3)其他材料,如酚醛板、油漆、绝缘胶垫等均应符合质量要求。

4)配电箱(柜)箱体机械强度应满足使用要求,周边平整无损伤,并应做好防腐处理。

5)导线、电缆的规格型号必须符合设计要求,有产品合格证。元器件的规格型号应符合设计要求,有产品合格证明及产品说明书。

5.2.2　主要机具

(1)吊装机具:汽车吊、叉车、卷扬机、吊装三脚架、手动葫芦、钢丝绳、麻绳索具等。

(2)安装工具:台钻、手电钻、电锤、砂轮、电焊机、气焊工具、台钳、扁锉、圆锉、钢锯、扳手、锤子、电工刀、螺丝刀、克丝钳、压接钳、电炉、喷灯、锡锅、锡勺等。

(3)测试检验工具:兆欧表、万用表、试电笔、钢卷尺、方尺、水平尺、钢板尺、线坠等。

(4)防护用具:高压绝缘靴、绝缘手套、粉沫灭火器等。

(5)其他工具:桶、刷子、灰铲、高凳、木质人字梯等。

5.2.3　作业条件

(1)土建施工完毕,门窗封闭,墙面、屋顶涂料及油漆喷刷完成,地面工程完成。屋顶、楼板不得有渗漏。

(2)暗装配电箱,随土建结构预留好安装位置。

(3)明装配电箱、暗装配电箱盘面安装时,抹灰、涂料及油漆应全部完成。

(4)土建基础位置、标高、预埋件符合设计要求。

(5)施工图纸、设备技术资料齐全。施工组织设计、质量安全措施完善并经审批和安全、技术交底。

(6)到货设备型号、规格、数量、质量符合设计要求。

5.2.4　操作工艺

(1)工艺流程

1)柜、屏、台、盘安装工序

柜、屏、台、盘安装应按工艺流程进行,应注意施工的先后顺序,按现场条件合理安排作业,各过程也可适当分解或合并进行。

①落地安装的柜、屏,先测量安装部位的地坪水平度、弹性定位、有电缆沟的测量沟的内口尺寸偏差度,测量合格后再进行下一步工作。

②基础型钢制作安装及柜(屏、台、箱)下电缆沟等相关建筑物检查合格。

③室内外落地动力配电的基础验收合格,且对埋入基础的电线导管、电缆导管进行检查,才能安装箱体。

④墙上明装的动力、照明配电箱(盘)的预埋件在抹灰前完成;暗装的动力、照明配电箱的线管和箱壳先预埋,导线、电缆敷设完毕,经检查确认无误,再装箱芯。

⑤接地(PE)或接零(PEN)连接完成后,核对柜、屏、台、箱、盘内的元件规格、型号,且交接试验合格,才能投入试运行。

2)柜、盘等安装流程

基础槽钢制作固定→检查与搬运(吊装)→柜、盘安装→柜内接线→柜内外清扫、调试→空载送电试运行→竣工验收

3)配电箱安装流程

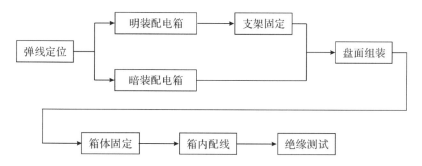

(2)设备开箱检查

1)设备开箱检查由监理公司、施工单位、供货单位、建设单位共同参加,并做好检查记录。

2)按设计施工图纸、设备清单核对设备数量、规格、型号,按设备装箱单核对设备本体及附件、备件的规格、型号,核对产品合格证及使用说明书等技术资料。

3)柜(屏、台、盘)体外观检查应无损伤及变形,油漆完整,色泽一致。

4)柜内电器装置及元件齐全,安装牢固,无损伤、无缺失。

5)开箱检查应配合施工进度计划,结合现场条件进行。设备开箱后应尽快就位,缩短现场存放时间和开箱后的保管时间。柜内检查待就位后进行。

(3)设备搬运

1)柜(屏、台)搬运、吊装应由专业起重工作业,电工配合。

2)吊装尽可能在外包装拆除前进行,包装拆除后吊装时,吊索固定在柜顶吊点螺栓,若无吊点螺栓,吊索应挂在四角承力结构处。吊装时宜保留并利用包装箱底排,避免索具直接接触柜体。

3)柜(屏、台)室内搬运、位移应采用手动叉车、卷扬机、滚杠和简易三脚架、吊装架配倒链吊装,不应采用人力撬动方式。

4)设备进场时间按计划安排,且时间应尽可能集中,尽量减少现场库存和二次搬运。如

果需要库存和二次搬运,应保证库存和运输安全。

(4)柜(盘)安装

1)基础型钢安装

①基础型钢安装宜由安装施工单位承担。如果由土建单位承担,设备安装前应做好中间交接。

②按施工图标好配电柜安装位置,预制加工基础型钢。选择基础型钢材料,下料前应先调直型钢,然后除锈,刷防锈底漆。

③根据柜子底部的外形尺寸下料、焊接,完成后清除焊渣,打磨,补刷防锈漆,刷面漆。基础型钢固定方法:金属膨胀螺栓固定的预埋件焊接。固定前用水准仪及水平尺找平、校正,垫铁最多不超过三层。采用焊接方法时,焊缝和垫铁应做防腐。

④明装配电箱安装可用铁架固定或金属膨胀螺栓固定。铁架的形式和尺寸应与配电箱匹配。下料前应调整型钢的平直度。固定方法:采用墙埋式固定时,将埋注端做成燕尾形,然后除锈。埋入时注意钢架的平直度和螺孔间距,用线坠和水平尺测量、校准后固定铁架、用高标号水泥砂浆填实埋孔。待水泥砂浆凝固达一定强度后,方可进行配电箱(盘)的安装。

⑤基础型钢与接地母线连接时,将接地扁钢引入并与基础型钢焊牢。焊缝长度为接地扁钢宽度的2倍。

2)柜(屏、台)安装

①成排柜(屏、台)按图纸上的编号排布在基础型钢上,不得随意调换位置。事先编设备号、位号,按顺序将柜(屏、台)安放到基础型钢上。

②单独柜(屏、台)只找正面与侧面的垂直度。成排柜(屏、台)顺序就位后先确定头尾两端的基准点,然后挂小线逐台找正,以柜(屏、台)面为准。找正时采用0.5mm的垫铁调整,每处垫铁最多不超过3层。

③按柜底固定螺孔尺寸在基础型钢上定位钻孔,无特殊要求时,低压柜用M12、高压柜用M16的镀锌螺栓固定且有防松装置。柜(屏、台)安装允许偏差见表5.2.1。

表5.2.1 柜(屏、台)安装允许偏差和检验方法

序号	材料及工艺	项目	检验方法	允许偏差/mm	检查
1	基础型钢	顶部平直度	每米	1	拉线,测量检查
			全长	5	
2		侧面平直度	每米	1	
			全长	5	
3	柜(屏、台)安装	垂直度	每米	1.5	吊线、尺量检查
4		盘顶平直度	相邻两盘	2	直尺,塞尺检查
			成排两盘	5	挂线、尺量检查
5		盘面平直度	相邻两盘	1	直尺,塞尺检查
			成排两盘	5	拉线、尺量检查
6		盘间接缝		2	塞尺检查

④柜(屏、台)就位找正、找平,柜体与基础型钢固定,柜体与柜体、柜体与侧挡板均用镀锌螺栓连接。

⑤每台柜(屏、台)单独与接地母线连接。柜体应有可靠、明显的接地装置,装有电器的可开启柜门应用裸铜软导线与接地金属构件做可靠连接。

⑥柜(屏、台)漆层应完整无损、色泽一致。固定电器的支架均应刷漆。

⑦安装技术人员应了解相关设计规范和设计要求。

⑧母线配置及电缆接头制作,按母线及电缆施工工艺要求进行。

⑨不间断电源柜及蓄电池组安装及充放电指标均应符合产品技术条件、施工规范及设计要求。电池组母线对地绝缘电阻值应符合下列规定:110V 蓄电池不小于 0.1MΩ;220 蓄电池不小于 0.2MΩ。

3)配电箱(盘)安装

①弹线定位:根据设计要求定好配电箱(盘)位置,并按照箱(盘)外形尺寸进行弹线定位。配电箱底边距地一般为 1.5m。照明配电板底边距地面不小于 1.8m。在同一建筑物内,同类箱(盘)高度应一致,允许偏差 10mm。

②铁制配电箱(盘)均需先刷一遍防锈漆,再刷调和油漆两道。

③配电箱(盘)带有器具的铁制盘面和装有器具的门均应有明显可靠的裸软铜线(PE线)接地。

④配电箱(盘)内开关、仪表应牢固、平正、整洁,间距均匀,铜端子无松动,启闭灵活,零部件齐全。其排列间距应符合表 5.2.2 的要求。

表 5.2.2　开关、仪表排列间距要求

间距	最小尺寸/mm		
仪表侧面之间或侧面与盘边	60		
仪表顶面或出线孔与盘边	50		
开关侧面之间或侧面与盘边	30		
上下出线孔之间	40(隔有卡片柜)、20(不隔卡片柜)		
插入或熔断器顶面或底面与出线孔	插入式熔断规格/A	10~15	20
		20~30	30
		60	50
仪表、胶盖闸顶面或底面与出线孔	导线截面/mm²	10	80
		16~25	100

⑤配电箱(盘)上配线需排列整齐,并绑扎成束。盘面引出及引进导线应留有适当余量,以便于检修。

⑥导线削剥处不应损伤芯线或芯线过长,导线接头应牢固可靠,多股导线应挂锡后再压接,不得减少导线股数。

⑦配电箱(盘)的盘面上安装的各种刀闸及自动开关等,当处于断路状态时刀片可动部分均不应带电。

⑧垂直装设的刀闸及熔断器等电器上端接电源,下端接负荷。横装时左侧(面对盘面)接电源,右侧接负荷。

⑨配电箱(盘)上的电源指示灯,其电流应接至总开关外侧,并应装单独熔断器。盘面闸具位置应与支路相对应,其下面应装设卡片柜标明线路及容量。

⑩TN-C-S中的保护零线应在配电箱(盘)进户线处做好重复接地。

⑪PE线所用材质与相线应相同,其截面应满足表5.2.3要求。

表5.2.3 PE线最小截面　　　　　　　　　　　(单位:mm²)

相线线芯截面 S	PE 线最小截面
$S \leqslant 16$	S
$16 < S \leqslant 35$	16
$S > 35$	$S/2$

⑫配电箱上的母线应涂有黄(L_1 相)、绿(L_2 相)、红(L_3 相)、淡蓝(N 零线)等颜色,黄绿相间双色线为保护接零线(PE 线)。

⑬暗装配电箱的箱壳安装前,画好标高线,在预留孔洞中放入箱壳。固定,用水泥砂浆填实箱体周边并抹平,待水泥砂浆凝固后再安装盘面和贴脸。如果箱背面与墙面平齐,应固定金属网后再做墙面抹灰,不得在箱背板上直接抹灰。安装盘面要求平整,周边间隙均匀对称,贴脸(门)平正,不歪斜,螺丝垂直受力均匀。

⑭绝缘测试:配电箱(盘)安装完毕后,用 500V 兆欧表对线路进行绝缘测试。测试项目包括相线与相线之间、相线与零线之间、相线与保护线之间、零线与保护线之间,两人进行摇测,同时做好记录,做技术资料存档。

(5)柜(屏、台)二次线连接及校线

1)按原理图逐台检查柜(盘)上的电器元件是否相符,其额定电压和控制操作电源电压必须一致。

2)按图敷设柜与柜之间的控制电缆连接线。电缆敷设应按电缆敷设工艺要求进行。

3)控制线校线后,用镀锌螺丝、平垫圈、弹簧垫连接在每个端子板上。端子板每侧一般一个端子压一根线,最多不能超过两根,并且两根线间加平垫圈。多股线应搪锡,不准断股。

(6)柜(屏、台)试验调整

1)高压试验应由当地供电部门许可的试验单位进行,试验标准符合国家规范、当地供电部门的规定及产品技术资料要求。

2)试验内容包括高压柜、母线、避雷器、高压瓷瓶、电压互感器、电流互感器、高压开关等。

3)调整内容包括过流继电器调整、时间继电器调整、信号继电器调整及机械连锁调整。

4)二次控制线调整及模拟试验

①将所有的接线端子螺丝再检查紧固一次。

②绝缘测试:用 500V 摇表在端子板处测试每条回路的绝缘电阻,绝缘电阻必须大于 $0.5 M\Omega$。

③二次回路如果有晶体管、集成电路、电子元件,该部位的检查不准使用摇表测试,应使用万用表测试回路是否接通。

④接通临时的控制电源和操作电源:将柜(盘)内的控制、操作电源回路熔断器上端相线摘掉,接上临时电源。

⑤模拟试验:按图纸要求,分别模拟试验控制、联锁、操作、继电保护和信号动作。试验运作正确无误,灵敏可靠。

⑥拆除临时电源,将摘下的电源线复位。

(7)送电运行验收

1)送电前的准备工作:安装作业全部完毕,质量检查部门检查全部合格后着手组织试运行工作。明确试运行指挥者、操作者和监护人。明确职责和各项操作制度。由建设单位备齐试验合格的验电器、绝缘靴、绝缘手套、临时接地编织铜线、绝缘胶垫、粉沫灭火器等。彻底清扫全部设备及变配电室、控制室的灰尘。用吸尘器清扫电气、仪表元件。清除室内杂物,检查母线上、设备上有无遗留下的工具、金属材料及其他物件。查验试验报告单,试验项目全部合格,继电保护动作灵敏可靠,控制、连锁、信号等动作准确无误。

2)送电:由供电部门检查合格后,将电源送进配电室,经过验电校相无误。安装单位合进线柜开关受电,检查 PT 柜上电压表三相是否电压正常,并按以下步骤给其他柜送电:

合进线柜开关→合变压器柜开关→合低压柜进线开关

每次合闸后均要查看电压表三相是否电压正常。

①校相:在低压联络柜内,在开关的上下侧(开关未合状态)进行同相校核。用电压表或万用表电压档 500V,用表的两个测针分别接触两路的同相,如果此时电压表无读数,表示两路电同一相。用同样方法检查其他两相。

②验收:送电空载运行 24h,如果无异常现象,办理验收手续,交建设单位使用。同时提交产品合格证、说明书、变更洽商记录、试验报告单等技术资料。

5.2.5 质量标准

(1)主控项目

1)柜、屏、台、箱、盘的金属框架及基础型钢必须接地(PE)或接零(PEN)可靠;装有电器的可开启门,门和框架的接地端子间应用裸编织铜线连接,且有标识。

2)低压线套配电柜、柜(屏、台、箱、盘)和动力照明配电箱(盘)应有可靠的电击保护。柜(屏、台、箱、盘)内保护导体应有裸露的连接外部保护导体的端子,当设计无要求时,柜(屏、台、箱、盘)内保护导体最小截面积 S_p 不应小于表 5.2.4 的规定。

表 5.2.4 保护导体的最小截面积 （单位:mm²）

相线的截面积 S	相应保护导体的最小截面积
$S \leqslant 16$	S
$16 < S \leqslant 35$	16
$35 < S \leqslant 400$	$S/2$

续表

相线的截面积 S	相应保护导体的最小截面积
$400 < S \leqslant 800$	200
$S > 800$	$S/4$

注：S 指柜(屏、台、箱、盘)电源进线相线截面积,且两者(S、S_p)材质相同。

3)小车、抽出式成套配电柜推拉应灵活,无卡阻碰撞现象。动触头与静触头的中心线应一致,且触头接触紧密。投入时,接地触头先于主触头接触;退出时,接地触头后于主触头脱开。

4)高压成套配电柜必须按本书 5.1.1 节(8)条的规定交接试验合格,且应符合下列规定：

①继电保护元器件、逻辑元件、变送器和控制用计算机等单体校验合格,整组试验动作正确,整定参数符合设计要求。

②凡经法定程序批准,进入市场投入使用的新高压电气设备和继电保护装置,按产品技术文件要求交接试验。

5)低压成套配电柜交接试验必须符合下列规定：

①每路配电开关及保护装置的规格、型号,应符合设计要求。

②相间和相对地间的绝缘电阻值应大于 0.5MΩ。

③电气装置的交流工频耐压试验电压为 1kV,当绝缘电阻值大于 10MΩ 时,可采用 2500V 兆欧表摇测替代,试验持续时间 1min,无击穿闪络现象。

6)柜(屏、台)箱(盘)间线路的线间、线地绝缘电阻值,对于馈电线路,必须大于 0.5MΩ;对于二次回路,必须大于 1MΩ。

7)柜、屏、台、箱、盘间二次回路交流工频耐压试验,当绝缘电阻值大于 10MΩ 时,用 2500V 兆欧表摇测 1min,应无闪络击穿现象;当绝缘电阻在 1～10MΩ 时,做 1000V 交流工频耐压试验,时间 1min,应无闪络击穿现象。

8)直流屏试验,应将屏内电子器件从线路上退出,检测主回路间和线对地间绝缘电阻值应大于 0.5MΩ,直流屏所附蓄电池组充、放电应符合产品技术文件要求,整流器的控制调整及输出特性试验应符合产品技术文件要求。

9)照明配电箱(盘)安装应符合下列规定：

①箱盘内配线整齐,无铰接现象。导线连接紧密,不伤芯线,不断股。垫圈下螺线两侧压的导线截面积相等。同一端子上导线连接不多于 2 根,防松垫圈等零件齐全。

②箱盘内开关灵活可靠,带有漏电保护的回路,漏电保护装置动作电流不大于 30mA,动作时间不大于 0.1s。

③照明箱盘内,分别设置零线(N)和保护接地线(PE)汇流排,零线和保护线经汇流排配出。

(2)一般项目

1)基础型钢安装应符合表 5.2.5 的规定。

表 5.2.5 基础型钢安装允许偏差

项目	允许偏差	
	(mm/m)	(mm/全长)
不直度	1	5
水平度	1	5
不平行废	/	5

2)柜、屏、台、箱、盘相互间与基础型钢应用镀锌螺栓连接,且防松零件齐全。

3)柜、屏、台、箱、盘安装垂直度允许偏差为 1.5‰,相互间接缝不应大于 2mm,成列盘面偏差不应大于 5mm。

4)柜、屏、台、箱、盘内检查试验应符合下列规定:

①控制开关及保护装置的规格、型号符合设计要求。

②闭锁装置动作准确、可靠。

③主开关的辅助开关切换动作与主开关动作一致。

④柜、屏、台、箱、盘上的标识器件应标明被控设备编号及名称,或操作位置,接线端子有编号,且清晰完整,不易褪色。

⑤回路中的电子元件不应参加交流工频耐压试验;48V 及以下回路可不做交流工频耐压试验。

5)低压电器组合应符合的规定:

①发热元件安装在散热良好的位置。

②熔断器的熔体规格、自动开关的整定值符合设计要求。

③切换压板接触良好,相邻压板间有安全距离,切换时,不能触及相邻压板。

④信号回路的信号灯、按钮、光字牌、电铃、电笛、事故电钟等动作和信号显示准确。

⑤外壳需接地(PE)或接零(PEN)的,连接可靠。

⑥端子排安装牢固,端子有序号,强电、弱电端子隔离布置,端子规格与芯线截面大小适配。

6)柜(屏、台)箱盘的配线

电流回路应采用额定电压不低于 750V、芯线截面不小于 2.5mm² 的铜芯绝缘电线或电缆,除电子元件回路或类似回路外,其他回路的电线应采用额定电压不低于 750V、芯线截面不小 1.5mm² 的铜芯绝缘电线或电缆。

二次回路连线应成束绑扎,不同电压等级,交流、直流线路及计算机控制线路应分别绑扎,且有标识;固定后不应妨碍手车开关或抽出式部件的拉出和推入。

7)连接柜、屏、台、箱、盘面板上的电器及控制台、板等可动部位电线应符合下列规定:

①采用多股铜芯软电线,敷设长度留有适当裕量。

②线束有外套塑料管等加强绝缘保护层。

③与电器连接时端部绞紧,且有不开口的终端端子或搪锡,不松散,不断股。

④可转动的部位的两端用卡子固定。

8)配电箱(盘)安装应符合下列规定:

①位置正确,部件齐全,箱体开孔与导管管径适配,暗装配电箱箱盖紧贴墙面,箱(盘)涂层完整。

②箱(盘)内接线整齐,回路编号齐全,标识正确。

③箱(盘)不采用可燃材料制作。

④箱(盘)安装牢固,垂直度允许偏差为1.5‰;底边距地面为1.5m,照明配电板底边距地面不小于1.8m。

5.2.6 成品保护

(1)柜(屏、台、盘)箱的成品保护应从施工组织着手。设备订货应给定准确到货时间,缩短设备进场库存时间。适当集中安装,减少安装延续时间。最好在现场具备安装条件时进货,组织一次性进货到位,取消库存和二次搬运等中间环节。

(2)设备到现场后不能及时就位的要进现场仓库保管。露天存放应及时遮挡覆盖,防止风吹、日晒、雨淋。

(3)设备开箱检验后应立即安装,不能及时安装的应利用原包装重新封存好。

(4)安装、调试、试运行阶段应门窗封闭,专人值守,变配电室、控制室不宜用来充当现场临建,避免闲杂人员进入。

(5)送检、更换电器、仪表、零件时应经许可,并记录备查。

(6)临时送、断电要按程序由专人执行,防止误操作。

(7)搬运设备过程中,不允许将设备倒立,防止设备油漆、电器元件损坏。

5.2.7 安全与环保措施

(1)设备安装完暂时不通送电运行的变配电室、控制室应门窗封闭。设置保安人员。注意土建施工影响,防止室内潮湿。

(2)对柜(屏、台)箱(盘)保护接地的电阻值,PE线和PEN线的规格、重复接地应认真核对,要求标识明显,连接可靠。

(3)不间断电源柜在试运行时应有噪声监测。正常运行时产生的噪声不应大于45dB,输出额定电流5A及以下的小型不间断电源的噪声不应大于30 dB。调试后达不到标准的,应由生产厂家处理。

(4)登高作业时应使用梯子或脚手架,并采用相应防滑措施,严禁蹬踏设备或绝缘子进行作业。

(5)带电作业时,工作人员必须穿绝缘鞋,并且至少两人作业,其中一人操作,另一人监护。

(6)设备通电调试前,必须检查线路接线是否正确,保护措施是否齐全,确认无误后,方可通电调试。

(7)施工场地应做到活完料净脚下清,现场垃圾应及时清运,收集后运至指定地点集中处理。

5.2.8 应注意的问题

(1)基础型钢焊接处应及时进行防腐处理,以防锈蚀。

(2)操作机构试验调整时,严格按照操作规程进行,以防操作机构动作不灵活。

(3)手车式柜二次小线回路辅助开关需要反复试验进行调整,以防辅助开关切换失灵,机械性能差。

(4)柜(屏、台)箱(盘)安装,试验调整必须符合施工规范规定,施工安装质量检验应结合外观实测检查、安装记录和试验调整记录。

(5)安装、调试、各种检测记录应按竣工资料档案管理要求,与施工检测同时进行,各项原始记录应妥善保管,防止事后补做。

(6)变配电控制设备安装应满足用电设备使用要求,应结合用电设备试运,配合设计,最终调整,确立有关整定参数。

5.2.9 质量记录

(1)材料、设备出厂合格证、生产许可证、技术文件、试验报告及"CCC"认证及证书复印件。

(2)材料、设备进场(开箱)检验记录。

(3)设计变更、工程洽商记录。

(4)低压成套配电柜交接试验记录。

(5)电气试验报告(耐压、绝缘电阻)。

(6)电气设备空载试运行记录。

(7)成套配电柜、控制柜(屏、台)和动力、照明配电箱(盘)安装检验批质量验收记录。

5.3 低压电动机、电加热器及电动执行机构检查接线

本标准适用于一般工业、民用建筑电气安装工程中低压电动机、电加热器及电动执行机构的安装及其附属设施的检查接线,工程施工应以设计图纸和有关施工质量验收规范为依据。

5.3.1 设备及材料要求

(1)设备要求

1)设备应装有铭牌。铭牌上应注明制造厂名、设备编号、出厂日期、设备的型号、容量、频率、电压、接线方法、电动机转速、温升、工作方法、绝缘等级等有关技术数据。

2)设备技术数据必须符合设计要求。

3)附件、备件齐全,并有出厂合格证及技术文件。

(2)控制、保护和起动附属设备时,应与低压电动机、电加热器及电动执行机构配套,并

有铭牌,注明制造厂名、出厂日期、规格、型号及出厂合格证等有关技术资料。

(3)型钢:各种规格型钢应符合设计要求,并无明显锈蚀,要有材质证明。

(4)螺栓:除电机安装用螺栓外,均应采用镀锌螺栓,并配相应的镀锌螺母、平垫圈(斜垫)和弹簧垫。

(5)其他材料:绝缘带、电焊条、防锈漆、调和漆、润滑脂等,均应符合设计要求,并有产品合格证。

5.3.2　主要机具

(1)搬运吊装机具:汽车吊、汽车、卷扬机、吊链、三脚架、道木、钢丝绳、麻绳、滚杠等。

(2)安装机具:台钻、砂轮、电焊机、气焊工具、电锤、台虎钳、活扳子、榔头、套丝板、油压钳。

(3)测试器具:钢卷尺、钢板尺、水平尺、线坠、兆欧表、万用表、转速表、电子测温计、试电笔、卡钳电流表。

5.3.3　作业条件

(1)施工图及技术资料齐全无误,设计图纸已经会审。

(2)土建工程基本施工完毕,门窗玻璃安好。

(3)在室外安装的电机,应有防雨措施。

(4)电动机已安装完毕,且初验合格。

(5)电动执行机构的载体设备(电动调节阀、电动蝶阀、风阀、机械传动机构等)安装完成,且初验合格。

(6)安装场地清理干净,道路畅通。

(7)大型电机需具备相应容量的试运行电源。

5.3.4　施工工艺

(1)工艺流程

设备开箱检查→安装前的检查→设备安装→抽芯检查→干燥→控制、保护和起动设备安装→试运行前的检查→试运行及验收

(2)设备开箱检查

1)设备开箱检查应由监理公司、施工单位、供货(厂家)单位会同建设单位共同进行,并做好记录。

2)按照设备清单、技术文件,对设备及其附件、备件的规格、型号、数量进行详细核对。

3)电动机、电加热器、电动执行机构本体、控制和起动设备外观检查应无损伤及变形,油漆完好。

4)电动机、电加热器、电动执行机构本体、控制和起动设备应符合设计要求。

(3)安装前的检查

由电气专业会同其他相关专业共同进行安装前的检查工作,主要进行以下检查:

1)电动机、电加热器、电动执行机构本体、控制和起动设备应完好,不应有损伤现象。盘动转子应轻快,不应有卡阻及异常声响。

2)定子和转子分箱装运的电机,其铁心转子和轴颈应完整无锈蚀现象。

3)电机的附件、备件应齐全无损伤。

4)电动机的性能应符合电动机周围工作环境的要求。

5)电加热器的电阻丝无短路和断路情况。

(4)电动机、电加热器及电动执行机构安装

由于电动机、电加热器及电动执行机构与其他设备配套连接,因此其安装工序主要由其他专业进行,电气专业配合进行检查。大型电动机需电气专业和相关专业密切配合进行。

(5)电动机抽芯检查

1)除电动机随带技术文件说明不允许施工现场抽芯检查外,有下列情况之一的电动机,应抽芯检查。

①出厂日期超过制造厂保证期限,无保证期限的已超过出厂时间一年以上。

②外观检查、电气试验、手动盘转和试运转,有异常情况。

2)抽芯检查

电动机抽芯检查应符合本书5.3.5节(2)条之3)款的规定。

(6)电动干燥

1)电机由于运输、保管或安装后受潮,绝缘电阻或吸收比达不到规范要求,应进行干燥处理。

2)电机干燥工作,应由有经验的电工进行,在干燥前应根据电机受潮情况制定烘干方法及有关技术措施。

3)烘干温度要缓慢上升,一般每小时升温5~8℃,铁芯和线圈的最高温度应控制在70~80℃。

4)当电机绝缘电阻值达到规范要求时,在同一温度下经5h稳定不变时,方可认为干燥完毕。

5)烘干工作可根据现场情况、电机受潮程度选择以下方法进行:

①采用循环热风干燥室进行烘干。

②灯泡干燥法。可采用红外线灯泡或一般灯泡使灯光直接照射在绕组上,温度高低的调节可用改变灯泡瓦数来实现。

③电流干燥法。采用低电压,用变阻器调节电流,其电流大小宜控制在电机额定电流的60%以内,并应设置测温计,随时监视干燥温度。

(7)控制、保护和起动设备安装

1)电机的控制和保护设备安装前应检查是否与电机容量相符。

2)控制和保护设备的安装位置应按设计要求确定,一般应在电机附近就近安装。

3)电动机、控制设备和所拖动的设备应对应编号。

4)引至电动机接线盒的明敷导线长度应小于0.3m,并应加强绝缘,易受机械损伤的地方应设保护套管。

5)直流电动机、同步电机与调节电阻回路及励磁回路的连接,应采用铜导线。导线不应

有接头。调节电阻器应接触良好且调节均匀。

6)电动机应装设过流和短路保护装置,并应根据设备需要装设相序断相和低电压保护装置。

7)电动执行机构的控制箱(盒)应就近安装,其保护接零应到位,执行器的机械传动部分应灵活。

(8)试运行前的检查

1)土建工程全部结束,现场清扫整理完毕。

2)电机、电加热器、电动执行机构本体安装检查结束。

3)冷却、调速、滑润等附属系统安装完毕,验收合格,分部试运行情况良好。

4)电动机保护、控制、测量、信号、励磁等回路的调试完毕,动作正常。

5)电动机应做以下试验:

①测量绝缘电阻。低压电动机使用1kV兆欧表进行测量,绝缘电阻值不低于1MΩ。

②1000kW以上、中性关连线已引至出线端子板的定子绕组应分相做直流耐压及泄漏试验。

③100kW以上的电动机应测量各相直流电阻值,其相互阻值差不应大于最小值的2%。

④无中性点引出的电动机,测量线间直流电阻值,其相互阻值差不应大于最小值的1%。

6)电刷与换向器或滑环的接触应良好。

7)盘动电机转子应转动灵活,无碰卡现象。

8)电机引出线相位应正确,固定牢固,连接紧密。

9)电机外壳油漆完整,保护接地良好。

10)电动执行机构通电前,需检查与执行机构技术文件所要求的电源电压是否相符,电动执行器与控制器输出的标准信号是否匹配。

5.3.5 质量标准

(1)主控项目

1)电动机、电加热器及电动执行机构的可接近裸露导体必须接地(PE)或接零(PEN)。

2)电动机、电加热器及电动执行机构的绝缘电阻值应大于0.5MΩ。

3)功率在100kW以上或1000V以上的电动机,应测量各相直流电阻值,相互差不应大于最小值的2%;无中性点引出的电动机,测量线间直流电阻值,相互差不应大于最小值的1%。

4)高压及100kW以上电动机的交接试验应符合现行国家标准《电气装置安装工程 电气设备交接试验标准》(GB 50150—2019)的规定。

(2)一般项目

1)电气设备安装应牢固,螺栓及防松零件齐全,不松动。防水防潮电气设备的接线入口及接线盒盖等应做密封处理。

2)除电动机随带技术文件说明不允许在施工现场抽芯检查外,有下列情况之一的电动机,应抽芯检查:

①出厂日期已超过制造厂保证期限,无保证期限的已超过出厂时间一年以上。

②外观检查、电气试验、手动盘车和试运转,有异常情况。

3)电动机抽芯检查应符合下列规定:

①线圈绝缘层完好、无伤痕,端部绑扎不松动,槽楔固定、无断裂,无凸出和松动,引线焊接饱满,内部清洁,通风孔道无堵塞。

②轴承无锈斑,注油(脂)的型号、规格和数量正确,转子平衡块紧固,平衡螺丝锁紧,风扇叶片无裂纹。

③连接用紧固件的防松零件齐全完整。

④电动机内部应清洁、无杂物。

⑤电动机的机座和端盖的止口部位应无砂眼和裂纹。

⑥其他指标符合产品技术文件的特有要求。

4)在设备接线盒内裸露的不同相导线间和导线对地间最小距离应大于8mm,否则应采取绝缘防护措施。

5)电动机电源线与出线端子接触应良好、清洁,高压电动机电源线紧固时不应损伤电动机引出线套管。

6)在设备接线盒内裸露的不同相间和相对地间电气间隙应符合产品技术文件要求,或采取绝缘防护措施。

5.3.6 成品保护

(1)电动机及其配套设备安装在机房内时,机房门应加锁。未经设备专业人员允许,非专业人员不得入内。

(2)电动机及其配套设备安装在室内时,根据现场情况需采取必要的保护措施,控制设备的箱柜必须加锁。

(3)施工时各专业之间需配合进行,确保设备不受损坏。

(4)电动机安装完毕,应保证机房的干燥和清洁,以防设备锈蚀。

(5)高压电动机安装调试过程中,应设专人值班看护。

(6)电加热器安装完毕需做好标识。

(7)电动执行机构及其配套元器件属易损部件,需采取相应保护措施。

(8)起吊电机转子时,不可将吊绳绑在滑环、换向器或轴颈部分。起吊定子或穿转子时,不得碰伤定子绕组或铁芯。

(9)电动机解体时,应随时将拆卸下来的零件做上记号,以便回装时各就其位。细小零件应放入专用小箱。对不更换润滑脂的轴承,应将它盖好,以免弄脏。

5.3.7 安全与环保措施

(1)电机干燥过程中应有专人看护,配备灭电火的防火器材,严格注意防火。

(2)电机抽芯检查施工中应严格控制噪声污染,注意保护环境。

(3)电气设备外露导体必须可靠接地,防止设备漏电或运行中产生静电火花伤人。

5.3.8 应注意的问题

应注意的问题及防治措施见表 5.3.1。

表 5.3.1 应注意的问题及防治措施一览

序号	应注意的问题	防治措施
1	电机接线盒内裸露导线,线间对地距离不够	线间排列整齐,如因特殊情况对地距离不够时应加强绝缘保护
2	小容量电机接电源线时不摇测绝缘电阻	做好技术交底,提高摇测绝缘的必要性认识,加强安装人员的责任心
3	接线不正确	严格按电源电压和电机标注电机接线方式接线
4	电机外壳接地(零)线不牢,接线位置不正确	接地线应接在接地专用的接线柱(端子)上,接地线截面必须符合规范要求并压牢
5	电机起动跳闸	调试前要检查热继电器的电流是否与电机相匹配,电源开关选择是否合理
6	技术资料不齐全	做好专业之间的交接工作,加强对技术文件、资料的收集、整理、归档、登记和收发记录等工作

5.3.9 质量记录

（1）产品合格证。

（2）产品出厂技术文件,包括产品出厂试验报告单,产品安装使用说明书。

（3）电动机抽芯检查记录、电动机干燥记录、绝缘电阻摇测记录。

（4）电器设备通电试运行记录。

（5）安装工程的预检、自检、互检记录。

（6）设计变更,洽商记录,竣工图。

（7）低压电器的交接试验报告。

（8）质量检验评定记录。

5.4 柴油发电机组安装工程施工工艺标准

本工艺标准适用于一般工业与民用建筑电气安装工程的单台、联机固定式柴油发电机组及其附属设备的安装与调试工作。柴油发电机组的连续功率为 $100\sim1500\text{kVA}$,设置在建筑物的首层、中间各层或屋顶或地下室或建筑的裙房的柴油发电机组的施工。工程施工应以设计图纸和有关施工质量验收规范为依据。

5.4.1　设备及材料要求

(1)柴油发电机规格、型号应符合设计要求,并应符合下列要求:

1)依据装箱单,核对主机、附件、专用工具、备品备件和随带技术文件,查验合格证和出厂试运行记录,发电机及其控制柜有出厂试验记录。

2)外观检查:有铭牌,机身无缺件,涂层完整。

(2)各种规格的型钢应符合设计要求,无明显的锈蚀,并有材质证明。

(3)螺栓均采用镀锌螺栓,并配有相应的镀锌平垫圈、弹簧垫。

(4)各种规格的导线与电缆要有出厂合格证,符合设计要求。

(5)绝缘带、润滑油、电焊条、防锈漆、调和漆、清洗剂、氧气、乙炔等。

5.4.2　主要机具

(1)主要机具:汽车吊、卷扬机、钢丝绳、吊链、三脚架、绳扣、台钻、滚杠、砂轮机、手电钻、台虎钳、油压钳、千斤顶、扳手、电锤、板挫、榔头、钢板尺、电焊机、气焊工具、真空泵、油桶、撬杠等。

(2)测试机具:塞尺、水准仪、水平尺、转速表、兆欧表、万用表、卡钳电流表、试电笔、测温计等。

5.4.3　作业条件

(1)设计施工图纸和技术资料齐全,设计图纸已经会审。

(2)土建工程基本施工完毕,门窗封闭好。

(3)柴油发电机组的基础、地脚螺栓孔、沟道、电缆管线的位置应符合设计要求。

(4)柴油发机组的安装场地清理干净、道路畅通。

(5)施工方案已经审批并经安全、技术交底。

5.4.4　施工工艺

(1)工艺流程

基础验收→设备开箱检查→机组(地脚螺栓固定的机组、安放式的机组)安装→油、气、水冷、风冷、烟气排放等系统和隔振防噪声设施的安装施工验收→蓄电池充电检查→柴油机空载试运行→发电机静态试验、随机压电盘控制柜接线检查→发电机空载试运行和试验调整→发电机负荷试运行→投入备用状态

(2)基础验收

柴油发电机组本体安装前应根据设计图纸、产品样本或柴油发电机组本体实物对设备基础进行全面检查,应符合安装尺寸要求。

(3)设备开箱检验

1)设备开箱检查应有安装单位、供货单位、建设单位、工程监理共同进行,并做好记录。

2)依据装箱单,核对主机、附件、专用工具、备品备件和随带技术文件,查验合格证和出厂试运行记录,发电机及其控制柜有出厂试验记录。

3)外观检查,有铭牌,机身无缺件,涂层完整。

4)柴油发电机组及其附属设备均应符合设计要求。

(4)机组安装

1)在安装前应检查是否有充分的冷却空气及新鲜的吸入空气,是否有循环,空气排放口及烟气排放口,是否有辅助电源及便于运行维修的空间。

2)如果安装现场允许吊车作业时,用吊车将机组整体吊装就位,并把随机减震器安装在机座指定位置。

3)在柴油发电机组施工完成的基础上,放置好机组。一般情况下,减震器无须固定,只要在减震器下垫一层薄薄的橡胶板就可以了。如果需要固定,划好减震器的地脚孔的位置,吊起机组,埋好螺栓后,放好机组,最后拧紧螺栓。

4)若现场不允许吊车作业,可将机组放在滚杠上,滚至安装基础位置。

用千斤顶(千斤顶规格根据机组重量选定)将机组一端抬高,注意机组两边的升高一致,直至底座下的间隙能安装抬高一端的减震器。

释放千斤顶,再抬机组另一端,装好剩余的减震器,撤出滚杠,释放千斤顶。

(5)燃料系统的安装

供油系统一般由储油罐、日用油箱、油泵和电磁阀、连接管路构成,当储油罐位置低于机组油泵吸程或高于油门所能承受的压力时,必须采用日用油箱。日用油箱上有液位显示及浮子开关(自动供油装备)。油泵系统的安装要求参照本系统设备的安装规范要求。

(6)排烟系统的安装

1)排烟系统一般由排烟管道、排烟消声器以及各种连接件组成。

2)将导风罩按设计要求固定在墙壁上。

3)将随机法兰与排烟管焊接(排烟管长度及数量根据机房大小及排烟走向),焊接时注意法兰之间的配对关系。

4)根据消声器及排烟管的大小和安装高度,配置相应的套箍。

5)用螺栓将消声器、弯头、垂直方向排烟管、波纹管按图纸连接好,保证各处密封良好。

6)将水平方向的排烟管与消声器出口用螺栓连接好,保证接合面的密封性。

7)排烟管应做隔热保温处理。

8)柴油发电机组与排烟管之间的连接常规使用波纹管,所有排烟管的管道重量不允许压在波纹管上,波纹管应保持自由状态。

(7)通风系统的安装

1)将进风预埋铁框预埋至墙壁内,用水泥护牢,待干燥后装配。

2)安装进风口百叶或风阀用螺栓固定。

3)通风管道的安装详见相关工艺标准。

(8)排风系统的安装

1)测量机组的排风口的坐标位置尺寸。

2)计算排风口的有关尺寸。

3)预埋排风口。

4)安装排风机、中间过度体、软连接、排风口,有关工艺标准见相关专业。

(9)冷却水系统的安装

1)核对水冷柴油发电机组的热交换器的进、出水口,与带压的冷却水源压力方向一致,连接进水管和出水管。

2)冷却水进、出水管与发电机组本体的连接应使用软管隔离。

(10)蓄电池充电检查

按产品技术文件要求对蓄电池充液(免维护蓄电池除外)、充电。

(11)柴油机空载试运行

柴油发电机组的柴油机需空载试运行,经检查无油、水泄漏,且机械运转平稳,转速自动或手动符合要求。柴油机空载试运行合格,做发电机空载试验。

试运行前的检查准备工作:

1)发电机容量满足负荷要求。

2)机房留有机组维护的空间。

3)机房地势不受雨水的侵入。

4)所有操作人员必须熟悉操作规程。

5)所有操作人员掌握操作方法及安全措施。

6)检查所有机械连接和电气连接的情况是否良好。

7)检查通风系统和废气排放系统连接是否良好。

8)灌注润滑油、冷却剂和燃料。

9)检查润滑系统的渗漏情况。

10)检查燃料系统的渗漏情况。

(12)发电机静态试验与随机配电盘控制柜接线检查

按照主控项目中的表5.4.1完成柴油发电机组本体的定子电路、转子电路、励磁电路和其他项目的试验检查,并做好记录,检查时与厂家配合完成。

根据厂家提供的随机资料,检查和校验随机控制屏的接线应与图纸一致。

(13)发电机组空载试运行

1)断开柴油发电机组负载侧的断路器或ATS。

2)将机组控制屏的控制开关打到"手动"位置,按启动按钮。

3)检查机组电压、电池电压、频率是否在误差范围内,否则进行适当调整。

4)检查机油压力表。

5)以上一切正常,可接着完成正常停车与紧急停车试验。

(14)发电机组带载试验

1)发电机组空载运行合格以后,切断负载"市电"电源,按"机组加载"按钮,先进行假性负载(水电阻)试验运行合格后,再由机组向负载供电。

2)检查发电机运行是否稳定、频率、电压、电流、功率是否保持额定值。

3)一切正常,发电机停机,控制屏的控制开关打到"自动"状态。

（15）自启运时间试验

当市电的两路电源同时中断时，备用发电机自动投入运行，它将在设计要求的时间内（一般为 15s）投入到满载负荷状态。当市电恢复供电时，所有备用电负荷自动倒回市供电系统，发电机组自动退出运行（按产品技术文件要求进行调整，一般为 300s 后退出运行）。

5.4.5 质量标准

（1）主控项目

1）发电机的试验必须符合表 5.4.1 的规定。

表 5.4.1 发电机组交接试验

序号	内容部位		试验内容	试验结果
1	静态试验	定子电路	测量定子绕组的绝缘电阻和吸收比	400V 发电机组的绝缘电阻值大于 0.5MΩ，其他高压发电机绝缘电阻不低于其额定电压 1MΩ/kV；沥青浸胶及烘卷云母绝缘吸收比大于 1.3，环氧粉云母绝缘吸收比大于 1.6
2			在常温下，绕组表面温度与空气温度差在 ±3℃ 范围内测量各相直流电阻	各相直流电阻值相互间差值不大于最小值 2%，与出厂值在同温度下比差值不大于 2%
			1kV 以上发电机定子绕组直流耐压试验和泄漏电流测量	试验电压为点击额定电压的 3 倍。试验电压按每级 50% 的额定电压分阶段升高，每阶段停留 1min，并记录泄漏电流；在规定的试验电压下，泄漏电流应符合下列规定： （1）各相泄漏电流的差别不应大于最小值的 100%，当最大泄漏电流在 20μA 以下，各相间的差值可不考虑； （2）泄漏电流不应随时间延长而增大； （3）泄漏电流不应随电压不成比例显著增长
3			交流工频耐压试验 1min	试验电压为 $1.6U_n + 800V$，无闪络击穿现象，U_n 为发电机额定电压
4		转子电路	用 1kV 兆欧表测量转子绝缘电阻	绝缘电阻值大于 0.5MΩ
5			在常温下，绕组表面温度与空气温度差 ±3℃ 范围内测量绕组直流电阻	数值与出厂值在同温度下比差值不大于 2%
6			交流工频耐压试验 1min	用 2500V 摇表测量绝缘电阻

续表

序号	内容部位		试验内容	试验结果
7	静态试验	励磁电路	退出励磁电路电子器件后，测量励磁电路的线路设备的绝缘电阻	绝缘电阻值大于 0.5MΩ
8			退出励磁电子电路器件后，进行交流工频耐压试验 1min	试验电压为 1000V，无击穿闪络现象
9		其他	有绝缘轴承的用 1000V 兆欧表测量轴承绝缘电阻	绝缘电阻值大于 0.5MΩ
10			测量检温计（埋入式）绝缘电阻，校验检温计精度	用 250V 兆欧表检测不短路，精度符合出厂规定
11			测量灭磁电阻，自同步电阻器的直流电阻	与铭牌比较，其差值为 ±10%
12	运转试验		发电机空载特性试验	按设备说明书比对，符合要求
13			测量相序	相序与出线标识相符
14			测量空载和负荷后轴电压	按设备说明书比对，符合要求
15			测量启停试验	按设计要求检查，符合要求
16			1kV 以上发电机转子绕组腔外、腔内阻抗测量（转子如抽出）	应无明显差别
17			1kV 以上发电机灭磁时间常数测量	按设备说明书比对，符合要求
18			1kV 以上发电机短路特性试验	按设备说明书比对，符合要求

2）发电机组至低压配电柜馈电线路的相间、相对地间的绝缘电阻值，对于低压馈电线路不应小于 0.5MΩ；对于高压馈电线路不应小于 1MΩ/kV；绝缘电缆馈电线路直流耐压试验应符合现行国家标准《电气装置安装工程电　电气设备交接试验标准》(GB 50150—2019)的规定。

3）柴油发电机组馈电线路连接以后，应核对柴油发电机组与原馈电线路的相序，相序必须一致。

4）发电机组的中性点接地方式及接地电阻值应符合设计要求，接地螺栓防松零件齐全，且有标识。

5）当柴油发电机并列运行时，应保证其电压、频率和相位一致。

6）发电机本体和机械部分的外露可导电部分应分别与保护导体可靠连接，并应有标识。

7）燃油系统的设备及管道的防静电接地应符合设计要求。

（2）一般项目

1）发电机组随带的控制柜的接线应正确，紧固件紧固状态良好，无遗漏脱落。开关、保护装置的型号、规格正确，验证出厂试验的锁定标记应无位移，如果有位移，应重新按制造厂要求由试验厂标定。

2)受电侧低压配电柜的开关设备、自动或手动切换装置和保护装置等试验合格,应按设计的自备电源使用分配预案进行负荷试验,机组连续运行无故障。

5.4.6　成品保护

(1)柴油发电机组及其辅助设备安装在机房内,机房应加锁,未经安装及有关人员允许,非安装人员不得入内。

(2)柴油发电机及其辅助设备安装在室外,根据现场情况采取必要的保护措施,控制设备的箱、柜应加锁。

(3)施工各工种之间要相互配合,保护设备不受碰撞损伤。

(4)柴油发电机组安装完成以后,应保持机房干燥,以防设备锈蚀。

(5)柴油发电机组安装完成以后,应保持清洁。

(6)系统调试过程中,各主要环节应有专人值班。

(7)柴油发电机房室内应保持通风良好,室内温度应保持在 10～40℃,室内严禁用火和吸烟。

5.4.7　安全与环保措施

(1)柴油发电机组对人体有危险的部位必须张贴危险标志。

(2)柴油发电机主体开机

1)开机前所有的防护罩,特别是风扇罩必须正确地安装在机器上。

2)开机前所有的电气接头必须正确地连接,所有的仪器设备必须检查一遍,以保安全。

3)所有接地必须良好。

4)开机前所有带锁的配电盘的门必须锁好。

5)维修人员必须经过培训,不要独自一人在机器旁维修,要保证一旦事故发生时能得到帮助。

6)维修时禁止启动机器,可以按下紧急停机按钮或拆下启动电瓶。

(3)燃油和润滑油

1)在燃油系统施工和运行期间,不允许有明火、吸烟、机油、火星或其他易燃物接近柴油发电机组和油箱。

2)燃油和润滑油碰到皮肤会引起皮肤刺痛,如果油碰到皮肤上,立即用清洗液或水清洗皮肤。如果皮肤过敏(或手部都有伤者)要带上防护手套。

3)燃油管要固定牢固且不渗漏,与发电机组连接的燃油管要用合格的软管。

4)保证所有进油口要装有正向关闭阀。

5)除非油箱与发电机是分离的,否则在发电机工作时不要往油箱内注油,燃油与热发电机组及废气接触是潜在的火患。

(4)蓄电池

1)如果蓄电池使用的是铅酸电池,如果要与蓄电池的电解液接触,一定要戴防护手套和特别的眼罩。

2)蓄电池中的稀硫酸具有毒性和腐蚀性,接触后会烧伤皮肤和眼睛。如果硫酸溅到皮肤上,要用大量的清水清洗,如果电解液进入眼睛,要用大量的清水清洗并立即去医院就诊。

3)蓄电池可释放易爆气体。火花和火焰要远离电瓶,特别是电瓶充电时,在拆装蓄电池时不能让正负极相碰,以防产生火花。启动前,拧紧接头,蓄电池的摆放或充电地点必须保持通风。

4)制作电解液时,浓硫酸必须用蒸馏水或离子水稀释。装电解液的容器必须是铅衬的木盒或陶制容器。

5)制作电解液时,先把蒸馏水或离子水倒入容器,然后加入酸,缓缓地不断地搅动,每次只能加入少量酸。不要往酸中加水,这样酸会溅出,很危险。制作时要穿上防护衣、防护鞋,戴上防护手套。蓄电池使用前电解液要冷却到室温。

6)三氯乙烯等除油剂有毒性,使用时注意不要吸进它的气体,也不要溅到皮肤和眼睛里,要在通风良好的地方使用,要穿戴劳保用品保护手眼和呼吸道。

(5)转动部分

1)勿在不设皮带护档和电器附件的情况下操作。

2)当在转动的部件附近或电力设备附近工作时,不要穿过分宽松的衣服及佩戴首饰,因为宽松的衣服可能会被转动部分挂住,首饰可能引起电线短路而触电起火。

3)保证发电机组的紧固件拧紧,在风扇或传动带上要有设置好的防护装置。

4)开始在发电机组工作前,应先断开启动电池,负极先断,以防止意外起动。

5)如果设备运转时进行调整,对于热的管道及移动的部件要特别当心。

(6)噪声

1)如果在机组附近工作,耳朵一定要采取保护措施,如果柴油发电机组外有罩壳,则在罩壳外不需要采取保护措施,但进入罩壳内则需采取。在需要耳部保护的地区标上记号。尽量少去这些地区。若必须要去,则一定要使用护耳器。一定要对使用护耳器的人员讲明使用规则。

2)不要在柴油发电机组的消声系统安装完成之前,起动柴油发电机组,否则会造成难以预测的后果。

(7)排烟系统

1)排烟系统排出的气体,含有大量的一氧化碳,必须经管道安全地排到室外去,在排烟管道施工完成之前,不能开启发电机组。

2)排烟管道的使用材质不允许使用铜质管道,排除的含硫气体会迅速腐蚀管道,可能会引起排气泄漏。

(8)触电的预防

1)在进行电气维修时,应严格遵照电气说明书进行,确保发电机组接地正确。

2)不能用湿手,或站在水中和潮湿地面上,触摸电线和设备。

3)不要将发电机组与建筑物的电力系统直接连接。电流从发电机组进入公用线路是很危险的,这将导致触电死亡和财产损失。

(9)其他预防措施

1)有压力时冷却剂的沸点比水高,当发电机运转时不要打开散热器或热交换器的压力帽,若需打开,应先让发电机组冷却和系统压力下降后再进行。

2)在方便的位置装备合适的灭火器。

3)不要将碎布放在发电机上或留在发电机附近。

4)需要将机器上的污油清理干净,过量的油污可能引起引擎过热而导致火患。

5.4.8　应注意的事项

(1)施工人员应严格按设计和发电机标注的接线方式接线,防止接线不正确。

(2)发电机的中性线(工作零线)与接地母线的引出端子应用专用螺栓直接连接起来,螺栓防松装置齐全,并有接地标识,避免发电机的中性线(工作零线)与接地母线连接不牢。

(3)柴油发电机组机房的下列位置在应急柴油发电机组施工时,必须做等电位连接:

1)应急柴油发电机组的底座。

2)日用油箱支架。

3)金属管,如水管、采暖管、通风管等。

4)钢结构建筑的钢柱。

5)钢门窗框、百叶窗、有色金属窗框架等。

6)在墙上固定消声材料的金属固定框架。

7)配电系统 PE(或 PEN)线。

(4)下列金属部件应在施工时注意与 PE(PEN)可靠连接:

1)发电机组的外壳。

2)电气控制箱(屏、台)体。

3)电缆桥架、敷线钢管、固定电气支架。

5.4.9　质量记录

(1)材料、设备出厂合格证,生产许可证,机组出厂检验报告,安装技术文件。

(2)设备开箱检验记录。

(3)材料、构配件进场检验记录。

(4)设计变更、工程洽商记录。

(5)电气设备试运行记录。

(6)柴油发电机组安装检验批质量验收记录。

(7)电气线路绝缘电阻测试记录。

(8)调试记录。

(9)柴油发电机组安装分项工程验收记录。

5.5 不间断电源安装工程施工工艺标准

本标准适用于建筑电气工程中电压为 24V 及以上、500V 以下的不间断电源设备的安装。

引用标准:《建筑电气工程施工质量验收规范》(GB 50303—2015)和《不间断电源设备第 1-1 部分:操作人员触及区使用的 UPS 的一般规定和安全要求》(GB 7260.1—2008)。工程施工应以设计图纸和有关施工质量验收规范为依据。

5.5.1 设备及材料要求

(1)不间断电源设备标称容量、型号等参数均应符合设计要求,并应有产品合格证和检测报告。

(2)各类安装所需材料应根据设计要求选用,并有产品合格证。

(3)电池组应注意保存期限。

(4)其他辅材应符合要求。

5.5.2 主要机具

(1)搬运机具:汽车、汽车吊、手动液压叉车、钢丝绳、卡环、麻绳。

(2)安装机具:台钻、手电钻、砂轮机、电焊机、电锤、扳手、钳子、电缆接头压接钳等。

(3)检测及保护用具:水准仪、兆欧表、万用表、水平尺、接地电阻测试仪、试电笔、钢直尺、钢卷尺、塞尺、线坠、编织接地线、粉末灭火器等。

5.5.3 作业条件

(1)设计施工图纸和技术资料齐全。

(2)屋顶、楼板、蓄电池房机内土建及装修施工完毕,室内干燥、无渗漏并清理干净。

(3)机房室内地面完成,门窗齐全。

(4)预埋件及预留孔符合设计要求。

(5)有可能损坏已安装设备或设备安装后不能再进行施工的装饰工作应全部结束。

(6)系统的预埋管线、盒、箱及照明器具均已安装完毕。

(7)大型机柜的基础槽钢设置完成,位置正确,具有维修保养的工作间距。

(8)由接地装置引来的接地干线敷设到位。

(9)相关回路管线、电缆桥架敷设到位。

5.5.4 施工工艺

(1)工艺流程

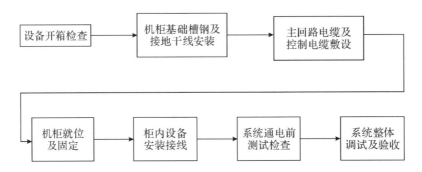

(2)设备开箱检查

1)设备开箱检查由施工单位、供货单位、建设单位、监理单位共同参加,并做好开箱检查记录。

2)根据装箱单和供货清单的逐箱、逐件清点,并做好记录。检查技术文件是否齐全,设备规格、型号是否符合设计要求。

3)检查主机、机柜等设备外观是否正常,有无受潮、擦碰及变形情况,并做好记录和签字确认手续。

4)铅酸蓄电池检查:蓄电池槽无断裂、损伤,盖板密封完好;蓄电池正负极型正确、无变形,配件齐全、无损伤,滤气帽通气良好。

5)镉镍碱性蓄电池检查:池壳无裂痕、损伤、漏液等;极性正确、正负端柱无变形、部件齐全无损伤,孔眼无堵塞现象;带电解液的蓄电池液面高度应在两液面之间,防漏栓紧密,电解液无渗漏现象。

6)检查 UPS 的整流器、充电器、逆变器等,要求规格性能符合设计要求,内部接线正确,标志清晰,紧固件无松动,焊接点无脱落。

(3)基础槽钢安装

1)根据图纸及设备安装说明检查机柜引入引出管线、机柜基础槽钢、接地干线是否符合要求,检查基础槽钢与机柜规定螺栓孔的位置是否正确、基础槽钢水平度及平整度是否符合要求。

2)基础槽钢固定前做好除锈、防腐和面漆,机柜安装完毕后,再补刷面漆。

(4)主回路线缆及控制电缆敷设

1)电缆及控制电缆敷设应符合国家有关现行施工规范及技术标准。

2)导线穿管敷设时应做好对管口的保护工作,以防割伤导线。

3)电缆敷设完毕后应进行绝缘测试,相间及相对地绝缘电阻值应大于 $0.5M\Omega$。

(5)机柜就位及固定

1)将机柜搬运至现场,置于基础槽钢上。

2)采用镀锌螺栓将机柜固定在基础槽钢上。

3)调整机柜的垂直度及各机柜间的间距,水平度、垂直度偏差不应大于 1.5‰。

（6）柜内设备安装接线

1）制作各电缆接头，接头制作应符合有关规范要求。

2）按照技术文件、施工图纸对线缆做回路标识。采用专用导线压接钳压接线鼻子。固定时接线柱应有防松装置，且连接紧密、可控。

（7）系统通电前测试检查

1）对照施工图纸、设备安装说明检查各系统回路接线正确与否，绝缘测试应大于0.5MΩ。

2）在明显区域张贴不间断电源系统调试标志。

3）重复接地检查。不间断电源输出端的中性线（N极），必须与由接地装置直接引来的接地干线相连接，做重复接地。

（8）系统整体调试及验收

1）依据设备安装使用说明书的操作提示和不间断电源系统图进行送电调试。

2）送电前应注意检查设备散热风扇处的保护薄膜是否已取掉，以免造成机柜通风散热困难。

3）应在系统内各设备运转正常的情况下调整设备，使系统各项指标满足设计要求。

4）不间断电源首次使用时应根据设备使用说明书的规定进行充电，在满足使用要求前不得带负载运行。

5）大型系统调试应以设备厂家技术人员为主，安装人员为辅。

6）系统验收时应会同建设单位有关人员一道进行，并做好相关记录。

5.5.5　质量标准

（1）主控项目

1）不间断电源的整流装置、逆变装置和静态开关装置的规格、型号必须符合设计要求。内部接线连接正确，紧固件齐全，可靠不松动，焊接连接无脱落现象。

2）不间断电源的输入、输出各级保护系统和输出的电压稳定性、波形畸变系数、频率、相位、静态开关的动作等各项技术性能指标试验调整必须符合产品技术文件要求，且符合设计要求。

3）不间断电源装置相间、相对地间绝缘值应大于0.5MΩ。

4）不间断电源输出端的中性线（N极），必须与由接地装置直接引来的接地干线相连接，做重复接地。

（2）一般项目

1）安放不间断电源的机架组装应横平竖直，水平度、垂直度偏差不应大于1.5‰，紧固件齐全。

2）引入和引出不间断电源装置的主回路电线、电缆和控制电线、电缆应分别穿保护管敷设，在电缆支架上平行敷设应保持150mm的距离。电线、电缆的屏蔽护套接地连接可靠，与接地干线就地连接，紧固件齐全。

3）不间断电源装置的可接近裸露导体应接地（PE）或接零（PEN）可靠，且有标识。

4）不间断电源正常运行时产生A声吸噪声，不应大于45dB；输出额定电流为5A及以下的小型不间断电源噪声不应大于30dB。

5.5.6 成品保护

(1)设备运到现场后,如果暂时不能安装就位,应及时搬入室内存放,并派专人看管。

(2)在设备搬运过程中,不允许将设备倒立、过度震动,防止设备外壳和电器元件损坏。

(3)在设备安装装过程中,在施工暂时间断期间,应做好设备遮盖,设备房间应关窗、门上锁,无关人员不得随意进入。设备安装结束后,如果暂时不能送电运行,设备房间门窗应关好,并设专人看管。

(4)不间断电源设备安装时应注意保持机房地面、墙面整洁,不得污损。

(5)其他工种作业时,应注意做好防护措施,不得损伤设备。

(6)机房内应确保通风良好,并应采取防尘、防潮、防污染及防水措施。

(7)在调试阶段需悬挂明显标志,以防出现意外触电事故。

(8)设备安装完毕后,不间断电源机房应派专人进行管理,防止设备器材的丢失、损坏或发生人身意外。

5.5.7 安全与环保措施

(1)配制电解液时,应配备硼酸等中和溶液,配制人员必须穿戴胶皮围裙、套袖、手套、靴子和防护眼镜等劳保用具,以防电解液烧伤皮肤。

(2)在设备搬运过程中应采取防倾倒措施。

(3)配制碱性电解液的容器应用铁、钢、陶瓷或珐琅制成。

(4)剩余的电解液用专用容器妥善保管,并在容器上标明配制日期和浓度,以免误倒而污染环境。

(5)施工场地应做到活完料净脚下清,现场垃圾应及时清运,收集后运至指定地点集中处理。

5.5.8 应注意的问题

(1)设备开箱检查应注意:

1)设备开箱宜在室内进行。

2)设备开箱后应作下列检查:

①制造厂的设备、器材技术文件及合格证应齐全;

②设备、器材的型号、规格、数量应符合工程设计要求,附件、备件应齐全;

③设备、器材应外观完好,无损伤。

(2)设备搬运存放应注意:

1)设备、器材在搬运存放过程中应注意防振、防潮,避免高温,不得倒置。

2)应存放在干燥通风、不受撞击的场所。

(3)不间断电源柜的基础应确保其水平度及垂直度。基础型钢焊接处应及时防腐处理。

(4)柜内所配元器件应符合有关现行国家标准规定,且有产品合格证明。

(5)不间断电源输出端中性线与接地干线必须做重复接地,并确保接地阻值符合施工规范和设计的要求。

（6）制造厂家技术文件应齐全完整。

（7）安装前应核对原设计土建结构的承载力,确定其是否能满足安装 UPS 及蓄电池组的载荷要求。

（8）蓄电池组安装时,固定连接板的螺母应使用专用扳手或专用套筒,防止连接板的螺母固定不紧。

（9）配制电解液的人员严格按规范或产品说明书中规定的酸或碱与蒸馏水的比例进行配制,防止电解液浓度不符合规范要求。

5.5.9　质量记录

（1）设备出厂合格证,生产许可证,产品安装使用说明书,"CCC"认证。

（2）设备开箱检验记录。

（3）安装材料、构配件进场检验记录。

（4）设计变更、工程洽商记录。

（5）预检记录。

（6）试验报告。

（7）设备试运行记录。

（8）不间断电源安装检验批质量验收记录。

（9）中间交接记录。

（10）竣工图。

5.6　低压电气动力设备试验和试运行工艺标准

本标准适用于建筑电气工程的低压电气动力设备试验和试运行。工程施工应以设计图纸和有关施工质量验收规范为依据。

5.6.1　设备及材料要求

（1）设备、仪器仪表、材料进场检验结论应有记录,确认符合《建筑电气工程施工质量验收规范》(GB 50303—2015)的规定,才能在施工中应用。

（2）依法定程序批准进入市场的新设备、仪器仪表、材料验收,除符合《建筑电气工程施工质量验收规范》(GB 50303—2015)的规定外,还应提供安装、使用、维修和试验等要求的技术文件。

（3）进口的电气设备、仪器仪表和材料进场验收,除符合《建筑电气工程施工质量验收规范》(GB 50303—2015)的规定外,还应提供商检证明和中文的质量合格证明文件、规格、型号、性能检测报告以及中文的安装、使用、维修和试验要求等技术文件。

（4）电气设备上计量仪表和与电气保护有关的仪表应检定合格,当投入试运行时,应在有效期内。

(5)因有异议送有资质的实验室进行抽样检测的仪表,实验室应出具检测报告,确认符合《建筑电气工程施工质量验收规范》(GB 50303—2015)和相关技术标准规定的,才能在施工中应用。

5.6.2 主要机具

低压电气设备交接试验常用主要仪器设备见表 5.6.1。

表 5.6.1 低压电气设备交接试验常用主要仪器设备表

序号	名称	型号	级类	用途	备注
1	低压大电流变压器	DDG-10/0.5		供电流互感器特性试验,低压断路器脱扣试验及熔断器特性试验	
2	多量程电流互感器	HL-25 型 HL-26 型	0.2	供电流互感器特性试验,检验电表,扩大量程用及检验继电器保护动作电流的测试	
3	仪用电压互感器	HJ10 型	0.2	检验电表扩大量程用	
4	双综双扫示波器	ST-22 型		测量电压、电流、频率,相位波形和各种参数等	
5	交直流稳压器	613-4		作稳压电源用	
6	携带式晶体管参数测试仪	JS-7A		测量晶体管参数用	
7	数字式频率计	PP4		测量频率用	
8	钳形交流电流电压表	T-302	2.5	测量交流电源和电压	
9	单相相位表	D26-COSφ	1.0	测量单相交流电压与电流之间的相位角	
10	三相相序表			测量三相相序用	
11	携带式直流双臂电桥	QJ28		测量开关接触电阻、发电机、变压器线圈等直流低电阻	

序号	名称	型号	级类	用途	备注
12	携带式直流单臂电桥	QJ23		测量1欧姆以上直流电阻	
13	单相携带式电度表	DB1		检验电度表用	
14	交直流电流表	D2/3-A D26A	0.2 0.5	作为标准表校验0.5级电表用 校验1级以下电表用及电流测量	
15	交直流电压表	D2-V D8-V	0.2 0.5	作为标准表校验0.5级电表用 校验1级以下电表用及测量电压	
16	电磁式电流表	T2-A	0.5	校验1级以下电表用及一般测量用	
17	直流电压表	C59-V	0.5	用于一般直流电压测量	
18	直流电压表	C31-V	0.5	校验1级以下的电表及一般测量用	
19	直流电流表	C31-A	0.5	用于一般直流电流测量	
20	电磁式毫安表	T2-mA T19-mA	0.5	用于一般直流电流测量 一般测量及校验继电器用	
21	交直流电子稳压电源	613A		交直流稳压电源	
22	接地电阻测定仪	ZC7 ZC29		测量各种接地装置的接地电阻用	
23	兆欧表	ZC7 ZC11		测量电气设备的绝缘电阻	规格: 500V,0～500MΩ; 1000V,0～500MΩ; 2500V,0～10000MΩ
24	滑杆式变阻器	RXH		调节电压和电流	

续表

序号	名称	型号	级类	用途	备注
25	秒表			测量时间(秒)	
26	电秒表	407 型		测量导体直流电阻和电缆故障点	
27	线路试验器	QF43 型		测量导体直流电阻和电缆故障点	
28	自耦调压器	TDGC TSGC		调节电压用	有单相、三相
29	万用表	MF9 JSW		测量交、直流电压,直流电流和电阻	
30	转速表			测量电机或其他设备的转速	
31	半导体点温计			测量一个很小面积的温度,特别适宜测量触头、触点等部位的温度	
32	红外线遥测温度仪			630A 及以上导线或母线连接处的温度测量	
33	低压验电笔			低压验电用	

5.6.3 作业条件

(1)门窗安装完毕。

(2)电动机及设备安装完毕并擦拭干净。

(3)电气设备检查接线工作完毕,且初检合格。

(4)运行后无法进行的和影响安全运行的施工工作完毕。

(5)施工中造成的建筑物损坏部分应修补完整。

5.6.4 施工工艺

(1)工艺流程

低压电气动力设备试验和试运行程序如下:

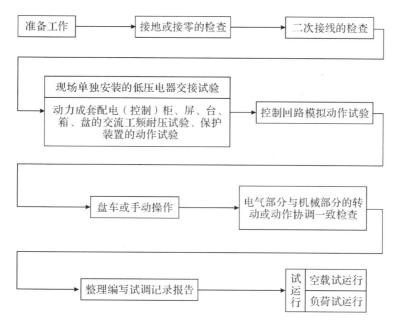

（2）准备工作

1）认真学习和审查设计施工图纸资料。

2）编制调整试验、试运行方案（包括安全技术措施）。

3）准备仪器、仪表、工具材料以及消耗性备件，如熔断器、灯泡等。

4）试验用电源有保证，已准备就绪。

5）工作场所应尽可能地保持整洁，试验时不必要的工具、设备等应搬离工作场所。

6）在二次回路检验时，一次设备不应带上运行电压。在检查时应设明显的警示牌，应将所检验的回路与新安装暂时不检验或已运行回路之间的连接线断开，以免引起误动作。

7）对远距离操作设备进行检验时，在设备附近应设专人监视其动作情况，并装设对讲电话（或步话机）。

8）工作场所应有适当的照明装置，在需要读取仪表指示数的地方，必须有足够的照明。

9）进行施工技术安全交底工作。

（3）接地或接零的检查

1）逐一复查各接地处选点是否正确，接触是否牢固可靠，是否正确无误地连接到接地网上。

①设备的可接近裸露导体接地或接零连接完成。

②接地点应与接地网连接。

③设备接地点应接触良好、牢固可靠且标识明显。要接在专为接地而设的螺钉上，不可以管卡子等附属物为接地点。

④接地线路布置合理，不要置于易碰伤和砸断之处。

⑤禁止用一根导线做各处的串联接地。

⑥不允许将一部分电气设备金属外壳采用保护接地，将另一部分电气设备金属外壳采用保护接零。

2)柜(屏、台、箱、盘)接地或接零检查

①装有电器的可开启门,门和框架的接地端子应用裸编织铜线连接,且有标识。

②柜(屏、台、箱、盘)内保护导体应有裸露的连接外部保护导体的端子,当设计无要求时,柜(屏、台、箱、盘)内保护导体最小截面积不应小于本书5.3.5节(1)条的规定。

③照明箱(盘)内,应分别设置零线(N)和保护地线(PE线)汇流排,零线和保护地线经汇流排配出。

3)明敷接地干线,沿长度方向,每段为15~100mm,分别涂以黄色和绿色相间的条纹。

4)测试接地装置的接地电阻值必须符合设计要求。

(4)二次接线的检查

1)柜内检查

①依据施工设计图纸及变更文件,核对柜内的元件规格、型号,安装位置等应正确。

②柜内两侧的端子排数量应正确。

③根据二次接线原理图检查柜内各设备间的连接,检查由柜内设备引至端子排的连接其接线、编号必须正确。

④在检查过程中为防止因并联回路造成错误,检查时可根据实际情况将被查部分的一端解开,然后检查。检查控制开关时,应将开关转动至各个位置逐一检查。

2)柜间联络电缆检查(通路试验)

①柜与柜之间的联络电缆需逐一校对。通常使用查线电话或电池灯泡、电铃、摇表等校线方法。

②在二次回路查线的同时,应检查导线、电缆、继电器、开关、按钮、接线端子的标记,与图纸要相符,对有极性关系的保护,还应检查其极性关系的正确性。

3)操作装置的检查

①回路中所有操作装置都应进行检查,主要检查接线是否正确,操作是否灵活,辅助触点动作是否准确。一般用导通法进行分段检查和整体检查。

②检查时应使用万用表,不宜用兆欧表(摇表)检查,因为摇表检查不易发现接触不良或电阻变值。另外,检查时应注意拔去柜内熔丝,并将与被测电路并联的回路断开。

4)电流回路和电压回路的检查

电流互感器接线正确,极性正确,二次侧不准开路(而电压互感器二次侧不准短路),准确度符合要求,二次侧有1点接地。

5)二次接线绝缘电阻测量及交流耐压试验

①测量绝缘电阻:二次回路的绝缘电阻值必须大于$1M\Omega$(用500V兆欧表检查)。48V及以下的回路使用不超过500V的兆欧表。

②交流耐压试验:柜(屏、台、箱、盘)间二次回路交流工频耐压试验,当绝缘电阻值大于$10M\Omega$时,用2500V兆欧表摇测1min,应无闪络击穿现象,当绝缘电阻在$1\sim10M\Omega$时,做1000V交流工频耐压试验,时间1min,应无闪络击穿现象。

③回路中的电子元件不应参加交流工频耐压试验。48V及以下回路可不做交流工频耐压试验。

（5）现场单独安装的低压电器交接试验

1）低压电器包括电压为 60～1200V 的刀开关、转换开关、熔断器、自动开关、接触器、控制器、主令电器、起动器、电阻器、变阻器及电磁铁等。

产品出厂时都经过合格检查，故在安装前一般只做外观检验。但在试运行前，要对相关的现场单独安装的各类低压电器进行单体的试验和检测，都符合规范规定才具备试运行的必备条件。

2）低压电器的试验项目，应包括下列内容：

①测量低压电器连同所连接电缆及二次回路的绝缘电阻。

②电压线圈动作值校验。

③低压电器动作情况检查。

④低压电器采用的脱扣器整定。

⑤测量电阻器和变阻器直流电阻。

⑥低压电器连同所连接电缆及二次回路的交流耐压试验。

3）低压断路器检查试验

①一般性的检查

各零、部件应完整无缺，装配质量良好；可动部分动作灵活，无卡阻现象；分、合闸迅速可靠，无缓慢停顿情况；开关自动脱扣后重复挂钩可靠。

缓慢合上开关时，三相触点应同时接触，触头接触不同时的偏差不应大于 0.5mm；动静触头的接触良好；对于大容量的低压断路器，必要时要测定动、静触头及内部接点的接触电阻。

②电磁脱扣器通电试验

当通以 90％的整定电流时，电磁脱扣器不应动作，当通以 110％的整定电流时，电磁脱扣器应瞬时动作。试验接线如图 5.6.1 所示。

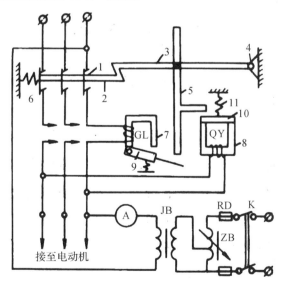

1—触头；2—锁链；3—搭钩；4—轴；5—杠杆；6、11—弹簧；7—过流脱扣器；
8—欠压脱扣器；9、10—衔铁；JB—变流器；ZB—调压器；K—刀闸开关

图 5.6.1　自动开关动作原理和试验接线图

　　试验方法如下:试验接线分别接于断路器输入端和输出端。断路器如果有欠压脱扣器,可先将其线圈单独通电,使衔铁吸合,或先用绳子将衔铁捆住,再合上断路器,然后合上试验电源闸刀,用较快速度调节调压器,使试验电流达到电磁脱扣动作电流值,断路器跳闸。并调整动作电流值与可调指针在刻度盘上的指示值相符。对无刻度盘的断电器,可调整到两次试验动作值基本相同为止。

　　当断路器自动脱扣后,如果要重新合闸,应先将手柄扳向注有"分"字标志的一边,挂钩后,再扳向"合"字位置,才能合闸。此外,断路器如果兼有热脱扣器,试验时要快速调升电流,尽量减少时间,或将热脱扣器临时短接,以防止热脱扣器动作。

　　a.热脱扣器试验的技术数值

　　其整定电流(指热继电器长期不动作电流)也有一定调节范围。延时动作时间不得超过产品技术条件规定。

　　断路器因热过载脱扣后,以手动复位后,待一分钟后可再起动。

　　b.欠压脱扣试验

　　脱扣器线圈按上述可调电源,调升电压衔铁合,再扳动手柄合闸后,继续升压,使线圈的电磁吸力增大到足以克服弹簧的反力,而将衔铁牢固吸合时的电压读数即是脱扣器的合闸电压。然后,逐渐减低电压,衔铁释放使开关跳闸时的电压即为分闸(释放)电压。脱扣部分、合闸电压整定值误差不得超过产品技术条件的规定。

　　低压断路器试验时,应注意其整定值应符合设计要求。

　　4)双金属片式热继电器检查试验

　　通常它与交流接触器组装成磁力起动器。

　　继电器的整定电流是通过调节装置调节的。其过载电流的大小与动作时间的关系见表5.6.2。

表5.6.2　热继电器保护特性

整定电流倍数(A)	动作时间	备注
1.05	大于2h	从冷状态开始
1.2	小于20min	从热状态开始
1.5	25A以下小于1min	从热状态开始
6.0	25A以上大于2min	从冷状态开始
	大于5s	

　　注:热态开始是指热元件已被加热至稳定状态(从额定电流使热继电器预热到稳定温度)。

　　①一般性检查

　　检查和选择热元件号应与被保护电机的额定电流以及与磁力起动器的型号相符。

　　如果热元件系成套供应,根据制造厂的说明,不必再进行通电和机构调整,但必须检查其动作机构是否灵活。

　　检查热继电器各部件有无生锈现象及固定情况,复归装置是否好用,对于动作不灵活及生锈者应予更换。

②动作值试验

试验接线如图 5.6.2 所示。指示灯 ZD 作为动作信号接在常闭触点上。测定动作时间可用秒表。

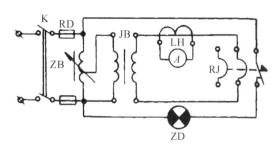

RJ—热元件;LH—电流互感器;JB—变流器;K—刀闸开关;ZB—自耦调压器;ZD—指示灯
图 5.6.2　热元件动作试验接线

试验方式如下:合上刀闸开关 K,指示灯 ZD 发亮。调节调压器 ZB 使电流升至整定电流,停留一段时间,热继电器不应动作。再调升电流至 1.2 倍的整定电流时,热继电器应在 20min 内动作,常闭触点断开,指示灯熄灭。然后将电流降至零,待热元件复位,常闭触点断开,指示灯发亮后,即调升电流至 1.5 倍整定电流,此时热继电器应在 2min 内动作。同样将电流降至零,待热元件完全冷却后,快速地调升电流至 6 倍整定电流时,即拉开刀闸开关,在瞬间合上开关的同时,测定动作时间,热继电器应大于 5min 动作。

以上动作特性要在调节装置中标明的最大和最小整定电流值下分别试验。如果动作时间误差较大,可旋动调节装置中的螺丝进行调整。

热继电器绝缘电阻可与接触器或系统一起进行测定。

③注意事项

a.如果动作时间不符合要求,调整时只许拨动调整杆或调整螺丝,绝对禁止弯折双金属片。

b.当调整杆接近"复位"杆或调整螺丝双金属片时,可使热继电器动作时间变短,反之,则可使其动作时间加长。

c.由于热继电器的结构各有不同,在调整之前应很好地了解被调热继电器的结构、可调部分及其良好性,在通电加热之前将可调机构放在中间位置。

d.热元件的两端应保持平直与清洁,不得任意弯折,以免影响动作时间。

e.调整机构后,应按本节(2)项所述方法重新进行整定。

f.调整及试验好后,可在调整机构上加上明显标记,以便于检查。

g.经通电调整后,满足不了要求的热继电器应予更换。

5)JRD22 型电动机综合保护器

JRD22 型电动机综合保护器主要是以电子式热继电器为主体取代双金属片式热继电器的新产品。

产品生产时已通过标准检验程序,共有 15 项考核指标全部合格。动作电流值与外部整定值误差不大于 2%。因此,使用时其规格大小按电动机额定电流选取。

①电流分档范围

综合保护器的电流分档范围见表 5.6.3。

表 5.6.3　电流分档范围

额定电流等级	保护元件规格代号	保护元件规格/A	整定电流调节范围/A	额定电流等级	保护元件规格代号	保护元件规格/A	整定电流调节范围/A
20	A_1	0.16	0.1～0.13～0.16	63	B_5	63	50～56～63
	A_2	0.25	0.16～0.2～0.25	160	C_1	80	63～71～80
	A_3	0.4	0.25～0.32～0.4		C_2	100	80～90～100
	A_4	0.63	0.4～0.52～0.63		C_3	112	100～106～112
	A_5	1.0	0.63～0.81～1.0		C_4	125	112～118～125
	A_6	1.6	1.0～1.3～1.6		C_5	140	125～132～140
	A_7	2.5	1.6～2.0～2.5		C_6	160	140～150～160
	A_8	4.0	2.5～3.2～4.0	250	D_1	180	160～170～180
	A_9	6.3	4.0～5.2～6.3		D_2	200	180～190～200
	A_{10}	10	6.3～8.1～10		D_3	224	200～212～224
	A_{11}	12.5	10～11～12.5		D_4	250	224～237～250
	A_{12}	16	12.5～14～16	400	E_1	280	250～265～280
	A_{13}	20	16～18～20		E_2	315	280～297～315
63	B_1	25	20～22.5～25		E_3	355	315～335～355
	B_2	31.5	25～28～31.5		E_4	400	355～377～400
	B_3	40	31.5～36～40	630	F_1	500	400～450～500
	B_4	50	40～45～50		F_2	630	500～565～630

②电气接线

整定电流值为 0.1～16A(即整流元件代号为 A_1～A_{12})的。其电气接线见图 5.6.4(a)；整定电流值为 16～200A(即整流元件代号为 A_{13}～D_2)的。其电气接线见图 5.6.4(b)。

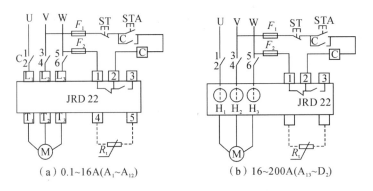

（a）0.1~16A(A_1~A_{12})　　　　　　（b）16~200A(A_{13}~D_2)

图 5.6.4　JRD22 型保护器电气接线图

图 5.6.4 中:

端子 1 和 2 为控制继电器的闭触点;

端子 2 和 3 为控制继电器常开触点;

端子 4 和 5 输入测温信号,超温保护时用。

图 5.6.4(a)中的 L_1、L_2、L_3 为电源侧端子,T_1、T_2、T_3 为负荷侧端子;

图 5.6.4(b)中的 H_1、H_2、H_3 为负荷电源线过线孔。

6)接触器检查试验

①一般性检查

接触器各零、部件应完整;衔铁等可动部分动作灵活,不得有卡堵或闭合时有滞缓现象,开放或断电后,可动部分应完全回到原位。当动接点与静接点及可动铁芯与静铁芯相互接触(闭合)时,应吻合,不得歪斜。

铁芯与衔铁的接触表面平整清洁,如果涂有防锈黄油应予以清除。

接触器在分闸时,动、静触头间的空气距离,以及合闸时动触头的压力,触头压力弹簧的压缩度和压缩后的剩余间隙,应符合产品技术条件的规定。

用万用表或电桥测量接触器线圈的电阻应与铭牌上的电阻值相符,用摇表测量线圈及接点等导电部分对地之间的绝缘电阻应良好。

②接触器的动作试验

接触器线圈两端接上可调电源,调升电压到衔铁完全吸合时,所测电压即为吸合电压,其值一般不应低于 85％线圈额定电压(交流),最好不要高于这相数值。将电源电压下降到线圈额定电压的 35％以下时,衔铁应能释放。最后调升电压到线圈额定电压,测量线圈中流过的电流,计算线圈在正常工作时所需要的功率,同时观察衔铁不应产生强烈的振动和噪声(如果铁芯接触不严密,不许用锉刀锉铁芯的接触面,应调整其机构,将铁芯找正,并检查短路环是否完整,弹簧的松紧程度是否合适)。

7)起动器检查试验

目前应用最为普遍的是磁力起动器和自耦减压起动器。

磁力起动器是由交流接触器与热继电器组成的直接起动器(其试验方法前面已述)。

①自耦减压起动器一般性检查

外壳应完整,零部件无损坏和松动现象,并有明显的标志符号,如铭牌、起动—运转—停止、油面线、接地符号、内部接线图、接线柱符号等。

所有螺栓、螺母、垫圈俱全并坚固。

动、静头表面光滑,排列整齐,接触正确良好,接触表面若有毛刺或凹凸不平,可用细锉刀锉平。

三相触头同时接触,各触头弹簧压力相等,弹性良好。

触头的断开距离(开距)、超额行程和触头终压力应符合表 5.6.4 的规定。

联锁装置可靠。操作机械灵活准确,手柄操作力不应大于产品允许规定值。

表 5.6.4　补偿触头的断开距离、压力和超额行程表

容量/kW	断开距离/mm	起额行程/mm	触头终压力/N
20	不少于 17	3.5±0.5	6.86±0.69
40	不少于 17	3.5±0.5	14.21±1.37
75	不少于 20	4±0.5	31.36±3.14

检查分合闸的可靠性时,可先用手按住脱扣衔铁,将手柄推向"起动"位置,再立即扳向"运转"位置,然后放开衔铁,此时应立即跳闸而无迟缓或卡住现象。

补偿器油箱内应注满无杂质和水分并经耐压试验合格的变压器油至油面线水平。

②自耦减压起动器的电气性能试验

用 500V 摇表的测定线圈及导电部分对地绝缘电阻应符合规定。

自耦变压器的空载试验:先拆除变压器次级输出接至电动机的接线,初级输入端三相串接电流表,当接入电源后,将手柄推至"起动"位置,所测空载电流应不大于自耦变压器额定工作电流的 20%,并用电压表测量次级抽头各档的输出电压比,其误差应不大于±3%。

保护装置中的失压脱扣器及热脱扣器的试验与低压断路器中的脱扣器相同。

8)交流电动机软起机器调试

①电气安装接线

当电动机软起完成并达到额定电压时,三相旁路接触器 KM 吸合,电动机全压投网运行,电气安装一次回路如图 5.6.5 所示。

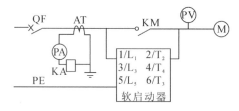

PV—交流电压表;PA—交流电流表;AT—电流互感器;QF—空气断路器;KM—旁路交流接触器;

KA—电机保护器;PE—保护接地端子;1/L₁、3/L₂、5/L₃—输入端子,连接三相电源;

2/T₁、4/T₂、6/T₃—输出端子,连接电动机

图 5.6.5　软起动器一次回路

②软起动器工作状态

在交流电动机软起动器上有 6 个指示灯(L_1 至 L_6),可反映出软起动器的工作状态,以方便调试及运行监视。L_1 是控制电源指示灯,L_2 是起动阶段指标灯,L_3 是运行指示灯,L_4 是电源缺相或欠压指示灯,L_5 是晶闸管短路故障指示灯,L_6 是设备过热及外部故障指示灯。其中,从控制电源指示灯 L_1 的闪烁状态又能反映出软起动器具体状态:闪烁频率 0.5Hz 处于停车状态或故障状态;闪烁频率 1Hz 处于起动状态;闪烁频率 5Hz 处于运行状态;不闪烁表示控制器内部故障;指示灯熄灭表示控制电源未投入。

③软起动器的调试

交流电动机软起动器的调试必须带负载进行。负载可用串接白炽灯组成三相负载,也可直接接电动机。

a. 电位器整定

在起动电压 VS 可在 20%～70%额定电压范围内由电位器 SV 调节整定；起动时间 TS 可从 2～30s 范围内调整，由电位器 ST 调节整定，见表 5.6.5。

表 5.6.5 根据实际负载需要调试软起动器

电位器	减小	增大	最佳状态
SV	起动力矩减小	起动力矩增大	起动时电机刚好能开始转动
ST	起动时间减小 起动电流增大	起动时间增大 起动电流减小	根据负载情况由用户决定

b. 调试

根据起动现象调试软起动器，见表 5.6.6。

表 5.6.6 根据起动现象调试软起动器

现象	原因	调整
电机经过较长时间后才开始转动	起动力矩过小	增大 SV
起动时电机突然转动	起动力矩过大	减小 SV
起动时间短，起动电流大	起动时间过小	增大 ST
起动时间过长	起动时间过大	减小 ST

c. 软起动器常见异常情况的处理见表 5.6.7。

表 5.6.7 软起动器常见异常情况的处理

异常情况	产生原因	处理方法
缺相保护	控制电源零线、相线接反 没有接通主回路电源 主回路缺相	正确接线 接通主回路电源 检查主回路电源
旁路接触器不动作	旁路接触器损坏 外围线路故障	更换接触器或控制板 检查线路
旁路后接触器跳开	旁路接触器不能自保 热继电器保护动作	检查线路 检查保护动作原因
起动时间很短 起动时间<2s	Vs 设置过高 Ts 设置过短	降低起动电压 增加起动时间
晶闸管 短路保护动人	软起动器没有连接电动机 晶闸管损坏 旁路接触器触点短路	连接电动机 更换晶闸管 维修或更换接触器

9）电阻器与变阻器检查和试验

①检查

铭牌数据要齐全，变阻器在操作处应有接入和分断位置的标志和指示操作方向的箭头。

变阻器内部各段电阻之间及各段电阻与触头之间的连接应可靠。

固定触头或绕线式滑线处的工作表面须平整光滑。

活动触头与固定触头或绕线式滑线处工作表面要有良好的接触，触头间有足够的接触压力，滑动过程中不得有开路和卡住现象。

电阻片间组装紧密可靠，电阻间的补偿弹簧在冷却状态下要稍有余量，在热状态时压缩紧密。

②试验

电阻器与变阻器不得有短路或开路的地方，测得的直流电阻值应与铭牌上的数值相符（直流电阻差值应符合产品技术条件的规定）。

电阻器与变阻器的导电部分对外壳的绝缘电阻应良好。

（6）动力成套配电（控制）柜、屏、台、箱、盘的交流工频耐压试验

1）柜、屏、台、箱、盘的交流工频耐压试验。交流工频耐压试验电压为 1kV，当绝缘电阻值大于 $10M\Omega$ 时，可采用 2500V 兆欧表摇测替代，试验持续时间 1min，无击穿闪络现象。

2）回路中的电子元件不应参加交流工频耐压试验。48V 及以下回路可不做交流工频耐压试验。

（7）柜、屏、台、箱、盘的保护装置的动作试验

1）继电器检验和调整

①继电器一般性检查

a.继电器外壳用毛刷或干布揩擦干净，检查玻璃盖罩是否完整良好。

b.检查继电器外壳与底座结合得是否牢固严密，外部接线端钮是否齐全，原铅封是否完好。

c.打开外壳后，内部如果有灰尘，可用吹风机或皮老虎吹净，再用干布揩擦。

d.检查所有接点及支持螺丝、螺母有否松动现象，螺母不紧最容易造成继电器误动作。

e.检查继电器各元件的状态是否正常，元件的位置必须正确。有螺旋弹簧的，平面应与其轴心严格垂直。各层簧圈之间不应有接触处，否则由于摩擦加大，可能使继电器动作曲线和特性曲线相差很大。

f.可调把手不应松动，也不宜过紧，以便调整。螺丝插头应紧固并接触良好。

②校验和调整

a.先用电阻表或万用表的欧姆档测量线圈是否通路。

b.绝缘电阻的测试。用 500V 摇表测量继电器所有导电部分和附近金属部分的绝缘电阻，一般按照下列内容逐项测试：接点对线圈的绝缘电阻；线圈之间、接点之间的及其他部分的绝缘电阻。绝缘电阻一般不应低于 $10M\Omega$。如果绝缘电阻较低，应查明原因；如果是绝缘受潮应进行干燥处理。

c.检查继电器所有接点应接触良好。清洁接点时不许使用砂纸或其他研磨材料，可用薄钢片、木片、小细锉之类工具，然后用干净的布擦净。并禁止用手指摸触接点，禁止用任何

油类来润滑继电器接点。

d.检查时间继电器可动系统动作的平稳均匀性,不应有忽慢忽快或摩擦停滞的现象。检查时可用手将电磁铁的铁芯压下,使钟表机械动作,观察机械部分是否灵活,有无卡住或转动不匀现象,接点是否接触得好,然后将电磁铁的铁芯放开,继电器的可动部分应立即返回至原来位置。如果发现可动部分有滞动或显著不均匀现象,以及机械摩擦或齿轮啮合不好等现象,应进行细致的校正或处理。

③对试验设备及仪表的要求

除合理选择测量仪器并正确使用外,还须注意以下几点:

a.试验所用的各种交直流仪表的基本误差在1.5级以内。

b.测量继电器的动作时间,如小于0.1s的,应采用毫秒表。

c.调整工具应齐全,其形式尺寸应适合工作的需要。

②继电器的整定

一般情况下,生产出厂调试中已按用户要求整定好,因此现场调试就不必再整定了(包括低压断路器)。否则,应按设计给定的整定值进行整定。

3)保护装置的检查试验

①保护装置的规格、型号符合设计要求。熔断器的熔体规格、低压断路器的整定值符合设计要求。

②闭锁装置动作准确、可靠。

③主开关的辅助开关切换动作与主开关动作一致。

④信号回路的动作和信号显示准确。

(8)控制回路模拟动作试验

1)断开电气线路的主回路开关出线处,电动机等电气设备不受电;接通控制电源,检查各部的电压是否符合规定,信号灯、电压继电器等工作是否正常。

2)操作各按钮或开关,相应的继电器、接触器的吸合和释放都应迅速,无黏滞现象和不正常噪声。相关信号灯指示要符合图纸的规定。

3)用人工模拟的方法试动各保护元件,应能实现迅速、准确、可靠的保护功能。模拟合闸、分闸,也可将各个联锁接点(包括电信号和非电信号),进行人工模拟动作而控制主回路开关的动作。检查无功功率补偿手动投切是否正常。如果几台柜子之间是有联系的,还要进行联屏试验(如有的无功补偿柜有主柜和副柜之分)。

4)手动各行程开关,检查其限位作用的方向性及可靠性。

5)对设有电气联锁环节的设备,应根据电气原理图检查联锁功能是否准确可靠。

(9)盘车或手动操作

1)盘车

①检查各电机安装是否牢固,防护网、罩是否装好。

②用手盘动机轴应轻松,无卡阻现象,并不得有机械的碰击声或出现其他异常声音,盘动不应感到吃力(有变速箱时暂挂在空挡);

③对直流电机,还要检查电刷的压力及接触情况,换向器是否光洁,电刷在刷握中是否过紧,刷架是否紧固。

2）相序和旋转方向的确定

对于不可逆转的电动机,在起动之前先要确定三相电源线路的相序和电动机的旋转方向,使电动机按规定的方向运动。

①电源线路相序的确定

可用相序指示器。

②旋转方向的确定

a.异步电动机旋转方向的确定

可先确定子绕组的首尾端和接线方式,并按图5.6.6所示接线。

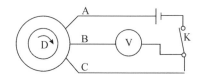

图5.6.6　确定电机旋转方向的接线

采用两节1号干电池,接在假定的A、C相上。合上K后,将转子向规定方向盘动,如果表针正摆,则电池正极所接的出线端确定为A相,电池负极所接的出线端确定为C相,另一根为B相。如果表针反摆,可将假定的A、C相对调,重复上述方法。

b.直流电机的极性与旋转方向的确定

i.对于不可逆电动机,需要在起动之前确定旋转方向而又不便于盘车时,可在转子不动的情况下,采用感应法进行。如图5.6.7所示接线。

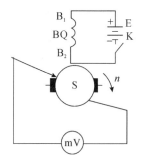

图5.6.7　感应法确定电机的旋转方向或发电极性

将电池的“＋”端接到主极绕组的 B_1 端(或按系统电源极性),毫伏表接在按电刷顺图示箭头方向移动几片的整流子上,但不必移动刷架。如果接通电池开关(K)的瞬时仪表指针向右偏转,则电源引至电刷的极性与仪表的接入极性相同,箭头的方向即代表电动机的旋转方向。

ii.便于盘车的电机,在需要确定旋转方向时,可按图5.6.8所示接线。

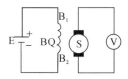

图5.6.8　手动盘车确定电机旋转方向接线图

在励磁绕组上接上电池,电枢两端接一电压表。当盘动电枢时,表针向右偏转,如果是电动机,且加于励磁绕组的电源极性与电池极性相同以及以后加于电枢电源的极性与电压表之极性相同,则盘车方向即为将来电机的旋转方向。试验时通入励磁绕组的电流值应保证足以抵消剩磁的影响。

ⅲ.不可逆电机起动时,要注意旋转方向是否和电刷结构及风扇结构的要求一致。

(10)电气部分与机械部分检查与调整

1)电动机传动装置的调整

①齿轮传动装置的调整

齿轮传动时,电动机的轴与被传动的轴应保持平行,两齿轮啮合应合适,可用塞尺测量两齿轮间的齿间间隙,如果间隙均匀,则表示两轴平行。

②皮带轮传动装置的调整

用皮带轮传动时,必须使电动机皮带轮的轴和被传动机器皮带轮的轴保持平行,而且还要使两皮带轮宽度的中心线在同一直线上。

③联轴器(靠背轮)传动装置的调整

校正联轴器通常用钢板尺进行。用钢板尺搁在两半爿联轴器上,然后用手转动电动机转轴,旋转 180°,看两半爿联轴节是否有主低,若有高低应予调整,直到高低一致,才表示电动机和机器的轴已处于同轴心状态。

以上传动装置的调整工作,一般是由机械施工人员(钳工)负责进行,电气施工人员应密切配合。

电气部分与机械部分的转动或动作协调一致,经检查确认后,才能空载试运行。

(11)试运行

低压电气动力设备经上述程序进行检查、调整试验确认之后,才能空载试运行。

1)试运行的条件

为确保试运取得预期的效果,要求试运时具备以下条件:

①安装工作均已完毕,并经检验合格,达到试运行要求。

②试运行的工程或设备的设计施工图、合格证、产品说明书、安装记录、调试报告等资料齐全。

③与试运行有关的机械、管道、仪表、自控等设备和联锁装置等均已安装调试完毕,并符合使用条件。

④现场清理完毕,无任何影响试运的障碍。

⑤试运行时所用的工具、仪器和材料齐全。

⑥试运行所用各种记录表格齐全,并指定专人填写。

⑦参加试运行人员分工完毕,责任明确,岗位清楚。

⑧安全防火措施齐全。

2)试运行前的检查和准备工作

①清除试运设备周围的障碍物,拆除设备上的各种临时接线。

②恢复所有被临时拆开的线头和联接点,检查所有端子有无松动现象。对直流电动机应重点检查励磁回路有无断线,接触是否良好。

③电动机在空载运行前应手动盘车，检查转动是否灵活，有无异常音响。对不可逆运装置的电动机应事先检查其转动方向。

④检查所有熔断器是否导通良好。

⑤检查所有电气设备和线路的绝缘情况。

⑥对控制、保护和信号系统进行空操作，检查所有设备，如开关的动触头、继电器的可动部分动作是否灵活可靠。

⑦检查备用电源、备用设备，应使其处于良好状态。

⑧检查通风、润滑及水冷却系统是否良好，各辅机的联锁保护是否可靠。

⑨检查位置开关、限位开关的位置是否正确，动作是否灵活，接触是否良好。

⑩如果需要对某一设备进行单独试运行，并需暂解除与其他生产部分的联锁，应事先通知有关部门和人员。试运行后再恢复到原来状态。

⑪送电试运行前，应先制定操作程序；送电时，调试负责人应在场。

⑫为方便检测验收，配电装置的调整试验应提前通知监理和有关监督部门，实行旁站确认。

⑬对大容量设备，起动前应通知变电所值班人员或地区供电部门。

⑭所有调试记录、报告均应经过有关负责人审核同意并签字。

3）低压电气设备试运行步骤

试运行步骤一般是先试控制回路，后试主回路；先试辅助传动，后试主传动。有些调整工作，往往也需要在试运行的过程中最后完成。

①试控制回路

同本书 5.6.4 节(8)"控制回路模拟动作试验"。

②试主回路

a. 做好设备各运动摩擦面的清洁，加上润滑油，手摇各传动机构于适中位置。

b. 恢复各电动机主回路的接线，开动油泵，检查油压及各部位润滑是否正常。

c. 用点动的方法检查各辅助传动电动机的旋转方向是否正确。

d. 依次开动各辅助传动电动机，检查：

i. 起、制动是否正常，运动速度是否符合设计要求；

ii. 电动机及被传动机构声音是否正常；

iii. 空载电流（机械挂空挡）是否正常，满载（或负载）电流是否在额定电流以下；

iv. 在不同挡位（速度）工作是否正常；

v. 再次验证各行程开关在正式机动时是否能可靠发挥作用。

e. 先点动、后正式开动主传动电动机，按先空载、后负载，先低速、后高速的原则，按照上列 4 项做主传动试车。

4）试运行中的注意事项

①参加试运行的全体人员应服从统一指挥。

②无论送电或停电，均应严格执行操作规程。

③起动后，试运行人员要坚守岗位，密切注意仪表指示，电动机的转速、声音、温升及继电保护、开关、接触器等器件是否正常。随时准备出现意外情况而紧急停车。

④传动装置应在空载下进行试运行，空载运行良好后，再带负荷。

⑤由多台电动机驱动一台机械设备时,应在试运行前分别起动,判明方向后再系统试运行。

⑥带有限位保护的设备,应用点动方式进行初试,再由低速到高速进行试运行,如果有惯性越位,应重复调整后再试运行。

⑦电动闸门类机械,第一次试车时,应在接近极限位置前停车,改用手动关闭闸门,手动调好后,再采用电动方式检查。

⑧直流电机试运行时,磁场变阻器的阻值,对于直流发电机来说应放在最大位置,对于直流电动机则应放在最小位置。

⑨串激电动机不准空载运行。

⑩试运行时,如果电气或机械设备发生特殊意外情况,来不及通知试运行负责人,操作人员可自行紧急停车。

⑪试运行中如果继电保护装置动作,应尽快查明原因,不得任意增大整定值,不准强行送电。

⑫更换电源后,应注意复查电机的旋转方向。

(12)整理编写试调记录报告

调试工作是安装工程中最重要的环节,试调报告是保证安装质量和设备质量达到安全可靠使用的技术鉴定。

1)试调人员根据实际试验结果,应在试运行前整理编写就绪。

2)每项试调结果由试调人员填写结论,总的系统试调由试调负责人提出结论性意见。

3)新安装的电气设备交接试验应按规定项目进行,不得自行改变国家规定的试验项目。

4)试调时,应按图纸设计要求进行调整和数据整定。如果要更改原设计,必须经有关单位同意批准方可执行,并在试验报告中说明修改情况。

5)试验报告单位填写清楚,不得有涂改或不清楚的地方,一式几份,送交有关单位审查和备案。

6)低压电气动力设备的试验报告单内容一般包括以下项目:

①试验项目名称目录表。

②各种保护继电器整定数值和基本试验方法。

③电气设备交接试验记录。

④电缆试验记录。

⑤各组继电保护装置系统试调情况记录。

⑥空载和负载试运行情况记录。

⑦接地电阻、绝缘电阻测试记录。

5.6.5　质量标准

(1)主控项目

1)试运行前,相关电气设备和线路应按《建筑电气工程施工质量验收规范》(GB 50303—2015)的规定试验合格。

2)现场单独安装的低压电器交接试验项目应符合表5.6.8的规定。

表5.6.8　低压电器交接试验

序号	试验内容	试验标准或条件
1	绝缘电阻	用500V兆欧表摇测,绝缘电阻值≥1MΩ;潮湿场所,绝缘电阻值≥0.5MΩ
2	低压电器动作情况	除产品另有规定外,电压、液压或气压在额定值的85%～110%范围内能可靠动作
3	脱扣器的整定值	整定值误差不得超过产品技术条件的规定
4	电阻器和变阻器的直流电阻差值	符合产品技术条件规定

3)电动机应试通电,并应检查转向和机械转动情况,电动机试运行应符合下列规定:

①空载试运行时间宜为2h,机身和轴承的温升、电压和电流等应符合建筑设备或工艺装置的空载状态运行要求,并应记录电流、电压、温度、运行时间等有关数据;

②空载状态下可启动次数及间隔时间应符合产品技术文件的要求;无要求时,连续启动2次的时间间隔不应小于5min,并应在电动机冷却至常温下进行再次启动。

(2)一般项目

1)电气动力的运行电压、电流应正常,各种仪表指示正常。

2)电动执行机构的动作方向及指示,应与工艺装置的设计要求保持一致。

5.6.6　成品保护

(1)二次回路接线施工完毕在测试绝缘时,应有防止弱电设备损坏的安全技术措施。

(2)工作环境应保持清洁、干燥,无外磁场影响,要防止灰尘和潮气侵入,以免可动系统、轴和弹簧等受到腐蚀、氧化和污染。

(3)对所有继电保护用的继电器,在整定好以后应加铅封(若出厂时已整定好,应检查封印是否存在及完整)。

(4)安装调试完毕后,建筑物中的预留孔洞及电缆管口,应做好封堵。

(5)变配电室门、窗要封闭,要设人看守。未经允许不得擅自拆卸设备零件及仪表,防止损坏和丢失。

(6)室外电机及附属设备,应根据现场实际情况采取必要的保护措施,控制设备的箱、柜门要上锁。

(7)要注意对土建工程的成品保护,在作业中,要注意保护建筑物、构筑物的墙面、地面、门窗及油漆等。

5.6.7　安全与环保措施

(1)在调试、试运行过程中,应在配电箱、柜上挂设警示牌。

（2）现场机具布置必须符合安全规范，机具摆放间距必须考虑操作空间，机具应摆放整齐，留出行走及材料运输通道。

（3）带电作业时，工作人员必须穿好绝缘鞋，并且至少两人作业，其中一人操作，另一人监护。

（4）电动机在运输、就位过程中，选择好安全通道，并有专人负责指挥。

（5）施工场地应做到活完料净脚下清，现场垃圾应及时清运，收集后运至指定地点集中处理。

5.6.8　应注意的问题

（1）调整试验和试运行前，技术指挥和负责人（调整负责人）应对参加调试与试运行人员进行安全技术交底。

（2）凡从事调整试验和送电试运行的人员，均应戴手套、穿绝缘鞋。但在用转速表测度电机转速时，不可戴线手套；推力不可过大或过小。

（3）通电前应对被通电设备与线路进行再次检查。

（4）试运通电区域应设围栏或警告指示牌，非操作人员禁止入内。

（5）对即将送电或送电后的变配电室，应派人看守或上锁。

（6）带电的配电箱、开关柜应挂上"有电"的指示牌；在停电的线路或设备上工作时应在断电的电源开关、盘柜或按钮上挂上"有人工作""禁止合闸"等指示牌。（电力传动装置系统及各类开关调试时，应将有关的开关手柄取下或锁上）

（7）试运的电源线路应绝缘良好，设单独专用开关，合理选择熔体规格，不准在大容量母线上直接引电源。

（8）如果在已生产或部分投入生产的车间和变电所等处进行调整试验、试运行时，应按规定办理工作票，并和生产人员密切配合。

（9）凡在架空线上或变电所引出的电缆线路上工作时，必须在工作前挂上地线，工作结束后撤除。

（10）凡临时使用的各种线路（短路线、电源线）、绝缘物和隔离物，在调整试验或试运后应立即清除，恢复原状。

（11）合理选择仪器、仪表设备的量程和容量，不允许超容量、超量程使用。

（12）试运行的安全防护用品未准备好时，不得进行试运行。参加试运行的指挥人员和操作人员，应严格按试运行方案、操作规程和有关规定进行操作，操作及监护人员不得随意改变操作命令。

（13）试运行中的试车方法是电气设备的常规试车方法，未包括设备为直流传动系统。

（14）《建筑电气工程施工质量验收规范》（GB 50303—2015）中规定："电气设备上的计量仪表、与电气保护有关的仪表应检定合格，且当投入试运行时，应在检定有效期内。"虽然出厂试验时，这些仪表都经过检定合格，投入试运行时，也在有效期内，但由于长途运输和现场的长久保管，可能受到外界因素影响导致仪表误差的增大，精度下降，因此，在投入试运行前，就有必要进行一次校验。校验方法可参见"电气测量仪表检验规程"。

（15）由于低压电器产品种类繁多，本工艺标准中仅列出建筑电气工程常用的低压电器。

(16)建筑电气动力工程的空载试运行,应按《建筑电气工程施工质量验收规范》(GB 50303—2015)规定执行。建筑电气动力工程的负荷试运行,依据电气设备及相关建筑设备的种类、特性编制试运行方案或作业指导书,并应经施工单位批准,监理单位确认后执行。

5.6.9 质量记录

(1)电气接地电阻、绝缘电阻测试记录。

(2)设备开箱检验记录。

(3)电气设备试运行记录。

(4)低压电气动力设备试验和运行检验批质量验收记录。

(5)漏电保护装置模拟动作试验记录。

(6)电气设备及保护元件的产品合格证、主要设备的出厂检验报告单。

(7)设计变更核定单。

5.7 裸母线、封闭母线、插接式母线安装工程施工工艺标准

本工艺标准适用于 10kV 以下矩形母线安装及 0.4kV 以下室内一般工业及民用电气安装工程的封闭插接母线安装。工程施工应以设计图纸和《建筑电气工程施工质量验收规范》(GB 50149—2010)及《电气装置安装工程母线装置施工及验收规范》(GB 50303—2015)为依据。

5.7.1 设备及材料要求

(1)铜、铝母线及封闭、插接母线应有产品合格证及材质证明,铜、铝母线应符合表 5.7.1的要求,封闭、插接母线应有技术文件,技术文件应包括额定电压、额定容量、试验报告等技术数据。型号、规格、电压等级应符合设计要求。

表 5.7.1 母线的机械性能和电阻率

母线名称	母线型号	最小抗拉强度 /(N/mm²)	最小伸长率 /%	20℃ 时最大电阻率 /(Ω·mm²/m)
铜母线	TMY	255	6	0.01777
铝母线	LMY	115	3	0.0290

(2)母线表面应光洁平整,不应有裂纹、褶皱、夹杂物及变形和扭曲现象。

(3)绝缘子及穿墙套管的瓷件,应符合执行国家标准和有关电瓷产品技术条件的规定,并有产品合格证。

(4)绝缘材料的型号、规格、电压等级应符合设计的要求。外观无损伤及裂纹,绝缘良好。

(5)金属紧固件及卡具,均应采用热镀锌件。

(6)其他辅料有调和漆、防腐油漆、面漆、电焊条、焊粉等。

5.7.2　主要机具

(1)机具:母线煨弯器、电焊、气焊工具、钢锯、电锤、砂轮、台钻、手电钻、板锉、钢丝刷、木槌、力矩扳手、铜丝刷。

(2)测试器具:皮尺、钢卷尺、钢角尺、钢板尺、水平、线坠、摇表、万用表等。

5.7.3　作业条件

(1)母线安装对土建要求:屋顶不漏水,墙面喷浆完毕,场地清理干净,并有一定的加工场所。高空作业脚手架搭设完毕,安全技术部门验收合格。门窗齐全。

(2)电气设备安装完毕,检验合格。

(3)预留孔洞及预埋件位置、尺寸及埋件强度均符合设计要求。

(4)施工图及技术资料齐全。

(5)封闭、插接母线安装部位的建筑、装饰工程全部结束。暖卫通风工程安装完毕。

(6)施工方案编制完毕并经审批。

(7)施工前应组织施工人员熟悉图纸、方案,并进行安全、技术交底。

5.7.4　操作工艺

(1)裸母线安装

1)工艺流程

开箱检查→放线测量→支架及拉紧装置制作安装→绝缘子安装→母线加工→母线连接→母线安装→母线的标识→检查送电

2)开箱检验

①设备开箱点件检验应由建设单位、施工单位、设备生产厂家和监理工程师共同进行,并做好记录。

③成套供应的封闭母线每段应标志清晰,附件齐全,外壳无变形,内部无损伤。

④螺栓固定的母线搭接面应平整、洁净、无裂纹、扭曲,其镀银层不应有麻面、起皮及未覆盖部分。

3)放线测量

①进入现场后根据母线及支架敷设的不同情况,核对是否与图纸相符。

②核对沿母线敷设全长方向有无障碍物,有无与建筑结构或设备管道、通风等安装部件交叉的现象。

③配电柜内安装母线,测量与设备上其他部件的安全距离是否符合要求。

④放线测量出各段母线加工尺寸、支架尺寸,并画出支架安装距离及剔洞或固定件安装位置。

4)支架及拉紧装置的制作安装

①母线支架用 50×50×5 角钢制作,膨胀螺栓固定在墙上(见图 5.7.1)。

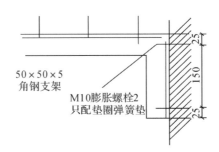

图 5.7.1 支架制作安装示意

②母线拉紧装置按图 5.7.2 所示制作组装。

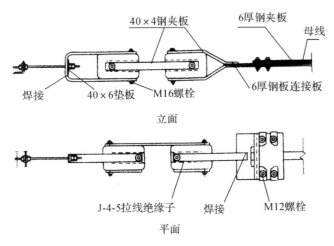

图 5.7.2 母线拉紧装置制作组装示意

5)绝缘子安装

①绝缘子安装前要测绝缘电阻,绝缘电阻应大于 $1M\Omega$ 为合格。检查绝缘子外观应无裂纹、破损现象。6~10kV 绝缘子安装前应做耐压试验。

②绝缘子上下要各垫一个石棉垫。

③绝缘子夹板、卡板的制作规格要与母线的规格相适应。绝缘子夹板、卡板的安装要牢固。

6)母线的加工

①母线的调直与切断

a.母线调直采用母带调直器进行,手工调直时必须用木槌,下面垫道木进行作业,不得用铁锤。

b.母线切断可使用手锯或砂轮锯作业,不得用电弧或乙炔进行切断。

②母线的弯曲

a.母线弯曲时应用专用工具(母线煨弯器)冷煨,弯曲处不得有裂纹及显著的褶皱。不得进行热弯。

b.母线开始弯曲处距母线连接位置不应小于 500mm。

c.矩形母线应减少直角弯,弯曲处不得有裂纹及显著的褶皱,母线平弯及立弯的弯曲半径(见图 5.7.3)不得小于表 5.7.2 的规定。

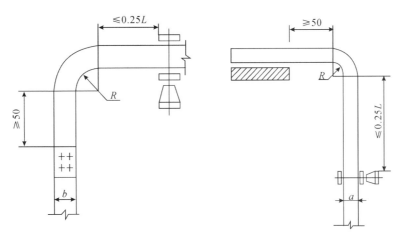

图 5.7.3　母线弯曲图

表 5.7.2　矩形母线最小弯曲半径(R)值

项目	母线规格 b×a/(mm×mm)	最小弯曲半径		
		铝	铜	钢
平弯	50×5 及以下	2a	2a	2a
	>50×5 至 120×10	2.5a	2a	2a
立弯	50×5 及以下	1.5b	1b	0.5b
	>50×5 至 120×10	2b	1.5b	1b

d.矩形母线采用螺栓固定搭接时,连接处距支柱绝缘子的支持板边缘不应小于 50mm;上片母线断头与下片母线平弯开始处的距离不应小于 50mm。

e.母线连接处螺孔的直径不应大于螺栓直径 1mm;螺孔应垂直、不歪斜,中心距离允许偏差为±0.5mm。

f.母线扭弯、扭转部分的长度不得小于母线宽度的 2.5～5 倍。见图 5.7.4。

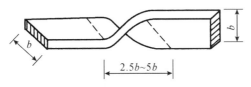

图 5.7.4　母线扭转示意图

6)母线的连接

母线的连接可采用焊接或螺栓连接方式,连接用的紧固件必须是镀锌制品。

①母线的焊接

a.焊接的位置

焊缝距离弯曲点或支持绝缘子边缘不得小于 50mm,同一相如果有多片母线,其焊缝应相互错开不得小于 50mm。

b.焊接的技术要求

铝及铝合金母线的焊接应采用氩弧焊,铜母线焊接可采用♯201 或♯202 紫铜焊条、♯301可焊粉或硼砂。

焊接前应当用钢丝刷清除母线坡口处的氧化层,将母线用耐火砖等垫平对齐,防止错口,坡口处根据母线规格留出 1～5mm 的间隙,然后由焊工施焊,焊缝对口平直,不得错口,必须双面焊接。焊缝应凸起呈现弧形,上部应有 2～4mm 加强高度,角焊缝加强高度为 4mm。焊缝不得有裂纹、夹渣、未焊透及咬肉等缺陷,焊完后应趁热用足够的水清洗掉焊药。

c.施焊的焊工,应经考试合格。母线焊接后的检验应符合规范要求。

② 母线的螺栓连接

a.母线钻孔尺寸及螺栓规格见表 5.7.3。

表 5.7.3　矩形母线螺栓搭接要求

搭接形式	类别	序号	连接尺寸/mm			钻孔要求		螺栓规格
			b_1	b_2	a	ϕ/mm	个数	
	直线连接	1	125	125	b_1 和 b_2	21	4	M20
		2	100	100	b_1 和 b_2	17	4	M16
		3	80	80	b_1 和 b_2	13	4	M12
		4	63	63	b_1 和 b_2	11	4	M10
		5	50	50	b_1 和 b_2	9	4	M8
		6	45	45	b_1 和 b_2	9	4	M8
	直线连接	7	40	40	80	13	2	M12
		8	31.5	31.5	63	11	2	M10
		9	25	25	50	9	2	M8
	垂直连接	10	125	125		21	4	M20
		11	125	100～80		17	4	M16
		12	125	63		13	4	M12
		13	100	100～80		17	4	M16
		14	80	80～63		13	4	M12
		15	63	63～50		11	4	M10
		16	50	50		9	4	M8
		17	45	45		9	4	M8

搭接形式	类别	序号	连接尺寸/mm			钻孔要求		螺栓规格
			b_1	b_2	a	ϕ/mm	个数	
	垂直连线	18	125	50～40		17	2	M16
		19	100	63～40		17		M16
		20	80	63～40		15		M14
		21	63	50～40		13		M10
		22	50	45～40		11		M10
		23	63	31.5～25		11		M10
		24	50	31.5～25		9		M8
		25	125	31.5～25		11		M10
		26	100	31.5～25		9		M8
		27	80	31.5～25		9		M8
		28	40	40～31.5		13	1	M12
		29	40	25		11	1	M10
		30	31.5	31.5～25		11	1	M10
		31	25	22		9	1	M8

b. 矩形母线采用螺栓固定搭接时,连接处距支柱绝缘子的支持夹板边缘不应小于50mm;上片母线端头与下片母线平弯开始处的距离不应小于50mm(见图5.7.5)。

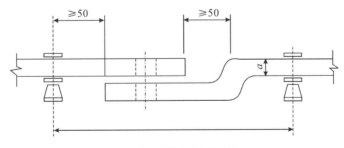

L—母线两支持点之间的距离

图 5.7.5 矩形母线搭接

c. 母线与母线、母线与分支线、母线与电器接线端子搭接时,其搭接面必须平整、清洁并涂以电力复合脂,并符合下列规定。

镀银处理:直接连接。

铜与铜:室外、高温且潮湿或对母线有腐蚀性气体的室内必须搪锡。干燥室内可直接连接。

铝与铝:直接连接。

铜与铝:在干燥室内,铜母线搪锡,室外或空气相对湿度接近100%的室内,应采用铜铝过渡板,铜端应搪锡。

钢与铜或铝:钢搭接面必须搪锡。

金属封闭母线螺栓固定搭接面应镀银。

d.母线采用螺栓连接时,平垫圈应选用专用厚垫圈,并必须配齐弹簧垫。螺栓、平垫圈及弹簧垫必须用镀锌件。螺栓长度应考虑在螺栓紧固后丝扣能露出螺母外5~8mm。

e.母线的接触面应连接紧密,连接螺栓应用力矩扳手紧固,其紧固力矩值应符合表5.7.4的规定。

表5.7.4 钢制螺栓紧固力矩值

螺栓规格/mm	力矩值/N·m	螺栓规格/mm	力矩值/N·m
M8	8.8~10.8	M16	78.5~98.1
M10	17.7~22.6	M18	98.0~127.4
M12	31.4~39.2	M20	156.9~196.2
M14	51.0~60.8	M24	274.6~343.2

7)母线的安装

①母线安装应平整美观,且母线安装时:

水平段的两支持点高度误差不大于3mm,全长不大于10mm。

垂直段的两支持点垂直误差不大于2mm,全长不大于5mm。

平行部分间距应均匀一致,误差不大于5mm。

②母线最小安全距离见图5.7.6、图5.7.7及表5.7.5。

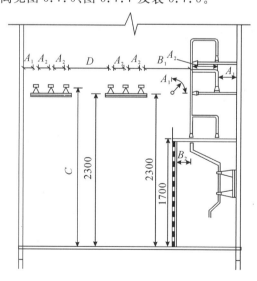

图5.7.6 室内 A_1、A_2、B_1、B_2、C、D 值校验

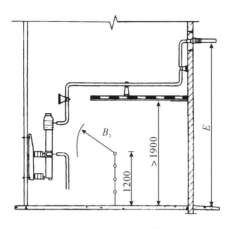

图 5.7.7　室内 B_1、E 值校验

表 5.7.5　室内配电装置最小安全净距　　　　　　　　（单位:mm）

项目	额定电压		
	1～3kV	6kV	10kV
带电部分至地及不同相带电部分之间(A)	75	100	125
带电部分至栅栏(B_1)	825	850	875
带电部分至网状遮拦(B_2)	175	200	225
带电部分至板状遮拦(B_3)	105	130	155
无遮拦裸导体至地面(C)	2375	2400	2425
不同分段的无遮拦裸导体同(D)	1875	1900	1925
出线套管至室外通道路面(E)	4000	4000	4000

　　③母线支持点的间距,对低压母线不得大于 900mm,对高压线不得大于 1200mm。低压母线垂直安装且支持点间距无法满足要求时,应加装母线绝缘夹板(见图 5.7.8)。

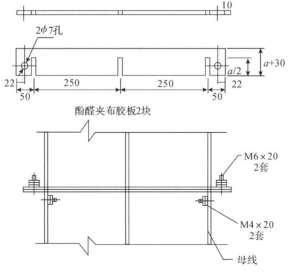

图 5.7.8　加装母线绝缘夹板

④母线在支持点的固定:对水平安装的母线应采用开口元宝卡子,对垂直安装的母线应采用母线夹板(见图 5.7.9)。

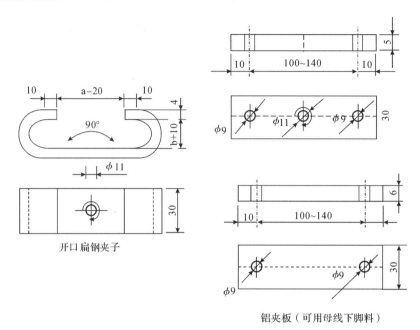

开口扁钢夹子

铝夹板(可用母线下脚料)

图 5.7.9 母线在支持点的固定

母线只允许在垂直部分的中部夹紧在一对夹板上,同一垂直部分其余的夹板和母线之间应留有 1.5～2mm 的间隙。

⑤穿墙隔板做法见图 5.7.10。

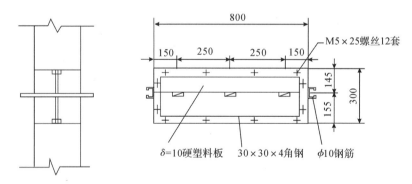

图 5.7.10 穿墙隔板

8)母线的标识

①母线的排列顺序及标识颜色见表 5.7.6 和表 5.7.7,采用刷漆标识时应均匀、整齐,不得流坠或沾污设备。另可采用粘贴色标进行标识。

表 5.7.6 母线的相位排列

母线的相位排列	三线时	四线时
水平(由盘后向盘面)	A—B—C	A—B—C—O

母线的相位排列	三线时	四线时
垂直(由上向下)	A—B—C	A—B—C—O
引下线(由左向右)	ABC	ABCO

表 5.7.7　母线的标识

母线相位	标识	母线相位	标识
A 相 B 相 C 相	黄 绿 红	中性(不接地) 中性(接地)	紫 紫色带黑色条纹

②设备接线端,母线连接处,支持件边缘两侧 10~15mm 处均不得刷漆。

9)检查送电

①母线安装完后,要全面地进行检查,清理工作现场的工具、杂物,并与有关单位人员协调好,请无关人员离开现场。

②母线送电前应进行耐压试验,500V 以下母线可用 500V 摇表摇测,绝缘电阻不小于 0.5MΩ。

③送电要有专人负责,送电程序应为先高压、后低压,先干线、后支线,先隔离开关后负荷开关。停电时与上述顺序相反。

④车间母线送电前应先挂好有电标志牌,并通知有关单位及人员送电后应有指示灯。

(2)封闭、插接母线安装

1)工艺流程

设备开箱检查→支架制作及安装→封闭插接母线试验安装→试运行验收

2)设备进场检查

①设备开箱点件检查,应由监理单位、安装单位、建设单位、供货单位共同进行,并做好记录。

②根据装箱单检查设备及附件,其规格、数量、品种应符合设计要求。

③检查设备及附件,分段标志应清晰齐全,外观无损伤变形,母线绝缘电阻符合设计要求。

④检查发现设备及附件不符合设计和质量要求时,必须进行妥善处理,合格后方可进行安装。

3)支架制作和安装

支架制作和安装应按设计和产品技术文件的规定制作和安装,如果设计和产品技术文件无规定,按下列要求制作和安装:

①支架制作

a.根据施工现场结构类型,支架应采用角钢或槽钢制作。应采用一字形、L 形、U 形、T 形 4 种形式。

b.支架的加工制作按选好的型号,测量好的尺寸下料制作。断料严禁气焊切割,加工最大误差为 5mm。

c.型钢架的煨弯宜使用台钳,用榔头打制,也可使用油压煨弯器用模具顶制。

d.支架上钻孔应用台钻钻孔,不得用气焊割孔,孔径不得大于固定螺栓直径 2mm。

e.螺杆套扣,应用套丝机或套丝板加工。

②支架的安装

a.封闭插接母线的拐弯处以及与箱(盘)连接处必须加支架。直段插接母线支架的距离不应大于 2m。

b.埋注支架用水泥砂浆,灰砂比 1∶3,M25 号及以上的水泥砂浆填灌,应注意灰浆饱满、严实、不高出墙面,埋深不少于 80mm。

c.膨胀螺栓固定支架不少于两条。一个吊架应用两根吊杆,固定牢固,螺扣外露 2～4 扣,膨胀螺栓应加平垫和弹簧垫,吊架应用双螺母夹紧。

d.支架及支架与埋件焊接处刷防腐油漆,应均匀,无漏刷,不污染建筑物。

4)封闭式母线的安装

①一般要求

a.封闭插接母线应按设计和产品技术文件规定进行组装,组装前应对每段进行绝缘电阻的测定,测量结果应符合设计要求,并做好记录。在安装过程中也应对已经连接的母线进行绝缘电阻的测量。

b.母线槽,固定距离不得大于 2.5m。水平敷设距地高度不应小于 2.2m。

c.母线槽的端头应装封闭罩(见图 5.7.11),各段母线槽外壳的连接应是可拆的,外壳间有跨接地线,两端应可靠接地。

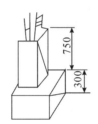

图 5.7.11　母线槽的端头应装封闭罩

d.母线与设备连接采用软连接。母线紧固螺栓应由厂家配套供应,应用力矩扳手紧固(见图 5.7.12)。

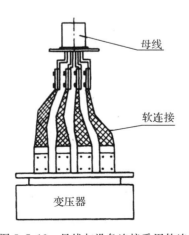

图 5.7.12　母线与设备连接采用软连接

②母线槽沿墙水平安装(见图 5.7.13)。安装高度应符合设计要求,无要求时不应距地小于 2.2m,母线应可靠固定在支架上。

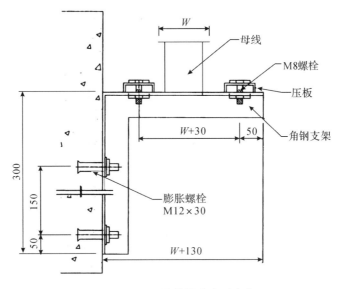

图 5.7.13　母线槽沿墙水平安装

③母线槽悬挂吊装(见图 5.7.14、图 5.7.15)。吊杆直径应与母线重量相适应,螺母应能调节。

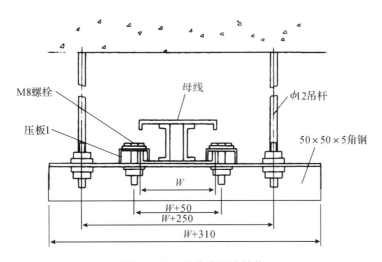

图 5.7.14　母线槽悬挂吊装

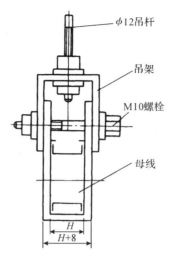

图 5.7.15　母线槽悬挂吊装吊杆结构

④封闭式母线的落地安装（见图 5.7.16）。安装高度应按设计要求,设计无要求时应符合规范要求。立柱可采用钢管或型钢制作。

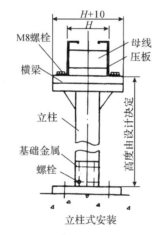

图 5.7.16　封闭式母线的立柱式安装

⑤封闭式母线垂直安装。沿墙或柱子处,应做固定支架,过楼板处应加装防震装置,并做防水台(见图 5.7.17)。

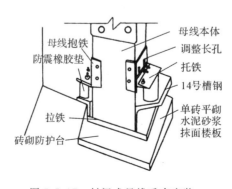

图 5.7.17　封闭式母线垂直安装

⑥封闭式母线敷设长度超过 80m 时,每 50～60m 应设置伸缩节。跨越建筑物的伸缩缝或沉降缝处,宜采取适当的措施(见图 5.7.18),设备订货时,应提出此项要求。

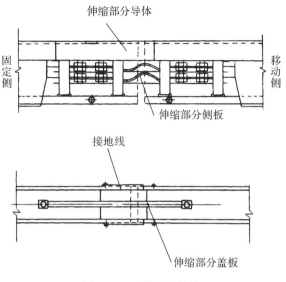

图 5.7.18　设置伸缩节

⑦封闭式母线插接箱安装应可靠固定,垂直安装时,安装高度应符合设计要求,设计无要求时,插接箱底口宜为 1.4m(见图 5.7.19)。

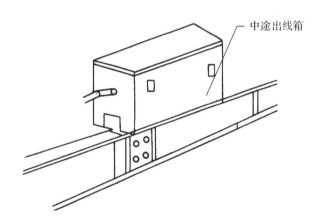

图 5.7.19　封闭式母线插接箱安装

⑧封闭式母线垂直安装距地 1.8m 以下应采取保护措施(电气专用竖井、配电室、电机室、技术室层等除外)。

⑨封闭式母线穿越防火墙、防火楼板时,应采取防火隔离措施。

5)试运行验收

①试运行条件:变配电室已达到送电条件,土建及装饰工程及其他工程全部完工,并清理干净。与插接式母线连接设备及连线安装完毕,绝缘良好。

②对封闭母线进行全面的整理,清扫干净,接头连接紧密,相序正确,外壳接地良好。绝缘摇测符合设计要求,并做好记录。

③送电空载运行 24h 无异常现象,办理验收手续,交建设单位使用,同时提交验收资料。

④验收资料包括:交工验收单、设计变更记录、产品合格证、说明书、测试记录、运行记录等。

5.7.5 质量标准

(1)主控项目

1)绝缘子的底座、套管的法兰、保护网(罩)及母线支架等可接近裸露导体应接地(PE)或接零(PEN)可靠,不应作为接地(PE)或接零(PEN)的接续导体。

2)母线与母线或母线与电器接线端子,当采用螺栓搭接连接时,应符合下列规定:

①母线的各类搭接连接的钻孔直径和搭接长度符合表 5.7.3 的规定,用力矩扳手拧紧钢制连接螺栓的力矩值符合本标准表 5.7.4 的规定;

②母线接触面保持清洁,涂电力复合脂,螺栓孔周边无毛刺;

③连接螺栓两侧有平垫圈,相邻垫圈间有大于 3mm 的间隙,螺母侧装有弹簧垫圈或锁紧螺母;

④螺栓受力均匀,不使电器的接线端子受额外应力。

3)封闭、插接式母线安装应符合下列规定:

①母线与外壳同心,允许偏差为±5mm;

②当段与段连接时,两相邻段母线及外壳对准,连接后不使母线及外壳受额外应力;

③母线的连接方法符合产品技术文件要求。

4)室内裸母线的最小安全净距应符合表 5.7.5 的规定。

5)高压母线交流工频耐压试验必须按本书 5.1.1 节(8)条的规定交接试验合格。

6)低压母线交接试验应符合本书 5.1.5 节(1)条 5)③款的规定。

(2)一般项目

1)母线的支架与预埋铁件采用焊接固定时,焊缝应饱满;采用膨胀螺栓固定时,选用的螺栓应适配,连接应牢固。

2)母线与母线、母线与电器接线端子搭接,搭接面的处理应符合下列规定。

①铜与铜:室外、高温且潮湿的室内,搭接面搪锡;干燥的室内,不搪锡。

②铝与铝:搭接面不做涂层处理。

③钢与钢:搭接面搪锡或镀锌。

④铜与铝:在干燥的室内,铜导体搭接面搪锡;在潮湿场所,铜导体搭接而搪锡,且采用铜铝过渡板与铝导体连接。

⑤钢与铜或铝:铜搭接面搪锡。

3)母线的相序排列及标色,当设计无要求时应符合下列规定:

①上下布置的交流母线,由上至下排列为 A、B、C 相;直流母线正极在上,负极在下。

②水平布置的交流母线,由盘后向盘前排列为 A、B、C 相;直流母线正极在后,负极在前。

③面对引下线的交流母线,由左至右排列为 A、B、C 相;直流母线正极在左,负极在右。

④母线的标色:交流,A 相为黄色、B 相为绿色、C 相为红色;直流,正极为赭色、负极为

蓝色;在连接处或支持件边缘两侧 10mm 以内不涂色。

4)母线在绝缘子上安装应符合下列规定:

①金具与绝缘子间的固定平整牢固,不使母线受额外应力。

②交流母线的固定金具或其他支持金具不形成闭合铁磁回路。

③除固定点外,当母线平置时,母线支持夹板的上部压板与母线间有 1~1.5mm 的间隙;当母线立置时,上部压板与母线间有 1.5~2mm 的间隙。

④母线的固定点,每段设置 1 个,设置于全长或两母线伸缩节的中点。

⑤母线采用螺栓搭接时,连接处距绝缘子的支持夹板边缘不小于 50mm。

5)封闭、插接式母线组装和固定位置应正确。外壳与底座间、外壳各连接部位和母线的连接螺栓应按产品技术文件要求选择正确,连接紧固。

5.7.6　成品保护

(1)绝缘瓷件应妥善保管,防止碰伤,已安装好的瓷件不应承受其他应力,以防损坏。

(2)已调平直的母带半成品应妥善保管,不得乱放。安装好的母带应注意保护,不得碰撞,更不得在母带上放置重物。

(3)变电室需要二次喷浆时,应将母带用塑料布盖好。

(4)母线安装处应装好门窗,并加锁防止设备损毁。

(5)封闭插接母线安装完毕后如果暂时不能送电运行,其现场应设置明显标志牌,以防损坏。

(6)封闭插接母线安装完毕后如果有其他工种作业,应对封闭插接母线加保护,以免损伤。

5.7.7　安全与环保措施

(1)登高安装母线时,应使用梯子或脚手架进行,并采取相应的防滑措施。

(2)移动或传递长母线时,应提前通知周围工作人员,以防伤及他人。

(3)母线试验调试时,操作人员必须穿好绝缘鞋,并且至少两人作业,其中一人操作,另一人监护。

(4)施工中的安全技术措施,应符合《电气装置安装工程母线装置施工及验收规范》(GB 50149—2010)和现行有关安全技术标准及产品的技术文件的规定。对重要工序,应事先制定安全技术措施。

(5)施工场地应做到活完料净脚下清,现场垃圾应及时清运,收集后运至指定地点集中处理。

5.7.8　应注意的问题

(1)进行母线 90°弯曲时,母线扭弯部分的长度不得小于母线宽度的 2.5 倍。不应用力过猛,速度宜缓慢,以免母线弯曲部分的外侧出现龟裂。

(2)螺栓连接母线时,螺栓两侧都应加平垫圈,螺母侧还应加弹簧垫圈,避免螺栓松动使母线连接不紧。

(3)母线压接用垫圈应符合规定,对于加厚垫圈应在施工准备阶段提前加工。母线搭接处(面)使用板锉锉平,避免母线搭接间隙过大,不能满足要求。

(4)敷设保护接地线时,应加强施工管理,以防保护接地线短缺或遗漏。

(5)封闭母线安装前,应清理接触面,保持接触面清洁,以防接触面不密实。

(6)封闭母线安装完毕后,应及时清理作业场地,在需要部位进行除尘、除湿处理,以防母线绝缘性降低。

(7)硬母线安装常产生的问题和防治措施见表5.7.8。

表 5.7.8　硬母线安装常产生的问题及防治措施

序号	常产生的问题	防治措施
1	各种型钢等金属材料除锈不净,刷漆不均匀,有漏刷现象	加强材料管理工作,加强工作责任心;做好自检互检
2	型钢、母经及开孔处有毛刺或不规则	1.施工前工具准备齐全,不使用电气焊切割;2.施工中加强管理建立奖罚制度,严格检查制度
3	母线搭接间隙过大,不能满足要求	1.母线压接用垫圈应符合规定要求,对于加厚垫圈应在施工准备阶段提前加工;2.母线搭接处(面)使用板锉,锉平;3.认真检查

(8)封闭、插接母线安装常产生的问题和防治措施见表5.7.9。

表 5.7.9　封闭、焊接母线常产生的问题及防治措施

序号	常产生的问题	防治措施
1	设备及零部件缺少,损坏	开箱清查要细,将缺件、损坏件列好清单,同供货单位协商解决,加强保管
2	接地保护线遗漏和连接不紧密,缺防松措施	认真作业,加强自检、互检和专检
3	刷油漆遗漏和污染其他设备支架	加强自检、互检对其他工种的成品认真保护

5.7.9　质量记录

(1)材料、设备产品合格证,安装技术文件,"CCC"认证及证书复印件。

(2)设备开箱检验记录。

(3)材料、构配件进场检验记录。

(4)设计变更、工程洽商记录。

(5)预检记录。

(6)电气绝缘电阻测试记录。耐压试验记录。

(7)电气设备空载试运行记录。

(8)裸母线、封闭母线、插接头母线安装分部、分项及检验批质量验收记录。

(9)竣工图。

5.8　电缆敷设、电缆头制作、接线和线路绝缘测试工艺标准

本工艺标准适用于 10kV 及以下一般工业与民用建筑电气安装工程的电力电缆敷设、电缆头制作工程。工程施工应以设计图纸和有关施工质量验收规范为依据。

5.8.1　设备及材料要求

(1)常用电缆品牌规格质量要求

1)常用电缆的品牌规格

以下是常用电缆的一些介绍,如果是阻燃型电力电缆,在型号前加"ZR",如果是耐火电力电缆,在型号前加"NH"。

①交联聚乙烯电力电缆见表 5.8.1、表 5.8.2。

表 5.8.1　交联聚乙烯电力电缆技术规格

额定电压 $U_0/U(kV)$ 8.7/10	工作温度		安装时温度 $\geqslant 0℃$	执行标准、符合标准 GB12706—2008 IEC502
	长期允许工作温度 90℃	短路允许(5s 内)250℃		

注:U_0——电缆线芯对地或对金属屏蔽层间的额定电压;U——电缆额定线电压。余表同。

表 5.8.2　交联聚乙烯电力电缆型号、名称及敷设场合

电缆名称	型号		导体标称截面 /mm²	使用条件	敷设场合
交联聚乙烯绝缘聚氯乙烯护套电力电缆	YJV	YJLV	1.5 ～ 400	使用于室内外敷设,可经受一定的敷设牵引,不能承受机械外力作用的配合。单芯电缆不允许敷设在导磁性管道中	架空、室内、隧道、电缆沟
交联聚乙烯绝缘聚氯乙烯护套钢带铠装电力电缆	YJV22	YJLV22	1.5 ～ 400	适用于埋地敷设,能承受机械外力作用,但不能承受大的拉力	地下、室内、隧道、电缆沟
交联聚乙烯绝缘聚氯乙烯护套钢带铠装电力电缆	YJV23	YJLV23	1.5 ～ 400	适用于埋地敷设,能承受机械外力作用,但不能承受大的拉力	地下、室内、隧道、电缆沟

续表

电缆名称	型号		导体标称截面/mm²	使用条件	敷设场合
交联聚乙烯绝缘聚氯乙烯护套细钢丝铠装电力电缆	YJV32	YJLV32	1.5～400	适用于水中或高落差地区，能承受机械外力作用和相当的拉力	高落差、竖井及水下
交联聚乙烯绝缘聚氯乙烯护套细钢丝铠装电力电缆	YJV33	YJLV33	1.5～400	适用于水中或高落差地区，能承受机械外力作用和相当的拉力	高落差、竖井及水下
交联聚乙烯绝缘聚氯乙烯护套粗钢丝铠装电力电缆	YJV42	YJLV42	1.5～400	适用于水中或高落差地区，能承受机械外力作用和相当的拉力	高落差、竖井及水下
交联聚乙烯绝缘聚氯乙烯护套粗钢丝铠装电力电缆	YJV43	YJLV43	1.5～400	适用于水中或高落差地区，能承受机械外力作用和相当的拉力	高落差、竖井及水下

②聚氯乙烯绝缘电缆见表 5.8.3、表 5.8.4。

表 5.8.3 聚氯乙烯绝缘电缆技术规格

额定电压/kV U_0/U 0.7/1 0.6/1	工作温度		安装时温度 ≥0℃	符合标准
	长期允许工作温度 70℃	短路允许（5s 内）160℃		GB 12706—2008 IEC502

表 5.8.4 聚氯乙烯绝缘电缆型号、名称及敷设场合

电缆名称	型号		导体标称截面/mm²	使用条件	敷设场合
聚氯乙烯绝缘聚氯乙烯护套电力电缆	VV	VLV	1.5～400	使用于室内外敷设。可经受一定的敷设牵引，但不能承受机械外力作用的场合。单芯电缆不允许敷设在导磁性管道中	室内、隧道内管道中
聚氯乙烯绝缘聚氯乙烯护套钢带铠装电力电缆	VV22	VLV22	1.5～400	适用于埋地敷设，能承受机械外力作用，但不能承受大的拉力	地下、埋地电缆

电缆名称	型号		导体标称截面/mm²	使用条件	敷设场合
聚氯乙烯绝缘聚氯乙烯护套钢带铠装电力电缆	VV32	VLV32	1.5～400	适用于水中或高落差地区,能承受机械外力作用和相当的拉力	高医治差、竖井及水下、

③聚氯乙烯绝缘控制电缆见表5.8.5、表5.8.6。

表5.8.5　聚氯乙烯绝缘控制电缆技术规格

额定电压/V U_0/U	工作温度	安装时温度	执行标准、符合标准
450/750	长期允许工作温度70℃	≥0℃	GB/T 9330—2008、IEC/T 3956—2008

表5.8.6　聚氯乙烯绝缘控制电缆型号、名称及敷设场合

电缆名称	型号	导体标称截面/mm²	使用条件	敷设场合
聚氯乙烯绝缘聚氯乙烯护套控制电缆	KVV	0.75～10	室内、电缆沟、管道中等固定场合	室内、电缆沟、管道中等固定场合
聚氯乙烯绝缘聚氯乙烯护套钢带铠装控制电缆	KVV22	0.75～10	适用于室内、电缆沟、管道、埋地敷设,能承受较大机械外力作用的场合	室内、电缆沟、管道、地下埋地敷设
聚氯乙烯绝缘聚氯乙烯护套编织屏蔽控制电缆	KVVP	0.75～10	适用于室内、电缆沟、管道敷设等要求屏蔽的场合	室内、电缆沟、管道、敷设
聚氯乙烯绝缘聚氯乙烯护套铜带屏蔽钢带铠装控制电缆	KVVP22	0.75～10	适用于室内、电缆沟、管道内、埋地敷设等要求屏蔽的场合	室内、电缆沟、管道、地下埋地敷设
聚氯乙烯绝缘聚氯乙烯护套控制软电缆	KVVP	0.75～10	敷设室内,移动时要求柔软的场合	室内
聚氯乙烯绝缘聚氯乙烯护套编织屏蔽控制软电缆	KVVRP	0.75～10	敷设在室内移动要求柔软、屏蔽的场合	室内

④预分支电缆见表 5.8.7、表 5.8.8。

表 5.8.7　预分支电缆技术规格

额定电压/kV U_0/U	工作温度	允许短路温度	安装时温度	符合标准
0.6/1	交联聚乙烯绝缘 90℃ 聚乙烯绝缘 70℃	交联聚乙烯绝缘 250℃ 交联聚乙烯绝缘 160℃	≥0℃	GB12706—2008 JISC2810

表 5.8.8　预分支电缆型号、名称及敷设条件表

电缆名称	型号	规格			使用条件	敷设场合
		芯数	主线芯截面 /mm²	分支截面 /mm²		
交联聚乙烯绝缘聚氯乙烯护套预分支电力电缆	YFD-YJV	1 2 3 4 5 3+1 3+2 4+1	10 ～ 1000	2.5 ～ 630	预分支电缆可广泛应用于住宅、办公大楼、宾馆、医院、商场、工厂等的配电系统	竖井及配电通道
交联聚氯乙烯绝缘聚乙烯护套阻燃预分支电力电缆	YD-ZRYJV					
交联聚氯乙烯绝缘聚氯乙烯护套预分支电力电缆	YFD-NHYJV					
聚氯乙烯绝缘聚氯乙烯护套预分支电力电缆	YFD-VV					
聚氯乙烯绝缘聚氯乙烯护套阻燃预分支电力电缆	YFD-ZRVV					
聚氯乙烯绝缘聚氯乙烯护套预分支电力电缆	YFD-NHVV					
交联聚氯乙烯绝缘聚烯烃炉套预分支电力电缆	YFD-YJE					
交联聚氯乙烯绝缘低烟无卤阻燃聚烯烃护套预分支电力电缆	YFD-WLYJE					
交联聚氯乙烯绝缘低烟无卤聚烯烃护套耐火预分支电力电缆	YFD-NHYJV					

⑤矿物绝缘电缆见表 5.8.9、表 5.8.10。

表 5.8.9　矿物绝缘电缆技术规格

电压等级	电缆的使用温度	带 PVC 外套在化学环境中	符合标准
750V 及以下	长期使用温度:250℃ 应急使用温度:1000℃	长期使用温度:90℃ 应急使用温度:1000℃	GB/T 13033—2007 GB/T 12666—2008

表 5.8.10　矿物绝缘电缆型号、名称及敷设条件

电缆名称	型号	规格		使用条件	敷设场合
		芯数	主线芯截面		
500V 轻载铜芯铜护套矿物绝缘防火电缆	BTTQ	1 2 3 4 7	1～4	应用于历史性建筑,高层建筑、工厂高温区域和易燃易爆火灾危险区域等处	竖井、桥架、电缆沟等处
500V 轻载铜芯铜护套 PVC 外套矿物绝缘防火电缆	BTTVQ				
750 重载铜芯铜护套矿物绝缘防火电缆	BTTZ		所有电缆型 1～400		
750V 轻载铜芯铜护套 PVC 外套矿物绝缘防火电缆	BTTVZ				

2)电缆的质量验收要求

①型号、规格及电压等级符合设计要求,并有合格证。电缆合格证上有生产许可证编号。

②每盘电缆上应标明电缆规格、型号、电压等级、长度及出厂日期,电缆盘应完好无损。

③电缆外观完好无损,铠装无锈蚀,无机械损伤,无明显褶皱和扭曲现象。护套、塑料电缆外皮及绝缘层无老化及裂纹。

④电缆的其他附属材料:电缆盖板、电缆标示桩、电缆标示牌、油漆、酒精、汽油、硬脂酸、白布带、电缆头附件等均应符合要求。

⑤电缆出厂检验报告符合标准:交联(YJV)电缆符合 GB/T 12706—2008、IEC502 标准要求;聚氯乙烯(PVC)电缆符合 GB/T 12706—2008、IEC502 标准;预分支电缆符合 GB/T 12706—2008、JISC2810 标准;矿物绝缘电缆符合 GB/T 13033—2007、GB/T 12666—2008 标准;塑料控制电缆符合 GB/T 9330—2008、GB/T 3956—2008 标准。

对电缆绝缘性能、导电性能和阻燃性能有疑义时,应按批抽样并送到有资质的试验室检测。

3)电缆头材料要求

①中低压挤包绝缘电缆附件品种、特点及使用范围见表 5.8.11。

表 5.8.11 中低压挤包绝缘电缆附件品种、特点及使用范围

品种	结构特征	适用范围
绕包式电缆附件	绝缘和屏蔽都是用带材(通常用橡胶自粘带)绕包而成的电缆附件	适用于中低压挤包绝缘电缆终端头
热缩式电缆附件	将具有电缆附件所需要的各种性能的热缩管材、分支套和雨罩(户外)套在经过处理后的电缆末端或接头处,加热收缩而形成的电缆附件	适用于挤包绝缘电缆和油纸绝缘电缆接头和终端头
预制式电缆附件	利用橡胶材料,将橡胶附件里的增强绝缘和屏蔽层在工厂里模制成一个整体或若干部件,现场套装在经过处理后的电缆末端或接头处而形成的电缆附件	适用于中低压级(6～35kV)挤包绝缘电缆终端头
冷缩式电缆附件	利用橡胶材料将电缆附件的增强绝缘和应力控制附件(如果有的话)在工厂里模制成型,再扩径加以支撑物,现场套在经过处理后的电缆末端或接头处,抽出支撑物,收缩压紧在电缆上而形成的电缆附件	适用于中低压挤包绝缘电缆终端头
浇注式电缆附件	利用热固性树脂(环氧树脂、聚氯脂或丙烯酸酯)现场浇注在经过处理后的电缆末端或接头处的模子或盒子内,固化后而形成的电缆附件	适用于中低压挤包绝缘电缆和矿物绝缘电缆

②热缩型交联聚乙烯绝缘电缆终端头主要材料表,见表 5.8.12。

表 5.8.12 热缩型交联聚乙烯绝缘电缆终端头主要材料表

序号	材料名称	规格/mm
1	三指套	$(\phi70～\phi110)$
2	绝缘管	$(\phi30～\phi40)\times450$
3	应力控制管	$(\phi25～\phi35)\times150$
4	绝缘副管	$(\phi35～\phi40)\times100$
5	相色管	$(\phi35～\phi40)\times50$
6	填充胶	—
7	接地线	—
8	接线端子	与线芯相配
9	绑扎铜线	$\phi2.1$
10	焊锡丝	—

③热缩型交联聚乙烯绝缘电缆接头主要材料表,见表5.8.13。

表 5.8.13　热缩型交联聚乙烯绝缘电缆接头主要材料表

序号	材料名称	规格/mm	数量
1	应力疏散胶	—	—
2	应力管	$(\phi30\sim\phi40)\times100$	6
3	填充胶	—	—
4	绝缘橡胶自粘带	—	—
5	内绝缘管	$(\phi30\sim\phi40)\times670$	3
6	外绝缘管	$(\phi40\sim\phi50)\times400$	3
7	半导体管	$(\phi50\sim\phi65)\times420$	3 或 6
8	内护套管	$(\phi80\sim\phi120)\times800$	2
9	铜屏蔽网	截面大于 $6mm^2$	3
10	连接管	—	3
11	接地编织铜线	$10mm^2$	1
12	金属护套筒	—	1
13	金属端护套	—	2
14	外护套管	$(\phi100\sim\phi140)\times1000$	1 或 2
15	密封胶	—	—
16	硅脂胶	—	—
17	PVC 带	—	—
18	铜扎线	$1/\phi2.1$	—

④绕包型 8.7/10kV 塑料绝缘电缆终端头主要材料表,见表5.8.14。

表 5.8.14　绕包型 8.7/10kV 塑料绝缘电缆终端头主要材料表

序号	材料名称	备注
1	塑料手套	三芯或四芯
2	绝缘自粘带	J-30
3	半导电自粘带	BDD-50
4	聚氯乙烯黏胶带	—
5	相色聚氯乙烯带	红、黄、绿
6	接线端子	与电缆线芯相配
7	铜丝网	—
8	软铜线	$1.5(mm^2)$
9	接地线	—

续表

序号	材料名称	备注
10	绑扎铜线	$\phi2.1mm$
11	焊锡丝	—

⑤绕包型 8.7/101kV 塑料绝缘电缆接头主要材料表,见表5.8.15。

表 5.8.15　热缩型交联聚乙烯绝缘电缆接头主要材料表

序号	材料名称	规格(mm)	数量
1	绝缘橡胶自粘带	—	—
2	内绝缘管	$(\phi30\sim\phi40)\times670$	3
3	外绝缘管	$(\phi40\sim\phi50)\times400$	3
4	铜屏蔽网	截面大于 $6mm^2$	3
5	连接管	—	3
6	接地编织铜线	$10\ mm^2$	1
7	金属护套筒	—	1
8	金属端护套	—	2
9	外护套管	$(\phi100\sim\phi140)\times1000$	1 或 2
10	密封胶带	—	—
11	硅脂胶	—	—
12	PVC 带	—	—
13	铜扎线	$1/\phi2.1$	—

⑥绕包型 0.6/1kV 塑料绝缘电缆终端头主要材料表,见表5.8.16。

表 5.8.16　绕包型 0.6/1kV 塑料绝缘电缆终端头主要材料

序号	材料名称	备注
1	塑料手套	三芯或四芯
2	聚氯乙烯胶粘带	—
3	相色聚氯乙烯带	—
4	接线端子	与电缆线芯相配
5	接地线	—
6	绑扎铜线	$\phi2.1mm$
7	焊锡丝	—

（7）预制件装配式电缆终端头主要材料表（单芯电缆），见表 5.8.17。

表 5.8.17 预制件装配式电缆终端头主要材料表（单芯电缆）

序号	材料名称	数量	备注
1	电缆头连接器	1	与电缆配套
2	电缆变径	1	与电缆配套
3	连接器	1	与电缆配套
4	压紧螺栓	1	与电缆配套
5	接线端子	1	与电缆配套
6	电缆连接器堵头	1	与电缆配套
7	硅胶	1	—
8	接地铜编织线	1	—

⑧矿物绝缘电缆终端头主要材料表，见表 5.8.18。

表 5.8.18 矿物绝缘电缆终端头主要材料表

名称	单位	数量	备注
电缆固定压盖	套	1	按电缆规格配置
电缆密封铜盖及罐盖	套	1	按电缆规格配置
电缆封端用密封胶	支	1	—
导线热缩绝缘管	根	2～5	按电缆总数、截面、规格配置，长度按需
铜接线端子	只	2～5	按电缆总数、截面、规格配置

⑨矿物绝缘电缆中间头主要材料表，见表 5.8.19。

表 5.8.19 矿物绝缘电缆中间头主要材料表

名称		单位	数量	备注
直通型中间连接附件	固定压盖	套	2	按电缆规格配置
	铜导管	根	1	按电缆规格配置
电缆密封铜盖及罐盖		套	2	按电缆规格配置
电缆封端用密封胶		支	1	—
导线热缩绝缘管		根	4～10	按电缆总数、截面、规格配置，长度按需，套在导线上
热缩绝缘管		根	2～5	套在多饼导线连接管上
热缩绝缘管		根	1	套在多芯导线连接后外层
热缩连接管		只	2～5	按电缆总数、截面、规格配置

制作电缆终端头所需的主要部件和材料,一般应由电缆附件生产厂家成套供应,所用材料要符合电压等级及设计要求,并有产品合格证。

5.8.2　主要机具

(1)敷设电缆机具

电缆牵引端、牵引网套、防捻器、电缆滚轮、电动滚轮、电缆盘千斤顶支架、电缆盘制动装置、管口保护喇叭、卷扬机、吊链、滑轮、钢丝绳、大麻绳、绝缘摇表、皮尺、钢锯、手捶、扳手、电气焊工具、电工工具、无线对讲机、手持式扩音喇叭。

(2)电缆头制作工具

喷灯、液压钳、钢卷尺、钢锯、电烙铁、电工刀、钢丝钳、螺丝刀、大瓷盘。

5.8.3　作业条件

(1)电缆线路安装工程应按已批准的设计进行施工。

(2)有关的建筑物、构筑物的土建工程质量,应符合国家现行的建筑工程施工及验收规范中的有关规定。

(3)电缆线路敷设前,土建工作应具备下列条件:

1)预留孔洞、预埋件符合设计要求,预埋件埋设牢固。

2)电缆沟、隧道、竖井及人孔等处的地坪及抹面工作结束。

3)电缆层、电缆沟、隧道等处的施工临时设施、模板及建筑废料等清理干净,施工用道路畅通,盖板齐全。

(4)电缆线路铺设后,不能再进行土建施工的工程项目应结束。

(5)电缆沟排水应畅通。

(6)有较宽的操作场地,施工现场干净,并备有 220V 交流电源。

(7)作业场所环境温度在 0℃以上,相对湿度 70% 以下,严禁在雨、雪、风天气中施工。

(8)室外高空作业电杆上应搭好平台,在施工部位上方搭建好帐蓬,防止灰尘侵入。

(9)变压器、高低压开关柜、电缆均安装完毕,电缆绝缘合格。

5.8.4　施工工艺

(1)电缆敷设工艺流程

1)直埋电缆敷设工艺流程

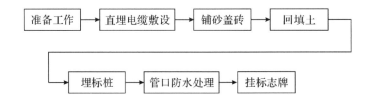

2)电缆桥架内电缆敷设工艺流程

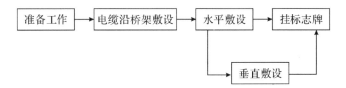

3)排管内电缆敷设工艺流程

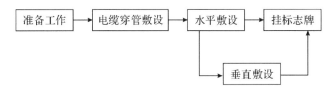

4)电缆沟内及电缆竖井内电缆敷设工艺流程

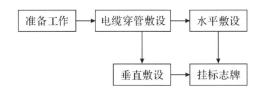

(2)直埋电缆敷设

1)在电缆的线路路径上有可能使电缆受到机械损伤、化学作用、震动、热影响、虫鼠等的危害地段,应采取保护措施。

2)电缆的埋深应符合下列要求:电缆表面距地面的距离不应小于0.7m,穿越农田时不应小于1m,只有在引入建筑物、与地下建筑交叉及绕过地下建筑物处,可埋浅些,但应采取保护措施。在寒冷地区,电缆应埋于冻土层以下,当无法深埋时,应采取防护措施。

3)电缆之间、电缆与其他管道、道路、建筑物等之间的平行和交叉时的最小距离应符合表5.8.20的规定。

表 5.8.20　直埋电缆与其他设施平行、交叉的最小距离　　　　　（单位:mm）

名称	平行	交叉
与控制电缆之间	不作规定	500
10kV 以下电力电缆之间或与挖掘电缆间	100	500
与不同部门的电缆(包括通信电缆)之间	500(100)	500(250)
电缆与热力沟或热力管道之间	2000	500
电缆与煤气管道之间	1000(250)	500(250)
电缆与其他管道之间	500(250)	500(250)
电缆与铁路	3000	1000
电缆与公路	2000	1000

续表

名称	平行	交叉
电缆与建筑物基础	600	—
电缆与电杆基础	1000	—
电缆与树木	2000(750)	—

注:表中括号内数字是指电缆穿管保护或加隔板后允许的最小距离。

4)电缆与铁路、公路、城市街道、厂区道路时,应敷设在坚固的保护管内。管的两端伸出道路路基两边各 2m,伸出排水沟 0.5m。

5)直埋电缆的上下方需铺不小于 100mm 厚的软土或沙层,并加盖混凝土保护板或砖,其覆盖宽度应超过电缆两侧各 50mm(见图 5.8.1)。

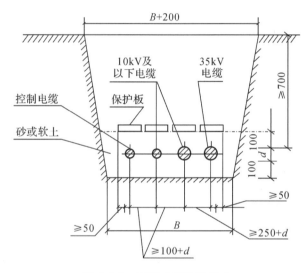

图 5.8.1　直埋电缆敷设尺寸

6)清理沟内杂物,在沟底铺上 100mm 厚的软土或沙层,准备敷设电缆。

7)电缆敷设可用人力拉引或机械牵引,当电缆较重时,宜采用机械牵引,当电缆较短较轻时,宜采用人力牵引(见图 5.8.2)。

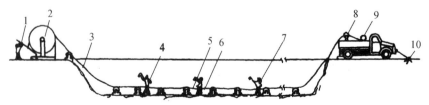

1—制动;2—电缆盘;3—滚轮监视人;5—牵引头监视人;6—防捻器;

7—滚轮监视人;8—张力计;9—卷扬机;10—锚碇装置

图 5.8.2　电缆机械牵引示意图

8)电缆机械牵引:常用慢速卷扬机直接牵引,一般牵引速度为5～6m/min。在牵引过程中应注意滚轮是否翻倒,张力是否适当。特别应注意电缆引出口或电缆经弯曲后电缆的外形和外护层有无刮伤或压扁等不正常现象,以便及时采取防范措施。

9)人工拉引电缆:电缆的人工拉引一般指人力拉引或者是滚轮和人工相结合的方法(见图5.8.3),这种方法需要施工人员较多,特别注意的是人力布置要均匀合理,负荷适当,并要统一指挥,电缆展放中,在电缆两侧须有协助推盘及负责刹盘滚动的人员。为避免电缆受拖拉而损伤,可把电缆放在滚轮上,拉引电缆的速度要均匀。

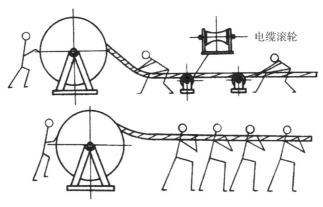

图5.8.3 人工拉引电缆示意

10)电缆敷设时,应注意电缆的弯曲半径应符合表5.8.28的规定。

11)电缆放在沟底时,边敷设边检查电缆是否受伤。放电缆的长度不能控制得太紧,电缆的两端、中间接头、电缆井内、电缆过管处、垂直位差处均应留有适当的余度,并作波浪状摆放。

12)电缆铺砂盖砖

电缆敷设完毕,应请建设单位、监理单位,施工单位的质量检查部门共同进行隐蔽工程验收。

隐蔽工程验收合格后,再在电缆上面覆盖100mm的砂或软土,然后盖上保护板,板与板连接紧密,覆盖宽度应超过电缆两侧各50mm。

13)回填土

回填土前,应清理积水,进行一次隐蔽工程,检验合格后,应及时回填土,并进行分层夯实。

14)埋设标志桩

电缆回填土后,做好电缆记录,并应在电缆拐弯、接头、交叉、进出建筑物等处设置明显方位标志桩,直线段每隔100m设标志桩。标志桩可以采用♯150钢筋混凝土制作,并且标有"下有电缆"字样。标志桩露出地面以15cm为宜(见图5.8.4)。

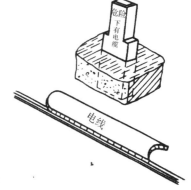

图5.8.4 标志桩示意

15)直埋电缆进出建筑物处,进入室内的电缆管口低于室外地面者,对其电缆管口按设计要求或相应标准做防水处理。

(3)电缆桥架上电缆敷设(见图 5.8.5)

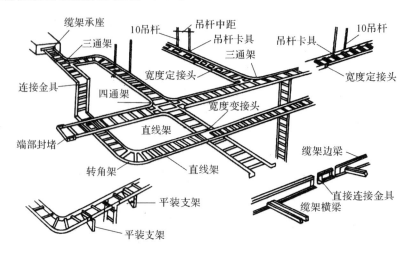

图 5.8.5　电缆桥架组装示意

1)水平敷设

电缆沿桥架或托盘敷设时,应将电缆单层敷设,排列整齐,不得有交叉,拐弯处应以最大截面电缆允许弯曲半径为准。

不同等级电压的电缆应分层敷设,高压电缆应敷设在最上层。

同等级电压的电缆沿桥架敷设时,电缆水平净距不得小于电缆外径。

电缆敷设排列整齐,水平敷设的电缆,首尾两端、转弯两侧及每隔 5～10m 处设固定点。

2)垂直敷设

垂直敷设电缆时,有条件的最好自上而下敷设。土建未拆塔吊车前,用塔吊将电缆吊至楼层顶部;敷设前,选好位置,架好电缆盘,电缆的向下弯曲部位用滑轮支撑电缆,在电缆盘附近和部分楼层应设制动和防滑措施;敷设时,同截面电缆应先敷设低层,再敷设高层。

自下而上敷设时,低层小截面电缆可用滑轮大麻绳人力牵引敷设。高层大截面电缆宜用机械牵引敷设。

3)电缆的排列和固定

电缆敷设排列整齐,间距均匀,不应有交叉现象。

大于 45°倾斜敷设的电缆每隔 2m 处设固定点。

水平敷设的电缆,首尾两端、转弯两侧及每隔 5～10m 处设固定点。

对于敷设于垂直桥架内的电缆,每敷设一根固定一根,全塑型电缆的固定点为 1m,其他电缆固定点为 1.5m,控制电缆固定点为 1m。

敷设在竖井及穿越不同防火区的桥架,按设计要求位置,做好防火阻隔。

4)电缆挂标志牌

标志牌规格应一致,并有防腐性能,挂装应牢固。标志牌上应注明电缆编号、规格、型号、电压等级及起始位置。沿电缆桥架敷设的电缆在其两端、拐弯处、交叉处应挂标志牌,直线段应适当增设标志牌。

(4)电缆沟内及电缆竖井内电缆敷设

1)电缆支架安装

电缆支架安装应符合下列规定:电缆在电缆沟内及竖井敷设前,已根据设计要求完成电缆沟及电缆支架的施工,电缆敷设在沟内壁的角钢支架上。电缆支架间的平行距离,电力电缆为1m,控制电缆为0.8m;垂直距离,电力电缆为1.5m,控制电缆为1m;电缆层间距,10kV及以下电缆为150~250mm,控制电缆为120mm;电缆支架最下层距沟底的距离不小于50~100mm。

电缆在竖井内敷设,当设计无要求时,最上面的电缆支架至竖井顶部或楼板的距离不小于150~200mm;最下面的电缆支架最下面的至地面的距离不小于50~100mm。

支架与预埋件焊接固定时,焊缝饱满;用膨胀螺栓固定时,选用膨胀螺栓应符合要求,连接牢固,防松装置齐全。支架应横平竖直。

2)电缆敷设

电缆敷设前,应验收电缆沟及电缆竖井,电缆沟的尺寸及电缆支架间距应符合设计要求,电缆沟内应清洁干燥,应有适量的积水坑。

电缆在支架上敷设时,应按电压等级排列,高压在上面,低压在下面,控制电缆在最下面。如果两侧装设电缆支架,则电力电缆与控制电缆应分别安装在沟的两侧。

在支架上敷设电缆时,其水平间距不得小于下列数值:电缆在支架敷设时,电力电缆间距为35mm,但不小于电缆外径尺寸;不同等级电力电缆间及其与控制电缆间的最小净距为100mm;控制电缆间不作规定。

电缆支架间的距离应按设计规定施工,当设计无规定时,电缆间平行距离不小于100mm,垂直距离为150~200mm。

电缆在支架上敷设,拐弯处的最小弯曲半径应符合表5.8.28的规定。

3)电缆固定

垂直电缆敷设或大于45°倾斜敷设的电缆在每个支架上固定。

交流单芯电缆或分相后的每相电缆固定用的夹具和支架,不形成闭合铁磁回路。

电缆排列整齐,不交叉;当设计无要求时电缆支持点间距不大于表5.8.21的距离。

表5.8.21　电缆支持点间距表

电缆种类		敷设方式/mm	
		水平	垂直
电力电缆	全塑性	400	1000
	除全塑性外的电缆	800	1500
控制电缆		800	1000

当设计无要求时,电缆与管道的最小净距符合表5.8.22的规定,且敷设在易燃易爆气体管道的下方。

表 5.8.22　电缆与管道的最小净距　　　　　　　　　　(单位:m)

管道类别		平行净距	交净距
一般工艺管道		0.4	0.3
易燃易爆气体管道		0.5	0.5
热力管道	有保温层	0.5	0.3
	无保温层	1.0	0.5

4)防火措施

敷设电缆的电缆沟和竖井,按设计要求的位置,做好防火阻隔措施。

5)电缆挂标志牌

标志牌应一致,并有防腐性能,挂装应牢固。

标志牌上应注明电缆编号、规格、型号、电压等级及起始位置。

电缆在其两端、拐弯处、交叉处应挂标志牌,直线段应适当增设标志牌。

(5)管内电缆敷设

1)检查管道

金属导管严禁熔焊连接。防爆管不应采用倒扣连接,应采用防爆活结头,其结合面应紧密。管口平整光滑,无毛刺。

检查管道内是否有杂物,在敷设电缆前,应将杂物清理干净。

2)试牵引

经过检查后的管道,可用一段(长约5m)的同样电缆作模拟牵引,然后观察电缆表面,检查磨损是否属于许可范围。

3)敷设电缆

将电缆盘放在电缆入孔井口的外边,先用安装有电缆牵引头并涂有电缆润滑油的钢丝绳与电缆的一端连接,钢丝绳的另一端穿过电缆管道(见图5.8.6),拖拉电缆力量要均匀,检查电缆牵引过程中有无卡阻现象,如张力过大,应查明原因,问题解决后,继续牵引电缆。

电力电缆应单独穿入一根管孔内。同一管孔内可穿入3根控制电缆。

三相或单相的交流单芯电缆不得单独穿于钢导管内,

4)电缆入孔井

电缆在管道内敷设时,为了抽拉电缆或做电缆连接,电缆管分支、拐弯处、均需安设电缆入孔井,电缆入孔井的距离,应按设计要求设置,一般在直线部分每隔50～100m设置一个。

5)防火措施

敷设电缆的电缆管,按设计要求的位置,应设置防火阻隔措施。

6)电缆挂标志牌

标志牌规格应一致,并有防腐性能,挂装应牢固。

标志牌上应注明电缆编号、规格、型号、电压等级及起始位置。

沿电缆管道敷设的电缆的其两端、人孔进内应挂标志牌。

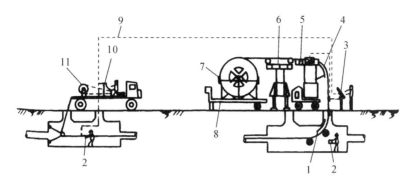

1—R 形护板;2—卷扬机停机按钮;3—卷扬机及履带牵引机控制台;4—滑轮组;

5—履带牵引机;6—敷设脚手架;7—手动电缆盘制动装置;8—电缆盘拖车;

9—卷扬机遥控及通信信号用控制电缆;10—卷扬机控制台;11—卷扬机

图 5.8.6　管道内敷设电缆牵引示意

(6)预分支电缆的竖井内敷设

1)预分支电缆安装附件见表 5.8.23。

表 5.8.23　预分支电缆安装附件

序号	名称	数量	用途
1	挂钩	个/根	与电缆吊头挂接的附件,直接固定在建筑物上
2	金属网套	个/根	用于连接电缆头,作为牵引电缆和挂装电缆用
3	电缆支架	若干	用于固定电缆
4	马鞍线夹	若干	将电缆紧固在支架上

2)施工方法

检查电缆通道,确认预分支电缆是否能通过贯通孔洞。

将电缆放在线架上,通常将电缆放在楼下,安装时将电缆提拉上去。

3)分支电缆的顶端处理

①将电缆的顶端用一专用 PVC 材料制成的封头帽做防水处理,再用热缩管加强。

②将金属网套固定在电缆顶端,如图 5.8.7 所示。

③将安装金属网套的电缆顶端通过回转接头同卷扬机钢丝绳连接。

④检查吊装电缆的各个环节是否准备好,检查无误后,启动卷扬机将电缆提升上去。提升过程中,不要对分支线施加张力,使用电缆重量 4 倍以上强度的提升用电绳缆,边提升,边检查,以免电缆受伤,如图 5.8.8 所示。

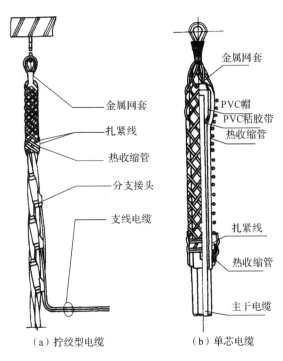

（a）拧绞型电缆　　　　（b）单芯电缆

图 5.8.7　金属同套固定方法

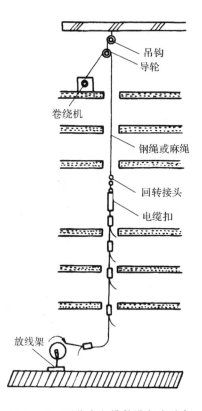

图 5.8.8　预分支电缆敷设方法示意

⑤提升用的电缆网套到达顶部时,将网套挂在预埋的吊钩上。

⑥对中间部位进行固定,固定间距1.5～2m。单芯电缆用马鞍线夹固定。

⑦将支线电缆端头进行连接。

⑧进行主干线电缆的连接,图5.8.9所示为预分支电缆的安装示意图。

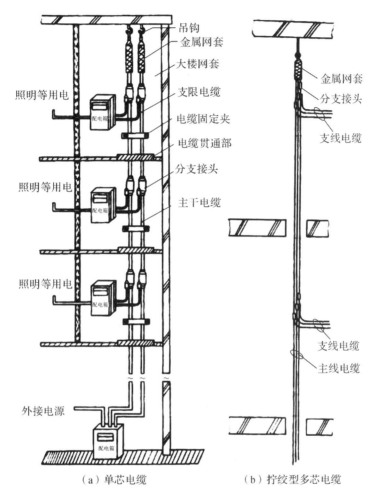

图5.8.9　预分支电缆的安装示意图

⑨将电缆洞口用防火堵料进行封堵。

⑩电缆的首末端、分支处挂电缆标志牌。

(7)电缆终端和接头的制作安装工艺流程

1)10(6)kV 交联聚乙烯绝缘电缆户内、外热缩式电缆终端头制作工艺流程

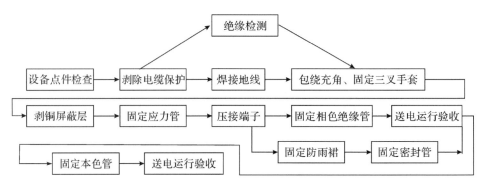

2)10(6)kV 交联聚乙烯绝缘电缆户内、外热缩式电缆接头制作工艺流程

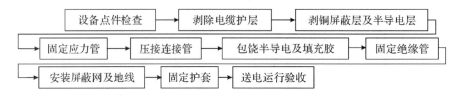

3)10(6)kV 交联聚乙烯绝缘电缆户内、外干包式电缆终端头制作工艺流程

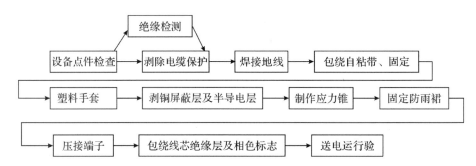

4)10(6)kV 交联聚乙烯绝缘电缆户内、外干包式电缆接头制作工艺流程

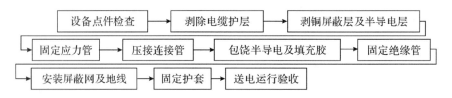

5)0.6/1kV 交联聚乙烯绝缘电缆户内、外干包式电缆头制作工艺流程

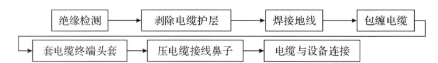

6)预制装备式电缆端头制作工艺流程

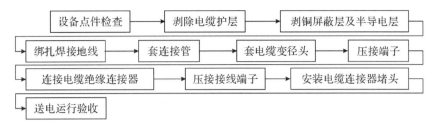

7)矿物绝缘电缆终端头制作工艺流程

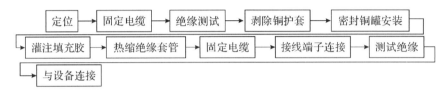

8)矿物绝缘电缆中间头制作工艺流程

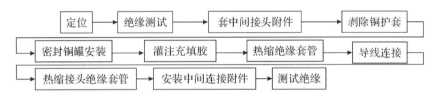

(8) 10(6)kV 干包式交联聚乙烯电力电缆终端头制作工艺

1)设备点件检查:开箱检查实物是否符合装箱单上数量,外观有无异常现象,按操作顺序摆放在大瓷盘中。

2)电缆的绝缘摇测:将电缆封口打开,用 2500V 摇表测试,合格后方可进入下道工序。

3)剥除电缆护层,见图 5.8.10、图 5.8.11。用卡子将电缆垂直固定,从电缆端口量取 750mm(户内量取 550mm),剥去外护层。

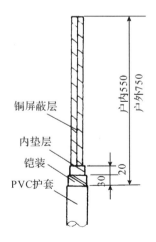

图 5.8.10 剥除电缆护层

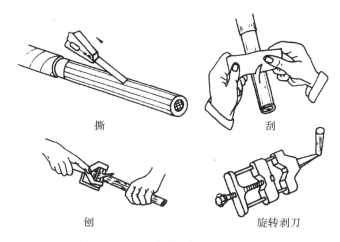

撑　　　　　　　刮

刨　　　　　旋转剥刀

图 5.8.11　几种剥切半导电层的方法

①剥铠装:从外护层断口量取 30mm 铠装,用铅丝绑紧后,其余剥去。

②剥内垫层:从铠装断口量取 20mm 内垫层,其余内垫层剥去。然后,摘去填充物,分开线芯。

4)焊接地线,见图 5.8.12。用裸编织铜线作电缆钢带及屏蔽引出接地线。用砂布打光钢带焊接区,用铜丝绑扎后,用电烙铁、焊锡和钢带焊接牢固。在密封处的地线用焊锡填满编织线,形成防潮段。

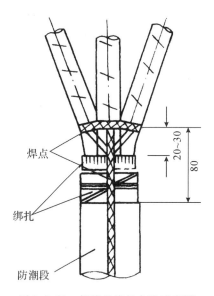

焊点

绑扎

防潮段

图 5.8.12　焊接地线的方法示意图

5)塑料手套

①包绕绝缘自粘带:用绝缘自粘带在相应于手套袖筒部位的护套外面及相应于手套手指部位的屏蔽层外面,包绕绝缘自粘带作填充,包绕层数以手套套入时松紧合适为宜。

②套上塑料手套:选择与电缆截面相适应的塑料手套,套在三叉根部,在手套袖筒下部及指套上部分别用绝缘黏结带包绕防潮锥,以密封手套。再在防潮锥外面先自上而下,再自

下而上以半搭方式包绕 2 层塑料黏结带。

6）剥铜屏蔽带和半导电层：由手指套指端量取 55mm 铜屏蔽层，其余剥去，从屏蔽层端量取 20mm 半层电层，其余剥去。

7）制作应力锥（见图 5.8.13）。

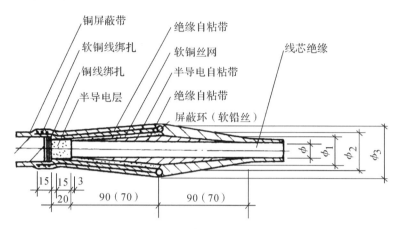

ϕ—电缆线芯绝缘外径；ϕ_2—应力锥屏蔽外径(mm)；ϕ_1—增绕绝缘外径；

$\phi_1 = \phi + 16(mm)[\ \phi_1 = \phi + 12(mm)]$；$\phi_3$—应力锥总外径；$\phi_3 = \phi_2 + 4(mm)$

图 5.8.13　制作应力锥示意

①清除电缆绝缘表面的半导电层残迹，用酒精将电缆表面擦拭干净。从各线芯半导电层后 5mm 处开始，将自粘带拉伸 100% 左右，以半搭盖方式向线芯方向绕包，包带要拉紧，使松紧程度一致，不应有打折、扭皱现象，反复往返包绕成橄榄型的增强绝。然后，用半层电橡胶自粘带从电缆半导电屏蔽导上开始绕包到最大直径处，不能超过，再返回到电缆半层电层上。再用屏蔽铜丝网覆盖在绕包的半导电屏蔽层上（也可用直径为 2mm 的熔丝在绕包的半导电屏蔽层上密集缠绕），下端与电缆屏蔽铜带搭接，搭接长度不小于 10mm，并绑扎焊牢。用直径为 ϕ5mm 的粗熔断丝做一屏蔽环套在应力锥最大直径处，并与铜网焊接起来。

②当采用绕包应力带作为电场处理结构式时（见图 5.8.14），绕包应力带应从电缆半导电层（也可搭接在铜带上）开始，半搭盖绕包。如果用非复合应力带，需拉伸 200%，绕包时银灰色朝外。包绕到规定尺寸后，再回到原始位置。在绕包层下端覆盖在电缆半层电层的一段应力带外边包一层半导电自粘带，与屏蔽铜带搭接。

8）安装塑料雨罩（室外）：确定线芯应保留的长度，锯去多余的线芯。然后在线芯末端（靠近接线端子接管处）的线芯绝缘上，用塑料黏结带包缠一突起的雨罩座，并套上雨座。

9）安装接线端子：剥去线芯末端绝缘（长度为端子接管孔深加 5mm），选择与线芯截面相适应的接线端子，将接管内壁和线芯表面擦拭干净，并清除氧化层和油迹，然后进行压接和焊接。压接完后用绝缘自粘带在端子接管上端至雨罩上端一段内，包缠成防潮锥体，再在防潮锥外用 PVC 粘胶带自上而下，再自下而上以半搭盖方式包缠 2 层。

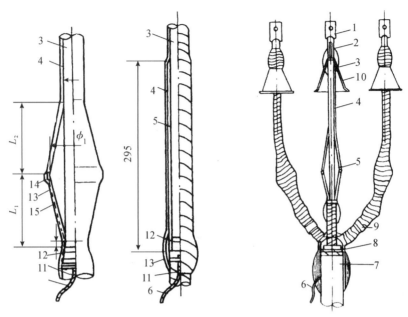

（a）应力锥（户内终端不加雨罩）　　　（b）应力带（用于513型号终端）

1—接线端子；2—电缆导体；3—电缆绝缘；4—绝缘带绕包层；5—应力锥；
6—接地线；7—电缆外护层；8—分支套；9—相色带；10—雨罩；11—铜带；
12—外半导电层；13—半导电带；14—屏蔽环；15—铜网或熔断丝

图 5.8.14　干包式电缆终端头

10）包缠线芯绝缘层

用绝缘自粘带在端子接管下端或雨罩下端（仅对户外而言）起至电缆分支手套指端（包括应力锥），自上而下，再自下而上，以半搭盖方式包缠 2 层。最后在应力锥上端的线芯绝缘保护层外，用红绿黄三色 PVC 黏结带包缠 2～3 层，作为相色标志。

11）至此即可对电缆头做耐压试验，合格后核对相位，将其与设备相连接，同时应将引出的编织软接地铜线可靠接地。

（9）10(6)kV 干包式交联聚乙烯电力电缆接头制作工艺

1）设备开引箱检查：开箱检查实物是否符合装箱单上的数量，外观有无异常现象。

2）剥除电缆护层，见图 5.8.15。

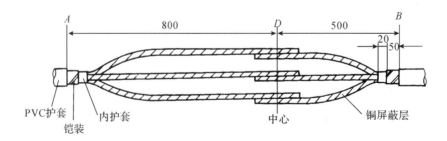

图 5.8.15　剥除电缆护层

　　①调直电缆:将电缆留适当长度后放平,在待连接的电缆端部的 2m 内分别调直、擦干净,相互重叠 200mm,在中部做中心标线,作为接头中心。

　　②剥除外层及铠装:从中心标线开始在两根电缆上分别量取 800mm、500mm,剥除外护层;在距外护层断口 50mm 的铠装上用铜丝绑扎三圈或用铠装带卡好,用钢锯沿铜丝绑扎处或卡子边缘锯一环行痕,深度为钢带厚度的 1/2,再用改锥将钢带尖撬起,然后用克丝钳夹紧并将钢带剥除。

　　③剥内护层:从铠装断口量取 20mm 内护层,其余内护层剥除,并摘除填充物。

　　④锯芯线:对正线芯,在线芯中心点处锯断。

　　3)剥除屏蔽层及半导电层(见图 5.8.16),自中心点向两端芯线各量 300mm 剥除屏蔽,从屏蔽层断口各量取 20mm 半层电层,其余剥去。彻底清除绝缘体表面的半导电层残迹。

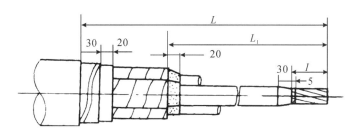

图 5.8.16　剥除屏蔽层及半导电层

　　4)套入管材(见图 5.8.17),将热缩护套管、金属护套管套在电缆上,每相线芯上套入铜丝网。

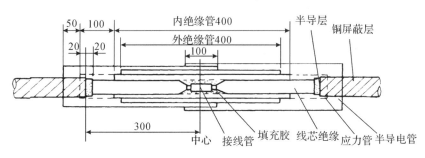

图 5.8.17　套入管材

　　5)压接导体连接管:在线芯端部量取 1/2 连接管长度加 5mm 切除线芯绝缘体,由线芯绝缘断口量取绝缘体 35mm,削成 30mm 长的锥体,压接连接管。

　　6)包绕半导体带:在连接管上用细砂布除掉管子棱角和毛刺,并擦干净。然后,在连接管上用半导体带包绕填平压坑,并与两端半导体层搭接。

　　7)绕包增强绝缘:将电缆绝缘表面擦拭干净,用绝缘黏结带拉伸 100%,以半搭盖方式在半导体层上缠绕,缠绕时,两端各留出 5mm 的半导体层,先填平低凹处,再逐渐包绕到规定尺寸。要求绕包平整,不可出现明显的凹凸不平现象。包缠后的增强绝缘为电缆绝缘外径加 16mm。

　　8)缠绕半导体带:在接头增强绝缘完成后,用半导电橡胶自粘带从一端电缆半导电屏蔽层开始,以半搭盖方式绕包到另一端电缆半导电屏蔽层,然后返回。

9)安装屏蔽铜丝网:将屏蔽铜丝网移到接头中间位置,向两边均匀拉伸,使之紧密覆盖在半导电管上,两端用铜丝绑扎在三根线芯的屏蔽铜带上,并焊牢。也可采用缠绕方式将屏蔽丝网包覆在接头半导电层外面。

10)包缠PVC绝缘带绕包层:用PVC绝缘带从一端铜屏蔽层开始到另一端铜屏蔽层,以半搭盖方式来回绕包两层。

11)焊接过桥线:将规定截面的镀锡铜编织线用裸铜丝分别绑扎并焊接在三根铜芯的屏蔽铜带上,两端用裸铜丝绑扎在电缆屏蔽铜带上,然后将三相线芯捏拢,在线芯之间施加填充物,用白布沙带或PVC绝缘带扎紧。

12)安装护套管:在接头两端电缆内护套外包绕密封胶带,将内护套管移至接头处,两端搭接在电缆内护套上,并加热收缩。(如果不要求将电缆屏蔽铜带与钢带分开接地,则不需用内护套管和钢带跨接线,过桥线应绑扎焊接在电缆屏蔽铜带和钢带上)

13)焊接钢带跨接线:用10mm² 镀锡铜编织线或多股铜绞线,两端分别绑扎并焊接在电缆的钢带上。

14)安装外护套管:将金属护套管移至接头位置,两端用铜丝扎紧在电缆外护层上,再将热缩护套管移至金属护套管上,加热收缩,两端应覆盖在电缆外护层上100mm。当不用金属护套管时,则应将热缩外护套管移到接头位置,加热收缩覆盖在内护套管上。

15)送电试运行、验收

①试验:电缆头制作完毕后,应按规范要求进行试验。

②验收:送电空载运行24小时无异常现象,办理验收手续交建设单位使用。同时提交变更洽商、产品说明书、合格证、试验报告和运行记录等技术文件。

(10)0.6/1kV干包式塑料电缆终端头制作安装

1)摇测电缆绝缘

选用1000V摇表,对电缆进行摇测,绝缘电阻应在10MΩ以上。电缆摇测完毕后,应将线芯对地放电。

2)剥除电缆铠甲、焊接地线

①根据电缆与设备连接的具体尺寸,测量电缆长度并做好标记。锯掉多余电缆,根据电缆头套型号尺寸要求,剥除外护套。电缆首套的型号尺寸由厂家配套供应(见图5.8.18和表5.8.24)。

表 5.8.24 电缆首套型号尺寸

序号	型号	适用电缆截面/mm²	芯数	首套内径/mm
1	T.Q-1-3X35+1X16	35/16		21.5
2	T.Q-1-3X50+1X25	50/25		24.1
3	T.Q-1-3X70+1X25	70/25	4	27.8
4	T.Q-1-3X95+1X35	95/35		31.5
5	T.Q-1-3X120+1X35	120/35		35.5
6	T.Q-1-3X150+1X50	150/50		41.1

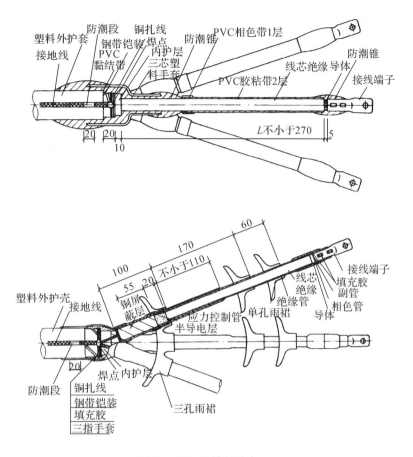

图 5.8.18 电缆软首套

②将地线的焊接部位用钢锉处理,以备焊接。

③用绑扎铜线将接地铜线牢固的绑扎在钢带上,接地线应与钢带充分接触。

④利用电缆本身钢带宽的二分之一做卡子,采用咬口的方法将卡子打牢,必须打两道,防止钢带松开,两道卡子的间距为 15mm。

⑤用钢锯在绑扎线向上 3～5mm 处,锯一环行深痕,深度为钢带厚度的 2/3,不得锯透,以便剥除电缆铠甲。

⑥用螺丝刀在锯痕尖角处将钢带挑起,用钳子将钢带撕掉,随后将钢带锯口处用钢锉处理钢带毛刺,使其光滑。

⑦地线采用焊锡焊接于电缆钢带上,焊接应牢固,不应有虚焊现象。焊接时应注意不要将电缆烫伤。

3)包缠电缆,套塑料首套

①从钢带切口向上 10mm 处,向电缆端头方向剥去电缆统包绝缘层。

②根据电缆头的型号尺寸,按照电缆头套长度和内径,用 PVC 黏结带采用半叠法包缠电缆。PVC 黏结带包缠应紧密,形状呈枣核状,以首套套入紧密为宜。

③套上塑料首套:选择与电缆截面相适应的塑料首套,套在三叉根部,在首套袖筒下部及指套上部分别用 PVC 黏结带包绕防潮锥,防潮锥外径为线芯绝缘外径加 8mm。

4)包缠线芯绝缘层

用PVC黏结带在电缆分支手套指端起至电缆端头,自上而下,再自下而上以半搭盖方式包缠2层。最后在应力锥上端的线芯绝缘保护层外,用红绿黄三色PVC黏结带包缠2～3层,作为相色标志。

5)压电缆芯线接线鼻子

①按端子孔深加5mm,剥除线芯绝缘,并在线芯上涂上凡士林。

②将线芯插入鼻子内,用压线钳子压紧接线鼻子,压接应在两道以上。

③压接完后用PVC黏结带在端子接管上端至导体绝缘端一段内,包缠成防潮锥体,防潮锥外径为线芯绝缘外径加8mm。

6)电缆头固定、安装

①将做好终端头的电缆,固定在预先做好的电缆头支架上。

②根据接线端子的型号,选用螺栓将电缆接线端子压接在设备上,注意,应使螺栓自上而下或从内向外穿,平垫或弹簧垫应安装齐全。

(11)10(6)kV交联聚乙烯绝缘电缆户内、外热缩式电缆终端头制作工艺

1)设备点件检查:开箱检查实物是否符合装箱单上数量,外观有无异常现象,按操作顺序摆放在大瓷盘中。

2)电缆的绝缘测试:将电缆封口打开,用2500V摇表测试合格后方可进入下道工序。

3)剥除电缆护层(见图5.8.10、图5.8.11)。剥外护层:用卡子将电缆垂直固定,从电缆端口量取750mm(户内头量取550mm),剥去外护层。剥铠装:从外护层断口量取30mm铠装,用铅丝绑紧后其余剥去。剥内垫层:从铠装断口量取20mm内垫层,其余剥去。然后,摘去填充物,分开线芯。

4)焊接地线(见图5.8.12),用编织铜线作电缆钢带及屏蔽引出接地线。用电烙铁、焊锡焊在屏蔽铜带上。用砂布打光钢带焊接区,用铜丝绑扎后和钢带焊牢。在密封处的地线用锡填满编织线,形成防潮段。

5)缠绕填充胶,固定三叉手套(见图5.8.19)

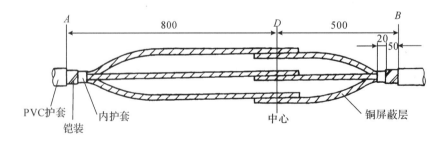

图5.8.19　固定三叉手套

①绕填充胶:用电缆填充胶填充并包绕三芯分支处,使其外观形成橄榄状。绕包密封胶带时,先清洁电缆护套表面和电缆芯线。密封胶带的绕包最大直径应大于电缆外经约15mm,将地线包在其中。

②固定三叉手套:将手套套入三叉根部。然后,用喷灯加热收缩固定。加热时从手套的

腰部依次向两端收缩固定。

③热缩材料加热收缩时应注意:宜使用丙烷喷灯,加热收缩温度为110～120℃;调节喷灯焰使其呈黄色柔和火焰,谨防高温蓝色火焰,以免烧伤热收缩材料;开始加热材料时,火焰要慢慢接近材料,在材料周围移动均匀加热,不断晃动,火焰与轴线夹角约45°,缓慢向前推进;火焰应螺旋状前进,保证管子沿周围方向充分均匀收缩。收缩完毕的热缩管应光滑、无褶皱、无气泡;热缩管收缩后,清除在其表面残留的痕迹。

④剥铜屏蔽层和半导电层:由手套指端量取55mm铜屏蔽层,其余剥去。从铜屏蔽层端量取20mm半导电层,其余剥去。

6)固定应力管:用清洁剂清理铜屏蔽层、半导电层、绝缘表面,确保表面无碳迹。然后,三相分别套入应力管,搭接铜屏蔽层20mm,从应力管下端开始自下而上加热收缩固定,避免应力管与线芯绝缘之间留有气隙。

7)压接端子:先确定引线长度,按端子孔深加5mm,剥除线芯绝缘,端部削成铅笔头状。压接端子,压接后除去毛刺和飞边,清洁表面。

8)固定绝缘管:清洁绝缘管、应力管和指套表面后,用填充胶带包绕应力管部位线芯绝缘之间的阶梯,使之为平滑的锥形过渡面,再用密封胶带包绕分支套指端两层,套入绝缘管至三叉根部(管上端超出填充胶10mm)。从根部由下至上加热收缩固定。

9)固定绝缘管和相色管:切去多余长度的绝缘管,10kV电缆切到与线芯绝缘末端齐,用填充胶填充端子与绝缘之间的间隙及接线端子上的压坑,并搭接绝缘层和端子各10mm,使其平滑,将绝缘管套在端子接管部位,先预热端子,由上端加热固定。最后套入相色管加热固定,户内电缆头固定完毕。

10)安装防雨罩(户外)

固定三孔防雨罩:将三孔防雨罩按要求尺寸套入。然后加热颈部固定。

固定单孔雨罩:按要求尺寸套入单孔防雨罩,加热颈部固定。

11)固定绝缘管(户外):将密封管套在端子接管部位,先预热端子由上端起加热固定。

12)固定相色管(户外):将相色管分别套在密封管上,加热固定。户外头制作完毕。

13)送电试运行、验收、试验:电缆头制作完毕后,应按规范要求进行试验。验收:送电空载运行24小时无异常现象,办理验收手续交建设单位使用。同时提交变更记录、产品说明书、合格证、试验报告和运行记录等技术文件。

(12)10(6)kV交联聚乙烯绝缘电缆户内、外热缩式电缆接头制作工艺

1)设备点件检查:开箱检查实物是否符合装箱单上的数量,外观有无异常现象。

2)剥除电缆护层(见图5.8.15)

①调直电缆:将电缆留适当余度后放平,在待连接的电缆端部的两米内分别调直、擦干净,相互重叠200mm,在中部做中心标线,作为接头中心。

②剥除外层及铠装:从中心标线开始在两根电缆上分别量取800mm、500mm,剥除外护层;在距外护层断口50mm的铠装上用铜丝绑扎三圈或用铠装带卡好,用钢锯沿铜丝绑扎处或卡子边缘锯一环行痕,深度为钢带厚度的1/2,再用改锥将钢带尖撬起,然后用克丝钳夹紧将钢带剥除。

③剥内护层:从铠装断口量取20mm内护层,其余内护层剥除,并摘除填充物。

④锯芯线：对正芯线，在中心点处锯断。

3）剥除屏蔽层及半导电层（见图5.8.16）：自中心点向两端芯线各量300mm剥除屏蔽层，从屏蔽层断口各量取20mm半导电层，其余剥去。彻底清除绝缘体表面的半导电层残迹。

4）固定应力管（见图5.8.20）：用应力疏散包缠线芯绝缘与半导体层接口，在中心两侧的各相上套入应力管，搭盖铜屏蔽层20mm，加热收缩固定。加热收缩固定材料时，注意事项见终端头有关条款。

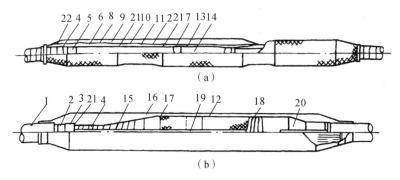

（a）

（b）

1—外护层；2—钢带；3—内护层；4—屏蔽铜带；5—外半导电层；6—绝缘线芯；
7—内半导电层；8—应力管；9—内绝缘管；10—外绝缘管；11—半导电管；
12—屏蔽铜丝网；13—半导电带；14—导体连接管；15—内护漏管；16—外护套管；
17—金属护套管；18—绑扎带；19—过桥线；20—钢带跨接线；21—填充胶

图5.8.20　10kV热收缩接头

5）套入管材：在电缆护层被剥除较长一边套入密封套、护套筒；护层被剥除较短一边套入密封套；每相线芯上套入内外绝缘管、半导电管、铜屏蔽网。

6）压接导体连接管：在线芯端部量取1/2连接管长度加5mm切除线芯绝缘体，由线芯绝缘断口量取绝缘体35mm，削成30mm长的锥体，压接连接管。

7）包绕半导体带及填充胶：在连接管上用细砂布除掉管子棱角和毛刺，并擦干净。然后，在连接管上用半导体带包绕填平压坑，并与两端半导电层搭接。在两端的锥体之间包绕填充胶带厚度不小于3mm，使光滑圆整。

8）安装绝缘管：用填充胶带或绝缘橡胶自粘带包绕填充应力管端子头与线芯绝缘之间的台阶，操作时应认真仔细，使之成为缓缓过度的锥面。抽出三根内绝缘管放置于接头中间位置（套在两端应力管之间），并加热收缩。然后抽出外绝缘管在内绝缘管的中心位置上，加热收缩。加热应从中间位置开始沿圆周方向向两端缓缓推进，加热火焰朝向收缩方向。

9）安装半导电管：在绝缘管两端用填充胶带或绝缘橡胶自粘带包绕填充，以形成均匀过渡的锥面，再将半导体管移到接头中间位置，从中间向两头均匀加热收缩，两端与半层电层搭接处用半导电带包绕填充，形成均匀过渡锥面。如果用两根半导体管相互搭接，则搭接处尽可能避免有气隙。

10）安装屏蔽铜丝网：将屏蔽铜丝网移到接头中间位置，向两边均匀拉伸，使之紧密覆盖在半导电管上，两端用铜丝绑扎在三根线芯的屏蔽铜带上，并焊牢。也可采用缠绕方式将屏蔽铜丝网包覆在接头半导电层外面。

11)焊接过桥线:将规定截面的镀锡铜编织线用裸铜丝分别绑扎并焊接在三根铜芯的屏蔽铜带上,两端用裸铜丝绑扎在电缆屏蔽铜带上,然后将三相线芯捏拢,在线芯之间施加填充物,用白纱带或 PVC 带扎捆。

12)安装内护套管:在接头两端电缆内护套外包绕密封胶带,将内护套管移动静接头处,两端搭接在电缆内护套上,并加热收缩。(如果不要求将电缆屏蔽铜带与钢带分开接地,则不需用内护套管和钢带跨接线,过桥线应绑扎焊接在电缆屏蔽铜带和钢带上)

13)焊接钢带跨接线:用 10mm² 镀锡铜编织线或多股铜绞线,两端分别绑扎并焊接在电缆的钢带上。

14)安装外护套管:将金属护套管移至接头位置,两端用铜扎紧在电缆外护层上,再将热缩护套管移至金属护套管上,加热收缩,两端应覆盖在电缆外护层上 100mm。当不用金属护套管时,则应将热缩外护套管移到接头位置,加热收缩覆盖在内护套管上。

15)送电试运行、验收

试验:电缆头制作完毕后,应按规范要求进行实验。

验收:送电空载运行 24 小时无异常现象,办理验收手续交建设单位使用。同时提交变更洽商、产品说明、合格证、试验报告和运行记录并等技术文件。

(13)10(6)kV 交联聚乙烯电力电缆预制装备式电缆终端头制作工艺

本节只介绍单芯电缆端头制作工艺,对于三芯电缆,电缆的剥切、接地线安装、套热缩手套、线芯绝缘等与热缩电缆终端头做法相同,芯线部分做法同以下单芯电缆终端头制作工艺。

1)设备点件检查:开箱检查实物是否符合装箱单上数量,外观有无异常现象,按操作顺序摆放在大瓷盘中。

2)电缆的绝缘遥测:将电缆封口打开,用 2500V 摇表测试合格后方可进入下道工序。

3)量出电缆到设备接线座的大约位置,在距接线座中心线 50mm 处,切去多余的电缆,如图 5.8.21 所示。

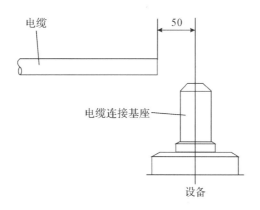

图 5.8.21   切去多余的电缆

4)根据设备带的电缆头的要求剥除电缆护层,见图 5.8.22。

①剥除外护层:用卡子将电缆垂直固定,从电缆端口量取 X mm,剥去外护层。

②剥去铜带:从外护层断口量取 A mm 铜带,用铜丝绑紧后,其余剥去。

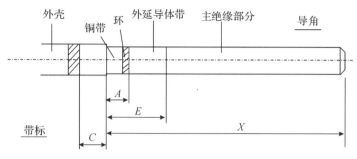

图 5.8.22　剥除电缆护层

③剥半导电层:从外护层断口量取 B mm 半导电层,其余剥去。

④做标记:从电缆外护层切口向下量取 C mm,用塑料胶带在外护层上做好标记。

5)套连接头

①将连接头颈部切去 20mm,见图 5.8.23。

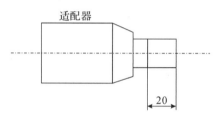

图 5.8.23　将连接头颈部切去

②用编织铜线屏蔽引出接地线。用铜丝绑扎后和钢带焊牢,见图 5.8.24。

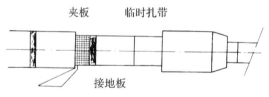

图 5.8.24　用编织铜线屏蔽引出接地线

③用塑料胶带将半导电层端临时包缠两层,在电缆芯线绝缘及连接头内部涂上润滑脂,将连接头套在电缆上,使连接头端部与标记平齐。移去临时包缠的塑料胶带(见图 5.8.25)。

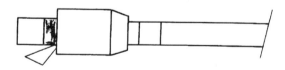

图 5.8.25　移去临时包缠的塑料胶带

6)套电缆变径头

清除电缆芯线绝缘上、屏蔽带上和连接头的导电残留物及灰尘,清除电缆变径上的灰尘,然后,在电缆芯线绝缘及电缆变径内表面上涂上润滑脂,将电缆变径套在芯线绝缘上,向已安装的连接头处滑动,直到图示位置,如图 5.8.26 所示。

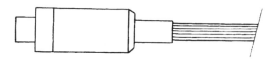

图 5.8.26　套电缆变径头

7)安装接线端子,如图 5.8.27 所示。

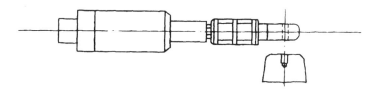

图 5.8.27　安装接线端子

①量取电缆端部线芯绝缘 50mm,然后剥去。用钢刷刷芯线导体,去除表面氧化层。

②将接线鼻子安装在线芯导体上,线鼻安装孔面对电缆安装基座安装孔。

③用液压钳压接端子,压接后除去毛刺和飞边,清洁表面。

8)在 T 形电缆头连接套内表面及电缆变径外表面上涂上润滑脂,将 T 形电缆连接套套在电缆上,轻轻滑动直到不能再移动为止,检查接线端子安装孔,应面对电缆安装基座安装孔,如图 5.8.28 所示。

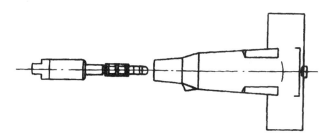

图 5.8.28　T 形电缆连接套安装

9)清除电缆安装基座及 T 形电缆头连接套内外表面的灰尘,并在其安装面上涂上润滑脂,将 T 形电缆头连接套推进电缆安装基座上,如图 5.8.29 所示。

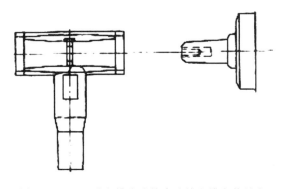

图 5.8.29　T 形电缆头连接套连接电缆安装基座

10)将固定螺栓穿进接线端孔及电缆安装基座孔,用扭矩扳手将螺栓拧紧,最大扭矩不超过 50Nm,如图 5.8.30 所示。

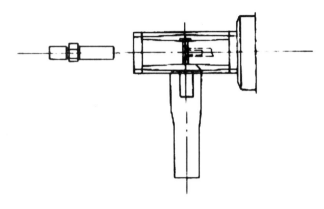

图 5.8.30　固定螺栓穿进接线端孔与电缆安装基座连接

11)将电缆连接套堵头擦拭干净,然后塞进电缆连接套后部,用扭矩扳手将螺栓拧紧,最大扭矩超过 50Nm,如图 5.8.31 所示。

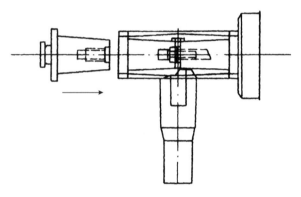

图 5.8.31　电缆连接套堵头固定

12)将电缆连接套后保护盖擦拭干净,然后套在电缆连接套后部,如图 5.8.32 所示。

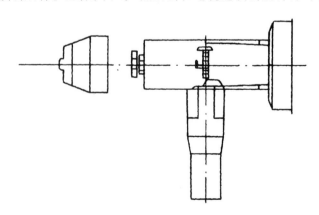

图 5.8.32　电缆连接套后保护盖安装

13)将接地线连接在设备接地铜排上。

(14)多芯矿物绝缘电缆终端头制作工艺

多芯矿物绝缘电缆的安装是采用密封铜罐型终端的安装。由于多芯电缆的芯数多,且截面相对较小些,所以在安装终端时,要特别注意导线和导线、导线与铜护套、导线与密封铜罐之间的间距和绝缘电阻,以确保终端的安装质量。配套附件见表5.8.25。

表5.8.25 多芯矿物绝缘电缆终端头配套附件

名称	单位	数量	备注
电缆固定压盖	套	1	按电缆规格配置
电缆密封铜盖及罐盖	套	1	按电缆规格配置
电缆封端用密封胶	支	1	
导线热缩绝缘管	根	2～5	按电缆总数、截面、规格配置,长度按需
铜接线端子	只	2～5	按电缆总数、截面、规格配置

安装工艺如下。

1)定位:确定电缆固定位置,在接地支架或配电箱、柜外壳按电缆固定压盖体螺丝直径钻好安装固定孔,再将电缆弯至设备接线处,量好电缆铜护套应剥切的长度,剥切长度为从安装固定孔到设备接线处的长度,锯断多余电缆。

2)固定电缆:取下电缆固定压盖的前螺母,依次将后螺母、压缩环及压盖本体套进电缆,再将电缆穿进以钻好孔的接地支架或配电箱、柜的安装孔中,套进前螺母,由于电缆铜护层的剥切长度较长,应将电缆剥切口拉出压盖处150mm左右,然后将压盖本体置于安装孔中,拧上前螺母,使电缆临时紧固于支架或箱柜上。

3)绝缘测试:用100兆欧表测试电缆每芯的绝缘电阻,要求逐根测量导线与导线、导线与铜护层之间的绝缘电阻,均应在200MΩ以上,如果低于200MΩ,则应找出受潮处,并用喷灯火焰加热驱潮,直至达到200MΩ以上。

4)剥除铜护层:在铜护层剥切口做一记号,用剥切刀具卷剥电缆铜护层,剥至记号处,用钢丝钳钳住刀具下部的电缆,继续旋转刀具,剥去铜护层。在卷剥过程中,如果卷出的铜皮过长,应剪去后继续卷剥。剥去铜护层后,分开缆芯,用干布或干净棉纱擦净导线上的氧化镁粉末,切记不能用口吹。

5)绝缘测试:方法同前,主要是检查剥切处的导线与铜套层有无碰线,如果有则立即消除,以保证安装质量。

6)密封铜罐的安装:清除铜护层口边的毛刺,再用干布或干净棉纱擦净铜导线及铜护层口,套进黄铜密封铜罐,铜罐与电缆应保持垂直使铜罐下口的内螺纹渐渐拧紧在铜护套上,待拧上1～2扣后,用力矩钳钳住铜罐下部的滚花段,继续向下拧紧,直拧至铜罐的螺纹口与电缆铜护层口相平,见图5.8.33。

7)灌注密封绝缘填充胶:此时再测试一下电缆的绝缘电阻,以防在铜罐拧紧过程中有铜屑碰线。然后将密封绝缘填充胶灌注于铜罐内,如果是腻子状的填充胶,则用手指从罐的一侧溢至罐瓶口平,这时套进罐盖,胶液稍有溢出,并清除干净,见图5.8.34。

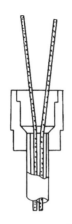

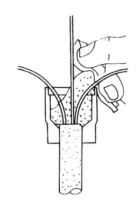

图 5.8.33　密封铜罐的安装　　　　　图 5.8.34　灌注密封绝缘填充胶

8)热缩绝缘套管:将热缩绝缘套管分别套进每根裸露的铜导线上,直套至罐盖处,然后用喷灯在文火罐盖处向上均匀加热,使热缩管均匀收缩于导线上。

9)固定电缆:松开电缆临时用于固定压盖的前螺母,将电缆向后拉出,拉至电缆密封铜罐端座于压盖主体内,然后先拧紧后压盖螺母,固定好电缆,再拧紧前压盖螺母,将电缆和压盖部分紧紧固定于支架或配电箱、柜的外壳上。

10)核对导线相位:用核相表或万用表核对电缆两端的导线相位,并做好相序记号。

11)端子连接:按照电缆导线的相序将导线弯曲至导线接线处,量出铜接线端子与导线连接的位置,剪断多余铜线,套进铜接线端子;如果是压装端子则用扳手拧紧端子的压紧螺母就可以了;如果是压接端子,就用压接钳压接铜接线端子。如果电缆导线截面较小,不采用端子连接,那么可将导线顶端弯成羊腿圈,可与设备用螺丝连接,其羊腿圈大小视连接螺栓大小而定。

12)绝缘测试:按前述的步骤再测试一下电缆的绝缘电阻,一般说来此时测试最好,均应在 200MΩ 以上,如果绝缘电阻低了,说明操作有了问题,应查清并整改好。

13)与设备连接:按照电缆的导线相序,相应对上设备接线处的相位,逐根弯曲成形,并用螺栓将导线连接于设备上,用扳手拧紧就可以了。

(15)多芯矿物绝缘电缆中间连接头

多芯矿物绝缘电缆的中间头是采用密封铜罐型中间连接附件进行安装。由于多芯电缆的导线有 2～5 根芯经,而且导线截面相对较小,最大截面为 $25mm^2$,所以在中间接头的制作、安装时,不仅要保证导线与导线、导线与铜护层之间的间距,还要保证每芯导线的绝缘电阻值。在中间接头的导线连接时,为了减少导线连接段的体积,应尽量缩小中间连接附件的铜套管口径,故采用错位连接法,这就增加了多芯矿物绝缘电缆中间连接的复杂性。为此,在实际施工中,必须按照制造厂提供的中间连接附件,计算好每芯导线连接的尺寸和具体位置,保证间距,处理好芯线绝缘,只有这样才能确保接头的施工质量。

配套附件见表 5.8.26。

表 5.8.26 多芯矿物绝缘电缆接头配套附件

名称		单位	数量	备注
直通型中间连接附件	固定压盖	套	2	按电缆规格配置
	铜导管	根	2	按电缆规格配置
电缆密封铜盖及罐盖		套	2	按电缆规格配置
电缆封端用密封胶		支	1	
导线热缩绝缘管		根	4～10	按电缆总数、截面、规格配置,长度按需,套于导线上
热缩绝缘管		根	2～5	套于多芯导经连接管上
热缩绝缘管		根	1	套于多芯连接后外层
导线连接管		只	2～5	按电缆总数、截面、规格配置

安装工艺如下。

1)定位:取电缆两端电缆交叉的中心为接头中心,并弯好两端电缆。在有可能的情况下,在一端电缆的后段弯一"S"弯成"Ω"弯,以作备用。对直两端电缆,用钢锯在接头中心向两端头各加 300mm 锯断多余电缆。

2)绝缘测试:用 1000V 兆欧表测试电缆每芯的绝缘电阻,要求逐根测量导线与导线,导线与铜护层之间的绝缘电阻均应在 200MΩ 以上,如果低于 200MΩ,则应找出受潮处,并用喷灯火焰如热驱潮,直至达到 200MΩ 以上。

3)套进中间接附件:在一端电缆上套进一套电缆固定压盖,一根热收缩绝缘管,另一端电缆上依次套进一套电缆固定压盖和铜护套,均置于中间接头之后电缆上。

4)剥除铜护层:根据铜护套的长度,确定两端电缆的剥切长度,在铜护层剥切口做一记号,用剥切刀具卷剥电缆铜护层,剥至记号处,用钢丝钳钳住刀具下部的电缆,继续旋转刀具,剥去铜护层。在卷剥过程中,如果卷出的铜皮过长,应剪去后继续卷剥。剥去铜护层后,分开缆芯,用干布或干净棉纱擦净导线上的氧化镁粉末,切记不能用口吹。

5)绝缘测试:方法同上。

6)安装密封铜罐:清除铜护层口边的毛刺,用干净的棉纱或干布擦净电缆铜护层口处,以及多根导线。先在一端电缆上套进黄铜则会碰线。使铜罐下部的内螺纹渐渐拧于铜护层口上,待拧有 2～3 牙后,再用鲤鱼钳钳住铜罐下部的滚花段,继续向下拧紧,拧对铜罐的内螺纹口与电缆的铜护层口相平即可。另一端电缆的密封铜罐也用上述方法一样拧紧。

7)灌注密封填充缘胶:用兆欧表再测试一下电缆芯线的绝缘电阻,以防止在铜罐拧紧过程中出线碰线现象。然后对铜罐灌注密封填充绝缘胶,如果是腻子状的密封胶,则用大拇指衬一层塑料纸后逐渐从铜罐的一侧向罐内揿入;如果是胶液状的,也是从铜罐的一侧渐渐注入,直至从铜罐的另一侧满至稍溢出,这里要提请注意是:如果是垂直相接的中间头,是灌注胶液状的密封填充胶,则应将自上而下的一端电缆向上弯起,将铜罐口向上置平,然后才能灌注密封填充绝缘胶。罐满之后,套进多孔的绝缘密封胶盖,使胶液稍有溢出,并清除干净,或采用封盖压合器,或用螺丝刀将铜罐口边对准罐盖的三点缺口顶紧,使罐盖不能松动。

8)热缩导线绝缘管:每芯线先确定好中间连接错开的间距,然后按每芯线的保留长度分别套进热收缩绝缘管,用喷灯文火自罐盖处向导线连接处慢慢加热,使热缩管均匀收缩。

9)导线连接:如果密封填充胶是腻子状的,待热缩绝缘管热缩之后,即可进行导线连接;如果填充胶是胶液状的,则要过 24 小时之后,密封填充胶固化了之后才能进行导线连接,因为胶液如果没固化,导线连接时线芯碰动,会导致铜罐内胶液密封不良,不能保证安装质量。导线连接的方法如下:每芯先套进用于导线连接的热绝缘管;如果是二芯导线,则考虑将两根导线的连接点前后错开;如果是三芯导线,则考虑中间接一根,另两芯前后错开相接;如果是四芯电缆,则可呈现梯形状错开芯线连接;如果是五芯电缆,则应考虑中间接一根总线,另四根分左右错开芯线连接(见图 5.8.35)。在实际的安装施工中,应具体考虑到铜导管的长度和口径,合理安排多芯导线的连接。要考虑到导线连接之后,再套上铜导管而不碰线,铜导管能旋转自如。在对好芯线之后,线端导线套进铜连接管,采用液压钳按要求进行压接。芯线在全部接好之后,移过热绝缘管至接管连接处,分别加热使之均匀收缩。

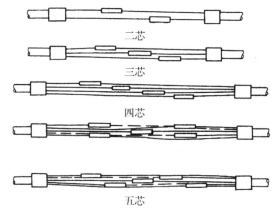

二芯

三芯

四芯

五芯

图 5.8.35　多芯导线连接错开示意

10)热缩接头绝缘套管:收拢多根线芯,移过接头热收缩绝缘管至接头中心,用喷灯文火自中间向两端均匀加热收缩,之后再测试一下电缆的绝缘电阻。

11)安装中间连接附件:移过铜导管至接头中心,从一端电缆上移过固定压盖,并与铜套管的螺纹相接,用于拧紧;另一端电缆上的固定压盖移至铜套管的另一端,两端螺纹相接,拧紧后再用扳手或管钳将两端固定压盖后螺母全部拧紧,整个接头安装完。

假如该中间连接头是处于高温场所,那么密封铜管内就不能灌填充胶,而换成玻璃粉,热收缩管则换成小瓷管,在导线连接之前套进线芯内,在导线连接之后,再逐个依次套于连接管之外,然后在中间接头处绕包两层无碱玻璃丝带,防止小瓷管震动。如果采用瓷管做绝缘的话,那中间连接附件中的铜导管的口径也要相应放大,以便电缆中间连接头能置于铜套管中。

5.8.5　质量标准

(1)主控项目

1)电缆敷设严禁有绞拧、铠装压扁、护层断裂和表面严重划伤等缺陷。

2)三相或单相的交流单芯电缆,不得单独穿于钢导管内。

3)高压电力电缆直流耐压试验必须符合现行国家标准《电气装置安装工程电气设备交接试验标准》(GB 50150—2016)的规定。

4)低压电线、电缆线间和线对地间的绝缘电阻值必须大于 0.5MΩ。

5)铠装电力电缆头的接地线应采用铜绞线或铜镀锡编织线,截面积不应小于表5.8.27的规定。

表 5.8.27　电缆芯线和接地线截面积　　　　　　　　　(单位:mm²)

电缆芯线截面	接地线截面积
120 及以下	16
150 及以下	25

注:电缆芯线截面积在 16mm² 及以下,接地线截面积与电缆芯线截面积相等。

6)电线、电缆接线必须准确,并联运行电缆的型号、规格、长度、相位应一致。

(2)一般项目

1)电缆最小允许弯曲半径应符合表5.8.28 中规定。

表 5.8.28　电缆最小允许弯曲半径

序号	电缆种类	最小允许弯曲半径
1	无铅包钢铠护套的橡皮绝缘电力电缆	10D
2	有钢铠护套的橡皮绝缘电力电缆	20D
3	聚氯乙烯绝缘电缆	10D
4	交联聚氯乙烯绝缘电缆	15D
5	多芯控制电缆	10D

注:D 为电缆外径。

2)电缆与管道的间距应符合表5.8.29 的要求。

表 5.8.29　电缆管道的最小净距　　　　　　　　　(单位:m)

管道类别		平行净距	交叉净距
一般工艺管道		0.4	0.3
易燃易爆气体管道		0.5	0.5
热力管道	有保温层	0.5	0.3
	无保温层	1.0	0.5

3)敷设在电缆沟、竖井内和穿越不同防火区的电缆桥架处、电缆管道处,按设计要求位置,应有防火隔断措施。

4)桥架内、支架上电缆敷设应符合下列规定:

①大于 45°倾斜敷设的电缆每隔 2m 处设固定点。

②电缆出入电缆沟、竖井、建筑物、柜(盘)台处以及管子管口处等做密封处理。

③电缆敷设排列整齐,水平敷设的电缆,首尾两端、转弯两侧及每隔5～10m处上设固定点。

④敷设于垂直桥架内的电缆固定点间距不大于表5.8.30的规定。

表5.8.30　垂直桥架内的电缆固定点间距

电缆种类		固定点间距/mm
电力电缆	全塑型	1000
	除全塑性外的电缆	1500
控制电缆		1000

5)电缆敷设固定

①垂直电缆敷设或大于45°倾斜敷设的电缆在每个支架上固定。

②交流单芯电缆或分相后的每相电缆固定用的夹具和支架,不形成闭合铁磁回路。

③电缆排列整齐,少交叉;当设计无要求时电缆支持点间距不大于表5.8.31的规定。

表5.8.31　电缆支持间距

电缆种类		敷设间距/mm	
		水平	垂直
电力电缆	全塑性	400	1000
	除全塑性外的电缆	800	1500
控制电缆		800	1000

6)电缆支架安装应符合下列要求:

①当设计无要求时,最上面的电缆支架至竖井顶部或楼板的距离不小于150～200mm,最下面的电缆支架至沟底或地面的距离不小于50～100mm。

②设计无要求时,电缆支架层间最小允许距离符合表5.8.32的规定。

表5.8.32　电缆支架层间最小允许距离

电缆种类	支架层间最小距离/mm
控制电缆	120
10kV及以下电力电缆	150～200

③支架与预埋件焊接固定时,焊缝饱满;用膨胀螺栓固定时,选用螺栓适配,连接紧固,防松零件齐全。支架应横平竖直。

7)电缆的首端、末端和分支处应设标志牌。

8)芯线与电器设备的连接应符合下列规定:

①截面积在10mm² 及以下的单股铜芯线和单股铝芯线直接与设备、器具的端子连接;

②截面积在2.5mm² 及以下的多股铜芯线拧紧搪锡或接续端子后与设备、器具的端子连接;

③截面积大于2.5mm² 的多股铜芯线，除设备自带插接式端子外，接续端子后与设备或器具的端子连接；多股铜芯线与插接式端子连接前，端子连接前，端部拧紧搪锡；

④多股铝芯线接续端子后与设备、器具的端子连接；

⑤每个设备和器具的端子接线不应多于2根。

9)电线、电缆的芯线连接金具(连接管和端子)，规格应与芯线的规格适配，且不得采用开口接线端子。

10)电线、电缆的回路标记应清晰，编号准确。

5.8.6 成品保护

(1)电缆及附件的运输、保管，除应符合本章要求外，还应符合产品的要求。

(2)电缆及附件在安装前的保管要求系指保管期限在一年以内者；允许长期保管时，应遵守设备保管的专门规定。

(3)在运输装卸过程中，不应使电缆及电缆盘受到损伤，禁止将电缆盘直接由车上推下。电缆盘不应平放运输、平放储存。

(4)运输及滚动电缆盘前，必须检查电缆盘的牢固性。

(5)电缆及附件若不及时安装，应按下列要求储存。

1)电缆应集中分类存放，盘上应标明型号、规格、电压、长度。电缆盘之间应有通道，地基应坚实(否则盘下应加垫)，易于排水；橡胶套电缆应有防日晒措施。

2)电缆附件与绝缘材料的防潮包装应密封良好，并置于干燥的室内。

(6)电缆在保管期间，应每3个月检查一次。木盘应完整，标志应齐全，封端应严密，铠装应无锈蚀。若有缺陷应及时处理。

(7)直埋电缆敷设完毕应及时会同建设单位、监理单位进行全线检查(并办理隐蔽工程验收记录)。检查无误后应立即进行铺砂盖砖，以防电缆损坏。

(8)设备开箱后，将材料按顺序摆放在瓷盘中，并用白布盖上，防止杂物进入。

(9)电缆中间接头制作完成后，应立即安装固定，送电运行。暂时不能送电或有其他作业时，对电缆头加木箱给予保护，防止砸碰。

5.8.7 安全与环保措施

(1)施工中的安全技术措施，应遵守本书及现行有关安全技术规程的规定。对重要工序，还要编制安全技术措施，经主管部门批准后方可执行。

(2)架设电缆盘的地面必须平实，支架必须采用有底平面的专用支架，不得用千斤顶代替。

(3)采用撬杠撬动电缆盘的边框敷设电缆时，不要用力过猛；不要将身体伏在撬棍上面，并应采取措施防止撬棍脱落、折断。

(4)人力拉电缆时，用力要均匀，速度要平稳，不可猛拉猛跑，看护人员不可站在于电缆盘的前方。

(5)敷设电缆时，处于电缆转向拐角的人员，必须站在电缆弯曲半径的外侧，切不可站在电缆弯曲度的内侧,以防挤伤事故发生。

(6)敷设电缆时,电缆穿管处的人员必须做到:接迎电缆时,施工人员的眼及身体的位置不可直对管口,防止挫伤。

(7)拆除电缆盘木包装时,应随时拆除随时整理,防止钉子扎脚或损伤电缆。

(8)人工滚动运输电缆盘时要做到:

1)推盘的人员不得站在电缆盘的前方,两侧人员站位不得超过电缆盘轴心,防止发生压伤事故。

2)电缆盘上下坡时,可采用在电缆盘中心孔穿钢管,在钢管上拴绳拉放的方法,但必须放平稳,缓慢进行。为防止电缆滚坡,在中途停顿时,要及时在电缆盘底面与地坪之间加锲制动。人力滚动电缆盘时,路面的坡度不宜超过15℃。

(9)小型电缆盘可搬抬转弯,不允许采取在地面上用物阻止电缆盘一侧前进的方法转弯。

(10)用汽车运输电缆时,电缆应尽量放在车斗前方,并用钢丝绳固定,以防止汽车启动或紧急刹车时电缆冲撞车体。

(11)在已送电运行的变电室沟内进行电缆敷设时,必须做到电缆所进入的开关柜停电。施工人员操作时应有防止触及其他带电设备的措施(如采用绝缘隔板隔离)。在任何情况下带电体操作安全距离不得小于1m(10kV以下开关柜)。电缆敷设完毕后,如果余度较大,应采取措施防止电缆与带电体接触(如绑扎固定)。

(12)在交通道路附近或较繁华的地区施工电缆时,电缆沟要设栏杆和标志牌,夜间设标志灯(红色)。

(13)挖电缆沟时,如果土质松软或深度较大,为防止塌方应适当放坡或设置其他围护措施。

(14)在隧道内敷设电缆时,所用临时照明电源电压不得大于36V。施工前,应将地面进行清理,积水排净。工作时戴安全帽,穿防护鞋。

(15)电缆头制作环境应干净卫生,无杂物,特别是应无易燃易爆物品,应认真、小心使用喷灯,防止火焰烤到不需加热的部位。

(16)电缆头制作安装完成后,应工完场清,防止化学物品散落在现场。

5.8.8 应注意的问题

(1)直埋电缆铺沙盖板或砖时应清除沟内杂物,回填应用细砂或细土,盖板或砖要严,无遗漏部分。施工负责人应加强检查。

(2)电缆进入室内电缆沟时,套管防水要处理好,防止沟内进水。应严格按规范和工艺要求施工。

(3)油浸电缆要防止两端头封铅不严密,有渗油现象。应对施工操作人员进行技术培训,提高操作水平。

(4)沿支架或桥架敷设电缆时,应防止电缆排列不整齐,交叉严重。电缆敷设前应画出电缆排列图表,按图表进行施工。电缆敷设时,应敷设一根整理一根,固定一根。

(5)有麻皮保护层的电缆进入室内时,应剥麻并做防腐处理。

(6)沿桥架或托盘敷设的电缆应防止弯曲半径不够。在桥架或托盘施工时,施工人员应考虑满足该桥架或托盘上敷设的最大截面电缆的弯曲半径要求。

(7)防止电缆标志牌挂装不整齐,或有遗漏。应由专人复查。

(8)制作电缆头时应注意的问题

1)要保持清洁,油浸纱带和黑漆隔带要放在铝锅内加盖,随用随取,手上的潮气要擦净。工具要放在干净的瓷盘中。

2)电缆芯线绝缘纸不能损伤,特别是在三芯分开掰弯时,不能用力过猛,在包缠绝缘层时,更不许来回掰动芯线。

3)铅封速度要快,否则会影响电缆的绝缘强度。烘烤铅包时,火焰要均匀,以免损坏铅包。

灌注电缆胶时,温度要控制好,温度过高会损坏绝缘纸,温度过低灌注不实。

(9)制作低压电缆头时应注意的问题

1)防止地线焊接不牢。须将钢带锉出新茬。焊接时使用电烙铁不得小于500W。

2)防止电缆芯线与线鼻子压接不紧固。线鼻子与芯线截面必须配套,压接时模具规格与线芯规格一致,压接数量不得小于两道。

3)防止电缆芯线损伤。用电缆刀或电工刀剥皮时,不宜用力过大,最好电缆绝缘外皮不完全切透,里层电缆皮应撕下,防止损伤线芯。

4)防止电缆头卡固不正、电缆芯线过长或过短。电缆芯线锯断前要量好尺寸,以芯线能调换相序为宜,不宜过长或过短;电缆头卡固时,应注意找直、找正,不得歪斜。

5.8.9　质量记录

(1)电缆产品合格证和安全认证标志。

(2)电缆遥测记录或耐压试验记录。

(3)隐蔽工程验收记录。

(4)各种金属型钢材质证明、合格证。

(5)自检、互检记录。

(6)工序交接记录。

(7)检验批质量验收记录。

(8)分项工程质量验收记录。

5.9　硬质阻燃型绝缘导管明敷设工程施工工艺标准

本标准适用于室内或有酸、碱等腐蚀介质场所的照明配线敷设工程,不适用于高温和易受机械损伤的场所。工程施工应以设计图纸和有关施工质量验收规范为依据。

5.9.1 材料要求

(1)凡所使用的绝缘导管,其材质均应具有阻燃、耐冲击性能,氧指数应符合国家标准及设计要求,应有产品合格证及检测报告。导管及配件不碎裂,表面有阻燃标记和制造厂标。

(2)管材内外应光滑,无凸棱、凹陷、针孔、气泡,内外径应符合国家统一标准,管壁厚度应均匀一致。

(3)所用绝缘导管附件与明配绝缘制品,如各种灯头盒、开关盒、插座盒、管箍、黏合剂等,应使用配套的阻燃绝缘制品。

5.9.2 主要机具

(1)铅笔、皮尺、水平尺、卷尺、尺杆、角尺、线坠、小线、粉线袋、高凳等。
(2)手锤、錾子、钢锯、锯条、刀锯、半圆锉、水桶等。
(3)弯管弹簧、煨管器、剪管器、压力案子、水盆等。
(4)电锤、手电钻、台钻、热风机、电炉子、开孔器、工具袋、工具箱等。

5.9.3 作业条件

(1)配合混凝土结构施工时,根据设计图在梁、墙、柱中预留过路套管及各种埋件。
(2)在配合砖结构施工时,预埋大型埋件、角钢支架及过路套管。
(3)在装修前根据土建水平线及抹灰厚度与管道走向,按设计图进行弹线、浇注埋件及稳装角钢支架。
(4)喷浆完成后进行管路及各种盒、箱安装,并应防止管道污染。

5.9.4 操作工艺

(1)工艺流程

(2)预制支、吊架及管材加工
1)按照设计图加工好支架、抱箍、吊架、铁件、管弯及各种盒、箱。
2)预制弯头可采用冷煨法和热煨法。
①冷煨法:管径在25mm及以下可用冷煨法。
a.使用手动弯管器煨弯,将管子放入配套的弯管器内,分几次煨出所需的弯度。
b.将弯管弹簧插入管内需煨弯处,两手抓住预煨弯弯头的两端头,膝盖顶在被弯处,逐渐煨出所需弯度,然后抽出弯管弹簧。弯曲较长管时,可将弯管弹簧用铁丝或尼龙线拴牢一端,煨弯后抽出。
②热煨法:用热风机等加热设备均匀加热管子煨弯处,待煨弯管被加热到可弯曲时,立

即将管子放在木板上,固定管子一头,逐步煨出所需弯度,并用湿布抹擦使弯曲部位冷却定型,不得因加热煨弯使管出现烤伤、变色、破裂等现象。

(3)测定盒、箱及管路固定点位置

1)按照设计图测出及定位盒、箱、出线口等准确位置。测量时,应使用自制尺杆,弹线定位。

2)根据测定的盒、箱位置,把管路的垂直、水平线弹出,按照要求标出支架、吊架固定点具体尺寸位置。

(4)管路固定方法

1)胀管法:先在墙上打孔,将胀管插入孔内,再用螺母(栓)将管卡固定。

2)木砖法:用木螺丝直接将管卡固定在预埋的木砖上。

3)预埋铁件焊接法:随土建施工,按测定位置预埋铁件,拆模后,将支架、吊架焊在预埋铁件上。

4)稳注法:随土建砌砖墙,将支架固定好。

5)剔注法:按测定位置,剔出孔洞,用水把洞内浇湿,再将拌好的高标号水泥砂浆填入洞内;填满后,将支架、吊架或螺栓插入洞内,校正埋入深度和平直,无误后,将洞口抹平。

6)抱箍法:按测定位置,遇到梁柱时,用抱箍将支架、吊架固定好。

注意:无论采用以上何种固定方法,均应先固定两端支架、吊架,然后再拉直线固定中间的支架、吊架。

(5)管路敷设

1)断管:小管径可使用剪管器,大管径使用钢锯锯断,断开后将管口毛刺用锉刀锉平齐。

2)敷设管时,先将管卡一端的螺母(栓)拧紧一半,将管敷设于管卡内,然后逐个拧紧。

3)支架、吊架位置正确,间距均匀,管卡应平正牢固;埋入支架应有燕尾,埋入深度不小于15mm;用螺栓穿墙固定时,背后要加垫圈。

4)管路水平敷设时,高度应不低于2000mm;垂直敷设时,不低于1500mm;1500mm以下应加金属保护管。

5)管路敷设时,管路长度超过下列情况时,应加接盒:

①无弯时,30m;

②一个90°弯时,20m;

③两个弯时,15m;

④三个弯时,8m。

⑤如果受条件限制无法加装接线盒,管径应加大一级。

6)支架、吊架及敷设在墙上的管卡固定点与盒、箱边缘的距离为150～500mm,中间直线段管卡间的最大距离见表5.9.1。

表 5.9.1　管路中间固定点间距　　　　　　　　　　　(单位:mm)

管径		15～20	25～40	50 以上
间距	垂直安装	1000	1500	2000
	水平安装	800	1200	1500

7)配线导管与其他管道间最小距离见表5.9.2。如果达不到表中距离要求时,应采取下列措施。

①蒸汽管:外包隔热层后,管道周围温度应在35℃以下,上下平行净距可减至200mm,交叉距离需考虑便于维修。

②暖、热水管:外包隔热层。

表5.9.2　配线导管与其他管道间最小距离

管道名称	方式	最小距离/mm
蒸汽管	上平行	1000
	下平行	500
	交叉	300
暖、热水管	上平行	300
	下平行	200
	交叉	100
通风、上下水、压缩空气管	平行	100
	交叉	50

8)管路连接

①管口应光滑平整,管与管、管与盒(箱)器件应采用插入法连接,连接处应涂专用黏结剂,接口应牢固紧密。

②管与管之间采用专用接头连接时,连接管中心线在一条直线上。

9)管路敷设

①配管及支架、吊架应安装合理、牢固,排列应整齐,管子弯曲处无明显褶皱、凹扁现象。

②弯曲半径和弯扁度应符合规范规定。

10)直管每隔30m应加装补偿装置,补偿装置接头的大头套入直管并粘牢,另一管端套上一节小头并粘牢,然后将此小头一端插入卡环中,小头可在卡环内滑动。补偿装置安装示意图见图5.9.1。

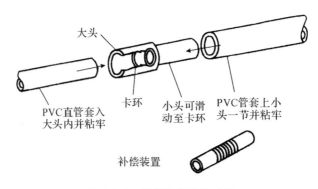

图5.9.1　补偿装置安装示意

11)管路入盒(箱)一律采用杯梳连接,要求平正、牢固,向上立管管口采用带端帽的护口,防止异物落入管路,造成管路堵塞,做法见图5.9.2。

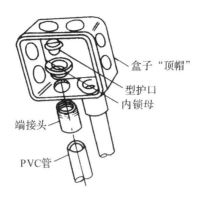

盒子"顶帽"
型护口
内锁母
端接头
PVC管

图 5.9.2　管路入盒示意

12)地面或楼板易受机械损伤的一段,采取保护措施。

13)变形缝处穿墙过管,保护管应能承受管外冲击,口径宜大于管外径的二级。

5.9.5　质量标准

(1)主控项目

硬质阻燃型绝缘导管及其附件材质的氧指数应达到27%以上的性能指标。绝缘导管不得在高温和易机械损伤的场所明敷设。

检查方法:检查测试资料,观察检查。对绝缘导管及配件的阻燃性能有异议时,抽样送有资质的试验室检测。

(2)一般项目

1)管路连接处,使用专用黏结剂连接接口,使其牢固密封;配管及其支架、吊架平直、牢固、排列整齐;管路弯曲处,无明显褶皱、凹扁现象。

检查方法:观察、尺量检查。

2)盒、箱设置正确,牢固可靠;管入盒、箱处,粘接严密、牢固、端接头不松动。

检查方法:观察、尺量检查。

3)管路保护应符合以下规定:穿过变形缝处有补偿装置;补偿装置能活动自如;穿过建筑物和设备基础处,应加保护管;补偿装置平正,管口光滑,内锁母与管子连接可靠;加套保护管在隐蔽工程记录中标示明确。

检查方法:观察、尺量检查和检查隐蔽工程记录。

4)允许偏差项目见表5.9.4。

表 5.9.4　允许偏差项目值　　　　　　　　　　　　　　　　　(单位:mm)

项目		允许偏差值	检查方法
管最小弯曲半径	一个弯	≥4D	尺量、检查安装记录
	两个弯以上	≥6D	

续表

项目		允许偏差值	检查方法
管弯曲度		≤0.1D	尺量
不同管径固定点间距	15～20	30	尺量
	25～32	40	
	32～40	50	
	50 以上	60	
管平直度、垂直度(2m 段内)		3	吊线、尺量

注：D 为管外径。

5.9.6　成品保护

(1)敷设管路时，保持墙面、顶棚、地面的清洁完整。修补铁构件支架油漆时，不得污染建筑物。

(2)施工用高凳时，不得碰撞墙、门、窗；不得靠墙面立高凳；高凳接触地面处应采用防护措施，防止划伤地板、防滑倒。

(3)搬运物件及设备时，不得砸伤管路及盒、箱。

5.9.7　安全与环保措施

(1)现场机具布置必须符合安全规范，机具摆放间距必须充分考虑操作空间，机具摆放整齐，留出行走及材料运输通道。严格按照机具使用的有关规定进行操作。

(2)对加工用的电动工具要坚持日常保养维护，定期作安全检查。不用时应立即切断电源。

(3)登高作业时应采用梯子或脚手架进行，并采用相应的防滑措施。高度超过 2m 时必须佩戴安全带。

(4)使用明火时，必须经相关部门批准，明火应远离易燃物，现场必须配备足灭火器具，且做好必要防护，现场设专职安全监督人员。

(5)施工场地应做到工完场清，现场垃圾应及时清运。

5.9.8　应注意的问题

(1)使用手动煨管器时，移动应适度，用力均匀；使用液压煨管器或煨管机时，模具应配套，管子的焊缝应在背面；采用热煨时，应灌满砂子，受热均匀，以免煨弯处凹扁过大或弯曲半径不够倍数。

(2)设置盒、箱、支架、吊杆时，定位应准确，固定应可靠，防止位置偏移。

(3)明配管、吊顶内或护墙板内配管时应采用配套管卡，固定牢固，管卡间距合理，防止固定点不牢、螺丝松动、固定点间距过大或不均匀。

（4）断管后应管口平整，及时处理毛刺，以防穿线时损伤电线。

（5）管接头应安装在中间位置，不得松动，管接头承插应到位，黏结剂涂抹均匀，应用小毛刷均匀涂抹配套供应的黏结剂，插入时用力转动，承插到位。

（6）大管煨弯时，烘烤面积小，加热不均匀，有凹扁、裂痕及烤伤、变色现象。应灌砂用电炉间烘烤或用火烤，受热面积要大，受热要均匀，并用模具一次煨成。

（7）设置管卡前未拉线，测量有误，出现垂直与水平超偏，管卡间距不均匀；应使用水平尺复核，起终点水平，然后弹线、固定管卡；先固定起终两点，再加中间管卡；选择合适规格产品，并要用尺杆测量使管卡固定高度一致。

5.9.9　质量记录

（1）材料出厂合格证、材质证明。

（2）材料、构配件进场检验记录。

5.10　硬质和半硬质阻燃型绝缘导管暗敷设工程施工工艺标准

本标准适用于一般民用建筑内的电气照明暗管配线工程，不得在高温场所敷设；半硬质阻燃型绝缘导管不得在吊顶内敷设。工程施工应以设计图纸和有关施工质量验收规范为依据。

5.10.1　设备及材料要求

（1）阻燃型绝缘导管及其附件的氧指数不应低于27%的阻燃指标，并有产品合格证。

（2）阻燃型塑料管的管壁应薄厚均匀，无气泡及管身变形等现象。

（3）开关盒、插座盒、接线盒等塑料盒、箱均应外观整齐、开孔齐全及无劈裂等现象。

（4）镀锌材料：扁铁、木螺丝、机螺丝等均为镀锌件。

（5）辅助材料：铅丝、防腐漆、黏结剂、水泥、砂子等。镀锌钢管（或电线管）壁厚均匀，焊缝均匀，无劈裂、砂眼、核刺和凹扁现象。除镀锌管外其他管材需预先除锈、刷防腐漆（埋入现浇混凝土时外壁可不刷防腐漆，但应除锈，内壁应除锈及刷防腐漆），镀锌管或刷过防腐漆的钢管外表层完整，无剥落现象，应具有产品材质单和合格证。

5.10.2　主要机具

铅笔、卷尺、水平尺、线坠、水桶、灰桶、灰铲、高凳、手锤、錾子、钢锯、刀锯、木锉、台钻、手电钻、钻头、木钻、工具袋、工具箱等。

5.10.3　作业条件

（1）配合土建结构施工，根据砖墙、加气墙弹好的水平线，安装盒、箱与管路。

（2）配合土建结构施工，模板现浇混凝土墙、楼板，在钢筋绑扎过程中预埋套盒及管路，同时做好隐检。

(3)加气混凝土楼板、圆孔板应在配合土建调整好吊装楼板的板缝时进行配管。

5.10.4 施工工艺

(1)工艺流程

弹线定位→箱、盒固定→管路敷设→扫管穿带线

(2)弹线定位

1)墙上盒、箱弹线定位:砖墙、混凝土墙墙盒、箱弹线定位,按弹出的水平线,按照设计图用小线和水平尺测量出盒、箱准确位置,并标注出尺寸。

2)加气混凝土板、圆孔板、现浇混凝土墙(板),应根据设计图和规定的要求准确找出灯位。进行测量后,标注出盒子尺寸位置。

(3)盒、箱固定

1)盒、箱固定应平正、牢固,灰浆饱满,纵横坐标准确。

2)砖墙稳注盒、箱

①预留盒、箱孔洞:首先按设计图加工电管长度,配合土建施工,在距盒箱的位置约300mm 处,预留出进入盒、箱的长度,将电管甩在预留孔外,管口堵好。待稳注盒、箱时,一管一孔地穿入盒、箱。

②剔洞稳注盒、箱,再接短管。按弹出的水平线,对照设计图找出盒箱的准确位置,然后剔洞,所剔孔洞应比盒、箱稍大。洞剔好后,用水把洞内四壁浇湿,并将洞中杂物清理干净。依照管路的走向敲掉盒子的敲落孔,再用豆石混凝土将盒、箱稳入洞中,待豆石混凝土凝固后,再接短管入盒、箱。

3)模板混凝土墙、板稳注箱、盒

①预留孔洞:下盒、箱套,在混凝土浇筑、模板拆除后,将套取出,再稳注盒、箱。

②直接稳固:用螺丝将盒、箱固定在扁铁上,然后再将扁铁绑扎在钢筋上,或直接用穿筋盒固定在钢筋上,并根据墙、板的厚度绑好支撑钢筋,使盒、箱口与模板紧贴。

4)加气混凝土板、圆孔板稳注灯头盒标注灯位的位置,先打孔,然后由上向下剔洞,洞口下小上大,将盒子配上相应的固定体放入洞中,固定好吊板,待配管后,用豆石混凝土稳注。

(4)管路敷设

1)配管要求

①半硬质绝缘导管的连接可采用套管粘接法和专用端头进行连接。套管的长度不应小于管外径的 3 倍,管子的接口应位于套管的中心,接口处应用黏结剂粘接牢固。

②敷设管路时,应尽量减少弯曲,当线路的直线段的长度超过 15m,或直角弯有 3 个且长度超过 8m 时,均应在中途装设接线盒。

③暗敷设应在土建结构施工时进行,须将管路埋入墙体和楼板内。局部剔槽敷管应加以固定,并用强度等级不小于 M10 水泥砂浆抹面保护,保护层厚度大于 15mm。

④在加气混凝土板内剔槽敷管时,只允许沿板缝剔槽,不允许剔横槽及剔断钢筋,剔槽的宽度不得大于管外径的 1.5 倍。

⑤管子最小弯曲半径应≥6D,弯曲度≤0.1D(D 为管外径)。

2)管路暗敷设

①现浇混凝土墙内管路暗敷设:管路应敷设在两层钢筋中间,管进盒箱时应煨成灯叉弯,管路每隔 1m 处用镀锌铁丝绑扎牢固,弯曲部位按要求固定,向上引管不宜过长,以能煨弯为准,向墙外引管可使用"管帽"预留管口,待拆模后取出"管帽",再接管。

②滑升模板敷设管路时,灯位管可先引至牛腿墙内,滑模过后支好顶板,再敷设管路至灯位。

③现浇混凝土楼板内管路暗敷设:根据建筑物内房间四周墙的厚度,弹十字线确定灯头盒的位置,将端接头、内锁母固定在盒子的管孔上,使用顶帽护口堵好管口,并堵好盒口。将固定好的盒子用机螺丝或短钢筋固定在底筋上,接着敷管。管路应敷设在负筋的下面、底筋的上面,管路每隔 1m 用镀锌铁丝绑扎牢固。引向隔断墙的管子,可使用"管帽"预留管口,拆模后取出"管帽"再接管。

④预制薄型混凝土楼板管路暗敷设:确定好灯头盒尺寸位置,先用电锤在楼板上面打孔,然后在板下面扩孔,孔大小应比盒子外口稍大一些,利用高桩盒上安装好的卡铁,用端接头、内锁母把管子固定在盒子孔处,并用高强度水泥砂浆稳固好,然后敷设管路,厚度应不小于15mm。

⑤预制圆孔板内管路暗敷设:土建在吊装圆孔板时,电工应及时配合敷设管路。在吊装圆孔板时,及时找好灯头位置尺寸,开出灯位盒孔,接着敷设管路。管子可以从圆孔板孔内一端穿入至灯头盒处,将管子固定在灯头盒上,然后将盒子用卡铁固定好,同时用水泥砂浆固定好盒子。

⑥灰土层内管路暗敷设:在灰土层夯实后,进行管槽的开挖和剔凿,然后敷设管路,管路敷设后在管路的上面填上混凝土砂浆,厚度应不小于15mm。

(5)扫管、穿带线

1)对于现浇混凝土结构,如墙、楼板,应及时随着拆模时进行扫管,以便及时发现和处理管路被堵现象。

2)对于砖混结构墙体,应在抹灰时进行扫管,若有问题可及时进行修改和返工,以便土建修复墙面。

3)经过扫管,确认管路畅通后,及时穿好带线,并将管口、盒口、箱口及时堵好,在后续施工过程中,加强已配管路的成品保护,防止出现二次堵塞。

5.10.5 质量标准

(1)主控项目

半硬质阻燃型绝缘导管的材质及适用场所必须符合设计要求和施工规范的规定。

检验方法:观察检查或检查隐蔽工程记录。

(2)一般项目

1)绝缘导管在砌体上剔槽埋设时,应采用强度等级不小于 M10 的水泥砂浆抹面,保护层厚度大于 15mm。

2)管路连接紧密,管口光滑。

3)盒、箱设置正确,固定可靠,管进入盒、箱处顺直,在盒、箱内露出的长度应小于 5mm。

4)穿过变形缝处有补偿装置,活动自如。

检验方法:观察和检查隐蔽工程记录。

5)允许偏差项目见表5.10.1。

表5.10.1 管路敷设及盒箱安装允许偏差值

项目		允许偏差/mm	检验方法
管路最小弯曲半径		≥6D	尺量及检查安装记录
弯扁度		≤0.1D	观察
箱垂直度	高500mm以下	1.5	吊线、尺量检查
	高500mm以上	3	
箱高度		5	尺量
盒垂直度		0.5	吊线、尺量
盒高度	并列安装高度	0.5	尺量
	同一场所高差	5	
盒、箱凹进墙面深度		10	

注:D为管外径。

5.10.6 成品保护

(1)剔槽开洞时,不要用力过猛,以免造成墙面周围破碎。洞口不宜剔得过大、过宽,不要造成土建结构缺陷。

(2)管路敷设完后应立即进行保护,应有防砸、防渗漏、防错位、防堵塞的措施。

(3)在混凝土板、加气板上剔洞时,不要断钢筋,剔洞时应先钻孔位,再扩张,不允许用大锤由上向下砸孔洞。

(4)配合土建浇灌混凝土时,应派人巡护,以防止管路位移或受机械损伤。

5.10.7 安全与环保措施

(1)现场机具布置必须符合安全规范,机具摆放间距必须充分考虑操作空间,机具摆放整齐,留出行走及材料运输通道。严格按照机具使用的有关规定进行操作。

(2)对加工用的电动工具要坚持日常保养维护,定期做安全检查。不用时应立即切断电源。

(3)登高作业应采用梯子或脚手架进行,并采用相应的防滑措施。高度超过2m时必须系好安全带。

(4)使用明火时,必须经现场管理人员报有关部门批准。明火应远离易燃物,并在现场备足灭火器材,且做好必要防护,设专职看火人。

(5)施工场地应做到活完料净脚下清,现场垃圾应及时清运,收集后运至指定地点集中处理。

5.10.8　应注意的问题

（1）管路有外露或保护层不足15mm：剔槽时要保证深度，下管后及时固定，再用水泥砂浆保护。

（2）稳注或预埋的盒、箱有歪斜、坐标不准、灰浆不饱满等：稳注盒、箱时要找准位置，先注入适量的水泥砂浆再用线坠找正，然后用水泥砂浆将盒、箱周围缝隙填实。

（3）管路煨弯处的凹扁度过大及弯曲半径不满足要求：煨弯应按要求操作，并及时固定和保护。

（4）管路堵塞：朝上的管口容易掉进杂物或在浇注混凝土时有灰浆流入，因此，应及时将管口封堵好。其他工种作业时，应注意不要损伤敷设完的管路，以免管路堵塞。

（5）套箍应与管子配套，插入时应用力转动到位，以免套箍松动、管子脱落。

5.10.9　质量记录

（1）半硬质阻燃型塑料管及其附件的检测报告和产品出厂合格证。

（2）材料、构配件进场检验记录。

（3）设计变更、工程洽商记录。

（4）隐检、预检记录。

（5）电线导管、电缆导管和线槽敷设工程检验批质量验收记录。钢管材质检验报告单和产品出厂合格证。

5.11　钢导管敷设工程施工工艺标准

本标准适用于建筑物内照明与动力配线的钢管明、暗敷设及吊顶内和护墙板内钢导管敷设工程。

5.11.1　设备及材料要求

（1）镀锌钢管（或电线管）壁厚均匀，焊缝均匀，无劈裂、砂眼、棱刺和凹扁现象。除镀锌管外其他管材需预先除锈、刷防腐漆（埋入现浇混凝土时外壁可不刷防腐漆，但应除锈，内壁应除锈及刷防腐漆）镀锌管或刷过防腐漆的钢管外表层完整，无剥落现象，应具有产品材质单和合格证。

（2）管箍使用通丝管箍，丝扣清晰不乱扣，镀锌层完整无剥落，无劈裂，两端光滑无毛刺，并有产品合格证。

（3）锁紧螺母（根母）外形完好无损，丝扣清晰，并有产品合格证。护口有用于薄、厚管之区别，护口要完整无损，并有产品合格证。

（4）铁制灯头盒、开关盒、接线盒等，金属板厚度应不小于1.2mm，镀锌层无剥落，无变形开焊，敲落孔完整无缺，面板安装孔与地线焊接脚齐全，并有产品合格证。面板、盖板的规格、高与宽、安装孔距应与所用盒配套，外形完整无损，板面颜色均匀一致，并有产品合格证。

（5）圆钢、扁钢、角钢等材质应符合国家有关规范要求，镀锌层完整无损，并有产品合格证。螺栓、螺钉、胀管螺栓、螺母、垫圈等应采用镀锌件。其他材料（如铅丝、电焊条、防锈漆、水泥、机油等）无过期变质现象。

（6）护口有用于薄、厚管的区别，护口要完整无损，并有产品合格证。

（7）面板、盖板的规格、高与宽、安装孔距应与所用盒配套，外形完整无损，板面颜色均匀一致，并有产品合格证。

（8）螺栓、螺钉、胀管螺栓、螺母、垫圈等应采用镀锌件。

（9）其他材料（如铅丝、电焊条、防锈漆、水泥、机油等）无过期变质现象。

5.11.2　主要机具

（1）煨管器、液压煨管器、液压开孔器、压力案子、套丝板、套管机、顶弯机、手锤、錾子、钢锯、扁锉、半圆锉、圆锉、活扳子、鱼尾钳、铅笔、皮尺、水平尺、线坠、灰铲、灰桶、水壶、油桶、油刷、粉线袋、手电钻、台钻、钻头、绝缘手套等。

5.11.3　作业条件

（1）暗管敷设

1）各层水平线和墙厚度线弹好，配合土建施工。

2）预制混凝土板上配管，在做好地面以前弹好水平线。

3）现浇混凝土内配管，在底层钢筋绑扎完后，上层钢筋未绑扎前，根据施工图尺寸位置配合土建施工。

4）预制大楼板就位完毕后，及时配合土建在整理板缝锚固筋（胡子筋）时，将管路弯曲连接部位按要求做好。

5）预制空心板配合土建就位，同时配管。

6）随墙（砌体）配合施工立管。

7）随大模板现浇混凝土墙配管，土建钢筋网片绑扎完毕，按墙体线配管。

（2）明管敷设

1）配合土建结构安装好预埋件。

2）配合土建内装修油漆，喷浆完成后进行明配管。

3）采用胀管安装时，必须在土建抹完后进行。

（3）吊顶内或护墙板内管路敷设

1）结构施工时，配合土建安装好预埋件。

2）内部装修施工时，配合土建做好吊顶灯位及电气器具位置翻样图，并在预板或地面弹出实际位置。

5.11.4　施工工艺

（1）暗管敷设工艺流程

测量定位→预制加工→箱、盒固定→管路敷设→穿带线

（2）明管、吊顶内、护墙板内管路敷设工艺流程

测量定位→支架安装→预制加工→箱、盒固定→管路敷设→穿带线

（3）测量定位

根据施工图及土建弹出的水平 500mm 线为基准，确定盒、箱的实际位置和管路走向。

（4）预制加工

1）管道弯制

①冷煨法：一般管径为 20mm 钢管及其以下时，用手扳煨管器。将管子插入煨管器，逐步煨出所需弯度。管径为 25mm 及其以上时，使用液压煨管器，即先将管子放入模具，然后扳动煨管器，煨出所需弯度。

②热煨法：（现 100mm 以下的钢管都采用液压煨弯器）一般管径 80mm 以上的钢管都采用热煨法。首先炒干砂子，堵住管子一端，将干砂子灌入管内，用手锤敲打，直至砂子灌实，再将另一端管口堵住放在火上转动加热，烧红后煨成所需弯度，随煨弯随冷却。要求管路的弯曲处不应有折皱、凹穴和裂缝现象，弯扁程度不应大于管外径的 1/10；暗配管时，弯曲半径不应小于管外径的 6 倍；埋设于地下或混凝土楼板内时，弯曲半径不应小于管外径的 10 倍。

2）管子切断

常用钢锯、割管器、无齿锯、砂轮锯进行切管，将需要切断的管子长度量准确，放在钳口内卡牢固，断口处平齐，不歪斜，管口刮铣光滑，无毛刺，管内铁肩除净。

3）管子套丝

采用套丝板、套管机，根据管外径选择相应板牙。将管子用台虎钳或龙门压架钳紧牢固，再把绞板套在管端，均匀用力，不得过猛，随套随浇冷却液，丝扣不乱不过长，清除渣屑，使丝扣干净、清晰。管径 20mm 及其以下时，应分两板套成；管径在 25mm 及其以上时，应分三板套成。

（5）盒、箱固定

1）测定盒、箱位置

根据设计图要求确定盒、箱轴线位置，以土建弹出的水平线为基准，挂线找平，线坠找正，标出盒、箱实际尺寸位置，然后与管子焊接或丝接。

2）稳盒、箱

稳盒、箱要求四周灰浆饱满、平整、牢固，坐标正确。盒、箱安装要求见表 5.11.1。现制混凝土板墙固定盒、箱加支铁固定，盒、箱底距外墙面小于 3cm 时，需加金属网固定后再抹灰，以防止空裂。

表 5.11.1　盒、箱安装要求

实测项目	要求	允许偏差/mm
盒、箱水平、垂直位置	垂直	10（砖墙）、30（大模板）
盒箱 1m 内相邻标高	一致	2
盒子固定	正确	3
盒子固定	垂直	3
盒、箱口与墙面	平齐	最大凹进深度 10

3)托板稳灯头盒

预制圆孔板(或其他顶板)打灯位洞时,在找好位置后,用尖錾子由下往上剔,洞口大小比灯头盒外口略大1～2cm。灯头盒焊好卡铁(可用桥杆盒)后,用高强度等级砂浆稳注好,并用托板托牢,待砂浆凝固后,即可拆除托板。对于现浇混凝土楼板,将盒子堵好随底板钢筋固定牢,管路配好后,随土建浇灌混凝土施工同时完成。

(6)管路连接

1)管路连接方法

①管箍丝扣连接,套丝不得有乱扣现象,管箍必须使用通丝管箍。上好管箍后,管口应对严,外露丝应不多于两扣。

②套管连接宜用于暗配管。套管长度为连接管径的1.5～3倍。连接管口的对口处应在套管的中心,焊口应焊接牢固严密。镀锌钢导管或壁厚小于或等于2mm的钢导管,不得采用套管熔焊连接。

③坡口(喇叭口)焊接:管径80mm以上钢管,先将管口除去毛刺,找平齐。用气焊加热管端,边加热边用手锤沿管周边,逐点均匀向外敲打出坡口,把两管坡口对平齐,周边焊严密。

2)管与管的连接

①管径20mm及其以下钢管以及各种管径电线管,必须用管箍连接。管口应光滑平整,接头应牢固紧密。管径25mm及其以上钢管,可采用管箍连接或套管焊接。镀锌钢导管或壁厚小于或等于2mm的钢导管,不得采用套管熔焊连接。

②管路超过下列长度时,应加装接线盒,其位置应便于穿线。无弯时45m、有一个弯时30m、有两个弯时20m、有三个弯时12m。

③管路垂直敷设时,根据导线截面设置接线盒距离:50mm² 及以下为30m、70～95mm² 时为20m,120～240mm² 时为18m。

④电线管路与其他管道最小距离见表5.11.2。

表 5.11.2　配线与管道间最小距离

管道名称		配线方式	
		穿管配线	绝缘导线明配线
		最小距离/mm	
蒸汽管	平行	1000(500)	1000(500)
	交叉	300	300
暖、热水管	平行	300(200)	300(200)
	交叉	100	100
通风、上下水压缩空气管	平行	100	200
	交叉	50	100

注:1.表内有括号者为在管道下边的数据。

　2.达不到表中距离时,应采取下列措施:对于蒸汽管,在管外包隔热层后,上下平行净距可减至200mm,交叉距离须考虑便于维修,但管线周围温度应经常在35℃以下;对于暖、热水管,应包隔热层。

3）管进盒、箱连接

①盒、箱开孔应整齐并与管径相吻合，要求一管一孔，不得开长孔。铁制盒、箱严禁用电，应用气焊开孔，并应刷防锈漆。如果用定型盒、箱，当其敲落孔大而管径小时，可用铁皮垫圈垫严或用砂浆加石膏补平齐，不得露洞。

②管口入盒、箱，暗配管可用跨接地线焊接固定在盒棱边上，严禁管口与敲落孔焊接，管口露出盒、箱应小于 5mm，有锁紧螺母者与锁紧螺母平，露出锁紧螺母丝扣为 2～4 扣。两根以上管入盒、箱要长短一致，间距均匀，排列整齐。

(7)暗管敷设

敷设于多尘和潮湿场所的电线管路、管口、管子连接处均应作密封处理。

暗配的电线管路宜沿最近的路线敷设并应减少弯曲，埋入墙或混凝土内的管子，离表面的净距不应小于 15mm。

进入落地式配电箱的电线管路，排列应整齐，管口应高出基础面不小于 50mm。

埋入地下的电线管路不宜穿过设备基础，在穿过建筑物基础时应加保护管。

1）随墙（砌体）配管

砖墙、加气混凝土块墙、空心砖墙配合砌墙立管时，该管最好放在墙中心；管口向上者要堵好。为了使盒子平整，标高准确，可将管先立偏高 200mm 左右。然后将盒子稳好，再接短管。短管入盒、箱端可不套丝，可用跨接线焊接固定，管口与盒、箱里口平。往上引管有吊顶时，管上端应煨成 90°弯直进吊顶内。由顶板向下引管不宜过长，以达到开关盒上口为准。等砌好隔墙，先稳盒后接短管。

2）大模板混凝土墙配管

可将盒、箱焊在该墙的钢筋上，接着敷管。每隔 1m 左右，用铅丝绑扎牢。进盒、箱要煨灯叉弯。往上引管不宜过长，以能煨弯为准。

3）现浇混凝土楼板配管

先找灯位，根据房间四周墙的厚度，弹出十字线，将堵好的盒子固定牢，然后敷管。有两个以上盒子时，要拉直线。如果为吸顶灯或日光灯，应预制木砖。管进盒、箱长度要适宜，管路每隔 1m 左右用铅丝绑扎牢。如果有吊扇、花灯或超过 3kg 重的灯具，应焊好吊杆，应放预埋件。

4）预制圆孔板上配管，如果为焦渣垫层，管路需用混凝土砂浆保护。素土内配管可用混凝土砂浆保护，也可缠两层玻璃布、刷三道沥青油加以保护。在管路下先用石块垫起 50mm，尽量减少接头。管箍丝扣连接处抹油缠麻拧牢。

5）变形缝处理

变形缝处理做法：变形缝两侧各预埋一个接线箱，先把管的一端固定在接线箱上，另一侧接线箱底部的垂直方向开长孔（如图 5.11.1 所示），其孔径长宽度尺寸不小于被接入管直径的两倍。两侧连接好补偿跨接地线。

6）普通接线箱在地板上（下）部做法

①普通接线箱在地板上（下）部做法（一式）：箱体底口距离地面应不小于 300mm，管路弯曲 90°后，管进箱应加内、外锁紧螺母；在板下部时，接线箱距顶板距离应不小于 150mm，如图 5.11.2 所示。

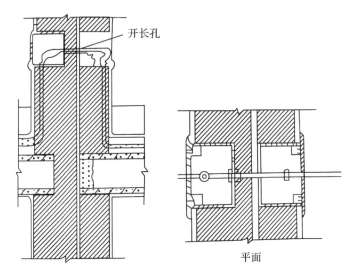

图 5.11.1 开长孔做法

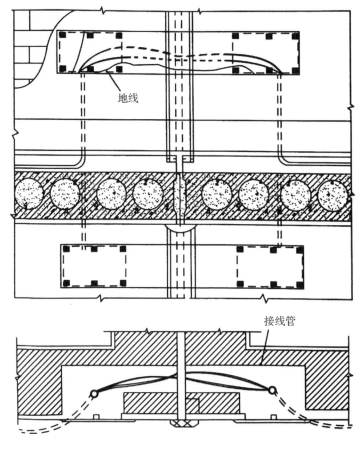

图 5.11.2 地板上(下)部做法(一式)

②普通接线箱在地板上(下)部做法(二式):基本做法同一式,二式采用的是直筒式接线箱,如图5.11.3所示。

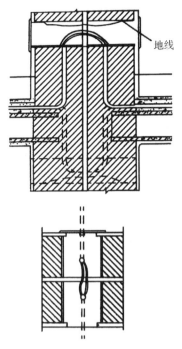

图5.11.3 地板上(下)部做法(二式)

7)地线焊接

①管路应作整体接地连接,穿过建筑物变形缝时,应有接地补偿装置。如果采用跨接方法连接,跨接地线两端焊接面不得小于该跨接线截面的6倍。焊缝均匀牢固,焊接应处要清除药皮,刷防腐漆。跨接线的规格见表5.11.3。

表5.11.3 跨接地线规格

管径/mm	圆钢/mm	扁钢/mm×mm
15~25	$\phi6$	—
32~38	$\phi8$	—
50~63	$\phi10$	25×3
≥80	$\phi8×2$	(25×3)×2

②卡接:镀锌钢管或可挠金属电线保护管,应用专用接地线卡连接,不得采用熔焊连接地线。

8)明管敷设基本要求

根据设计图加工支架、吊架、抱箍等铁件以及各种盒、箱、弯管。明管敷设工艺与暗管敷设工艺相同处请见相关部分。在多粉尘、易爆等场所敷管,应按设计要求和有关防爆规程施工。

①管弯、支架、吊架预制加工:明配管弯曲半径一般不小于管外径6倍。如果有一个弯时,可不小于管外径的4倍。加工方法可采用冷煨法和热煨法。支架、吊架应按设计图要求

进行加工。支架、吊架的规格设计无规定时,应不小于以下规定:扁铁支架 30mm×3mm;角钢支架 25mm×25mm×3mm;埋注支架应有燕尾,埋注深度应不小于 120mm。

②测定盒、箱及固定点位置

a.根据设计首先测出盒、箱与出线口等的准确位置。测量时最好使用自制尺杆。

b.根据测定的盒、箱位置,把管路的垂直、水平走向弹出线来,按照安装标准规定的固定点间距的尺寸要求,计算确定支架、吊架的具体位置。

c.固定点的距离应均匀,管卡与终端、转弯中点、电气器具或接线盒边缘的距离为 150～500mm;中间管卡的最大距离见表 5.11.4。

表 5.11.4 钢管中间管卡最大距离 (单位:mm)

钢管名称	钢管直径			
	15～20	25～30	40～50	65～100
厚钢管	1500	2000	2500	3500
薄钢管	1000	1500	2000	—

③固定方法有胀管法、木砖法、预埋铁件焊接法、稳注法、剔注法、抱箍法。

④盒、箱固定:由地面引出管路至自制明盘、箱时,可直接焊在角钢支架上。若采用定型盘、箱,需在盘、箱下侧 100～150mm 处加稳注支架,将管固定在支架上。盒、箱安装应牢固平整,开孔整齐,并与管径相吻合。要求一管一孔,不得开长孔。铁制盒,箱严禁用电焊开孔。

⑤管路敷设与连接

a.管路敷设:水平或垂直敷设明配管允许偏差值,管路在 2m 以内时,偏差为 3mm,全长不应超过管子内径的二分之一。

b.检查管路是否畅通,内侧有无毛刺,镀锌层或防锈漆是否完整无损,管子不顺直者应调直。

c.敷管时,先将管卡一端的螺钉拧进一半,然后将管敷设在管卡内,逐个拧牢。使用铁支架时,可将钢管固定在支架上,不许将钢管焊接在其他管道上。

d.管路连接应采用丝扣连接,或采用扣压式管连接。

⑥钢管与设备连接

应将钢管敷设到设备内,如果不能直接进入,应符合下列要求:

a.在干燥房屋内,可在钢管出口处加保护软管引入设备,管口应包扎严密。

b.在室外或潮湿房间内,可在管口处装设防水弯头,由防水弯头引出的导线应套绝缘保护软管,经弯成防水弧度后再引入设备。

c.管口距地面高度一般不宜低于 200mm。

d.埋入土层内的钢管,应刷沥青,包缠玻璃丝布后,再刷沥青,或应采用水泥砂浆全面保护。

⑦金属软管引入设备时,应符合下列要求:

a.金属软管与钢管或设备连接时,应采用金属软管专用接头连接,软管的长度在动力工程中不宜大于 0.8m,在照明工程中不宜大于 1.2m。

b.金属软管用管卡固定,其固定间距不应大于 1m,管卡与设备、器具、弯头中点、管端等边缘的距离应小于 0.3m。

c.不得利用金属软管作为接地导体。

⑧变形缝处理:明配管跨接线应紧贴管箍,焊接处均匀美观牢固。管路敷设应保证畅通,刷好防锈漆、调和漆,无遗漏。

9)吊顶内、护墙板内管路敷设

其操作工艺及要求:材质、固定参照明配管工艺;连接、弯度、走向等可参照暗敷工艺要求施工,接线盒可使用暗盒。

①会审图纸要与通风、暖卫等专业协调,并绘制翻样图,经审核无误后,在顶板或地面进行弹线定位。如果吊顶是有格块线条的,灯位必须按格块分均,做法如图 5.11.4 所示。护墙板内配管应按设计要求,测定盒、箱位置,弹线定位。

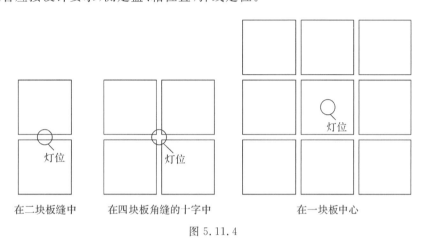

在二块板缝中　　　　在四块板角缝的十字中　　　　在一块板中心

图 5.11.4

②灯位测定后,用不少于两个螺钉将灯头盒固定牢。如果有防火要求,可用防火布或其他防火措施处理灯头盒。无用的敲落孔不应敲掉,已脱落的要补好。

③管路应敷设在主龙骨的上边,管入盒、箱必须煨灯叉弯,并应里外带锁紧螺母。采用内护口,管进盒、箱以内锁紧螺母平为准。

④固定管路时,如果为木龙骨,可在管的两侧钉钉,用铅丝绑扎后再把钉钉牢。如果为轻钢龙骨,可采用配套管卡和螺钉固定,或用拉铆钉固定。直径 25mm 以上的和成排管路应单独设架。

⑤花灯、大型灯具、吊扇等重量超过 3kg 的电气器具的固定,应在结构施工时预埋铁件或钢筋吊钩,要根据吊重考虑吊钩直径,一般按吊重的 5 倍来计算,以达到牢固、可靠。圆钢最小直径不应小于 6mm。吊钩应做好防腐处理。潜入式灯头盒距灯箱不应大于 1m,以便于观察维修。

⑥管路敷设应牢固通顺,禁止做拦腰管或拦脚管。遇有长丝接管时,必须在管箍后面加锁紧螺母。管路固定点的间距不得大于 1.5m。受力灯头盒应用吊杆固定,在管进盒处及弯曲部位两端 15～30cm 处加固定卡固定。

⑦吊顶内灯头盒至灯位可采用阻燃型普里卡金属软管过渡,长度不宜超过 1.2m。其两端应使用专用接头。在安装吊顶各种盒、箱时盒、箱口的方向应朝向检查口,以利于维修检查。

10）穿带线

管路安装完成后，应采用穿带线的方法检查、清理管路，做法见本书电线、电缆穿管和线槽敷设的相关内容。

5.11.5　质量标准

（1）基本规定

1）建筑电气工程施工现场的质量管理，除应符合现行国家标准《建筑工程施工质量验收统一标准》（GB 50300—2013）外，尚应符合下列规定：

①安装电工、焊工、起重吊装工和电气调试人员等，按有关要求持证上岗。

②安装和调试用各类计量器具，应检定合格，使用时在有效期内。

③除设计要求外，承力建筑钢结构构件上，不得采用熔焊连接固定电气线路、设备和器具的支架、螺栓等部件，而且，严禁热加工开孔。

2）主要设备、材料、成品和半成品进场验收

①主要设备、材料、成品和半成品进场检验结论应有记录，确认符合标准规定，才能在施工中应用。

②因有异议送有资质试验室进行抽样检测时，试验室应出具检测报告，确认符合相关技术标准规定，才能在施工中应用。

③依法定程序批准进入市场的新电气设备、器具和材料进场验收，除符合标准规定外，尚应提供安装、使用、维修和试验要求等技术文件。

④进口电气设备、器具和材料进场验收，除符合本规范规定外，尚应提供商检证明和中文的质量合格证明文件，规格、型号、性能检测报告以及中文的安装、使用、维修和试验要求等技术文件。

⑤经批准的免检产品或认定的名牌产品，当进场验收时，可以不做抽样检测。

⑥导管应符合下列规定：

外观检查，确定钢导管无压扁、内壁光滑。非镀锌钢导管无严重锈蚀，按制造标准油漆后出厂的油漆完整；镀锌钢导管镀层覆盖完整，表面无锈斑；绝缘导管及配件不碎裂，表面有阻燃标记和制造厂标。

3）工序交接确认

①除埋入混凝土中的非镀锌钢导管外壁不做防腐处理外，其他场所的非镀锌钢导管内外壁均做防腐处理，经检查确认，才能配管。

②室外直埋导管的路径、沟槽深度、宽度及垫层处理经检查确认，才能埋设导管；现浇混凝土板内配管在底层钢筋绑扎完成、上层钢筋未绑扎前敷设，且检查确认，才能绑扎上层钢筋和浇捣混凝土。

③现浇混凝土墙体内的钢筋网片绑扎完成，门、窗等位置已放线，经检查确认，才能在墙体内配管。

a. 被隐蔽的接线盒和导管在隐蔽前检查合格，才能隐蔽。

b. 在梁、板、柱等部位明配管的导管套管、埋件、支架等检查合格，才能配管。

c.吊顶上的灯位及电气器具位置先放样,且与土建及各专业施工单位商定,才能在吊顶内配管。

d.顶棚和墙面的喷浆、油漆或壁纸等基本完成,才能敷设线槽、槽板。

4)主控项目

①金属的导管和线槽必须接地(PE)或接零(PEN)可靠,并符合下列规定:

a.镀锌的钢导管、可挠性导管和金属线槽不得熔焊跨接接地线,以专用接地卡跨接的两卡间连线为铜芯软导线,截面积不小于 $4mm^2$。

b.当非镀锌钢导管采用螺纹连接时,连接处的两端焊跨接接地线;当镀锌钢导管采用螺纹连接时,连接处的两端用专用接地卡固定跨接接地线。

②金属导管严禁对口熔焊连接;镀锌和壁厚小于等于 2mm 的钢导管不得套管熔焊连接。

③防爆导管不应采用倒扣连接;当连接有困难时,应采用防爆活接头,其接合面应严密。

④当绝缘导管在砌体上剔槽埋设时,应采用强度等级不小于 M10 的水泥砂浆抹面保护,保护层厚度大于 15mm。

(5)一般项目

1)室外埋地敷设的电缆导管,埋深不应小于 0.7m。壁厚小于等于 2mm 的钢电线导管不应埋设于室外土内。

2)室外导管的管口应设置在盒、箱内。在落地式配电箱内的管口,箱底无封板的,管口应高出基础面 50~80mm。所有管口在穿入电线、电缆后应做密封处理。由箱式变电所或落地式配电箱引向建筑物的导管,建筑物一侧的导管管口应设在建筑物内。

3)电缆导管的弯曲半径不应小于电缆最小允许弯曲半径,电缆最小允许弯曲半径应符合规范《建筑电气工程施工质量验收规范》(GB 50303—2015)中的表 11.1.2 的规定。

4)金属导管内外壁应做防腐处理;埋设于混凝土内的导管内壁应防腐处理,外壁可不做防腐处理。

5)室内进入落地式柜、台、箱、盘内的导管管口,应高出柜、台、箱、盘的基础面 50~80mm。

6)暗配的导管,埋设深度与建筑物、构筑物表面的距离不应小于 15mm;明配的导管应排列整齐,固定点间距均匀,安装牢固;在终端、弯头中点或柜、台、箱、盘等边缘的距离 150~500mm 范围内设有管卡,中间直线段管卡间的最大距离应符合表 5.11.5 的规定。

表 5.11.5　管卡间距

敷设方式	导管种类	导管直径/mm				
		15~20	25~32	32~40	50~65	65 以上
		管卡间最大间距/m				
支架或沿墙明敷	壁厚>2mm 的刚性钢导管	1.5	2.0	2.5	2.5	3.5
	壁厚≤2mm 的刚性钢导管	1.0	1.5	2.0		
	刚性绝缘导管	1.0	1.5	1.5	2.0	2.0

7）线槽应安装牢固，无扭曲变形，紧固件的螺母应在线槽外侧。

8）防爆导管敷设应符合下列规定：

①导管间及与灯具、开关、线盒等的螺纹连接处紧密牢固，除设计有特殊要求外，连接处不跨接接地线，在螺纹上涂以电力复合酯或导电性防锈酯。

②安装牢固顺直，镀锌层锈蚀或剥落处做防腐处理。

9）绝缘导管敷设应符合下列规定：

①管口平整、光滑；管与管、管与盒（箱）等器件采用插入法连接时，连接处结合面涂专用黏结剂，接口牢固密封。

②直埋于地下或楼板内的刚性绝缘导管，在穿出地面或楼板易受机械损伤的一段，采取保护措施。

③当设计无要求时，埋设在墙内或混凝土内的绝缘导管，采用中型以上的导管。

④沿建筑物、构筑物表面和在支架上敷设的刚性绝缘导管，按设计要求装设温度补偿装置。

10）金属、非金属柔性导管敷设应符合下列规定：

①刚性导管经柔性导管与电气设备、器具连接，柔性导管的长度在动力工程中不大于0.8m，在照明工程中不大于1.2m。

②可挠金属管或其他柔性导管与刚性导管或电气设备、器具间的连接采用专用接头；复合型可挠金属管或其他柔性导管的连接处密封良好，防液覆盖层完整无损。

③可挠性金属导管和金属柔性导管不能做接地（PE）或接零（PEN）的接续导体。

11）如果导管和线槽在建筑物变形缝处，应设补偿装置。

5.11.6 成品保护

（1）剔槽不得过大、过深或过宽。预制梁柱和预应力楼板均不得随意剔槽打洞。混凝土楼板、墙等，均不得私自断筋。

（2）现浇混凝土楼板上配管时，注意不要踩坏钢筋。土建浇筑混凝土时，电工应留人看守，以免振捣时损坏配管及盒、箱移位。管路损坏时，应及时修复。

（3）明配管路及电气器具时，应保持顶棚、墙面及地面的清洁、完整。搬运材料和使用机具时，不得碰坏门窗、墙面等。电气照明器具安装完后，不要再喷浆。必须喷浆时，应将电气设备及器具保护好后再喷浆。

（4）吊顶内稳盒配管时，不要踩坏龙骨。严禁踩电线管行走，刷防锈漆不得污染墙面、吊顶或护墙板等。

（5）其他专业在施工中，不得碰坏电气配管。严禁私自改动电线管及电气设备。

5.11.7 安全与环保措施

（1）严防高坠、触电、机械伤害、火灾。

（2）安装照明线路时，不得直接在板条顶棚或隔声板上行走或堆放材料。因作业需要必须行走时，须在大龙骨上铺设脚手板。顶棚内照明应采用36V低压电源。

（3）在平台、楼板上用人力弯管器煨弯时,应背向楼心,操作时面部要避开。大管径管子灌砂煨管时,必须将砂用火烘干后灌入。用机械敲打时,下面不得站人,人工敲打上下要错开,管子加热时,管口前不得有人停留。

（4）管子穿带线时,不得对管口呼唤、吹气,防止带线弹出。若两人穿线,应配合协调,一呼一应。在高处穿线时,不得用力过猛。

（5）钢索吊管敷设,在断钢索及卡固时,应预防被钢索头扎伤。绷紧钢索时应用力适度,防止花篮螺栓折断。

（6）使用套管机、电砂轮、台钻、手电钻时,应保证绝缘良好,并有可靠的接零、接地。漏电保护装置应灵敏有效。

（7）在脚手架上作业时,脚手板必须满铺,不得有空隙和探头板。使用的料具应放入工具袋随身携带,不得投掷。

（8）套丝产生的废油、废渣应有收集器,定期处理,不能随意丢弃。

（9）产生的短管废料及时回收,定期集中处理。

（10）开槽打洞时应采用低噪声、低粉尘施工方法。劳务人员应穿戴好防尘劳保用品。

5.11.8　应注意的问题

（1）避免在煨弯处出现凹扁过大或弯曲半径不够倍数的现象。

（2）使用手扳煨管器时,移动要适度,用力不要过猛。

（3）使用油压煨管器或煨管机时,模具要配套,管子的焊缝应在正反面。

（4）热煨时,砂子要灌满,受热应均匀,煨弯冷却要适度。

（5）如果暗配管路弯曲过多,敷设管路时,应按设计图要求及现场情况,沿最近的路线敷设,不绕行,可明显减少弯曲处。

（6）如果剔盒、箱、支架、吊杆歪斜,或者盒、箱里进外出严重,应根据具体情况修复。

（7）如果剔盒、箱出现空、收口不好,应在稳盒、箱时,在其周围灌满灰浆。盒、箱口应及时收好后,再穿线上器具。

（8）如果预留管口的位置不准确,可能是在配管时未按设计图要求找出轴线尺寸位置,造成定位不准,应根据设计图要求进行修复。

（9）电线管在焊跨接地线时,出现管焊漏、焊接不牢、焊接面不够倍数等,主要是由于操作者责任心不强,或者技术水平太低,应加强操作者的责任心和技术培训,必须严格按照规范要求进行焊接。

（10）要避免明配管、吊顶内或护墙板内配管出现固定点不牢,螺钉松动,铁卡子、固定点间距过大或不均匀。应采用配套管卡,固定牢固,挡距应找均匀。

（11）要避免暗配管路堵塞。配管后应及时扫管,如果发现堵管,应及时修复。配管后应及时加管堵把管口堵严实。

（12）如果管品不平齐、有毛刺,断管后未及时铣口,应用锉把管口锉平齐,去掉毛刺后再配管。

（13）应避免焊口不严,破坏镀锌层。应将焊口焊严,受到破坏的镀锌层处应及时补刷防锈漆。

（14）敷设于多尘和潮湿场所的电线管路、管口、管子连接处均应作密封处理。

（15）暗配的电线管路宜沿最近的路线敷设并应减少弯曲。埋入墙或混凝土内的箱子，离表面的净距不应小于 15mm。

（16）进入落地式配电箱的电线管路，排列应整齐，管口应高出基础面不小于 50mm。

（17）埋入地下的电线管路不宜穿过设备基础，在穿过建筑物基础时，应加保护管。

5.11.9 质量记录

（1）钢管材质检验报告单和产品出厂合格证。

（2）隐蔽验收记录。

（3）设计变更洽商记录、竣工图。

（4）电线导管、电缆导管和线槽敷设分项工程质量验收记录。

（5）电线导管、电缆导管和线槽敷设工程检验批质量验收记录。

5.12 电线、电缆穿管和线槽敷线工程施工工艺标准

本标准适用于室内照明配线敷设工程。

5.12.1 设备及材料要求

电线、电缆的规格、型号必须符合设计要求，有合格证、"CCC"认证检验报告，线缆上标识清楚、齐全。材料包括包塑金属软管、钢带线、接线端子、焊锡、焊剂、绝缘胶布、阻燃压线帽、滑石粉、棉纱。

5.12.2 主要机具

克丝钳、尖嘴钳、剥线钳、压接钳、万用表、兆欧表、放线架、酒精喷灯、锡锅。

5.12.3 作业条件

（1）配管工程或线槽安装已配合土建完成。

（2）土建墙面、地面抹灰作业完成，初装修完毕。

5.12.4 施工工艺

（1）工艺流程

1）管内穿线

选择导线→清扫管路→穿带线→放线与断线→导线绑扎→导线连接→导线焊接→导线包扎→线路检查及绝缘摇测

2)线槽敷线

选择导线→槽内放线→导线绑扎→导线连接→线路检查及绝缘摇测

（2）管内穿线

1)当管路较长或弯头较多时，要在穿线前向管内吹入适量的滑石粉。

2)两人穿线，应配合协调，一拉一送，用力均匀。

3)钢管（电线管）在穿线前，应首先检查各管口的护口是否齐全，若有遗漏和破损，应补齐或更换。

4)穿线时应注意以下问题。

①同一交流回路的导线必须穿于同一管内。

②不同回路、不同电压、交流与直流的导线不得穿入同一管内。但以下情况除外：标称电压为 50V 以下的回路；同一设备或同一设备的回路和无特殊干扰要求的控制回路；同一花灯的几个回路；同类照明的几个回路，但管内的导线总数不多于 8 根。

③导线在变形缝处，补偿装置应活动自如，导线应留有一定的余量。

④敷设于垂直管路中的导线，当超过下列长度时，应在管口处和接线盒中加以固定：截面积为 $50mm^2$ 及以下时导线长 30m；截面积为 $70\sim95mm^2$ 时导线长 20m；截面积为 $180\sim240mm^2$ 时导线长 18m。

⑤导线在管内不得有接头和扭结，其接头应在接线盒内连接。

⑥管内导线的总面积（包括外护层）不应超过管子截面积的 40%。

⑦导线穿入钢管后，在导线出口处应装护口保护导线，在不进入箱（盒）内的垂直管口穿入导线后，应将管口作密封处理。

（3）线槽敷线

1)在配线之前应消除线槽内的积水和污物。

2)同一线槽内（包括绝缘在内）的导线截面积总和应不超过内部截面积的 40%。

3)线槽底向下配线时，应将分支导线分别用尼龙绑扎带绑扎成束，并固定在线槽底板上，以防导线下坠。

4)不同电压、不同回路、不同频率的导线应加隔板放在同一线槽内。下列情况时，可直接放在同一线槽内：电压在 65V 及以下；同一设备或同一流水线的动力和控制回路；照明花灯的所有回路；三相四线制的照明回路。

5)导线较多时，除采用导线外皮颜色区分相序外，也可用在导线端头和转弯处做标记的方法来区分。

6)在穿越建筑物的变形缝时，导线应留有补偿余量。

7)接线盒内的导线预留长度不应超过 150mm；盘、箱内的导线预留长度应为其周长的二分之一。

8)从室外引入室内的导线，穿过墙外的一段应采用橡胶绝缘导线，不允许采用塑料绝缘导线。穿墙保护管的外侧应有防水措施。

（4）选择导线

1)应根据设计图纸要求选择导线的规格、型号。

2)相线、零线及保护接地线用颜色加以区分，用黄绿双色导线作接地保护线，淡蓝色导线作零线。

（5）清扫管路

1）清扫管路的目的是清除管路中的灰尘、泥水及杂物等。

2）清扫管路的方法：将布条的两端牢固绑扎在带线上，从管的一端拉向另一端，以将管内的杂物及泥水除尽为目的。

（6）穿带线

穿带线的目的是检查管路的通畅和作为电线的牵引线，先将钢丝或铁丝的一端馈头弯回不封死，圆头向着穿线方向，将钢丝或铁丝穿入管内，边穿边将钢丝或铁丝顺直。如果不能一次穿过，再从管的另一端以同样的方法将钢丝或铁丝穿入。根据穿入的长度判断两头碰头后，再搅动钢丝或铁丝。当钢丝或铁丝头绞在一起后，再抽出另一端，将管路穿通。

穿带线的方法：

1）带线一般均采用 $\phi1.2\sim\phi2.0$mm 的铁丝。先将铁丝的一端弯成不封口的圆圈，再利用穿线器将带线穿入管路内，在管路的两端均应留有 $100\sim150$mm 的余量。

2）在管路较长或转弯较多时，可以在敷设管路的同时将带线一并穿好。

3）穿带线受阻时，应用两根铁丝同时搅动，使两根铁丝的端头互相钩绞在一起，然后将带线拉出。

4）阻燃型塑料波纹管的管壁呈波纹状，带线的端头要弯成圆形。

5）带线可采用尼龙绳和塑料绑扎绳代替铁丝，用钢丝作为引线，将塑料绑扎绳或尼龙绳随引线穿入，在接线盒内打结备用。

（7）放线与断线

1）放线：放线前应根据施工图纸对导线规格、型号进行核对，并用对应电压等级的摇表进行通断摇测。放线时导线应置于放线架上。

2）断线：剪断导线时，导线的预留长度应按以下四种情况预留。

①接线盒、开关盒、插座盒及灯头盒内的导线的预留长度应为 150mm。

②配电箱内导线的预留长度应为配电箱体周长的二分之一。

③出户导线的预留长度应为 1.5m。

④公用导线在分支处，可不剪断导线而直接穿过。

（8）导线绑扎

1）当导线根数较少时，例如 $2\sim3$ 根，可将导线前端的绝缘层削去，然后将线芯与带线绑扎牢固。使绑扎处形成一个平滑的锥形过渡部位。

2）当导线根数较多或导线截面较大时，可将导线前端绝缘层削去，然后将线芯斜错排列在带线上，用绑线绑扎牢固，不要将线头做得太粗太大，应使绑扎接头处形成一个平滑的锥形接头，减少穿管时的阻力，以利穿线。

（9）导线连接

1）配线导管的线芯连接，一般采用焊接、压板压接或套管连接。

2）配线导线与设备、器具的连接，应符合以下要求：

①导线截面为 10mm² 及以下的单股铜（铝）芯线可直接与设备、器具的端子连接。

②导线截面为 2.5mm² 及以下的多股铜芯线的线芯应先拧紧搪锡或压接端子后再与设

备、器具的端子连接。

③多股铝芯线和截面大于 2.5mm² 的多股铜芯线的终端,除设备自带插接式端子外,应先焊接或压接端子再与设备、器具的端子连接。

3)导线连接熔焊的焊缝外形尺寸应符合焊接工艺标准的规定。焊接后应清除残余焊药和焊渣。焊缝严禁有凹陷、夹渣、断股、裂缝及根部未焊合等缺陷。

4)锡焊连接的焊缝应饱满、表面光滑。焊剂应无腐蚀性。焊接后应清除焊区的残余焊剂。

5)压板或其他专用夹具应与导线线芯的规格相匹配。紧固件应拧紧到位,防松装置应齐全。

6)套管连接器和压模等应与导线线芯规格匹配。压接时,压接深度、压口数量和压接长度应符合有关技术标准的相关规定。

7)在配电配线的分支线连接处,干线不应受到支线的横向拉力。

8)剥削绝缘使用工具及方法

①剥削绝缘使用工具:由于各种导线截面、绝缘层薄厚程度、分层多少都不同,因此使用剥削的工具也不同。常用的工具有电工刀、克丝钳和剥削钳,可进行削、勒及剥削绝缘层。一般 4mm² 以下的导线原则上使用剥削钳,但使用电工刀时,不允许采用刀在导线周围转圈剥削绝缘层的方法。

②剥削绝缘方法

a.单层剥法:不允许采用电工刀转圈剥削绝缘层,应使用剥线钳。

b.分段剥法:一般适用于多层绝缘导线剥削,如编织橡皮绝缘导线,用电工刀先削去外层编织层,并留有约 12mm 的绝缘层,线芯长度随接线方法和要求的机械强度而定。

c.斜削法:用电工刀以 45°角倾斜切入绝缘层,当切近线芯时就应停止用力,接着应将刀面的倾斜角度改为 15°左右,沿着线芯表面向前头端部推出,然后把残存的绝缘层剥离线芯,用刀口插入背部,以 45°角削断。

9)单芯铜导线的直线连接

①绞接法:适用于 4mm² 及以下的单芯线连接。将两线互相交叉,用双手同时把两芯线互绞两圈后,将两个绞芯在另一个芯线上缠绕 5 圈,剪掉余头。

②缠绕卷法:有加辅助线和不加辅助线两种,适用于 6mm² 及以上的单芯线的直线连接。将两线相互并合,加辅助线后用绑线在并合部位中间向两端缠绕(即公卷),其长度为导线直径的 10 倍,然后将两线芯端头折回,在此向外单独缠绕 5 圈,与辅助线捻绞 2 圈,将余线剪掉。

10)单芯铜线的分支连接

①绞接法:适用于 4mm² 以下的单芯线。用分支线路的导线往干线上交叉,先打好一个圈结以防止脱落,然后再密绕 5 圈。分线缠绕完后,剪去余线。

②缠卷法:适用于 6mm² 及以上的单芯线的连接。将分支线折成 90°,紧靠干线,其公卷的长度为导线直径的 10 倍,单卷缠绕 5 圈后剪断余下线头。

③十字分支连接做法:将两个分支线路的导线往干线上交叉,然后再密绕 10 圈。分线缠绕完后,剪去余线

安装工程施工工艺标准(下)

11)多芯铜线直接连接

多芯铜导线的连接共有三种方法,即单卷法、缠卷法和复卷法。首先用细砂布将线芯表面的氧化膜清去,将两线芯导线的结合处的中心线剪掉三分之二,将外侧线芯做伞状张开,相互交错叉成一体,并将已张开的线端合成一体。

①单卷法:取任意一侧的两根相邻的线芯,在接合处中央交叉,用其中的一根线芯作为绑线,在导线上缠绕5~7圈后,再用另一根线芯与绑线相绞后把原来的绑线压住上面继续按上述缠绕卷法进行。

单卷法缠绕,其长度为导线直径的10倍,最后缠卷的线端与一条线捻绞2圈后剪断。另一侧的导线依次进行。注意应把线芯相绞处排列在一条直线上。

②缠卷法:与单芯铜线直线缠绕连接法相同。

③复卷法:适用于多芯软导线的连接。把合拢的导线一端用短绑线做临时绑扎,以防止松散,将另一端线芯全部紧密缠绕3圈,多余线端依次阶梯形剪掉。另一侧也按此办法办理。

12)多芯铜导线分支连接

①缠卷法:将分支线折成90°紧靠干线。在绑线端部适当处弯成半圆形,将绑线短端弯成与半圆形成90°角,并与连接线靠紧,用较长的一端缠绕,其长度应为导线结合处直径的5倍,再将绑线两端捻绞2圈,剪掉余线。

②单卷法:将分支线破开(或劈开两半),根部折成90°,紧靠干线,用分支线中的一根在干线上缠圈,缠绕3~5圈后剪断,再用另一根线芯继续缠绕3~5圈后剪断。按此方法直至连接到两边导线直径的5倍时为止。应保证各剪断处在同一直线上。

③复卷法:将分支线端破开劈成两半后与干线连接处中央相交叉,将分支线向干线两侧分别紧密缠绕后,余线按阶梯形剪断,长度为导线直径的10倍。

13)铜导线在接线盒内的连接

①单芯线并接头:导线绝缘台并齐合拢。在距绝缘台约12mm处用其中一根线芯在其连接端缠绕5~7圈后剪断,把余头并齐折回压在缠绕线上。

②不同直径导线接头:如果是独根(导线截面小于2.5mm²)或多芯软线,则应先进行涮锡处理,再将细线在粗线上距离绝缘台15mm处交叉,并将线端部向粗导线(独根)端缠绕5~7圈,将粗导线端折回压在细线上。

③尼龙压接线帽:适用于2.5mm²以下铜导线的压接,其规格有大号、中号、小号三种,可根据导线的截面和根数选择使用。其方法是将导线的绝缘层削掉后,线芯预留15mm的长度,插入接线帽内。如果填不实,可以再用1~2根同材质、同线径的导线插入接线帽内,然后用压接钳压实即可。

14)套管压接

套管压接法是运用机械冷态压接的简单原理,用相应的模具在一定压力下将套在导线两端的连接套管压在两端导线上,使导线与连接管间形成金属互相渗透,两者成为一体,构成导电通路。要保证冷压接头的可靠性,主要取决于影响质量的三个要点:即连接管形状、尺寸和材料;压模的形状、尺寸;导线表面氧化膜处理。具体做法如下:先把绝缘层剥掉,清除导线的氧化膜并涂以中性凡士林油膏(使导线表面与空气隔绝,防止氧化)。当采用圆形

304

套管时,将要连接的铝芯线分别在铝套管的两端插入,各插到套管一半处;当采用椭圆形套管时,应使两线对插后,线头分别露出套管两端 4mm;然后用压接钳和压膜接,压接模数和深度应与套管尺寸相对应。

15)接线端子压接

多股导线(铜或铝)可采用与导线同材质且规格相应的接线端子。削去导线的绝缘层,不要碰伤线芯,将线芯紧紧地绞在一起,清除套管、接线端子孔内的氧化膜,将线芯插入,用压接钳压紧。导线外露部分应小于 1～2mm。

16)导线与水平式接线柱连接

①单芯线连接:用一字或十字机螺丝压接时,导线要顺着螺钉旋进方向绕一圈后再紧固。不允许反圈压接。盘圈开口不宜大于 2mm。

②多股铜芯线用螺丝压接时,先将软线芯做成单眼圈状,涮锡后,将其压平,再用螺丝加垫紧固。压接后外露线芯的长度不宜超过 1～2mm。

17)导线与针孔式接线桩连接(压接)

把要连接的导线的线芯插入接线桩头针孔内,导线裸露出针孔 1～2mm,针孔大于导线直径 1 倍时需要折回头插入压接。

(10)导线焊接

1)铝导线的焊接:焊接前将铝导线线芯破开,顺直合拢,用绑线把连接处作临时缠绑。导线绝缘层处用浸过水的石棉绳包好,以防烧坏。铝导线焊接所用的焊剂有两种:一种是含锌 58.5%、铅 40%、铜 5% 的焊剂,另一种是含锌 80%、铜 1.5%、铅 20% 的焊剂,焊剂成分均按重量比。

2)铜导线的焊接

由于导线的线径及敷设场所不同,因此铜焊接的方法有如下几种。

①电烙铁加焊:适用于线径较小的导线的连接及用其他工具焊接困难的场所。导线连接处加焊剂,用电烙铁进行锡焊。

②喷灯加热(或用电炉加热):将焊锡放在锡勺(或锡锅)内,然后用喷灯(或电炉)加热,焊锡熔化后即可进行焊接。加热时要掌握好温度。若温度过高,则涮锡不饱满;若温度过低,则涮锡不均匀。因此要根据焊锡的成分、质量及外界环境温度等诸多因素,随时掌握好适宜的温度进行焊接。焊接完后必须用布将焊接处的焊剂及其他污物擦净。

(11)导线包扎

首先用塑料绝缘带从导线接头处始端的完好绝缘层开始,缠绕 1～2 个绝缘带宽度,再以半幅宽度重叠进行缠绕。在包扎过程中应尽可能地收紧绝缘带,最后在绝缘层上缠绕 1～2 圈后,再进行回缠。采用橡胶绝缘带包扎时,应将其拉长 2 倍后再进行缠绕。然后再用黑胶布包扎,包扎时要衔接好,以半幅宽度边压边进行缠绕,同时在包扎过程中收紧胶布,导线接头处两端应用黑胶布封严密,包扎后应呈枣核形。

(12)线路检查及绝缘摇测

1)线路检查:接、焊、包全部完成后,应进行自检和互检;检查导线接、焊、包是否符合设计要求及有关施工验收规范及质量验评标准的规定。不符合规定时应立即纠正,检查无误后再进行绝缘摇测。

2)绝缘摇测:照明线路的绝缘摇测一般选用 500V、量程为 0~500MΩ 的兆欧表。

3)一般照明线路绝缘摇测有以下两种情况:

①电气器具未安装前进行线路绝缘摇测时,首先将灯头盒内导线分开,开关盒内导线连通。摇测应将干线和支线分开,一人摇测,一人应及时读数并记录。摇动速度应保持在 120r/min 左右,读数应采用 1 分钟后的读数为宜。

②电气器具全部安装完,在送电前进行摇测时,应先将线路上的开关、刀闸、仪表、设备等用电开关全部置于断开位置,摇测方法同上所述,确认绝缘摇测无误后再进行送电试运行。

5.12.5 质量标准

(1)主控项目

1)三相或单相的交流单芯电缆不得单独穿于钢导管内。

2)不同回路、不同电压等级和交流与直流的导线,不应穿于同一导管内;同一交流回路的电线应穿于同一金属导管内,且管内电线不得有接头。

3)爆炸危险环境照明线路的电线和电缆额定电压不得低于 750V,且电线必须穿于钢导管内。

(2)一般项目

1)电线、电缆穿管前,应清除管内杂物和积水。管口应有保护措施,不进入接线盒(箱)的垂直管口穿入电线、电缆后,管口应密封。

2)当采用多相供电时,同一建筑物、构筑物的电线绝缘层颜色选择应一致,即保护地线(PE 线)应是黄绿相间色,零线用淡蓝色,相线:A 相/黄色,B 相/绿色,C 相/红色。

3)线槽敷线应符合下列规定:

①电线在线槽内有一定余量,不得有接头。电线按回路编号分段绑扎,绑扎点间距不应大于 2m。

②同一回路的相线和零线,敷设于同一金属线槽内。

③同一电源的不同回路无抗干扰要求的线路可敷设于同一线槽内;敷设于同一线槽内有抗干扰要求的线路用隔板隔离,或采用屏蔽电线且屏蔽护套一端接地。

5.12.6 成品保护

(1)穿线时不得污染设备和建筑物品,应保持周围环境。

(2)使用高凳及其他工具时,应注意不得碰坏其他设备和门窗、墙面、地面等。

(3)在接、焊、包全部完成后,应将导线的接头入盒、箱、盘内,并封堵严实,以防污染,同时应防止盒、箱内进水。

(4)穿线时不得遗漏带护线套管或护口。

(5)塑料线槽配线完成后,不得再次喷浆、刷油,以防止导线和电气器具被污染。

5.12.7 安全与环保措施

(1)应注意火灾、烫伤、高处坠落。

（2）搪锡时严禁使用明火加热,使用喷灯应开动火证。

（3）扫管穿线时要防止钢丝的弹力伤眼;两人穿线时应协调一致。一呼一应有节奏地进行,不要用力过猛以免伤手。

（4）铝导线采用电阻焊时,必须带保护茶镜和手套,防止电弧光伤眼睛及烫伤手部皮肤。

（5）使用焊锡锅时,不能将冷勺或水放入锅内,防止爆炸、飞溅伤人。熔化焊锡、锡块时,工具要干燥,防止爆溅。

（6）施工中所剩的电线头及绝缘层等不得随地乱丢,应分类收集到一起,电线的包装不得随处丢弃,要工完场清。

（7）节约电线,避免浪费。

5.12.8　应注意的问题

（1）镀锌管侧金属软管接头的连接,当镀锌管端头套丝时,采用一端内牙连接镀锌管、另一端接包塑金属软管的镀锌接头。当镀锌管不套丝时选用DGJ卡簧自固式镀锌接头,一端连接镀锌管,另一端接包塑金属软管。接头与包塑金属软管连接时,先将螺母套入软管,再套上密封圈,然后将软管端部套入衬套内,最后将螺母旋入接头体并拧紧。

（2）接设备侧金属软管的连接,采用一端有外螺纹的镀锌接头,拧入设备接线盒的内螺纹上,另一端接软管。装配方法与设备侧接头相同。

（3）敷设于垂直管路中的导线,当超过下列长度时,应在管口处和接线盒中加以固定:截面积为50mm² 及以下的导线长30m;面积为70～95mm² 的导线长20m;面积在180～240mm² 的导线长18m。

5.12.9　质量记录

（1）电线产品合格证件齐全,验收合格。
（2）电线、电缆穿管和线槽敷线安装检验批质量验收记录表。
（3）绝缘测试记录。

5.13　电缆桥架、线槽及配线安装工程施工工艺标准

本标准适用于建筑物内金属桥架、线槽及配线安装工程。工程施工应以设计图纸和有关施工质量验收规范为依据。

5.13.1　设备及材料要求

（1）金属桥架、线槽及其附件:应采用经过镀锌处理的定型产品。其规格、型号应符合设计要求。线槽内外应光滑平整,无棱刺,无扭曲、翘边等变形现象。

（2）绝缘导线、电缆:其规格、型号必须符合设计要求,并有产品合格证或"CCC"认证。

（3）安全型压线帽:可根据导线截面积和根数选择使用。

（4）套管：选用时应与导线的规格相应配套。

（5）金属膨胀螺栓：应根据允许拉力和剪力进行选择。

（6）接线端子：选用时应根据导线截面及根数选用相应规格的接线端子。

（7）镀锌材料：采用钢板、圆钢、扁钢、螺栓、螺母、吊杆、垫圈、弹簧垫等金属材料做电工工件时，都应经过热镀锌处理。

（9）辅助材料：钻头、电焊条、氧气、乙炔气、调合漆、焊锡、焊剂、橡胶绝缘带、塑料绝缘带、黑胶布。

5.13.2　主要机具

铅笔、卷尺、线坠、粉线袋、锡锅、喷灯、电阻焊机、电工工具、手电钻、冲击钻、兆欧表、万用表、工具袋、工具箱、高凳等。

5.13.3　作业条件

（1）配合土建的结构施工，预留洞孔、预埋铁和预埋吊杆、吊架等全部完成。

（2）顶棚和墙面的喷涂、油漆及壁纸全部完成后，方可进行桥架、线槽敷设。

（3）高层建筑竖井内土建湿作业全部完成。

（4）地面线槽应及时配合土建施工。

5.13.4　施工工艺

（1）工艺流程

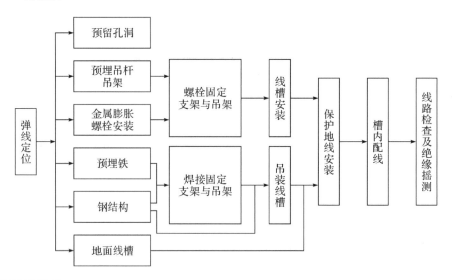

（2）弹线定位

根据设计图确定出进户线、盒、箱、柜等电气器具的安装位置，从始端至终端先干线后支线，找好水平或垂直线，用粉线袋沿墙壁、顶棚和地面等处，在线路的中心弹线，按照设计图要求及施工验收规范规定，分匀档距并用笔标出具体位置。

（3）预留孔洞

根据设计图标注的轴线部位,将预制加工好的框架固定在标出的位置上,调直,待混凝土凝固、模板拆除后,拆下框架,并抹平孔洞口。

（4）支架与吊架安装要求及预埋吊杆、吊架

1）支架与吊架安装要求

①支架与吊架所用钢材应平直,无扭曲。下料后长短偏差应在 5mm 范围内,切口处无卷边、毛刺。

②钢支架与吊架应焊接牢固,无变形,焊缝均匀平整,焊缝长度应符合要求,不得出现裂纹、咬边、气孔、凹陷、漏焊、焊漏等缺陷。

③支架与吊架应安装牢固,横平竖直,在有坡度的建筑部位,支架与吊架应与建筑物有相同坡度。

④支架与吊架规格,一般扁铁不应小于 30mm×3mm;角钢不应小于 25mm×25mm×3mm。

⑤严禁用电气焊切割钢结构或轻钢龙骨的任何部位,焊接后应做防腐处理。

⑥万能吊具应采用定型产品,对线槽进行吊装,并应有各自的吊装卡具或支撑设施。

⑦固定支点间距一般不应大于 1.5～3m,垂直安装的支架间距不应大于 2m。在进出接线盒（箱）、拐角、转弯和弯形缝两端及丁字接头的三端的 500m 以内应设支持点。

⑧支架与吊架距离上层楼板和侧墙面不应小于 150～200mm,距地面不应低于 100～150mm。

⑨严禁用木砖固定支架与吊架。

⑩轻钢龙骨上敷设线槽应各自有单独卡具吊装或支撑设施,吊杆直径不应小于 8mm。

2）预埋吊杆、吊架:采用直径不小于 8mm 的圆钢,经过切割、调直、煨弯及焊接等步骤制作成吊杆、吊架。其端部应攻丝以便于调整。要配合土建结构施工,应在配筋的同时将吊架锚固在所标出的固定位置。在混凝土浇注时,要留有专人看护,以防吊杆或吊架移位。拆模板时不得碰坏吊杆端部的丝扣。

（5）预埋铁的自制加工尺寸应按设计要求并不应小于 120mm×60mm×6mm;其锚固圆钢的直径不应小于 8mm。紧密配合土建结构的施工,将预埋铁的平板放在钢筋网片下面,紧贴模板,可以采用绑扎或焊接的方法将锚固圆钢固定在钢筋网上。模板拆除后,预埋铁的平板应明露,再将由扁钢或角钢制成的支架、吊架焊在上面固定。

（6）钢结构宜利用万能吊具安装,如果设计同意,也可将支架或吊架直接焊在钢结构上的固定位置处。

（7）金属膨胀螺栓安装

1）金属膨胀螺栓安装要求

①适用于 C5 以上混凝土及实心砖墙上,不适用于空心砖墙。

②钻头直径的误差不得超过 +0.5mm,-0.3mm;深度误差不得超 +3mm;钻孔后应将孔内残存的碎屑清除干净。

③螺栓固定后,其头部偏斜值不应大于 2mm。

④螺栓及套管的质量应符合产品的技术条件。

1)金属膨胀螺栓、螺母安装方法

①首先沿着墙壁或顶板根据设计图进行弹线定位,标出固定点的位置。

②根据支架或吊架承受的荷重,选择相应的金属膨胀螺栓、螺母及钻头,所选钻头长度应大于胀管长度。

3)打孔的深度应以将胀管全部进入墙内或顶板内后,表面平齐为宜。

4)清除干净打好的孔洞内碎屑,用木槌或垫上木块,用铁锤将膨胀螺栓或膨胀螺母敲进洞内,应保证套管与建筑物表面平齐。若螺栓端部外露,敲击时不得损伤螺栓的丝扣。

5)埋好胀管后,配上相应的附件,将支架或吊架直接固定在金属膨胀管上。

(8)桥架线槽安装

1)桥架线槽应平整,无扭曲变形,内壁无毛刺,各种附件齐全。

2)桥架线槽的接口应平整,连接时可采用内连接或外连接,接缝处应紧密平直,连接板两端不少于 2 个防松螺帽或将防松垫圈的连接固定螺栓、螺母置于线槽外侧。非镀锌金属线槽、桥架连接板的两端应有跨接线。跨接线为截面积不小于 $4mm^2$ 的铜芯软导线(桥架可用硬导线)。线槽盖装上后应平直,无翘角,出线口的位置准确。

3)桥架线槽交叉、转弯、丁字连接时,应采用单通、二通、三通、四通或平面二通、平面三通等进行变通连接。导线接头处应设置接线盒或将导线接头放在电气器具内。

4)线槽与盒、箱、柜等连接时,进线和出线口等处应采用抱脚或翻边连接,并用螺丝紧固,末端应加装封堵。

5)桥架线槽的所有非带电部分的铁件均应相互连接和跨接,使之为一个连续导体,并做好整体接地,金属桥架线槽不作设备的接地导体。当设计无要求时,金属桥架线槽全长不少于 2 处与接地(接零)干线连接。

6)桥架线槽过墙或楼板孔洞时,四周应留 50～100mm 缝隙。防火分区处应用防火材料封堵。

7)在吊顶内敷设时,如果吊顶无法上人,应留检修孔。

8)桥架线槽经过建筑物的变形缝(伸缩缝、沉降缝)时,线槽本身应断开,槽内用内连接搭接,不需固定。保护地线和槽内导线均应有补偿裕量。

9)敷设在竖井、吊顶、通道、夹层及设备等处的桥架线槽,应按设计图纸要求并符合《建筑设计防火规范》(GB 50016—2014)的有关防火要求。

10)建筑物的表面如果有坡度,桥架线槽应随其坡度变化。当桥架线槽全部敷设完毕时,应调整检查,确认合格后,再进行配线。

(9)吊装桥架线槽

万能型吊具一般应用在钢结构中,如工字钢、角钢、轻钢龙骨等。可预先将吊具、卡具、吊杆、吊装器组装成一个整体,在标出的固定点位置处进行吊装,逐件地将吊装卡具压接在钢结构上,将顶丝拧牢。

1)桥架线槽直线段组装时,应先做干线,再做分支线,将吊装器与线槽用蝶形夹卡固定在一起,按此方法,逐段组装成形。

2)线槽与线槽可采用内连接头或外连接头,配上平垫和弹簧垫,用螺母固定。

3)线槽交叉、丁字、十字应采用二通、三通、四通进行连接,导线接头处应设置接线盒或放置在电气器具内,线槽内绝不允许有导线接头。

4)转弯部位应采用立上弯头和立下弯头,安装角度要适宜。

5)出线口处应利用出线口盒进行连接,末端部位要装上封堵,在盒、箱、柜处应采用抱脚连接。

(10)地面槽线安装

地面槽线安装时,应及时配合土建地面工程施工。根据地面的形式不同,先抄平,然后测定固定点位置,根据安装方式进行连接固定。如线槽与管连接、线槽与分线盒连接、线槽出线口连接、线槽末端处理等,都应安装到位,螺丝紧固牢靠。地面线槽及附件全部上好后,再进行一次系统调整,主要是根据地面厚度,仔细调整线槽干线、分支线,以及分线盒接头的转弯、转角、出口等处的水平高度等技术指标,将各种盒盖盖好、堵严,以防止水泥砂浆进入,直至配合土建地面施工结束为止。

(11)线槽内保护接线安装

应根据设计图的要求将保护接地线敷设在线槽内侧。接地处螺丝直径不应小于6mm,并且需加平垫和弹簧片垫圈,用螺母压接牢固。

(12)线槽内配线

1)线槽内配线要求

①配线前应清除线槽内的积水和杂物。

②在同一线槽内(包括绝缘层在内)的导线截面积总和应该不超过内部截面积的40%。

③线槽口向下配线时,应将分支导线分别用尼龙绑扎带绑扎成束,并固定在线槽底板上,以防导线下坠。

④不同电压、不同回路、不同频率的导线应加隔板放在同一线槽内。下列情况时,可直接放在同一线槽内:电压在65V及以下;同设备或同一流水线上的动力和控制回路;照明花灯的所有回路;TN-S系统的照明回路。

⑤导线较多时,除采用导线外皮颜色区分相序外,也可利用在导线端头和转弯处做标记的方法来区分。

⑥在穿越建筑物的变形缝时,导线应留有补偿裕量。

⑦接线盒内的导线预留长度不应超过150mm;盘、箱内的导线预留长度应为其周长的二分之一。

⑧从室外引入室内的导线,穿过墙外的一段应采用橡胶绝缘导线,不允许采用塑料绝缘导线。穿墙保护管的外侧应有防水措施。

2)线槽内配线方法

①清扫线槽:清扫明敷线槽时,可用抹布擦净线槽内残存的杂物和积水,使线槽内外保持清洁;清扫暗敷于地面内的线槽时,可先将带线穿通至出线口,然后将布条绑在带线一端,从另一端将布条拉出,反复多次就可将线槽内的杂物和积水清理干净。也可用空气压缩机将线槽内的杂物和积水吹出。

②放线

a.放线前应先检查管与线槽连接处的护口是否齐全,导线、电缆、保护地线的选择是否符合设计图的要求,管进入盒、箱时内外根母是否锁紧,确认无误后再放线。

b. 放线方法:先将导线抻直、捋顺,盘成大圈或放在放线架(车)上,从始端到终端(先干线、后支线)边放边整理,不应出现挤压背扣、扭结、损伤导线等现象。导线按分支回路排列绑扎成束,绑扎时应采用尼龙绑扎带,不允许使用金属导线进行绑扎。

c. 地面线槽放线:利用带线从出线一端至另一端,将导线放开、抻直、捋顺,削去端部绝缘层,并做好标记,再把芯线绑扎在带线上,然后从另一端抽出即可。放线时应逐段进行。

(13)导线连接

1)导线连接要求:导线连接的目的是使连接处的接触电阻最小,机械强度和绝缘强度均不降低。连接时应正确区分相线、零线和保护地线。区分方法是:用绝缘导线的外皮颜色区分,使用仪表测试对号并做标记,确认无误后方可连接。

2)导线的连接方法见本书5.12节。

(14)线路检查及绝缘摇测见本书5.12节。

(15)桥架内电缆敷设应符合以下规定:

1)大于45°倾斜敷设的电缆每隔2m处设固定点。

2)水平敷设的电缆首位两端、转弯两侧及每隔5~10m处设固定点;垂直敷设时的间距符合表5.8.30的规定。

3)桥架转弯处的弯曲半径,不小于桥架内电缆最小允许半径。电缆最小允许弯曲半径见表5.8.28。

4)电缆出入电缆沟、竖井、建筑物、柜(盘)、台、管口处等做密封处理。

5)电缆敷设排列整齐,首末端和分支处应设标志牌。

(16)塑料线槽(槽板)敷设配线

1)在干燥的室内,根据设计要求,可以使用塑料线槽布线。

2)塑料槽板宜沿墙角敷设,紧贴建筑物表面,横平竖直,固定可靠。固定方法宜采用内胀式螺丝,禁用木楔固定。槽板底板固定点间距应小于500mm;底板距终端50mm处应固定。

3)槽板穿过梁、墙、楼板处应有保护套管,跨越建筑物变形缝处应设补偿装置,与槽板结合应严密。

4)槽板的底板接口与盖板接口应错开20mm;盖板在直线端和90°转角处应成45°斜口对接;T形分支处应成为三角叉接;盖板应无翘角,接口严密整齐。

5)槽板内电线无接头,电线连接设在器具处。槽板与各种器具连接时,电线应留有裕量,器具底座压住槽板端部。

6)塑料槽板应有产品合格证,槽板表面应有阻燃标识。

5.13.5 质量标准

(1)主控项目

1)金属电缆桥架及其支架和引入或引出的金属电缆导管必须接地(PE)或接零(PEN)可靠,且必须符合下列规定:

①金属电缆桥架及其支架全长应不少于2处与接地(PE)或接零(PEN)干线相连接。

②非镀锌电缆桥架间连接板的两端跨接铜芯接地线,接地线最小允许截面积不小

于 4mm²。

③镀锌电缆桥架间连接板的两端不跨接接地线,但连接板两端不少于 2 个有防松螺帽或防松垫圈的连接固定螺栓。

2)线槽、桥架、电线电缆的规格必须符合设计要求和有关规范规定。

(2)一般项目

1)电缆桥架安装应符合下列规定:

①若直线段钢制电缆桥架长度超过 30m、铝合金或玻璃钢制电缆桥架长度超过 15m 应设伸缩节;电缆桥架跨越建筑物变形缝处应设置补偿装置。

②电缆桥架转弯处的弯曲半径,不小于桥架内电缆最小允许弯曲半径,电缆最小允许弯曲半径见表 5.8.28。

③当设计无要求时,电缆桥架水平安装的支架间距为 1.5～3m;垂直安装的支架间距不大于 2m。

④桥架与支架间螺栓、桥架连接板螺栓固定紧固无遗漏,螺母位于桥架外侧;当铝合金桥架与钢支架固定时,有相互间绝缘的防电化腐蚀措施。

⑤电缆桥架敷设在易燃易爆气体管道和热力管道的下方,当设计无要求时,与管道的最小净距,符合表 5.8.29 的规定。

⑥敷设在竖井内和穿越不同防火区的桥架,按设计要求位置,应有防火隔堵措施。

⑦支架与预埋件焊接固定时,焊缝应饱满;膨胀螺栓固定时,选用螺栓适配,连接紧固,防松零件齐全。

2)桥架内电缆敷设应符合下列规定:

①大于 45°倾斜敷设的电缆每隔 2m 处设固定点。

②电缆出入电缆沟、竖井、建筑物、柜(盘)、台处以及管子管口处等做密封处理。

③电缆敷设排列整齐。水平敷设的电缆,首尾两端、转弯两侧及每隔 5～10m 处设固定点;敷设于垂直桥架内的电缆固定点间距,不大于表 5.8.30 的规定。

3)电缆的首端、末端和分支处应设标志牌。

4)桥架线槽应安装牢固,横平竖直,无扭曲变形,布置合理,盖板无翘角,接口严密整齐,拐角、转角、丁字连接、转弯连接正确,线槽内外无污染。

5)线槽在建筑物变形缝处应有补偿装置。若钢制电缆桥架超过 30m,铝合金或玻璃钢制电缆桥架超过 15m,应设伸缩节。

5.13.6 成品保护

(1)安装线槽及槽内配线时,应注意保持墙面的清洁。

(2)"接、焊、包"完成后,接线盒盖、线槽盖板应齐全、平整,不得遗漏,导线不允许裸露在线槽之外,并防止对电气器具的污染。

(3)配线完成后,不得再进行喷浆和刷油,以防对电气器具造成污染。

(4)使用高凳时,注意不要碰坏建筑物的墙面及门窗等。

5.13.7　安全与环保措施

(1)在高处施工时,施工员进入现场必须戴好安全帽。应事先搭好脚手架并正确使用安全带。电缆桥架及支架除承受自重和电缆载荷外,不得承受其他附加载荷。

(2)电缆桥架严禁作为人员通道,严禁在电缆桥架上休息玩闹。立柱焊接应牢固,防止承载后跌落。电缆桥架堆放应整洁,应留有可供人员行走的通道,在电缆夹层内进行电缆桥架施工时,照明光线应充足。

(3)不可以将电缆托架及支架作为支承固定其他装置或作起重物的金属构架。安装时不能将电缆桥架当作脚手架使用,并避免施工人员在电缆桥架上攀登或站立工作。

(4)施工结束后,应清理好现场,做到“工完、料尽、场地清”。焊接时焊条头不得乱丢,应统一回收处理。施工中产生的边角废物由工地统一回收处理。施工照明不得有“长明灯”现象,尽量减少电的消耗。

5.13.8　应注意的问题

(1)支架与吊架固定不牢:主要是膨胀螺栓未拧紧,或者是焊接部位开焊,应及时将螺栓拧紧,将开焊处重新焊牢。如果金属膨胀螺栓吃墙过深或出墙过多、钻孔偏差过大,均会造成松动,应及时修复。

(2)支架或吊架的焊接处未做防腐处理:应及时补刷遗漏处的防锈漆。

(3)保护接地线的线径和压接螺丝的直径不符合要求,应全部按设计或规范要求设置。

(4)线槽、桥架穿过建筑物的变形缝时未做处理:过变形缝处应断开,并在变形缝的两端加以固定,保护接地线和导线应留有补偿裕量。

(5)线槽、桥架接口处不平齐,线槽盖板有残缺,与管连接处的护口破损遗漏,暗敷无检修孔,应调整加以完善。

(6)导线连接时,线芯受损,缠绕圈数和倍数不符合规定要求,绝缘层包扎不严密,应按照导线连接的要求重新进行导线连接。

(7)线槽内的导线放置杂乱无章,应将导线理顺平直,并按回路绑扎成束。

(8)竖井内配线未做防坠落措施,应按要求予以补做。

(9)金属线槽、桥架全长接地干线漏接,应及时补接不少于2点。

5.13.9　质量记录

(1)金属桥架、线槽及绝缘导线产品出厂合格证。

(2)金属桥架、线槽安装工程预检、自检、互检记录。

(3)设计变更洽商记录、竣工图。

(4)金属桥架、线槽分项工程质量检验评定记录。

5.14　灯具安装工程施工工艺标准

本标准适用于室内电气照明安装工程。不适用于特殊场所,如矿井、船舶等地的电气照明灯具安装工程。

5.14.1　设备及材料要求

(1)各型灯具:灯具的型号、规格必须符合设计要求和国家标准的规定。灯内配线严禁外露,灯具配件齐全,无机械损伤、变形、油漆剥落,灯罩破裂,灯箱歪翘等现象。所有灯具应有产品合格证。

(2)灯具导线:照明灯具使用的导线的电压等级不应低于交流500V,其最小线芯截面应符合表5.14.1所示的要求。

表5.14.1　线芯最小允许截面

安装场所的用途		线芯最小截面/mm²		
		铜芯软线	铜线	铝线
照明用灯头线	民用建筑室内	0.4	0.5	2.5
	工业建筑室内	0.5	0.8	2.5
	室外	1.0	1.0	2.5
移动式用电设备	生活用	0.4	—	—
	生产用	1.0	—	—

(3)灯卡具(爪子):塑料灯卡具(爪子)不得有裂纹和缺损现象。

(4)其他材料:胀管、木螺丝、螺栓、螺母、垫圈、弹簧、灯头铁件、铅丝、灯架、灯口、日光灯脚、灯泡、灯管、镇流器、电容器、起辉器、起辉器座、熔断器、吊盒(法兰盘)、软塑料管,自在器、吊链、线卡子、灯罩、尼龙丝网、焊锡、焊剂(松香、酒精)、橡胶绝缘带、黏结塑料带、黑胶布、砂布、抹布、石棉布等。

5.14.2　主要机具

红铅笔、卷尺、小线、线坠、水平尺、手套、安全带、扎锥、手锤、錾子、钢据、据条、压力案子、扁挫、圆挫、剥线钳、扁口钳、尖嘴钳、丝锥、一字改锥、十字改锥、活板子、电炉、电烙铁、锡锅、锡勺、台钳、台钻、电钻、电锤、兆欧表、万用表、工具袋、工具箱、高凳等。

5.14.3　作业条件

(1)影响灯具安装的模板、脚手架拆除,顶棚和墙面喷浆、油漆或壁纸等及地面清理工作基本完成。

(2)顶棚、墙面的抹灰工作、室内装饰浆活及地面清理工作均已结束。

(3)安装灯具的预埋螺栓、吊杆和吊顶上嵌入式灯具安装专用骨架等完成,按设计要求做承载试验合格。

(4)导线绝缘测试合格,高空安装的灯具,地面通断电试验合格。

5.14.4 施工工艺

(1)工艺流程

    检查灯具→组装灯具→安装灯具→通电试运行

(2)灯具检查

1)根据灯具的安装场所检查灯具是否符合要求

①在易燃和易爆场所应采用防爆式灯具。

②有腐蚀性气体及特征潮湿的场所应采用封闭式灯具,灯具的各部件应做好防腐处理。

③潮湿的厂房内和户外的灯具应采用有汇水孔的封闭式灯具。

④多尘的场所应根据粉尘的浓度及性质,采用封闭式或密闭式灯具。

⑤灼热多尘场所应采用投光灯。

⑥可能受机械损伤的厂房内,应采用有保护网的灯具。

⑦震动场所灯具应有防震措施(如采用吊链软性连接)。

⑧除开敞式外,其他各类灯具的灯泡容量在100W及以上者均应采用瓷灯口。

2)灯内配线检查

①灯内配线应符合设计要求及有关规定。

②穿入灯箱的导线在分支连接处不得承受额外应力和磨损,多股软线的端头需盘圈、涮锡。

③灯箱内的导线不应过于靠近热光源,并应采取隔热措施。

④使用螺灯口时,相线必须压在灯芯柱上。

3)特殊灯具检查

①各种标志灯的指示方向正确无误。

②应急灯必须灵敏可靠。

③事故照明灯具应有特殊标志。

④供局部照明的变压器必须是双圈的,初次级均应装有熔断器。

⑤携带式局部照明灯具用的导线,宜采用橡套导线,接地或接零线应在同一护套内。

(3)灯具组装

1)组合式吸顶花灯的组装

①在适宜的场地上将灯具的包装箱、保护薄膜拆开铺好。

②戴上干净的纱线手套。

③参照灯具的安装说明将各组件连成一体。

④灯内穿线的长度应适宜,多股软线线头应搪锡。

⑤应注意统一配线颜色以区分相线与零线。螺口灯座中心簧片应接相线,不得混淆。

⑥理顺灯内线路,用线卡或尼龙扎带固定导线以避开灯泡发热区。

2)吊顶花灯的组装

①选择适宜的场地,将灯具的包装箱、保护薄膜拆开铺好。

②戴上干净的纱线手套。

③首先将导线从各个灯座口穿到灯具本身的接线盒内。导线一端盘圈、搪锡后接好灯头。理顺各个灯头的相线与零线,另一端区分相线与零线后分别引出电源接线。最后将电源结线从吊杆中穿出。

④各种灯泡、灯罩可在灯具整体安装后再装上,以免损坏。

(4)灯具安装

1)普通灯具安装

①塑料(木)台的安装。将接灯线从塑料(木)台的出线孔中穿出,将塑料(木)台紧贴住建筑物表面,塑料(木)台的安装孔对准灯头盒螺孔,用机螺丝将塑料(木)台固定牢固。如果在圆孔楼板上固定塑料(木)台,应按如图 5.14.1 所示的方法施工。

②把从塑料(木)台甩出的导线留出适当维修长度,削出线芯,然后推入灯头盒内,线芯应高出塑料(木)台的台面。用软线在接灯线芯上缠绕 5~7 圈后,将灯线芯折回压紧。用黏结塑料带和黑胶布分层包扎紧密。将包扎好的接头调顺,扣于法兰盘内。法兰盘(吊盒、平灯口)应与塑料(木)台的中心找正,用长度小于 20mm 的木螺丝固定。

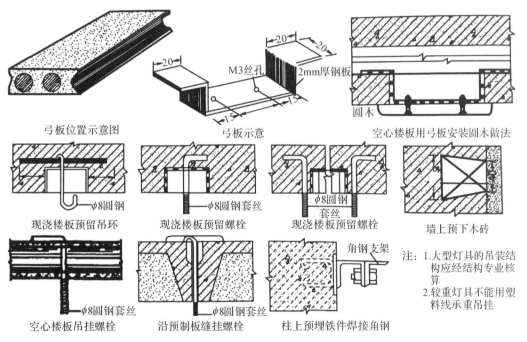

图 5.14.1　灯具预埋做法

2)自在器吊灯安装

首先根据灯具的安装高度及数量,把吊线全部预先掐好,应保证在吊线全部放下后,其灯泡底部距地面高度为 800~1100mm。削出线芯,然后盘圈、涮锡、砸扁。根据已掐好的吊线长度断取软塑料管,并将塑料管的两端管头剪成两半,其长度为 20mm,然后把吊线穿入塑料管。把自在器穿套在塑料管上。将吊盒盖和灯口盖分别套入吊线两端,挽好保险扣,再将剪成两半的软塑料管端子紧密搭接,加热粘合,然后将灯线压在吊盒和灯口螺柱上。如为螺钉口,找出相线,并作好标记,最后按塑料(木)台安装接头方法将吊线灯安装好。

3)日光灯安装

①吸顶日光灯安装

根据设计图确定日光灯的位置,将日光灯贴紧建筑物表面,日光灯的灯箱应完全遮盖住灯头盒。对着灯头盒的位置打好进线孔,将电源线甩入灯箱,在进线孔处应套上塑料管以保护导线。找好灯头盒螺孔的位置,在灯箱的底板上用电钻打好孔,用机螺丝拧牢固,在灯箱的另一端应使用胀管螺栓加以固定。如果日光灯是安装在吊顶上的,应该用自攻螺丝将灯箱固定在龙骨上。灯箱固定好后,将电源线压入灯箱内的端子板(瓷接头)上。把灯具的反光板固定在灯箱上,并将灯箱调整顺直,最后把日光灯管装好。

②吊链日光灯安装

根据灯具的安装高度,将全部吊链编好,把吊链挂在灯箱挂钩上,并且在建筑物顶棚上安装好塑料(木)台,将导线依顺序偏叉在吊链内,并引入灯箱,在灯箱的进线孔处应套上软塑料管以保护导线,压入灯箱内的端子板(瓷接头)内。将灯具导线和灯头盒中甩出的电源线连接,并用黏结塑料带和黑胶布分层包扎紧密。理顺接头扣于法兰盘内,法兰盘(吊盒)的中心应与塑料(木)台的中心对正,用木螺丝将其拧牢固。将灯具的反光板用机螺丝固定在灯箱上,调整好灯脚,最后将灯管装好。

4)各型花灯安装

①组合式吸顶花灯安装:根据预埋的螺栓和灯头盒的位置,在灯具的托板上用电钻开好安装孔和出线孔,安装时将托板托起,将电源线和从灯具甩出的导线连接并包扎严密。应尽可能地把导线塞入灯头盒内,然后把托板的安装孔对准预埋螺栓,使托板四周和顶棚贴紧,用螺母将其拧紧,调整好各个灯口,悬挂好灯具的各种装饰物,并上好灯管和灯泡。

②吊式花灯安装:将灯具托起,并把预埋好的吊杆插入灯具内,把吊挂销钉插入后要将其尾部掰开成燕尾状,并且将其压平。导线接好头,包扎严实,理顺后向上推起灯具上部的扣碗,将接头扣于其内,且将扣碗紧贴顶棚,拧紧固定螺丝。调整好各个灯口。上好灯泡,最后再配上灯罩。

5)光带的安装

根据灯具的外型尺寸确定其支架的支撑点,再根据灯具的具体重量经过认真核算,选用支架的型材制作支架,做好后,根据灯具的安装位置,用预埋件或用胀管螺栓把支架固定牢固。轻型光带的支架可以直接固定在主龙骨上;大型光带必须先下好预埋件,将光带的支架用螺丝固定在预埋件上,固定好支架,将光带的灯箱用机螺丝固定在支架上,再将电源线引入灯箱与灯具的导线连接并包扎紧密。调整各个灯口和灯脚,装上灯泡和灯管,上好灯罩,最后调整灯具的边框应与顶棚面的装修直线平行。如果灯具对称安装,其纵向中心轴线应在同一直线上,偏斜不应大于 5mm。

6)壁灯的安装

先根据灯具的外形选择合适的木台(板)或灯具底托,把灯具摆放在上面,四周留出的余量要对称,然后用电钻在木板上开好出线孔和安装孔,在灯具的底板上也开好安装孔,将灯具的灯头线从木台(板)的出线孔中甩出,在墙壁上的灯头盒内接头,并包扎严密,将接头塞入盒内。把木台或木板对正灯头盒,贴紧墙面,可用机螺丝将木台直接固定在盒子耳朵上,若为木板就应该用胀管固定。调整木台(板)或灯具底托使其平正不歪斜,再用机螺丝将灯具拧在木台(板)或灯具底托上,最后配好灯泡、灯伞或灯罩。安装在室外的壁灯,其台板或灯具底托与墙面之间应加防水胶垫,并应打好泄水孔。

7)行灯安装

①电压不得超过 36V。

②灯体及手柄应绝缘良好,坚固耐热,耐潮湿。

③灯头与灯体结合紧固,灯头应无开关。

④灯泡外部应有金属保护网。

⑤金属网、反光罩及悬吊挂钩,均应固定在灯具的绝缘部分上。

⑥在特别潮湿的场所或导电良好的地面上,或工作地点狭窄、行动不便的场所,行灯电压不得超过 12V。

⑦携带式局部照明灯具所用的导线宜采用橡套软线,接地或接零线应在同一护套线内。

8)手术台无影灯安装

①固定螺丝的数量不得少于灯具法兰盘上的固定孔数,且螺栓直径应与孔径配套。

②在混凝土结构上,预埋螺栓应与主筋相焊接,或将挂钩末端弯曲与主筋绑扎锚固。

③固定无影灯底座时,均须采用双螺母。

④手术室工作照明回路配电箱内应装有专用的总开关及分路开关,室内灯具应分别接在两条专用的回路上。

9)金属卤化物灯(钠铊铟灯、镝灯等)安装

①灯具安装高度宜在 5m 以上,电源线应经接线柱连接,并不得使电源线靠近灯具的表面。

②灯管必须与触发器和限流器配套使用。

③投光灯的底座应固定牢固,按需要的方向将驱轴拧紧固定。

④事故照明的线路和白炽灯泡容量在 100W 以上的,在密封安装时均应使用 BV-105 型耐温线。

⑤36V 及其以上照明变压器安装:变压器应采用双圈的,不允许采用自耦变压器。初级与次级应分别在两盒内接线;电源侧应有短路保护,其熔丝的额定电流不应大于变压器的额定电流;外壳、铁芯和低压侧的一端或中心点均应接保护地线。

⑥公共场所的安全灯应装有双灯。

⑦固定在移动结构(如活动托架等)上的局部照明灯具的敷线要求:导线的最小截面应符合设计和规范要求;导线应敷于托架的内部;导线不应在托架的活动连接处受到拉力和磨损,应加套塑料套予以保护。

(5)通电试运行

1)灯具、配电箱(盘)安装完毕,且各条支路的绝缘电阻摇测合格后,方允许通电试运行。通电后应仔细检查和巡视,检查灯具的控制是否灵活、准确。

2)检查开关与灯具控制顺序是否相对应,吊扇的转向及调开关是否正确,如果发现问题必须先断电,然后查找原因进行修复。

5.14.5 质量标准

(1)基本规定

1)动力和照明工程的漏电保护装置应做模拟动作试验。

2)接地(PE)或接零(PEN)支线必须单独与接地(PE)或接零(PEN)干线相连接,不得串联连接。

3)主要设备、材料、成品和半成品进场验收应有记录,符合规范规定。

4)外观检查:灯具涂层完整,无损伤,附件齐全。防爆灯具铭牌上有防爆标志和防爆合格证号,普通灯具有安全认证标志。

5)对成套灯具的绝缘电阻、内部接线等性能进行现场抽样检测。灯具的绝缘电阻值不小于2MΩ,内部接线为铜芯绝缘电线,芯线截面积不小于0.5mm²,橡胶或聚氯乙烯(PVC)绝缘电线的绝缘层厚度不小于0.6mm。对游泳池和类似场所灯具(水下灯及防水灯具)的密闭和绝缘性能有异议时,按批抽样送有资质的试验室检测。

(2)普通灯具安装

1)主控项目

灯具的固定应符合下列规定:

①灯具重量大于3kg时,固定在螺栓或预埋吊钩上。

②软线吊灯,灯具重量在0.5kg及以下时,采用软电线自身吊装;大于0.5kg的灯具采用吊链,且软电线编叉在吊链内,使电线不受力。

③灯具固定牢固可靠,不使用木楔。每个灯具固定用螺钉或螺栓不少于2个;当绝缘台直径在75mm及以下时,采用1个螺钉或螺栓固定。

④花灯吊钩圆钢直径不应小于灯具挂销直径,且不应小于6mm。大型花灯的固定及悬吊装置,应按灯具重量的2倍做过载试验。质量大于10kg的灯具,固定装置及悬吊装置应按灯具重量的5倍恒定均布载荷做强度试验,且持续时间不得少于15min。

⑤当钢管做灯杆时,钢管内径不应小于10mm,钢管厚度不应小于1.5mm。

⑥固定灯具带电部件的绝缘材料以及提供防触电保护的绝缘材料,应耐燃烧和防明火。

当设计无要求时,灯具的安装高度和使用电压等级应符合下列规定:

①一般敞开式灯具,灯头对地面距离不小于下列数值(采用安全电压时除外):室外为2.5m(室外墙上安装);厂房为2.5m;室内为2.2m;软吊线带升降器的灯具在吊线展开后为0.8m。

②在危险性较大及特殊危险场所,当灯具距地面高度小于2.4m时,应使用额定电压为36V及以下的照明灯具,或有专用保护措施。

③当灯具距地面高度小于2.4m时,灯具的可接近裸露导体必须接地(PE)或接零(PEN)可靠,并应有专用接地螺栓,且有标识。

2)一般项目

①引向每个灯具的导线线芯最小截面积应符合表5.14.2的规定。

表5.14.2 导线线芯最小截面积

灯具安装的场所及用途		线芯最小截面/mm²		
		铜芯软线	铜线	铝线
灯头线	民用建筑室内	0.5	0.5	2.5
	工业建筑室内	0.5	1.0	2.5
	室外	1.0	1.0	2.5

②灯具及其配件齐全,无机械损伤、变形、涂层剥落和灯罩破裂等缺陷;软线吊灯的软线两端做保护扣,两端芯线搪锡;当装升降器时,套塑料软管,采用安全灯头;除敞开式灯具外,其他各类灯具灯泡容量在100W及以上者采用瓷质灯头;连接灯具的软线盘扣、搪锡压线,当采用螺口灯头时,相线接于螺口灯头中间的端子上;灯头的绝缘外壳不破损和漏电;带有开关的灯头,开关手柄无裸露的金属部分。

③在变电所内,高低压配电设备及裸母线的正上方不应安装灯具。

④装有白炽灯泡的吸顶灯具,灯泡不应紧贴灯罩;当灯泡与绝缘间距离小于5mm时,灯泡与绝缘台间应采取隔热措施。

⑤安装在重要场所的大型灯具的玻璃罩,应采取防止玻璃罩碎裂后向下溅落的措施。

⑥投光灯的底座及支架应固定牢固,枢轴应沿需要的光轴方向拧紧固定。

⑦安装在室外的壁灯应有泄水孔,绝缘台与墙面之间应有防水措施。

(3)专用灯具安装

1)主控项目

①36V及以下行灯变压器和行灯安装必须符合下列规定:行灯电压不大于36V,在特殊潮湿的场所或导电良好的地面上以及工作地点狭窄、行动不便的场所,行灯电压不大于12V;变压器外壳、铁芯和低压侧的任意一端或中性点,接地(PE)或接零(PEN)可靠;行灯变压器为双圈变压器,其电源侧和负荷侧有熔断器保护,熔丝额定电流分别不应大于变压器一次、二次的额定电流;行灯灯体及手柄绝缘良好,坚固耐热耐潮湿;灯头与灯体结合紧固,灯头无开关,灯泡外部有金属保护网、反光罩及悬吊挂钩,挂钩固定在灯具的绝缘手柄上。

②游泳池和类似场所灯具(水下灯及防水灯具)的等电位连接应可靠,且有明显标识,其电源的专用漏电保护装置应全部检测合格。自电源引入灯具的导管必须采用绝缘导管,严禁采用金属或有金属护层的导管。

③手术台无影灯安装应符合下列规定:固定灯座的螺栓数量不少于灯具法兰底座上的固定孔数,且螺栓直径与底座孔径相适配;螺栓采用双螺母锁固;在混凝土结构上螺栓与主筋相焊接或将螺栓末端弯曲与主筋绑扎锚固;配电箱内装有专用的总开关及分路开关,电源分别接在两条专用的回路上,开关至灯具的电线采用额定电压不低于750V的铜芯多股绝缘电线。

④应急照明灯具安装应符合下列规定:应急照明灯的电源除正常电源外,应另有一路电源供电,或者是独立于正常电源的柴油发电机组供电,或由蓄电池柜供电,或选用自带电源

型应急灯具。应急照明灯在正常电源断电后,电源转换时间为疏散照明≤15s、备用照明≤15s（金融商店交易所≤1.5s）、安全照明≤0.5s,疏散照明由安全出口标志灯和疏散标志灯组成。安全出口标志灯距地高度不低于2m,且安装在疏散出口和楼梯口里侧的上方;疏散标志灯在安全出口应安装在顶部;在楼梯间、疏散走道及其转角处应安装在1m以下的墙面上;不易安装的部位可安装在上部。疏散通道上的标志灯间距不大于20m（人防工程不大于10m）。疏散标志灯的设置,应不影响正常通行,且不在其周围设置容易混同疏散标志灯的其他标志牌等。应急照明灯具、运行中温度大于60℃的灯具,当靠近可燃物时,应采取隔热、散热等防火措施。当采用白炽灯,卤钨灯等光源时,不可以直接安装在可燃装修材料或可燃物件上。应急照明线路在每个防火分区有独立的应急照明回路,穿越不同防火分区的线路有防火隔堵措施。疏散照明线路采用耐火电线、电缆,穿管明敷或在非燃烧体内穿刚性导管暗敷,暗敷保护层厚度不小于30mm。电线采用额定电压不低于750V的铜芯绝缘电线。

⑤防爆灯具安装应符合下列规定:上述灯具的防爆标志、外壳防护等级和温度组别与爆炸危险环境应相适配。当设计无要求时,灯具种类和防爆结构的选型应符合表5.14.3的规定。

表5.14.3　灯具种类和防爆结构的选型

照明设备种类	爆炸危险区域防爆结构			
	I 区		II 区	
	隔爆型 d	增安型 e	隔爆型 d	增安型 e
固定式灯	○	×	○	○
移动式灯	△		○	
携带式电池灯	○		○	
镇流器	○	△	○	○

注:○为适用;△为慎用;×为不适用。

灯具配套齐全,不用非防爆零件替代灯具配件（金属护网、灯罩、接线盒等）;灯具的安装位置离开释放源,且不在各种管道的泄压口及排放口上下方安装灯具;灯具及开关安装牢固可靠,灯具吊管及开关与接线盒螺纹啮合扣数不少于5扣,螺纹加工光滑、完整、无锈蚀,并在螺纹上涂以电力复合酯或导电性防锈酯。

2）一般项目

①36V及以下行灯变压器和行灯安装应符合下列规定:行灯变压器的固定支架牢固,油漆完整;携带式局部照明灯电线采用橡套软线。

②手术台无影灯安装应符合下列规定:底座紧贴顶板,四周无缝隙;表面保持整洁、无污染,灯具镀、涂层完整无划伤。

③应急照明灯具安装应符合下列规定:疏散照明采用荧光灯或白炽灯;安全照明采用卤钨灯,或采用瞬时可靠点燃的荧光灯;安全出口标志灯和疏散标志灯装有玻璃或非燃材料的保护罩,面板亮度均匀度为1:10（最低:最高）,保护罩应完整、无裂纹。

④防爆灯具安装应符合下列规定:灯具及开关的外壳完整,无损伤、无凹陷或沟槽,灯罩

无裂纹,金属护网无扭曲变形,防爆标志清晰;灯具及开关的紧固螺栓无松动、锈蚀,密封垫圈完好。

(4)建筑物景观照明、航空障碍标志灯和庭院灯安装

1)主控项目

①建筑物彩灯安装应符合下列规定:建筑物顶部彩灯采用有防雨性能的专用灯具,灯罩要拧紧;彩灯配线管路按明配管敷设,且有防雨功能。管路间、管路与灯头盒间螺纹连接,金属导管及彩灯的构架、钢索等可接近裸露导体接地(PE)或接零(PEN)可靠;垂直彩灯悬挂挑臂采用不小于 10 号的槽钢。端部吊挂钢索用的吊钩螺栓直径不小于 10mm,螺栓在槽钢上固定,两侧有螺帽,且加平垫及弹簧垫圈紧固;悬挂钢丝绳直径不小于 4.5mm,底把圆钢直径不小于 16mm,地锚采用架空外线用拉线盘,埋设深度大于 1.5m;垂直彩灯采用防水吊线灯头,下端灯头距离地面高于 3m。

②霓虹灯安装应符合下列规定:霓虹灯管完好,无破裂;灯管采用专用的绝缘支架固定,且牢固可靠。灯管固定后,与建筑物、构筑物表面的距离不小于 20mm,霓虹灯专用变压器采用双圈式,所供灯管长度不大于允许负载长度,露天安装的有防雨措施;霓虹灯专用变压器的二次电线和灯管间的连接线采用额定电压大于 15kV 的高压绝缘电线。二次电线与建筑物、构筑物表面的距离不小于 20mm。

③建筑物景观照明灯具安装应符合下列规定:每套灯具的导电部分对地绝缘电阻值大于 2MΩ;在人行道等人员来往密集场所安装的落地式灯具,无围栏防护,安装高度距地面 2.5m 以上;金属构架和灯具的可接近裸露导体及金属软管的接地(PE)或接零(PEN)可靠,且有标识。

④航空障碍标志灯安装应符合下列规定:灯具装设在建筑物或构筑物的最高部位。当最高部位平面面积较大或为建筑群时,除在最高端装设外,还在其外侧转角的顶端分别装设灯具;当灯具在烟囱顶上装设时,安装在低于烟囱口 1.5～3m 的部位且呈正三角形水平排列;灯具的选型根据安装高度决定;低光强的(距地面 60m 以下装设时采用)为红色光,其有效光强大于 1600cd,高光强的(距地面 150m 以上装设时采用)为白色光,有效光强随背景亮度而定;灯具的电源按主体建筑中最高负荷等级要求供电。灯具安装牢固可靠,且设置维修和更换光源的措施。

⑤庭院灯安装应符合下列规定:每套灯具的导电部分对地绝缘电阻值大于 2MΩ。立柱式路灯、落地式路灯、特种园艺灯等灯具与基础固定可靠,地脚螺栓备帽齐全。灯具的接线盒或熔断器盒盒盖的防水密封垫完整。金属立柱及灯具可接近裸露导体接地(PE)或接零(PEN)可靠。接地线单设干线,干线沿庭院灯布置位置形成环网状,且不少于 2 处与接地装置引出线连接。由干线引出支线与金属灯柱及灯具的接地端子连接,且有标识。

2)一般项目

①建筑物彩灯安装应符合下列规定:

a.建筑物顶部彩灯灯罩完整,无碎裂。

b.彩灯电线导管防腐完好,敷设平整、顺直。

②霓虹灯安装应符合下列规定:

a.当霓虹灯变压器明装时,高度不小于 3m;低于 3m 采取防护措施。

b.霓虹灯变压器的安装位置方便检修,且隐蔽在不易被非检修人触及的场所,不装在吊平顶内。

c.当橱窗内装有霓虹灯时,橱窗门与霓虹灯变压器一次侧开关有联锁装置,确保开门不接通霓虹灯变压器的电源。

d.霓虹灯变压器一次侧的电线采用玻璃制品绝缘支持物固定,支持点距离不大于下列数值:水平线段 0.5m;垂直线段 0.75m。

e.建筑物景观照明灯具构架应固定可靠,地脚螺栓拧紧,备帽齐全;灯具的螺栓紧固、无遗漏。灯具外露的电线或电缆应有柔性金属导管保护。

③航空障碍标志灯安装应符合下列规定:

a.同一建筑物或建筑群灯具间的水平、垂直距离不大于45m。

b.灯具的自动通、断电源控制装置动作准确。

④庭院灯安装应符合下列规定:

a.灯具的自动通、断电源控制装置动作准确,每套灯具熔断器盒内熔丝齐全,规格与灯具适配。

b.架空线路电杆上的路灯,固定可靠,紧固件齐全、拧紧,灯位正确;每套灯具配有熔断器保护。

(5)建筑物照明通电试运行

主控项目:

1)照明系统通电,灯具回路控制应与照明配电箱及回路的标识一致;开关与灯具控制顺序相对应,风扇的转向及调速开关应正常。

2)公用建筑照明系统通电连续试运行时间应为 24h,民用住宅照明系统通电连续试运行时间应为 8h,所有照明灯具均应开启,且每 2h 记录运行状态 1 次,连续试运行时间内无故障。

5.14.6 成品保护

(1)灯具、吊扇进入现场后应码放整齐、稳固,并注意防潮。搬运时应轻拿轻放,以免碰坏表面的镀锌层、油漆及玻璃罩。

(2)安装灯具、吊扇时不要碰坏建筑物的门窗及墙面。

(3)灯具、吊扇安装完毕后不再喷浆,以防止器具污染。

5.14.7 安全与环保措施

(1)使用梯子靠在柱子上工作时,顶端应绑牢。在光滑坚硬的地面上使用梯凳时,必须考虑防滑措施。

(2)安装较重大的灯具时,必须搭设脚手架操作。安装在重要场所的大型灯具的玻璃罩应有防止其碎裂后向下溅落的措施。除设计另有要求外,一般可用透明尼龙编织的保护网,网孔的规格应根据实际情况决定。

(3)使用的人字梯必须坚固,距梯脚 40~60mm 处要设拉绳,防止劈开。不准站在梯子最上一层工作。梯凳上禁止放工具、材料。

（4）废料应及时回收。

（5）灯具包装箱盒应及时回收，做好落手清工作。

5.14.8 应注意的问题

（1）避免成排灯具、吊扇的中心线偏差超出允许范围。在确定成排灯具的位置时，必须拉十字线。

（2）安装在重要场所的大型灯具的玻璃罩，应有防止其碎裂后向下溅落的措施（除设计要求外），一般可用透明尼龙丝编织的保护网，网孔的规格应根据实际情况决定。

（3）防止木台固定不牢，与建筑物表面有缝隙。木台直径在150mm及以下时，应用两条螺丝固定；木台直径在150mm以上时，应用三条螺丝时成三角形固定。

（4）避免法兰盘、吊盒、平灯口不在塑料（本）台的中心上，其偏差不能超过1.5mm。安装时应先将法兰盘、吊盒、平灯口的中心对正塑料（木）台的中心。

5.14.9 质量记录

（1）灯具、绝缘导线产品出厂合格证。

（2）灯具安装工程预检、自检、互检记录。

（3）设计变更洽商记录，竣工图。

（4）电气照明器具及其配电箱（盘）安装分项工程质量检验评定记录。

（5）电气绝缘电阻测试记录。

5.15 开关、插座安装工程施工工艺标准

本标准适用于建筑工程中室内电气照明开关、插座安装。

5.15.1 设备及材料要求

（1）主要材料：开关、插座等。

（2）辅助材料：各种木（塑料）台、各种螺丝、塑料胀塞、膨胀螺栓，多种规格型号绝缘导线、砂布、焊锡、焊锡膏、绝缘包扎带等。

5.15.2 主要机具

（1）主要工机具：手锤、錾子、剥线钳、尖嘴钳、中小号螺丝刀（十字、一字）各一套、试电笔、专用压接钳、小号油漆刷、人字梯等。

（2）测量器具：万用表、兆欧表500V、钢卷尺、卷尺、小号水平尺等。

5.15.3 作业条件

（1）充分熟悉施工图纸及相关技术文件。

（2）按施工图纸要求准备施工标准图集和质量记录表格。

（3）编制施工技术措施及施工、安全技术交底文件。技术交底经审批。

（4）向作业班组进行安全技术交底。

（5）各种管路、盒子已经敷设完毕，盒子收口平整。

（6）管内导线穿完，做完绝缘测试。

（7）墙面的浆活、油漆及内装修工作均已完成。

5.15.4　施工工艺

（1）工艺流程

校对接线盒的位置盒标高→接线盒检查清理→接线→面板安装→通电试验

（2）校对接线盒的位置和标高

根据施工图，以 500mm 线为基准复核接线盒的位置和标高。如果接线盒较深，深度大于 25mm，应加装套盒。

（3）接线盒检查清理

用錾子轻轻地将盒子内残留的水泥、灰块等杂物剔除，用小号油漆刷将接线盒内的杂物清理干净。清理时注意检查有无接线盒预埋安装位置错位（即螺丝安装孔错位 90°）、螺丝安装孔耳缺失、相邻接线盒高差超标等现象，应及时修整。如果接线盒埋入较深，超过 1.5cm，应加装套盒。

（4）接线

1）先将盒内导线留出维修长度后剪除余线，用剥线钳剥出适宜长度，以刚好能完全插入接线孔的长度为宜。接线宜采用安全型压接帽压，并应注意区分相线、零线及保护地线，不得混乱。开关、插座的相线应经开关关断。

2）要求同一场所的开关切断方向一致，操控灵活，导线压接牢固。开关连接的导线宜在圆孔接线端子内折回头压接（孔径允许折回头压接时）。多联开关不允许拱头连接，应采用缠绕或 LC 型压接帽压接总头后，再进行分支连接。

3）插座接线：单相两孔插座有横装和竖装两种，如图 5.15.1 所示。横装时，面对插座的右极接相线，左极接零线；竖装时，面对插座的上极接相线，下极接零线。安装时应注意插座内的接线标识。

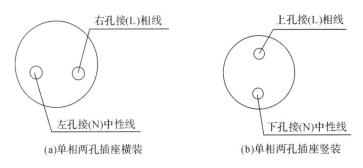

(a)单相两孔插座横装　　　(b)单相两孔插座竖装

图 5.15.1　两孔插座

4)单项三孔及三相四孔插座接线如图 5.15.2 所示。

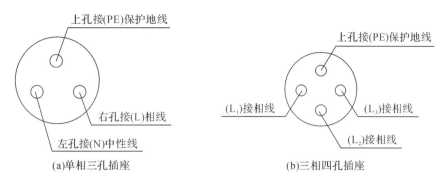

(a)单相三孔插座　　　　　　　　(b)三相四孔插座

图 5.15.2　三孔插座

5)不同电源种类或不同电压等级的插座安装在同一场所时,外观应有明显区别,不能互相代用,使用的插头与插座应配套。同一场所的三相插座相序应一致。插座箱内安装多个插座时,导线不允许拱头连接,宜采用接线缠绕形式接线。

6)压接端子接线时,导线应顺时针方向盘圈压紧在开关、插座的相应端子上。插接端子接线时,线芯直接插入接线孔内,孔径较大时,导线弯回头,再将顶丝旋紧,线芯不得外露。接线时导线要留有维修余量,剥线时不应伤线芯。

(5)开关、插座安装的一般规定

1)暗装开关、插座:按接线要求,将盒内甩出的导线与插座、开关的面板按相序连接压好,理顺后将开关或插座推入盒内,调整面板对正盒眼,用机螺丝固定牢固。固定时应使面板端正,并紧贴墙面。

2)开关安装的一般规定

①装在同一建(构)筑物的开关,应采用同一系列的产品,开关的通向一致,操作灵活,接触可靠。

②板式开关距地面高度设计无要求时,应为 1.3m,距门口为 0~200mm,开关不得置于单扇门后。

③开关位置应与灯位相对应,并列安装的开关高度应一致。

④在易燃、易爆和特别潮湿的场所,开关应分别采用防爆型、密闭或安装在其他场所进行控制。

3)插座安装的一般规定

①车间及实验室等工业用插座,除特殊场所设计另有要求外,距地面不应低于 0.3m。

②在托儿所、幼儿园及小学等儿童活动场所应采用安全插座。采用通插座时,其安装高度不应低于 1.8m。

③同一室内安装的插座高度应一致,成排安装的插座高度应一致。

④地面安装插座应有保护盖板。专用盒的进出导管及导线的孔洞,应用防水密封胶严密封堵。

⑤在特别潮湿、有易燃易爆气体及粉尘的场所不应装设插座,如有特殊要求应安装防爆型插座,且有明显的防爆标志。

4)开关、插座安装按接线要求,将盒内导线与开关、插座的面板连接好后,将面板推入,对正安装孔,用镀锌机螺丝固定牢固。固定时使面板端正,与墙面平齐。附在面板上的安装孔装饰帽应事先取下备用,在面板安装调整时注意查标高水平线及盒箱垂直线,按照每个盒子的大小画出"♯"字,按"♯"字修方正盒口。如果过深或偏差太大可加调整圈处理,然后再盖上,以免因多次拆卸划损面板。

5)安装在室外的开关、插座应为防水型,面板与墙面之间应有防水措施。

6)安装在装饰材料(木装饰或软包等)上的开关、插座与装饰材料间应设置隔热阻燃制品如石棉布等。

(6)通电试验

开关、插座安装完毕后,且各条支路的绝缘电阻摇测合格后,方允许通电试运行。通电后应仔细检查和巡视,检查灯具的控制是否灵活、准确,开关与灯具控制顺序是否相对应,如果发现问题必须先断电,然后查找原因进行修复。

5.15.5　质量标准

(1)主控项目

1)当交流、直流或不同电压等级的插座安装在同一场所时,应有明显的区别,且必须选择不同结构、不同规格和不能互换的插座;配套的插头应按交流、直流或不同电压等级区别使用。

2)插座接线应符合下列规定:

①单相两孔插座,面对插座的右孔或上孔与相线连接,左孔或下孔与零线连接;单相三孔插座,面对插座的右孔与相线连接,左孔与零线连接。

②单相三孔、三相四孔及三相五孔插座的接地(PE)或接零(PEN)线接在上孔。插座的接地端子不与零线端子连接。同一场所的三相插座,接线的相序一致。

③接地(PE)或接零(PEN)线在插座间不串联连接。

3)特殊情况下插座安装应符合下列规定:

①当接插有触电危险家用电器的电源时,采用能断开电源的带开关插座,开关断开相线。

②潮湿场所采用密封型并带保护地线触头的保护型插座,安装高度不低于1.5m。

4)照明开关安装应符合下列规定:

①同一建筑物、构筑物的开关采用同一系列的产品,开关的通断位置一致,操作灵活,接触可靠。

②相线经开关控制。民用住宅无软线引至床边的床头开关。

(2)一般项目

1)插座安装应符合下列规定:

①当不采用安全型插座时,托儿所、幼儿园及小学等儿童活动场所安装高度不小于1.8m。

②暗装的插座面板紧贴墙面,四周无缝隙,安装牢固,表面光滑整洁、无碎裂、划伤,装饰

帽齐全。

③车间及试(实)验室的插座安装高度距地面不小于 0.3m;特殊场所暗装的插座不小于 0.15m;同一室内插座安装高度一致。

④地插座面板与地面齐平或紧贴地面,盖板固定牢固,密封良好。

2)照明开关安装应符合下列规定:

①开关安装位置便于操作,开关边缘距门框边缘的距离 0.15~0.2m,开关距地面高度 1.3m;拉线开关距地面高度 2~3m,层高小于 3m 时,拉线开关距顶板不小于 100mm,拉线出口垂直向下。

②相同型号并列安装在同一室内的开关安装高度一致,且控制有序,不错位。并列安装的拉线开关的相邻间距不小于 20mm。

③暗装的开关面板应紧贴墙面,四周无缝隙,安装牢固,表面光滑整洁、无碎裂、划伤,装饰帽齐全。

5.15.6 成品保护

(1)检查整改时应注意保持地面、墙面整洁,不得污损。

(2)应注意不得损伤已装好的开关、插座表面。

(3)调试完毕后应关门上锁,以防丢失物品。

5.15.7 安全与环保措施

(1)现场机具布置必须符合安全规范,机具摆放间距必须考虑操作空间,机具摆放整齐,留出行走及材料运输通道。

(2)严格按照机具使用的有关规定进行操作。对加工用的电动工具要坚持日常保养维护,定期做安全检查,不用时立即切断电源。

(3)登高作业时应采用梯子或脚手架进行,并采取相应的防滑措施。高度超过 2m 时必须系好安全带。

(4)严禁两人在同一梯子上作业。

(5)通电检查时应注意安全,漏电保护装置应齐全可靠。

(6)严禁带电作业。

(7)施工场地应做到工完场清。多余的线头剪下后应及时清理干净,集中堆放交有关部门处理,严禁焚烧。

5.15.8 应注意的问题

(1)开关、插座周围抹灰质量差,而且接线盒内污染严重,造成接线盒内螺丝耳锈蚀或脱落,致使木台、盖板与墙面不严或不平,螺丝耳脱落的接线盒造成盖板安装不规范、松动现象等出现。应与土建施工员联系,采取接线盒周围自制专用模具,一次性抹好,减少隐患。

(2)操作人员未严格按规范及现行标准施工。应加强规范的学习、贯彻。施工员技术交底应全面,有针对性。质量检查人员应及时、到位,严格按验评标准检查,发现问题及时纠正,防止大面积返工及遗留不治之症,同时提高操作工人的技术水平。

(3)安装开关、插座时,应在调整面板或修补墙面后再紧固螺丝,使其紧贴建筑物表面,以防开关、插座的面板不平整,与建筑物表面之间有缝隙。

(4)安装开关、插座时,导线应严格分色,校线准确,防止开关未断相线,以及插座的相线、零线及地线压接错误。

(5)在接线时应仔细分清各路灯具的导线,依次压接,并保证开方向一致,防止多灯房间的开关与控制灯具顺序不对应。

5.15.9 质量记录

(1)设计交底记录。

(2)技术交底记录。

(3)工程材料报验单。

(4)开关、插座、风扇安装检验批质量验收记录。

(6)开关、插座分项工程质量验收记录。

(7)设计变更洽商记录、竣工图。

5.16 配电箱(盘)安装工程施工工艺标准

本标准适用于民用建筑、石化等电气安装工程中照明开关柜、动力开关柜、控制柜的安装。

5.16.1 设备及材料要求

(1)主要材料:配电箱(盘)、角钢、镀锌扁钢、绝缘导线等。

(2)其他材料:膨胀螺栓、螺栓等。

5.16.2 主要机具

(1)主要机具:电工组合工具、钢锯、扁锉、圆锉、手锤、台钳、活手、套筒扳手,錾子、扎锥、喷灯、台钻,电钻,电锤,电焊工具,电炉,电烙铁、液压开孔器、高凳、锡锅、电笔、灰铲等。

(2)测量器具:兆欧表、万用表、卷尺、角尺、水平尺、钢板尺、小线坠。

5.16.3 作业条件

(1)配电箱的预留洞与预埋件的标高、尺寸均符合设计要求。

(2)安装明配电箱及暗配电箱的箱面时,土建装修完毕。

5.16.4 施工工艺

(1)工艺流程

1)明装配电箱工艺流程：

2)暗装配电箱工艺流程：

测量定位→箱体安装→箱(盘)芯安装→盘面安装→配线→绝缘测试→通电试运行

(2)测量定位

根据施工图纸确定配电箱(盘)位置,并按照箱(盘)的外形尺寸进行弹线定位。

(3)明装配电箱(盘)支架制作安装

依据配电箱底座尺寸制作配电箱支架。将角钢调直,量好尺寸,画好锯口线,锯断煨弯,钻出孔位,并将对口缝焊牢,然后除锈,刷防锈漆。将支架按需要标高用膨胀螺栓固定。

(4)明装配电箱(盘)固定爆栓安装

在混凝土墙或砖墙上采用金属膨胀螺栓固定配电箱(盘)。先根据弹线定位确定固定点位置,用冲击钻在固定点位置钻孔,其孔径及深度应刚好将金属膨胀螺栓的胀管部分埋入,且孔洞应平直,不得歪斜。

(5)明装配电箱(盘)穿钉制作安装

在空心砖墙上,可采用穿钉固定配电箱(盘),根据墙体厚度截取适当长度的圆钢制作穿钉。背板可采用角钢或钢板,钢板与穿钉的连接方式可采用焊接或螺栓连接。

(6)明装配电箱(盘)箱体固定

根据不同的固定方式,把箱体固定在紧固件上。在木结构上固定配电箱时,应采用相应的防火措施。管路进配电箱的做法如图 5.16.1 所示。

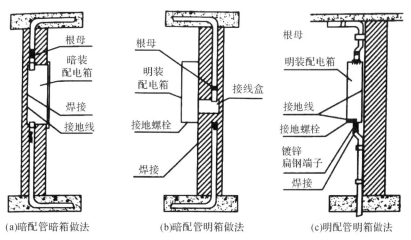

图 5.16.1 管路进配电箱做法

(7)暗装配电箱(盘)箱体安装

在现浇混凝土墙内安装配电箱(盘)时,应设置配电箱(盘)预留洞。

1)暗装配电箱(盘)箱体固定:首先根据施工图要求的标高位置和预留洞位置,将箱体放入洞内找好标高和水平位置,并将箱体固定好。用水泥砂浆填实周边,并抹平。待水泥砂浆凝固后再安装盘面和贴脸。如果箱底保护层厚度小于 30mm,应在外墙固定金属网后再做墙面抹灰,不得在箱底板上直接抹灰。

2)在二次墙体内安装配电箱时,可将箱体预埋在墙体内。

3)在轻钢龙骨墙内安装配电箱时,如果深度不够,应采用明装式或在配电箱前侧四周加装饰封板。

4)钢管入箱应顺直,排列间距均匀,箱内露出锁紧螺母的丝扣为 2~3 扣,用锁母内外锁紧,做好接地。焊跨接地线使用的圆钢直径不小于 6mm,焊在箱的棱边上。多管进配电箱预留活板开孔安装做法如图 5.16.2 所示。

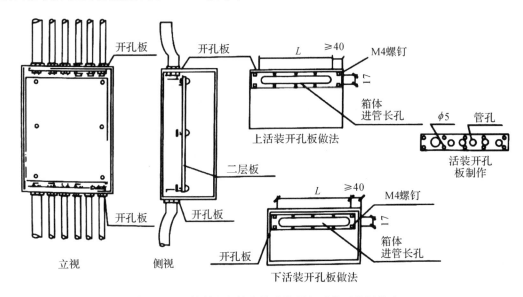

图 5.16.2 铁制配电箱多管进箱预留活装开孔板做法

(8)箱(盘)芯安装

先将箱壳内杂物清理干净,并将线理顺,分清支路和相序,箱芯对准固定螺栓位置推进,然后调平、调直,拧紧固定螺栓。

(9)盘面安装

安装盘面要求平整,周边间隙均匀对称,贴脸(门)平正、不歪斜,螺丝垂直受力均匀。

(10)配线

配电箱(盘)上配线需排列整齐,并绑扎成束,盘面引出或引进的导线应留有适当的余度,以便检修。垂直装设的刀闸及熔断器上端接电源,下端接负荷;横装者左侧(面对盘面)接电源,右侧接负荷。导线剥削处不应过长,导线压头应牢固可靠,多股导线必须涮锡且不得减少导线股数。导线连接采用顶丝压接或加装压线端子。箱体用专用的开孔器开孔。

(11)绝缘测试

配电箱(盘)全部电器安装完毕后,用500V兆欧表对线路进行绝缘摇测,绝缘电阻值不小于0.5MΩ。摇测项目包括相线与相线之间、相线与中性线之间、相线与保护地线之间、中性线与保护地线之间的绝缘电阻值。两人进行摇测,同时做好记录,作为技术资料存档。

(12)通电试运行

配电箱(盘)安装及导线压接后,应先用仪表核对各回路接线。若无差错,则可试送电,检查元器件及仪表指示是否正常,并将卡片框内的卡片填写好线路编号及用途。

5.16.5　质量标准

(1)主控项目

1)箱(盘)的金属框架及基础型钢必须可靠接地(PE)或接零(PEN),装有电器的可开启门。门和框架的接地端子间应用裸编织铜线连接,且有标识。

2)动力、照明配电箱(盘)应有可靠的电击保护。箱(盘)内保护导体应有裸露的连接外部保护导体的端子,当设计无要求时,箱(盘)内保护导体最小截面积 S_p 不应小于表5.16.1的规定。

表5.16.1　保护导体的截面积

相线的截面积 S/mm^2	相应保护导体的最小截面积 S_p/mm^2
$S \leqslant 16$	S
$16 < S \leqslant 35$	16
$35 < S \leqslant 400$	$S/2$
$400 < S \leqslant 800$	200
$S > 800$	$S/4$

3)箱、盘间线路的线间和线对地间绝缘电阻值,对于馈电线路必须大于0.5MΩ,对于二次回路必须大于1MΩ。

4)箱、盘间二次回路交流工额耐压试验:当绝缘电阻值大于10 MΩ时,用2500V兆欧表摇测1min,应无闪络击穿现象;当绝缘电阻值在1~10MΩ时,做1000V交流工频耐压试验1min,应无闪络击穿现象。

5)照明配电箱(盘)安装应符合下列规定:

①箱(盘)内配线整齐,无绞接现象。导线连接紧密,不伤芯线,不断股。垫圈下螺丝两侧压的导线截面积相同,同一端子上导线连接不多于2根,防松垫圈等零件齐全。

②箱(盘)内开关动作灵活可靠,带有漏电保护的回路,漏电保护装置动作电流不大于30mA,动作时间不大于0.1s。

③照明箱(盘)内,分别设置零线(N)和保护地线(PE线)汇流排,零线和保护地线经汇流排配出。

（2）一般项目

1）基础型钢安装应符合表 5.16.2 的规定。箱、盘相互间或与基础型钢应用镀锌螺栓连接，且防松零件齐全。

表 5.16.2　基础型钢安装允许偏差

项目	允许偏差	
	（mm/m）	（mm/全长）
不直度	1	5
水平度	1	5
不平行度	—	5

2）箱、盘安装垂直度允许偏差为 1.5‰，相互间接缝不应大于 2mm，成列盘面偏差不应大于 5mm。

3）箱、盘内检查试验应符合下列规定：

①控制开关及保护装置的规格、型号符合设计要求。

②闭锁装置动作准确、可靠。

③主开关的辅助开关切换动作与主开关动作一致。

④箱、盘上的标识器件标明被控设备编号及名称，或操作位置，接线端子有编号，且清晰、工整、不易脱色。

⑤回路中的电子元件不应参加交流工频耐压试验。48V 及以下回路可不做交流工频耐压试验。

4）低压电器组合应符合下列规定：

①发热元件安装在散热良好的位置。

②熔断器的熔体规格、自动开关的整定值符合设计要求。

③切换压板接触良好，相邻压板间有安全距离，切换时不触及相邻的压板。

④信号回路的信号灯、按钮、光字牌、电铃、电筒、事故电钟等动作和信号显示准确。

⑤外壳需接地（PE）或接零（PEN）的，应连接可靠。

⑥端子排安装牢固，端子有序号，强电、弱电端子隔离布置，端子规格与芯线截面积大小适配。

5）箱、盘间配线

电流回路应采用额定电压不低于 750V、芯线截面积不小于 2.5mm² 的铜芯绝缘电线或电缆。除电子元件回路或类似回路外，其他回路的电线应采用额定电压不低于 750V、芯线截面不小于 1.5mm² 的铜芯绝缘电线或电缆。

6）二次回路连线应成束绑扎，不同电压等级、交流或直流线路及计算机控制线路应分别绑扎，且有标识。固定后不应妨碍手车开关或抽出式部件的拉出或推入。

7）连接箱、盘面板上的电器及控制台、板等可动部位的电线应符合下列规定：

①采用多股铜芯软电线，敷设长度留有适当裕量。

②线束有外套塑料管等加强绝缘保护层。

③与电器连接时，端部绞紧，且有不开口的终端端子或搪锡，不松散、断股。

④可转动部位的两端用卡子固定。

8）照明配电箱（盘）安装应符合下列规定：

①位置正确，部件齐全，箱体开孔与导管管径适配，暗装配电箱箱盖紧贴墙面，箱（盘）涂层完整。

②箱（盘）内接线整齐，回路编号齐全，标识正确。

③箱（盘）不采用可燃材料制作。

④箱（盘）安装牢固，垂直度允许偏差为 1.5‰；安装高度应符合设计要求。

5.16.6　成品保护

（1）配电箱（盘）安装后，应采取保护措施，并设专人看管，避免碰坏、弄脏电器具、仪表。

（2）在配电箱（盘）安装过程中，临时放于现场的盘芯等设备应放在干燥场所，并采取防尘措施。

5.16.7　安全与环保措施

（1）现场机具布置必须符合安全规范，机具摆放间距必须充分考虑操作空间，机具摆放整齐，留出行走及材料运输通道。严格按照机具使用的有关规定进行操作。

（2）对加工用的电动工具要坚持日常保养维护，定期做安全检查，不用时立即切断电源。

（3）登高作业时应采用梯子或脚手架进行，并采取相应的防滑措施。高度超过 2m 时必须系好安全带。

（4）使用明火必须经现场管理人员报有关部门批准。明火应远离易燃物，并在现场备足灭火器材，且做好必要防护，设专职看火人。

5.16.8　应注意的问题

（1）应按规范要求选择接地导线，并按有关规定正确连接，防止出现接地导线截面不够或保护地线串接。

（2）盘后配线应按支路绑扎成束，并固定在盘内，防止导线排列混乱。

（3）配电箱箱体周边应用水泥砂浆填实抹平，以免箱体周边缝隙过大或出现空鼓。

（4）按照配电箱内二层板位置进行配管，以免造成配管排列不合理。

5.16.9　质量记录

（1）配电箱（盘）及电气元件、绝缘导线等产品出厂合格证、生产许可证、检测报告"CCC"认证及证书复印件。

（2）设备开箱检验记录。

（3）材料、构配件进场检验记录。

（4）配电箱（盘）安装工程预检、隐检记录。

(5)设计变更、工程洽商记录。

(6)电气绝缘电阻测试记录。

(7)漏电开关模拟试验记录。

(8)照明配电箱安装分项工程质量验收记录。

5.17　防雷及接地安装工程施工工艺标准

本标准适用于一般工业与民用建筑物或构筑防雷接地、保护接地、工作接地、重复接地及屏蔽接地装置，以及防雷接地引下线、变配电室接地干线、避雷针、避雷网（带）等防雷接地的制作、安装工程施工。

5.17.1　设备及材料要求

(1)主要材料：镀锌圆钢、镀锌角钢、镀锌钢管、镀锌扁钢、避雷针等。

(2)辅助材料：镀锌螺栓、垫圈、弹簧垫圈、支架、电焊条、氧气、乙炔、专用卡子、防锈漆、黄色油漆、绿色油漆等。

5.17.2　主要机具

(1)主要机具：电焊机、切割机、冲击钻、台钻、电焊工具、钢锯、压力案子、倒链（或绞磨）、电工工具、卷尺等。

(2)测量器具：接地电阻测定仪、钢卷尺、水平尺、线坠等。

5.17.3　作业条件

(1)接地装置作业条件

1)按设计要求确定人工接地体位置，且清理好场地。

2)建筑物底板钢筋与柱钢筋连接已绑扎完毕。

3)建筑物桩基内钢筋与柱筋已绑扎完毕。

4)现场临时电源已具备，并满足安全功能和使用功能。

(2)避雷引下线明敷作业条件

1)在建筑物或构筑物避雷引下线设计位置脚手架已搭好，并达到使用和安全功能要求，或设有安全可靠的爬梯。

2)土建外粉或粗装修完毕。

3)现场临时电源已具备，并达到使用和安全功能。

4)接地装置已施工完毕。

(3)避雷引下线暗敷作业条件

1)脚手架已搭设好，并满足使用和安全功能。

2)利用柱主筋作引下线时，钢筋绑扎完毕。

3）接地装置已施工完毕。

4）现场临时电源已具备，并达到使用和安全功能。

（4）变电室接地干线敷设作业条件

1）接地干线支持件制作完毕，已运到现场。

2）变配电设备已安装完毕。

3）保护管预埋符合要求。

4）土建墙面抹灰完毕。

5）工作场地已清理好。

6）电源具备，并达到使用和安全功能。

（5）避雷针安装作业条件

1）避雷接地体及引下线已施工完毕。

2）土建结构工程已完成，并随结构施工预埋件已埋好。

3）需要脚手架处，脚手架搭设已完成，并能满足使用和安全功能。

4）现场临时电源已具备，并能满足使用功能和安全功能。

（6）避雷网（带）安装的作业条件

1）避雷接地体及引下线已施工完毕。

2）具备扁钢、圆钢调直的现场，具备垂直运输设备。

3）土建女儿墙抹灰已完毕。

4）屋面防水施工已完毕。

5）现场临时电源已具备，并能满足使用功能和安全功能。

5.17.4　施工工艺

（1）工艺流程

自然接地体→人工接地体→接地体安装→明敷接地线安装→电气设备保护接地安装→接地装置导线界面选择→避雷针制作→避雷针及引下线安装→接地装置及避雷针、引下线的连接

（2）自然接地体

1）下列地下设施以及建筑结构可以作为高层建筑及交流电气设备的接地体，当自然接地体接地电阻不能满足要求时，应敷设人工接地体予以补充，自然接地体应至少在不同的两点与接地干线连接。

①埋设在地下的金属管道，但严禁利用有可燃或有爆炸物质的管道。

②金属井管。

③与大地有可靠连接的建筑物金属结构。

④水工构筑物及类似构筑物的金属管、桩。

⑤高层建筑基础钢筋。

2）交流电气设备的接地线可利用下列接地体接地：

①建筑物的金属结构（梁、柱）及设计规定的混凝土结构内主筋。

③生产用的起重机轨道、配电装置的外壳、走廊、平台、电梯竖井、起重机与升降机的构架、运输皮带的钢梁、电除尘器的构架等金属结构。

③配线的钢管。

④利用接地线应保证全长为完好的电气通路。

3)不得使用蛇皮管、保温管的金属外皮或金属网、电缆的金属套作为接地线，但其应可靠与接地干线连接。

4)在地下不得采用裸铝线导体作为接地体或接地线。

(3)人工接地体

1)接地体制作

根据设计要求制作，接地体一般以型钢制作。设计无要求时，做法如下。

①角钢接地体：采用∠50mm×50mm×5mm 的角钢，长 2.5m，前端切割成尖状。

②钢管接地体：采用直径为 50mm、长 2.5m、壁厚度不小于 3.5mm 的钢管制作。如果为直流电力网中的接地体，其壁厚不应小于 4.5mm，前端做成尖状。

③采用无镀层的型钢做接地体时，禁止对接地体进行涂漆防腐。

2)测量、定位、土方开挖

根据工程设计进行施工，并应满足下列要求：

①人工接地体不应埋设在垃圾、炉渣和有强烈腐蚀性的土壤中，到时应换土。接地线不应穿过白灰、焦砟层，如果无法避开，接地线应采水泥砂浆保护。如果用化学方法降低土壤电阻率，应使用对金属腐蚀性弱和水溶成分含量低的材料。

②土壤中含有电解时产生会腐蚀性的物质的地方，不宜敷设直流电力网中的接地装置，可来用改良土壤或将接地装置移位。

③接地体与建筑物的距离不宜小于 1.5m。

④独立避雷针的接地装置与道路或建筑物的出入口距离应大于 3m，与地下电缆的距离不应小于 1.5m。

3)接地体安装

①将接地体垂直打入地中，其尾端离地面不应小于 0.6m。为避免接地体尾端被锤夯裂口，钢管可套用护管帽，角钢可加焊钢板。

②地下接地线敷设：将型钢平直矫正，沿已挖好的土沟敷设，埋于土中无镀层的型钢不应涂防腐漆。扁钢宜立放于沟中，埋深不应小于 0.6m。当与公路、管道交叉时，以及在可能使接地线受到机械损伤的场所，均应加套钢管或角钢保护。

③垂直接地体的间距不宜小于其长度的 2 倍，水平接地体的间距不宜小于 5m。

④接地引出线安装：可以采用焊接或接地线直接引出的方法，引出线露出地面不应小于 0.4m。防雷接地的引出线露出地面应为 1.5～1.8m。引入建筑物的接地线，在入口处以黑色漆标出接地记号。为检测方便，应在室外 1.5～1.8m 处设置断接卡子。

⑤回填土：接地体安装完毕，经隐蔽验收及中间检查合格后即可回填土。回填土不应夹有石块和建筑垃圾等杂物，不得回填有较强腐蚀生的土壤，在回填时应分层夯实。

⑥接地电阻测试：接地体施工完毕后，应测试接地电阻。其接地电阻应符合设计要求，如果不能满足，可采用增加接地体或降低土壤电阻率方法，直到符合要求。

(4)明敷接地线安装

1)放线、定位

根据工程设计施工图,用打粉线的方法放线。

电气装置的接地部分应采用单独接地线与接地干线相连,严禁串连接地。明敷接地线应符合下列要求:

①接地线应水平或垂直敷设,也可与建筑物倾斜结构平行安装。在直线段上,接地线应横平竖直、无扭曲现象。

②接地线沿建筑物墙壁水平敷设时,离地面距离宜保持在 0.25～0.30m,与墙壁距离宜保持在 10～15mm。

③接地线敷设在便于检查、不妨碍设备拆卸与检修的位置。

④接地干线至少在不同的两点与接地网连接,并预留为测量接地电阻值的断开点。

2)支持钩子制作安装

①支持钩子宜采用型钢制作。扁钢接地极宜采用 25mm×3mm 扁钢制作支持钩子;圆钢接地线可采用 ϕ10mm 的圆钢或 25mm×3mm 的扁钢制作支持钩子。直埋的支持钩子尾部做成鱼状,直线段长为 130～150mm,弯曲部分的长度不宜大于扁钢接地线的宽度或圆钢接地线直径的三倍。

②支持钩子的间距,在水平直线部分宜为 0.5～1.5m,垂直直线部分宜为 1.5～3m,转弯部分宜为 0.3～0.5m。

3)接地线敷设

①保护管敷设:接地线穿过墙壁时应加保护管,保护管长度以露出墙面为宜。接地线过门口时,可直埋通过,从门的两侧引出,引出处宜加保护管保护。

②接地线跨越建筑物伸缩缝、沉降缝时,应设补偿装置,可以利用接地线本身弯成弧状代替。

③接地线表面应涂以 15～100mm 宽度相等的黄、绿相间的彩色条纹,在每个导体的全部长度上或在可接触到的部位上明显标示。当使用胶带时,应使用黄绿双色胶带。

(5)电气设备保护接地安装

1)携带式和移动式电力设备的接地

①携带式电力设备应采用供电线路中的专用芯线作接地线。用作接地的专用芯线严禁作为负荷线。携带式和移动式电力设备严禁利用其他用电设备的零线接地。零线和接地线应分别与接地网连接。

②携带式电气设备的接地线应采用截面积不小于 1.5mm^2 的软铜绞线。

③移动式电气设备和机械的接地应符合固定式电气设备的接地要求。由固定的电源或由移动式发电设备供电的移动式机械,应和其供电电源的接地装置有金属连接。

2)固定式设备的保护接地

①固定式电气设备的接地线,应采用截面不小于 1.5mm^2 的软铜,用螺栓连接,且软铜线端头应镀锡。在有振动的地方采用螺栓连接时,应加装弹簧垫圈。

b.变压器、发电机等设备的保护接地可采用型钢与接地干线焊接连接,但保护接地和工作接地(中性点接地)必须都与人工接地体连接。

(6)接地装置导体截面选择

1)当工程设计无要求时,接地导体截面应符合热稳定和机械度的要求,但不应小于表 5.17.1 的规定。

表 5.17.1　钢接地体的最小规格

种类、规格及单位		地上		地下交(直)流电流回路
		室内	室外	
圆钢直径/mm		6	8	10(12)
扁钢	截面/mm²	60	100	100(100)
	厚度/mm	3	4	4(6)
角钢厚度/mm		2	2.5	4(6)
钢管管壁厚度/mm		2.5	2.5	3.5(4.5)

注:1.表中括号内的数值指直流电力网中经常流过电流的接地线和接地体最小规格。

2.电力线路杆塔的接地体引出线截面不应小于 50mm²,引出线应热镀锌。

2)低压电气设备地面上外露的接地线最小截面应符合表 5.17.2 的规定。

表 5.17.2　低压电气设备地面上外露的接地线最小截面　　（单位:mm²）

名称	铜	铝
明敷的裸导体	4	6
绝缘导体	1.5	2.5
电缆的接地芯或相线包在同一保护外壳内的多芯导线的接地芯	1	1.5

(7)避雷针制作安装

避雷针的制作与安装应根据设计进行,当设计无规定时,避雷针应按下列方法和要求制作安装。

1)避雷针针尖制作

①避雷针针尖用镀锌圆钢或镀锌钢管制作。采用圆钢时,圆钢直径应为 19～25mm;采用钢管时,钢管壁厚不得小于 3mm,直径不得小于 25～40mm。

②针尖长度根据避雷针全高来选择,针尖长度选择见表 5.17.3。

表 5.17.3　针尖长度选择　　（单位:m）

避雷针全高	1.0	2.0	3.0	4.0	5.0	6.0	独立避雷针
针尖长度	1.0	2.0	1.5	1.0	1.5	1.5	圆钢1.1

③将圆钢顶端锻制或车制成长 70mm 的锥体,或将钢管的顶端切割成 4～6 个尖瓣,收缩焊接连成一个尖形的整体,用焊锡填满空隙。

④镀锡或镀锌:将尖端 200mm 一段镀锡或镀锌,锡层或锌层应均匀。

2）避雷针制作

较长的避雷针由多节组成,各节均可由镀锌钢管制作,钢管壁厚不得小于3mm。针体各节尺寸见表5.17.4。

表5.17.4　避雷针针体各节尺寸　　　　　　　　　　　　　　（单位:m）

节名	针体高度					
	1	2	3	4	5	6
第1节	1.0	2.0	1.5	1.0	1.5	1.5
第2节	—	—	1.5	1.5	1.5	2.0
第3节	—	—	—	1.5	2.0	2.5

可采用钢管或圆钢制作,第二节应采用ϕ40mm的钢管制作,第三节应采用ϕ50mm钢管制作。

①避雷针各节之间采用焊接的方法连接,两节之间插入深度以0.25m为宜。

②避雷针制成后整体镀锌,或在镀层被破坏处涂防锈漆和调和漆。

3）独立避雷针制作

①针尖制作:见上述相关内容。

②针体制作:独立避雷针针体一般由镀锌圆钢制作,根据避雷针高度选择主筋的直径,最高一节主筋直径不应小于16mm,最下一节的主筋直径应最粗,横材和斜材可采用稍细一些的圆钢制作,针体断面应呈等边三角形。较高的避雷针可做成多节,每节之间用螺栓连接。

③主筋、横材及斜材之间一律采用电焊焊接连接,焊接之前应对每一段圆钢进行调直处理。

④整个避雷针制作完成后,无镀层的金属构架涂防锈漆一道,灰调和漆两道。

4）避雷针安装

①建筑物顶部避雷针底座制作:建筑物顶部避雷针底座由厚度不小于8mm的钢板制作,呈正方形,正方形尺寸不小于400mm×400mm。底座以预埋或预埋螺栓的方法固定。

②将避雷针垂直地焊接固定在底座上,并在底座和避雷针针体之间加焊三块三角形筋板。三块筋板均匀地分布在针体周围,筋板与针体、底座之间采用焊接的方式全部焊牢,焊缝应饱满。筋板以不小于6mm厚的钢板制成,全部焊接完成后,将无镀层及镀层被破坏的金属构件全部涂一道防锈漆和两道灰调和漆。

③独立避雷针均有混凝土基础,采用地脚螺栓连接的方法将避雷针垂直地固定在其基础上。较长的避雷针吊装时,其吊点不应少于三点,以防弯曲变形。

5）烟筒避雷针安装

①避雷针的制作见上述内容,烟筒避雷针长一般为1.5～2.0m。

②避雷针数量选择:烟筒避雷针安装数量见表5.17.5。

表 5.17.5　烟筒避雷针数量

烟筒尺寸	内径/m	1.0	1.0	1.5	1.5	2.0	2.0	2.5	2.5	3.0
	高度/m	15～30	31～50	15～45	46～80	15～30	31～100	15～30	31～100	15～100
避雷针根数		1	2	2	3	2	3	2	3	3

③避雷针安装:避雷针垂直安装于烟筒的顶部,焊接固定在预埋件上或用螺栓固定。烟筒顶部有围栏、信号台等金属结构时,避雷针可用卡子与其固定。

④若在金属烟筒上安装避雷针,当烟筒壁厚大于 4mm 时,避雷针可直接焊接固定在烟筒上。

(8)避雷针及引下线安装

1)建筑物顶部避雷线安装

避雷线的安装位置由工程设计决定。

①如果避雷线采用镀锌型钢,当采用圆钢明敷时,其直径不得小于 8mm;采用扁钢时,截面不得小于 12mm×4mm。安装前应调直,转弯处不应成为死弯。

②沿建筑物顶部边缘敷设的避雷线宜安装在支架上,支架在建筑物施工时应预埋。支架以 12mm×3mm 的镀锌扁钢或直径为 8mm 的镀锌圆钢制作,支架露出建筑物 100～150mm(当设计无要求时,支架高度不宜小于 150mm)。

③避雷线安装在混凝土支座上。混凝土支座尺寸为底部 200mm×200mm,上部 150mm×150mm,高 150mm。支座上部中央埋设支架,支架以 12mm×3mm 的镀锌扁钢或直径为 8mm 的镀锌圆钢制作,以露出 100～120mm 为宜。

④避雷线固定间距为 1.0～1.5m,转弯处为 0.5m,固定间距应均匀。避雷线与支架之间可采用螺栓固定,也可采用焊接固定。避雷线之间的连接应采用搭接焊接,所有焊接处必须涂沥青防腐漆。

⑤建筑物顶部的避雷线与避雷针、凸起的金属构筑物及金属管道、烟筒等应焊接成一整体。

⑥节日彩灯沿避雷线平行敷设时,避雷线应高出彩灯 30mm。

2)暗式避雷线安装(均压环)

①利用建筑物钢筋的暗式避雷线,其钢筋直径不得小于 8mm。

②高层建筑在一定高度应安装暗式避雷网,从距地面 30m 起,每向上三层,在结构圈梁内敷设一圈 25mm×4mm 的扁钢,或利用圈梁主筋作为避雷线,此避雷线与引下线至少有两处焊接连接。

③高层(10 层以上)建筑体上,周围突出的金属构件、金属门窗等均应与避雷线引下线焊接连接。

3)避雷接地引下线安装

①避雷接地引下线采用镀锌型钢制成。采用圆钢明敷时,其直径不得小于 8mm,暗敷时其直径不得小于 12mm。采用扁钢明敷时,截面不得小于 12mm×4mm,暗敷时截面不得小于 25mm×4mm。安装前应调直,转弯处不应成为死弯,引下线应沿最短距离接至接地体。

②沿墙明敷设的避雷引下线应垂直安装,与墙面保持15mm的距离。引下线采用圆钢或扁钢钩子固定。固定钩子应在建筑结构施工时预埋,固定间距为1.5～2.0m,间距应均匀。引下线距地1.5～1.8m的那一段利用钢管或角钢保护。当避雷装置仅一处引下线时,被保护长度为1.8m,且不应设断接卡子;当避雷装置有两处及以上的引下线时,被保护长度宜为1.5m,并装设一套断接卡子。

③暗装引下线:当利用建筑物钢筋做引下线时,应利用建筑物的筋,将不少于两根主筋并联,且每一主筋从上至下焊接连成一个电气通路,主筋用预埋连接板的方式引出建筑砌体。主筋与连接板必须焊接牢固,焊接截面不应小于所有被连接主筋的截面之和。用于连接人工接地体的连接板的高度不应小于0.5m。

④烟筒、水塔等建筑物的避雷引下线,可利用金属爬梯引下,采用栓固定方式固定引下线。直接焊接在金属烟筒筒体上的避雷针,可利用烟筒筒体作为引下线,在烟筒底部应有对称的两处与接地体的引出焊接连接。

⑤架空电力线路避雷接地引下线应与杆身紧贴,每1.5～2.0m与杆身固定一次。

(9)接地装置及避雷线(带)、引下线的连接

1)接地体及接地线的连接

①接地体(线)的连接必须采用搭接焊接连接,其焊接长度必须符合下列要求。

扁钢接地线:扁钢宽度的2倍,且至少3个棱边焊接。

圆钢接地线:圆钢直径的6倍。

圆钢和扁钢连接时,其搭接长度为圆钢直径的6倍。

②接地线与接地极之间的连接:接地线与角钢接地极焊接连接时,加V形卡子或直接将接地线煨成Ω形与钢管焊接连接。

③防腐处理:接地装置经焊接连接后应作防腐处理,埋于地下的焊接处涂沥青防腐漆,地上的焊接处涂一道防锈漆后再涂调和漆。

2)避雷针(线、带)及引下线的连接

①除需装设断接卡子处另有要求外,所有连接均采用搭接焊接方式连接。搭接焊接的要求应符合上述规定。

②避雷针(线、带)及其接地装置应采取自下而上的施工顺序,首先安装集中接地装置,后安装引下线,最后进行接闪器施工。

③建筑物上的避雷针(线、带)应和建筑物顶其他金属物体连接成整体。

5.17.5 质量标准

(1)主控项目

1)人工接地装置或利用建筑物基础钢筋的接地装置必须在地面以上按设计要求位置设测试点。

2)测试接地装置的接地电阻值必须符合设计要求。

3)防雷接地的人工接地装置的接地干线埋设,经人行通道处理地深度不应小于1m,且应采取均压措施或在其上方铺设卵石或沥青地面。

4)接地模板顶面埋深不应小于0.6m,接地模块间距不应小于模块长度的3～5倍。接地模块埋设基坑,一般为模块外形尺寸的1.2～1.4倍,且在开挖深度内详细记录地层情况。

5)接地模块应垂直或水平就位,不应倾斜设置,保持与原土层接触良好。

6)暗敷在建筑物抹灰层内的引下线应有卡钉分段固定;明敷的引下线应平直、无急弯,与支架焊接处应刷油漆防腐,且无遗漏。

7)变压器室、高低压开关室内的接地干线应有不少于2处与接地装置引出干线连接。

8)当利用金属构件、金属管道做接地线时,应在构件或管道与接地干线间焊接金属跨接线。

9)建筑物顶部的避雷针、避雷带等必须与顶部外露的其他金属物体连成一个整体的电气通路,且与避雷引下线连接可靠。

(2)一般项目

1)当设计无要求时,接地装置顶面埋设深度不应小于0.6m。圆钢、角钢及钢管接地体应垂直埋入地下,间距不应小于5m。接地装置的焊接应采用搭接焊,搭接长度应符合下列规定:

①扁钢与扁钢搭接为扁钢宽度的2倍,不少于三面施焊;

②圆钢与圆钢搭接为圆钢直径的6倍,双面施焊;

③圆钢与扁钢搭接为圆钢直径的6倍,双面施焊;

④扁钢与钢管,扁钢与角钢焊接,紧贴角钢外侧两面,或紧贴3/4钢管表面,上下两侧施焊;

⑤除埋设在混凝土中的焊接接头外,有防腐措施。

2)当设计无要求时,接地装置的材料采用钢材,热浸镀锌处理,最小允许规格、尺寸应符合表5.17.6的规定。

表5.17.6 最小允许规格、尺寸

种类、规格及单位		敷设位置及使用类别			
		地上		地下	
		室内	室外	交流电流回路	直流电流回路
圆钢直径/mm		6	8	10	12
扁钢	截面/mm²	60	100	100	100
	厚度/mm	3	4	4	6
角钢厚度/mm		2	2.5	4	6
钢管管壁厚度/mm		2.5	2.5	3.5	4.5

3)接地模块应集中引线,用干线把接地模块并联焊接成一个环路,干线的材质与接地模块焊接点的材质应相同,钢制的采用热浸镀锌扁钢,引出线不少于2处。

4)钢制接地线的焊接连接应符合《建筑电气工程施工质量验收规范》(GB 50303—2015)第24.2.1条的规定,材料采用及最小允许规格、尺寸应符合《建筑电气工程施工质量验收规范》(GB 50303—2015)第24.2.2条的规定。

5)明敷接地引下线及室内地干线的支持件间距应均匀,水平直线部分0.5～1.5m;垂直直线部分 1.5～3m;弯曲部分 0.3～0.5m。明敷的室内接地干线支持件应固定可靠,支持件间距应均匀。扁形导体支持件固定间距宜为 500mm;圆形导体支持件固定间距宜为 1000mm;弯曲部分宜为 0.3～0.5m。

6)接地线在穿越墙壁、楼板和地坪处应加套钢管或其他坚固的保护套管,钢套管应与接地线做电气连通。

7)变配电室内明敷接地干线安装应符合下列规定:

①为便于检查,敷设位置应不妨碍设备的拆卸与检修。

②当沿建筑物墙壁水平敷设时,距地面高度 250～300mm;与建筑物墙壁间的间隙 10～15mm。

③当接地线跨越建筑物变形缝时,设补偿装置。

④接地线表面沿长度方向,每段为 15～100mm,分别涂以黄色和绿色相间的条纹。

⑤变压器室、高压配电室的接地干线上应设置不少于 2 个供临时接地用的接线柱或接地螺栓。

8)当电缆穿过零序电流互感器时,电缆头的接地线应通过零序电流互感器后接地。由电缆头至穿过零序电流互感器的一段电缆金属护层和接地线应对地绝缘。

9)配电间隔和静止补偿装置的栅栏门及变配电室金属门铰链处的接地连接应采用编织铜线。变配电室的避雷器应用最短的接地线与接地干线连接。

10)设计要求接地的幕墙金属框架和建筑物的金属门窗,应就近与接地干线可靠连接。连接处不同金属间应有防电化腐蚀措施。

11)避雷针、避雷带应位置正确,焊接固定的焊缝饱满,无遗漏,螺栓固定的应备帽等防松零件齐全,焊接部分补刷的防腐油漆完整。

12)避雷带应平正顺直,固定点支持件间距均匀、固定可靠,每个支持件应能承受大于 49N（5kg）的垂直拉力。当设计无要求时,支持件间距符合《建筑电气工程施工质量验收规范》(GB 50303—2015)第 24.2.5 条的规定。

5.17.6　成品保护

(1)开挖接地体、接地线沟槽及坑时,注意不要损坏其他专业地下管线。

(2)警示其他工种在挖土方时注意不要损坏接地装置和接地线。

(3)接地装置施工时不得破坏建筑物散水和外墙装修。

(4)利用建筑物基础钢筋的接地装置施工时,不得随意移动已绑扎好的结构钢筋。

(5)明设避雷引下线敷设安装保护角钢或保护管时,应注意保护好土建结构及装修面。

(6)变配电室接地干线敷设时不得碰坏或污染墙面。

(7)喷浆或刷涂料前应预先将避雷引下线或接地干线用纸包扎好。

(8)搬运物件不得砸坏避雷引下线和接地干线。

(9)焊接避雷引下线或接地干线应对墙面采取保护措施。

(10)屋面施工时,特别是拆除脚手架时应采取措施,不得碰坏避雷针和避雷网。

(11)坡屋顶装避雷带时,应采取相应措施,以免踩坏屋面瓦。

(12)接闪器施工时不得损坏屋面防水层及外檐瓷砖等。

(13)明敷避雷网(带)安装完成后应注意保护,不得被其他工种碰撞弯曲变形。

(14)利用主体结构钢筋作接地及引下线时,应与土建工种密切配合,电气焊接成通路的钢筋网严禁破坏。钢筋需要调整时,应通知电气人员补焊,以保证其整体性。

5.17.7 安全与环保措施

(1)焊接设备的机壳应有良好接地,配电箱应设漏电保护器,电缆、电焊钳应有可靠的绝缘,电气应有专业人员操作,并使用防护用品,以免触电。

(2)焊工应使用有防护玻璃而不漏光的面罩,防止弧光刺伤眼睛,应使用电焊手套、脚罩等防护用品,以防烫伤。

(3)进行气焊作业时,氧气、乙炔瓶放置间距应不小于5m,并设防回火装置,作业人员应戴墨镜,使用手套等防护用品。

(4)在易燃易爆物品周围电气焊作业时,应用防火材料做成的挡板隔开,并采取防火措施。

(5)雨、雪天禁止在室外焊接作业,夏天电气焊作业时,应备好清凉饮料,场地应通风良好,防止中毒或因高温而晕倒。

(6)接地装置施工时,如果位于较深的基坑内,应注意高处坠物,设安全网等防坠物措施,同时做好护坡等处理,以防塌方。

(7)人力打接地体,应扶稳接地体,以免接地体摇晃,大榔头击空伤人。扶接地体的人员应戴防护眼睛,以防铁屑伤眼。

(8)在高处进行避雷引下线施工时,应佩戴安全带,随身携带工具包,随时将工具装在工具包内,妥善保管,防止工具从高处坠落伤人。

(9)开挖接地体、接地线、基坑等沟槽时,若沟槽不能及时回填,应采取保护措施,保证土方湿润;接地线埋设结束后,应及时回填土方,以免扬尘污染空气。

(10)凡在居民稠密区进行人工接地体施工时,应严格控制作业时间,不得在午休时间和晚22时后施工,以免强影响居民休息。

(11)电焊作业时,应有防火挡板隔离,以免强电弧光伤人。

(12)人工接地体所挖沟应做好护栏,并挂警示牌,夜间挂警示灯,以防行人失足跌落。

(13)电锤打孔、墙上开槽应采取措施,避免扬尘污染环境。

(14)油漆作业结束后应及时收回包装桶。

5.17.8 应注意的问题

(1)接地线、避雷线焊接搭接长度不够:圆钢搭接应双面焊,单面焊时接地体应以12倍钢筋直径焊接,扁钢保证三个棱面的焊接。

(2)避雷网不顺直,高低起伏,转角为死弯:钢筋应拉直再施工,接钢筋部位应弯成乙字形,侧面焊接,转角应弯成弧状,弯曲半径不小于钢筋直径的10倍。

(3)避雷卡子固定不牢,卡固钢筋松动:应采用专用避雷卡子、膨胀螺栓固定,卡固钢筋卡子必须加弹簧垫圈。

5.17.9 质量记录

(1)设计交底记录。

(2)安全技术交底记录。

(3)镀锌钢材、铜材材质证明产品出厂合格证。

(4)电气设备、材料检查验收记录。

(5)接地电阻测试记录。

(6)接地装置安装检验批质量验收记录。

(7)避雷针引下线和变配电室接地干线敷设检验批质量验收记录表。

(8)接闪器安装检验批质量验收记录表。

(9)隐蔽工程检查验收记录。

(10)设计变更洽商记录、竣工图。

主要参考标准

[1]《通风与空调工程施工质量验收规范》(GB 50243—2016)

[2]《建筑电气工程施工质量验收规范》(GB 50303—2015)

[3]《电气装置安装工程 接地装置施工及验收规范》(GB 50169—2016)

[4]《建筑工程施工质量验收统一标准》(GB 50300—2013)

[5]《电气装置安装工程盘、柜及二次回路接线施工及验收规范》(GB 50171—2012)

[6]《1000KV 系统电气装置安装工程 电气设备交接试验标准》(GB/T 50832—2013)

[7]北京市建设委员会.建筑安装分项工程施工工艺规程(第六分册)(DBJ/T01-26—2003)[S].北京:中国市场出版社,

[8]北京城建集团.建筑电气工程施工工艺标准(QCJJT-JS02—2004)[S].北京:中国计划出版社,2004

[9]中国建筑总公司.建筑电气工程施工工艺标准(ZJQ00-SG-010—2003)[S].北京:中国建筑工业出版社,2004

[10]强十渤等.安装工程分项施工工艺手册(第二分册电气工程)[M].北京:中国计划出版社,1992